万水 ANSYS 技术丛书

ANSYS AQWA 进阶应用

高巍　董璐　编著

·北京·

内 容 提 要

本书着眼于 ANSYS AQWA 软件的实际应用，通过典型实例来介绍 AQWA 软件的高级功能与工程应用，可以同《ANSYS AQWA 软件入门与提高》一书配合使用。

全书共分为 7 章，对使用 AQWA 进行海上结构物拖航分析、软钢臂单点 FPSO 系泊分析、张力腿平台耦合运动分析进行了介绍并辅以实例。对 AQWA 的高级功能进行了介绍，主要包括外部函数、波浪载荷传递、特殊插件 AQL 和 Flow、驻波抑制单元 VLID、考虑航速的水动力分析以及内部舱室等内容。

本书各章例子涵盖经典 AQWA 和 Workbench 界面，以适应用户不同的软件使用习惯。本书面向的目标读者为从事海洋工程浮体分析工作以及使用 AQWA 软件的学生和工程技术人员。

本书附赠分析实例模型文件，读者可以从中国水利水电出版社网站（www.waterpub.com.cn）或万水书苑网站（www.wsbookshow.com）免费下载。

图书在版编目（CIP）数据

ANSYS AQWA进阶应用 / 高巍，董璐编著. -- 北京 ：中国水利水电出版社，2020.11
（万水ANSYS技术丛书）
ISBN 978-7-5170-9032-8

Ⅰ. ①A… Ⅱ. ①高… ②董… Ⅲ. ①有限元分析一应用软件 Ⅳ. ①O241.82-39

中国版本图书馆CIP数据核字(2020)第217449号

责任编辑：杨元泓　　　封面设计：李　佳

书　名	万水 ANSYS 技术丛书 ANSYS AQWA 进阶应用 ANSYS AQWA JINJIE YINGYONG
作　者	高巍　董璐　编著
出版发行	中国水利水电出版社 （北京市海淀区玉渊潭南路 1 号 D 座　100038） 网址：www.waterpub.com.cn E-mail：mchannel@263.net（万水） sales@waterpub.com.cn 电话：（010）68367658（营销中心）、82562819（万水）
经　售	全国各地新华书店和相关出版物销售网点
排　版	北京万水电子信息有限公司
印　刷	三河市铭浩彩色印装有限公司
规　格	184mm×260mm　16 开本　18 印张　446 千字
版　次	2020 年 11 月第 1 版　2020 年 11 月第 1 次印刷
印　数	0001—3000 册
定　价	68.00 元

前　言

2018年1月，在中国水利水电出版社以及ANSYS公司的支持下，《ANSYS AQWA软件入门与提高》一书出版，该书主要针对AQWA软件进行介绍，并辅以一些例子来提高读者对软件的理解程度。而本书在《ANSYS AQWA软件入门与提高》一书的基础上，通过一些典型实例来介绍AQWA软件的高级功能与应用。本书分为7章，主要内容包括：

第1章：结构物拖航运输分析，主要内容包括：基本分析内容和分析流程、输入数据、建模、水动力分析、频域运动分析、总纵强度分析等。主要目的是使读者了解使用AQWA进行频域运动分析以及总纵强度计算的方法。

第2章：软钢臂单点系泊FPSO，主要内容包括：输入数据、水动力计算、铰接模型的建立、系泊分析等。主要目的是通过本章内容使读者了解、熟悉支座部件的建模特点，了解使用AQWA进行软钢臂单点系泊FPSO的基本分析方法和流程。

第3章：张力腿平台整体运动性能分析，主要内容包括：基本分析内容和分析流程、输入数据、水动力分析、张力腿模型的建立、整体耦合分析等。主要目的是通过本章内容使读者了解、熟悉张力腿（Tether）部件的建模方法，了解使用AQWA进行张力腿平台整体性能的基本方法和流程。

第4章：User Force，主要介绍使用Fortran编译动态链接库文件（dll）以及使用Python调用外部函数进行分析的方法、流程，并附简单例子以帮助理解。

第5章：波浪载荷传递，主要介绍对使用AQWA Wave以及使用Workbench实现波浪载荷传递的流程和方法，并附简单例子以帮助理解。

第6章：AQL、Flow与批处理，主要介绍使用AQWA AQL实现数据处理的方法和流程，对使用AQWA Flow进行流场关注点数据提取进行了介绍，对经典AQWA以及Workbench AQWA的批处理进行了介绍。

第7章：特殊功能，主要介绍驻波抑制单元VLID的使用、考虑航速影响的水动力分析以及内部舱室功能的应用。

附录A中添加了目前已知的AQWA运行报错信息与对应的解决方式建议，以供软件使用者参考。附录C中介绍了目前版本Workbench对经典AQWA功能的支持情况以供查询使用。

希望通过本书能够使刚刚接触AQWA软件的朋友们快速掌握软件操作以及分析相关问题的基本流程和基本方法。

限于编者水平，本书难免出现错误与不当之处，恳请读者提出宝贵意见，不吝赐教。

编　者

2020年8月

目　录

第1章 结构物拖航运输分析

1.1 基本分析内容和分析流程

海上结构物拖航运输（干拖运输）分析可以包括但不限于以下内容：

1. 确认输入条件

输入条件包括：

- 设计环境条件：包括设计风速、设计海况、设计流速等。
- 货物信息：包括货物重量、重心、回转半径、尺寸以及货物在船上的位置等。
- 运输船舶信息：运输船舶的主尺度、型线、重量信息、舱室分布情况、进水点位置、船上原有结构及对应位置、尺寸等信息。

2. 主要分析内容

拖航分析可以包括但不限于以下内容：

- 运输船舶的总阻力计算，用于拖轮选择与拖缆选型设计，必要条件下需要校核被拖物拖点的结构强度能否满足要求。
- 运输船舶拖航状态下的稳性校核。稳性校核需要满足相关规范要求。
- 运输船舶拖航状态下的运动分析，对其在设计海况下的运动性能进行分析，通过水动力分析与频域运动分析给出货物受到的动载荷，进一步给出货物施加在甲板上的载荷以用于甲板强度校核。必要的时候还需要对拖航结构物进行长距离运输的疲劳影响进行分析。某些特定情况下还需考虑甲板上浪以及波浪抨击的载荷影响。
- 运输船舶拖航状态下的总纵强度分析以评估其在给定海况下的整体结构安全性。

一般的海上结构物拖航分析可参考 DNVGL-ST-N001 Marine Operations and Marine Warranty（对应过去的 Noble Denton 指南）相关要求。简要分析流程如图 1.1 所示。

本章简要介绍使用 AQWA 进行海上结构物拖航分析的基本流程、建模过程、基本结果的归纳等内容。

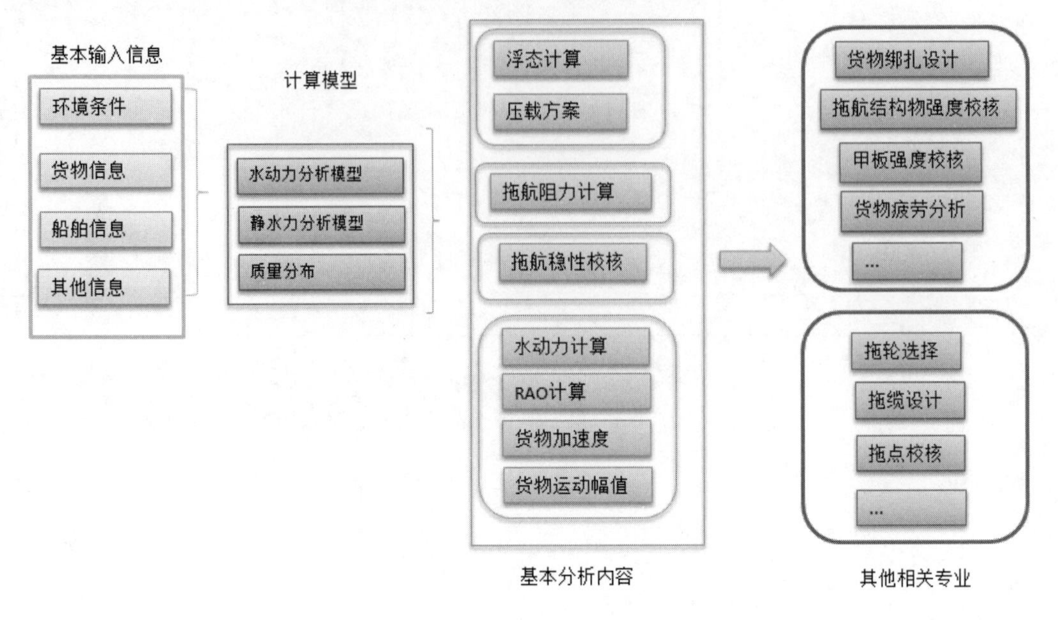

图 1.1　简要分析流程示意

1.2　输入数据和假设条件

1.2.1　设计环境条件

DNVGL-ST-N001 对于拖航设计环境条件有以下基本要求：

- 对于穿越气象及海况比较一致的区域，时间为 30 天（或者更长）的远洋运输，通常采用 10 年一遇的月极值。
- 对于小于 30 天的航行，或者暴露于最恶劣条件的时间小于 30 天，可以采用“调整”后的设计条件，这个数值相当于 10 次航行的极值，也称为 10%的风险水平极值。
- “调整”后的设计条件不可小于一年一遇的月极值。

对于“调整”条件的计算，风速和海况可以表达为累计概率函数（如采用威布尔 Weibull 分布）。

对于波浪条件，运输作业在 3 小时（风为 1 小时）内遇到的有义波高（风速）小于某个值 x 的概率由 $F(x)$给出。

如果穿越该区域需要 M 小时并假设波浪和风速是相互独立的，则不超过 x 的概率为 $[F(x)]^N$，其中 $N=M/T$，对于波浪 T=3 小时，对于风 T=1 小时。

如果有理由相信风速和波高极值会在多个航行区域出现，则不超过 x 的累计概率为：

$$\sum F_{xi}(x)^{Ni} \tag{1.1}$$

运输作业遭遇风速或有义波高达到或者超过平均每 10 次运输出现一次的概率为 0.1，即：

$$1-\sum F_{xi}(x)^{Ni}=0.1 \tag{1.2}$$

根据该式可给出设计风速或者有义波高，得到的结果即为运输作业“调整后的”极值或者称为 10%风险水平。注意，该值不可小于一年一遇的月极值。

当给出设计有义波高后需要确定对应谱峰周期，一个简便的方法为：

$$\sqrt{13H_s} \leqslant T_P \leqslant \sqrt{30H_s} \tag{1.3}$$

如果涌浪影响较大则需要将涌浪特殊考虑。

如果航速较大，则需要考虑航速的影响：

$$\sqrt{13H_s} \Big/ \left(1+\frac{V_{ship}\cos\theta}{1.56\sqrt{13H_s}}\right) \leqslant T_P \leqslant \sqrt{30H_s} \Big/ \left(1+\frac{V_{ship}\cos\theta}{1.56\sqrt{30H_s}}\right) \tag{1.4}$$

式中：V_{ship} 为航速；θ 为航向角。

表 1.1 为目标海域的波高－周期散布图。该海域有义波高主要分布在 0.3～1.8m，谱峰周期分布范围为 3～7s。

表 1.1　目标海域波高－周期散布图

有义波高 H_s/m	谱峰周期 T_p/s									波高累计和
	2	3	4	5	6	7	8	9	10	
0.3	0.448	1.933	0.921	0.066						3.368
0.6		7.252	28.166	4.48	0.169					40.067
0.9		0.192	15.248	10.199	1.024	0.045				26.708
1.2			1.484	11.467	1.395	0.177				14.523
1.5			0.001	5.025	2.588	0.164	0.003			7.781
1.8				0.363	3.491	0.116	0.008			3.978
2.1				0.001	1.701	0.208				1.91
2.4					**0.326**	**0.581**				0.907
2.7					**0.01**	**0.425**				0.435
3						0.178	0.009			0.187
3.3						0.054	0.049			0.103
3.6						0.002	0.015			0.017
3.9							0.007			0.007
4.2							0.003	0.003		0.006
4.5							0.001	0.002		0.003
周期和	0.448	9.377	45.82	31.601	10.704	1.95	0.095	0.005		100

采用两参数威布尔分布对有义波高进行拟合，下面介绍具体方法。

双参数威布尔分布累计概率函数表达式为：

$$F(h)=1-\exp\left\{-\left(\frac{h}{\alpha}\right)^{\beta}\right\} \tag{1.5}$$

式中：α 为尺度参数；β 为形状参数。对等式左右求两次自然对数：

$$\ln\ln\frac{1}{1-F(h)}=\beta\ln h-\beta\ln\alpha \tag{1.6}$$

令 $y=\ln\ln\dfrac{1}{1-F(h)}$，$x=\ln h$，$b=-\beta\ln\alpha$，$a=\beta$ 可将式（1.6）转换为线性形式：

$$y=ax-b \tag{1.7}$$

将表 1.1 中有义波高和对应累计概率转换为 $\ln H_s$ 的累计分布，对转换后的数据进行最小二乘法拟合，最后求出两个参数：α=0.82，β=1.503。

注：并不是必须用两参数的威布尔分布来拟合，用三参数来拟合也可以。

目标海域航行时间为 4 天（96 小时）小于 30 天，N=96/4=24。对应有义波高与出现概率 Fx、Fx^N 以及 1-Fx^N 如图 1.2 所示。

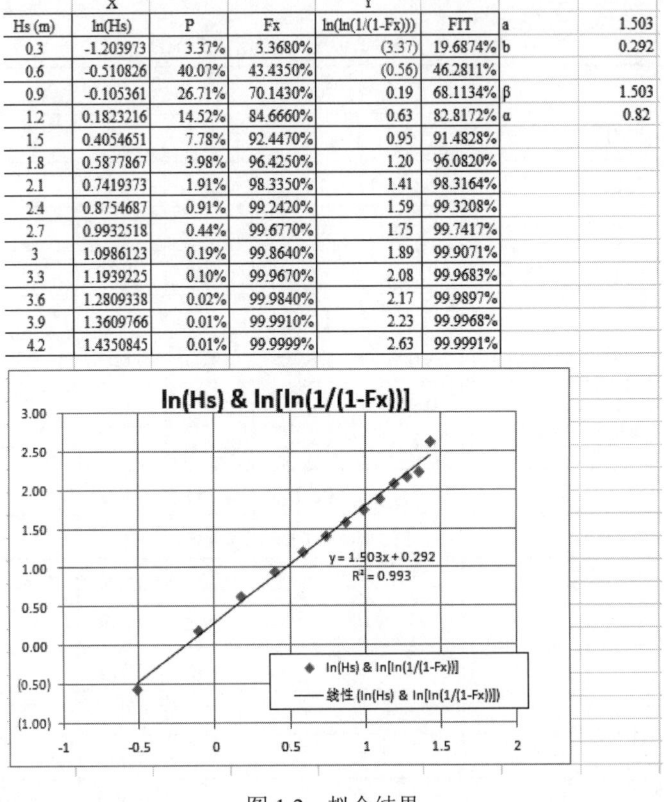

	X			Y			
Hs (m)	ln(Hs)	P	Fx	ln(ln(1/(1-Fx)))	FIT	a	1.503
0.3	-1.203973	3.37%	3.3680%	(3.37)	19.6874%	b	0.292
0.6	-0.510826	40.07%	43.4350%	(0.56)	46.2811%		
0.9	-0.105361	26.71%	70.1430%	0.19	68.1134%	β	1.503
1.2	0.1823216	14.52%	84.6660%	0.63	82.8172%	α	0.82
1.5	0.4054651	7.78%	92.4470%	0.95	91.4828%		
1.8	0.5877867	3.98%	96.4250%	1.20	96.0820%		
2.1	0.7419373	1.91%	98.3350%	1.41	98.3164%		
2.4	0.8754687	0.91%	99.2420%	1.59	99.3208%		
2.7	0.9932518	0.44%	99.6770%	1.75	99.7417%		
3	1.0986123	0.19%	99.8640%	1.89	99.9071%		
3.3	1.1939225	0.10%	99.9670%	2.08	99.9683%		
3.6	1.2809338	0.02%	99.9840%	2.17	99.9897%		
3.9	1.3609766	0.01%	99.9910%	2.23	99.9968%		
4.2	1.4350845	0.01%	99.9999%	2.63	99.9991%		

图 1.2 拟合结果

对应 1-Fx^N=0.1 的有义波高为 H_s=2.538m≈2.54m，这里需要校核一下该值是否比一年一遇的月极值大。

多年一遇月极值的累计概率为 1-1/(365.25×8×N×1/12)，此处一年一遇 N=1，对应累计概率则为 Fx=99.5893%，十年一遇 N=10，则对应累计概率为 Fx=99.9589%。

拟合后的结果显示：10%风险水平对应波高为 H_s=2.54m 小于一年一遇月极值 H_s=2.56m≈2.6m。十年一遇月极值为 H_s=3.23m。故这里采用一年一遇月极值作为设计有义波高。

按照式（1.3）计算有义波高 H_s=2.6m 对应谱峰周期 T_p 范围为 5.8～8.8s。查看表 1.1 发现 2.5m 有义波高对应谱峰周期主要分布在 6～8s，因而调整谱峰周期范围为 6～8s。

	hrs	96		
	days	4		
	N	24		
	Hs (m)	Fx	FxN	1-FxN
	0.5	37.65%	0.0000%	100.00%
	1	73.79%	0.0680%	99.93%
	1.5	91.48%	11.8072%	88.19%
not less than 1YRP	2	97.75%	57.9549%	42.05%
10%	2.538	99.56%	89.9900%	10.01%
1YRP	2.56	99.5915%	90.6433%	9.36%
	2.7	99.74%	93.9811%	6.02%
	2.8	99.82%	95.6572%	4.34%
	2.9	99.87%	96.8926%	3.11%
	3	99.91%	97.7935%	2.21%
	3.1	99.93%	98.4443%	1.56%
10YRP	3.23	99.9591%	99.0221%	0.98%
	3.5	99.98%	99.6393%	0.36%

图 1.3　设计海况有义波高

这里采用 JONSWAP 谱进行海况模拟，对于 γ 可以按照 DNVGL-RP-C205 的相关推荐公式进行计算：

$$\gamma = \begin{cases} 5 & T_p/\sqrt{H_s} \leqslant 3.6 \\ \exp\left(5.75 - 1.15\dfrac{T_p}{\sqrt{H_s}}\right) & 3.6 < T_p/\sqrt{H_s} \leqslant 5.0 \\ 1 & 5.0 < T_p/\sqrt{H_s} \end{cases} \tag{1.8}$$

最终确定的设计海况如下：

（1）海况 1：H_s=2.6m，T_p=6s，γ=4.2。

（2）海况 2：H_s=2.6m，T_p=7s，γ=2.1。

（3）海况 3：H_s=2.6m，T_p=8s，γ=1.0。

1.2.2　拖航货物信息

目标驳船共拖航 6 个货物，货物重量及重心信息见表 1.2，货物在驳船上的大致位置及整体坐标系如图 1.4 所示。

表 1.2　拖航货物信息

重量名称	重量/t	纵向重心位置/m	横向重心位置/m	垂向重心位置/m
驳船空船重量	2400	45.8	0.00	4.3
BST5	150	39.4	-0.39	16.6
BST6	172	52.3	0.58	17.3
FLAR1	224	84.4	-1.30	30.0
FLAR2	255	11.9	1.30	26.4
BR7	505	44.7	-11.37	11.4
BR8	511	44.0	11.48	10.1
总计	4217	45.5	0.05	9.5

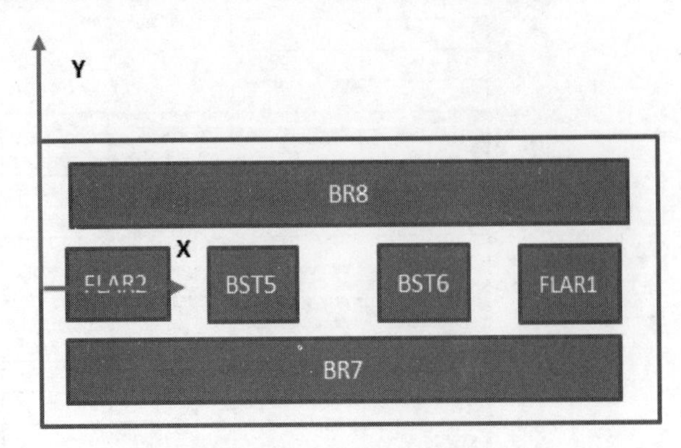

图 1.4　货物在驳船上的位置示意

各个货物重量的垂向重心位置均相对于船底基线。

1.2.3　运输驳船信息与型线模型

驳船主尺度信息见表 1.3。目标驳船全长 95.16m，型宽 30.6m，型深 6.1m，拖航平均吃水 2.8m，船艏艉吃水差 0.4m，空船重量 2400t。

表 1.3　运输驳船信息

数据项	数据	单位
总长 Length Overall	95.16	m
型宽 Beam	30.6	m
型深 Depth	6.1	m
拖航平均吃水 Towing Mean Draft	2.9	m
艏吃水 Fore Draft	2.4	m
艉吃水 Stern Draft	3.4	m
排水量 Displacement	7060	t
重心纵向位置 Total_LCG	45.1	m
重心横向位置 Total_TCG	0.0	m
重心垂向位置 Total_VCG	6.9	m
横摇回转半径 R_{xx}	11.8	m
纵摇回转半径 R_{yy}	24.1	m
艏摇回转半径 R_{zz}	26.9	m
空船重量 Lightship Weight	2400	t
空船纵向重心 L_LCG	45.8	m
空船横向重心 L_TCG	0	m
空船垂向重心 L_VCG	4.3	m

目标驳船的型线比较简单，属于典型的甲板驳。

在工程文件夹中新建 0.input 文件夹，在其中新建文本文件命名为 barge.lin，输入驳船对应吃水的半宽值。

（1）艉封板位置的型线，从坐标(X,Y,Z)=(0,0,4.1)开始，输入以下 5 个点：

```
0.0 0.00   4.10
0.0 14.8   4.10
0.0 15.3   4.60
0.0 15.3   4.88
0.0 15.3   6.10
```

（2）在距离艉封板 12.81m 的位置输入以下 8 个点：

```
12.81  0.0    0.0
12.81 14.7   0.00
12.81 15.3   0.61
12.81 15.3   3.05
12.81 15.3   4.27
12.81 15.3   4.60
12.81 15.3   4.88
12.81 15.3   6.10
```

（3）在距离艉封板 82.35m 的位置输入以下 8 个点：

```
82.35  0.0    0.0
82.35 14.7   0.00
82.35 15.3   0.61
82.35 15.3   3.05
82.35 15.3   4.27
82.35 15.3   4.60
82.35 15.3   4.88
82.35 15.3   6.10
```

（4）在距离艉封板 95.16m 的位置输入以下 5 个点：

```
95.16 0.00   4.10
95.16 14.8   4.10
95.16 15.3   4.60
95.16 15.3   4.88
95.16 15.3   6.10
```

这 4 个位置是驳船的典型站位，每个站位的输入数据需要用空行隔开。

保存 barge.lin 文件后通过 AGS→PLOT→Lines Plan 打开 barge.lin 文件，如图 1.5 所示。

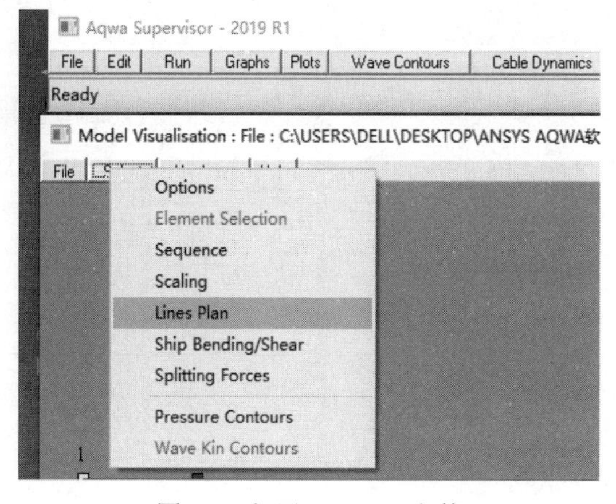

图 1.5　打开 barge.lin 文件

在弹出的 Lines Plan Mesh Generation 中点击 Plot Lines 将输入的驳船型线显示出来（图 1.6）。

在数据输入界面中的 WLZ X=X1 中输入艉吃水 3.4m，WLZ X=Xn 输入艏吃水 2.4m，设置网格大小 2.0m（N/Max Size），点击 Generate Mesh 便可以得到驳船在给定吃水条件下的排水量 7060t，对应浮心位置为(X, Y, Z)=(45.07, 0.00, 2.00)。

注：这里因为容差和型线问题，2.40m 艏吃水出现了红色的不合格单元，因而艏吃水微调为 2.42m，如图 1.7 所示。

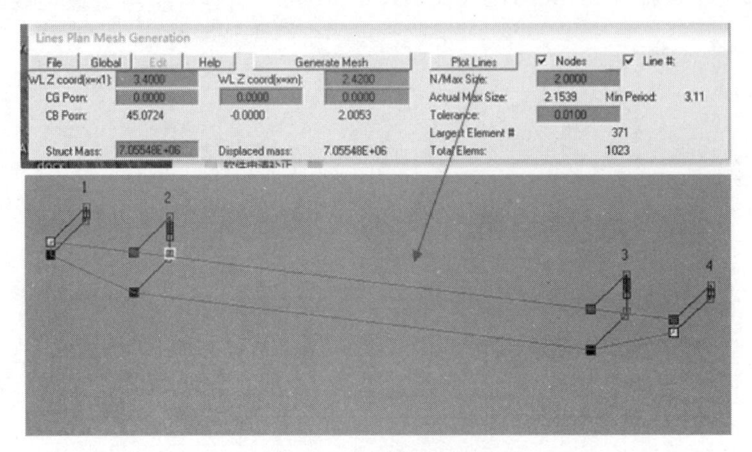

图 1.6　显示驳船型线

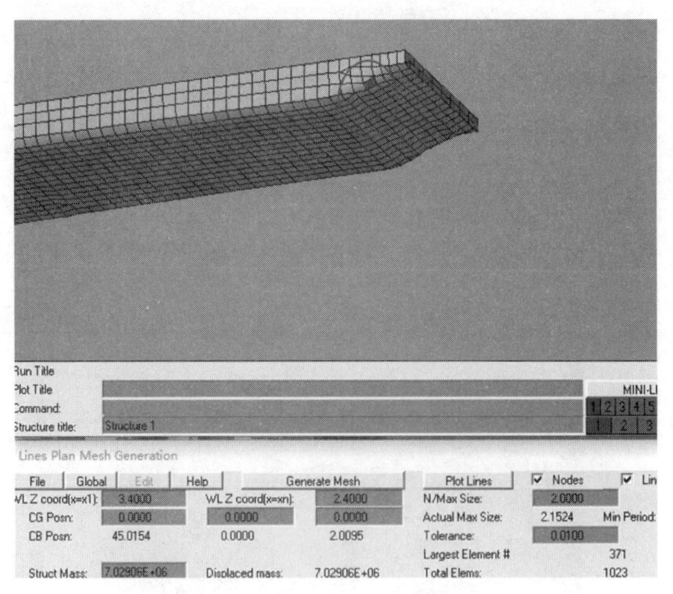

图 1.7　不合格单元会以红色显示

最终生成的模型为网格大小为 2.0m 面元模型，对应艏艉吃水分别为 2.4m、3.4m，如图 1.8 所示。

在工程文件夹中新建 1.hydroDy 文件夹，在 Lines Plan Mesh Generation→File 中点击 save *.dat 将该模型文件保存到 1.hydroDy 文件夹中，并将该文件重命名为 draft2_4.dat。

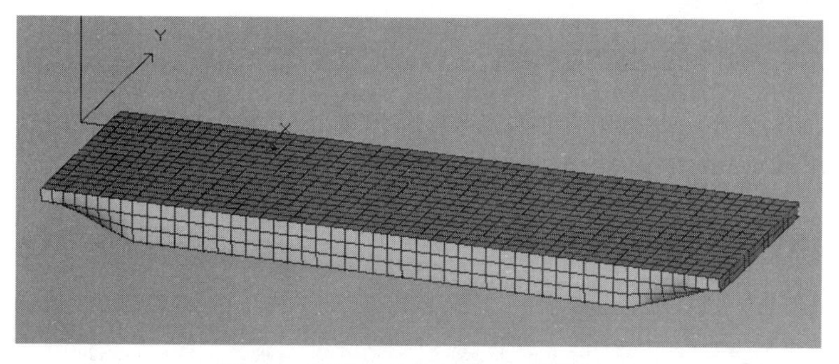

图 1.8　驳船示意图（经典 AQWA）

1.3　重量分布计算

ANSYS 19R1 版本中 AQWA 支持舱室的定义，但这里的舱室计算更多考虑的是液舱晃荡的水动力影响，在静平衡计算中还不能方便地实现舱室的定义与静力计算，重量分布计算中还需要通过手算或者其他软件来实现。

1.3.1　驳船舱室分布

目标驳船共有舱室 40 个，具体分布如图 1.9 所示。运输货物基本上均匀布放在驳船甲板上，这里计划采用舱室 09WBT、10WBT、13WBT、14WBT、17WBT 以及 18WBT 用于驳船压载和重量计算。

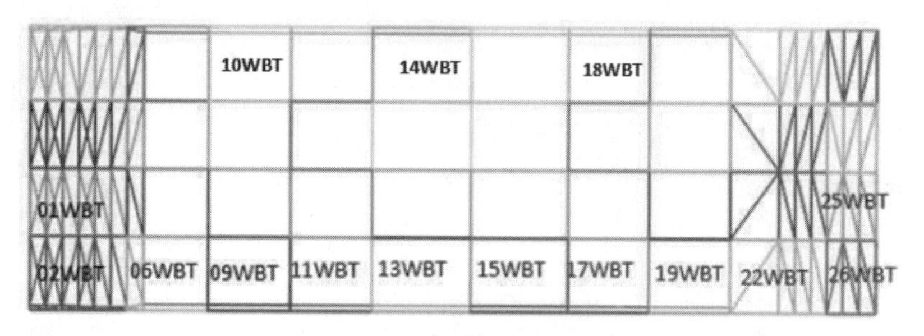

图 1.9　驳船舱室分布

这 6 个舱室的最大压载量分别为：09WBT=444.2t，10WBT=444.2t，13WBT=533.1t，14WBT=533.1t，17WBT=444.2t，18WBT=444.2t，总计 2843t。

注：*以上重量为舱室考虑了 98%渗透率后的结果。*

1.3.2　重量分布计算

驳船在拖航作业中主要的重量包括空船重量、货物重量、压载舱重量以及其他重量。驳船空船重量 2400t，货物总重 1817t，驳船在给定吃水下的排水量为 7060t。将空船、货物的重量、重心和回转半径列表，将驳船排水量和浮心位置输入，将 6 个压载舱的压载量、重心位置和回转半径输入表中进行调整，最终求出整体的重量、重心以及回转半径如图 1.10 所示。

最终 6 个压载舱全部压满，不存在自由液面，整体重心位置在浮心上方。

注：可以通过 Excel 的规划求解工具来确定压载舱的压载量。出于简化这里忽略了其他方面重量的影响。另外，实际上平衡求解后整体重心在浮心前，船体艉倾没有那么大。

Weight Name	Weight[t]	LCG[m]	TCG[m]	VCG[m]	Rxx[m]	Ryy[m]	Rzz[m]
Light ship	2400	45.8	0.00	4.3	10.2	25.0	25.0
BST5	150	39.4	-0.39	16.6	2.9	2.9	4.1
BST6	172	52.3	0.58	17.3	2.9	2.9	4.1
FLAR1	224	84.4	-1.30	30.0	2.5	2.5	3.5
FLAR2	255	11.9	1.30	26.4	2.5	2.5	3.5
BR7	505	44.7	-11.37	11.4	1.4	20.0	20.0
BR8	511	44.0	11.48	10.1	1.4	20.0	20.0
Sub total	4217	45.5	0.05	9.5			\
Ballast Tank Name	Weight[t]	LCG[m]	TCG[m]	VCG[m]	Rxx[m]	Ryy[m]	Rzz[m]
09WBT	444.2	24.7	-11.3	3.0	2.1	2.6	3.4
10WBT	444.2	24.7	11.3	3.0	2.1	2.6	3.4
13WBT	533.1	43.9	-11.3	3.0	2.1	3.2	3.8
14WBT	533.1	43.9	11.3	3.0	2.1	3.2	3.8
17WBT	444.2	65.0	-11.3	3.0	2.1	2.6	3.4
18WBT	444.2	65.0	11.3	3.0	2.1	2.6	3.4
Sub total	2843	44.5	0.0	3.0			\
Totally	Weight[t]	LCG[m]	TCG[m]	VCG[m]	Rxx[m]	Ryy[m]	Rzz[m]
Total Weight	7060	45.08	0.03	6.91	11.8	24.1	26.9
Floating Status	Weight[t]	LCB[m]	TCB[m]	VCB[m]			
Buoyant	7060	45.03	0.00	2			
Difference between Weight and Buoyant	0.00	-0.06	(0.03)				

图 1.10　总重量、重心计算

将空船重量、货物重量、压载水重量沿着船长方向进行分布（这里认为货物重量、压载水重量分布是均匀的），得出沿着船长方向的重量分布曲线如图 1.11 所示。

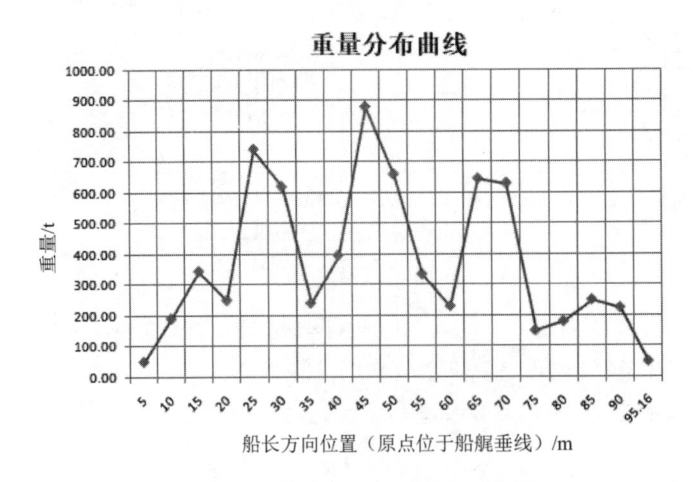

图 1.11　沿船长方向重量分布曲线

在工程文件夹下新建 3.SFBM 文件夹，在其中新建 draft2_4.msd 文件，该文件为重量分布文件。以 5m 一个间隔输入图 1.11 所对应的分段重量、重心以及回转半径如图 1.12 所示。*.msd 文件将用于后续的剪力弯矩计算。

Barge SECTION	MASS	X	Y	Z	START	FINISH	Radius of gyration
NEUTRAL-X	0	2.75					
STEP 1	50.00	2.5	0	6.9	0	5	11.80
STEP 2	190.00	7.5	0	6.9	5	10	11.80
STEP 3	345.00	12.5	0	6.9	10	15	11.80
STEP 4	250.00	17.5	0	6.9	15	20	11.80
STEP 5	740.00	22.5	0	6.9	20	25	11.80
STEP 6	619.40	27.5	0	6.9	25	30	11.80
STEP 7	240.00	32.5	0	6.9	30	35	11.80
STEP 8	396.00	37.5	0	6.9	35	40	11.80
STEP 9	878.20	42.5	0	6.9	40	45	11.80
STEP 10	659.00	47.5	0	6.9	45	50	11.80
STEP 11	335.00	52.5	0	6.9	50	55	11.80
STEP 12	230.00	57.5	0	6.9	55	60	11.80
STEP 13	644.20	62.5	0	6.9	60	65	11.80
STEP 14	629.20	67.5	0	6.9	65	70	11.80
STEP 15	150.00	72.5	0	6.9	70	75	11.80
STEP 16	180.00	77.5	0	6.9	75	80	11.80
STEP 17	250.00	82.5	0	6.9	80	85	11.80
STEP 18	224.00	87.5	0	6.9	85	90	11.80
STEP 19	50.00	92.58	0	6.9	90	95.16	11.80

图 1.12　驳船重量分布文件.msd

注：这里的 msd 文件做了很大程度的近似，认为分段重量重心高度、回转半径是一样的，但这并不是真实的情况。

1.4　水动力分析

打开 1.HydroDy 文件夹中的 draft2_4.dat 文件夹，进行以下修改：

（1）修改 OPTION 并在 Category1 中添加货物重心坐标 8001～8006。

```
JOB MESH  LINE
TITLE                   MESH FROM LINES PLANS/SCALING
OPTIONS REST NQTF GOON END
RESTART    1  3
    01     COOR
    01NOD5
 * BST5 BST6 FLAR1 FLAR2 BR7 BR8
    01 8001                 39.40      -0.39     16.60
    01 8002                 52.30       0.58     17.30
    01 8003                 84.40      -1.30     30.00
    01 8004                 11.90       1.30     26.40
    01 8005                 44.70     -11.37     11.40
    01 8006                 44.00      11.48     10.10
```

（2）修改整体重心位置 99999 的(*X*, *Y*, *Z*)坐标为(45.1m, 0.0m, 6.9m)。

```
    01 1877             95.1012    14.0408     6.0997
 END0199999             45.1000     0.0000     6.9000
    02     ELM1
    02SYMX
    02ZLWL              (          3.3998)
```

（3）修改转动惯量和水动力计算周期。水动力计算周期范围为 3～32s，计算波浪角度范围为 0～180°，步长 15°。

```
    03     MATE
    03              1  7059998.  0.000000  0.000000
END03
    04     GEOM
* Rxx = 11.8m, Ryy=24.1m, Rzz = 26.9m
    04PMAS          1  9.8959E8  0.000000  0.000000  4.1118E9  0.000000  5.1014E9
END04
    05     GLOB
    05DPTH  1000.000
    05DENS 1024.4000
END05ACCG    9.8067
    06     FDR1
    06PERD     1    6        32        30        28        26        25        24
    06PERD     7   12        23        22        21      20.5      20.0      19.5
    06PERD    13   18      19.0      18.5      18.0      17.0      16.5      16.0
    06PERD    19   24      15.5      15.0      14.5      14.0      13.5      13.0
    06PERD    25   30      12.5      12.0      11.5      11.0      10.5      10.0
    06PERD    31   36       9.5       9.0       8.5       8.0       7.5       7.0
    06PERD    37   42       6.5       6.0       5.5       5.0       4.5       4.0
    06PERD    43   44       3.5       3.0
*
*    06FREQ    1    6   0.10000   0.15000   0.20000   0.25000   0.30000   0.35000
*    06FREQ    7   12   0.40000   0.45000   0.50000   0.55000   0.60000   0.65000
*    06FREQ   13   18   0.70000   0.75000   0.80000   0.85000   0.90000   0.95000
*    06FREQ   19   24   1.00000   1.05000   1.10000   1.15000   1.20000   1.25000
*    06FREQ   25   30   1.30000   1.35000   1.40000   1.45000   1.50000   1.55000
*    06FREQ   31   36   1.60000   1.65000   1.70000   1.75000   1.80000   1.85000
*    06FREQ   37   42   1.90000   1.95000   2.00000   2.05000   2.10000   2.15000
*    06FREQ   43   45   2.20000   2.25000   2.30000
    06DIRN     1    6      0.00     15.00     30.00     45.00     60.00     75.00
    06DIRN     7   12     90.00    105.00    120.00    135.00    150.00    165.00
 END06DIRN    13   13    180.00
```

修改完毕后保存文件并运行。计算完毕后通过 AGS→graphs 打开 draft2_4.plt，选择 90°浪向下的横摇运动 RAO，如图 1.13 所示。

横浪下驳船横摇 RAO 峰值接近 14°/m，如图 1.14 所示，需要对横摇自由度进行阻尼修正。

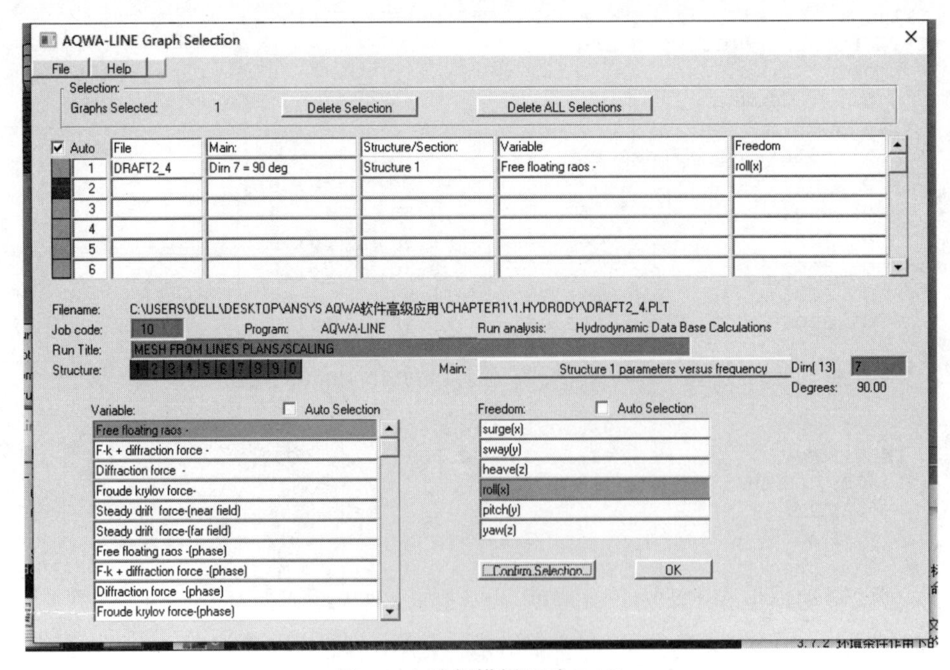

图 1.13　选择横摇运动 RAO

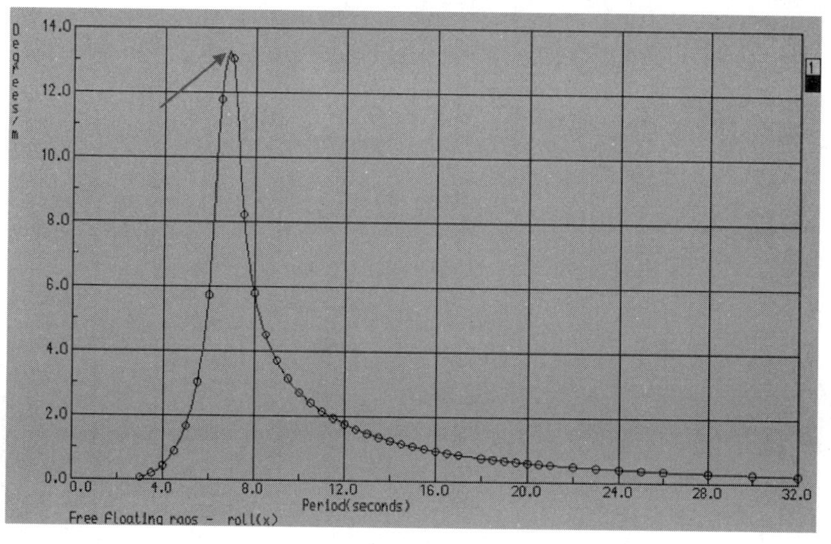

图 1.14 横浪横摇运动 RAO——无阻尼修正

（4）添加横摇阻尼。打开 draft2_4.lis 文件，找到静水刚度计算表，横摇静水刚度 K_roll 为 1.712E+09Nm/rad。

3. TOTAL HYDROSTATIC STIFFNESS

(WITH RESPECT TO STRUCTURE COG)

	Z	RX	RY	RZ
HEAVE(Z) =	2.67294E+07	-5.89973E+01	-2.82183E+07	0.00000E+00
ROLL (RX) =	-5.89973E+01	1.71268E+09	1.33975E+02	5.15128E+06
PITCH(RY) =	-2.82183E+07	1.33975E+02	1.65748E+10	-7.37778E+01

找到固有周期计算结果表，可以发现横摇固有周期约为 6.7s。

* * * * N A T U R A L   F R E Q U E N C I E S / P E R I O D S   F O R   S T R U C T U R E   1 * * * *

N.B. THESE NATURAL FREQUENCIES DO *NOT* INCLUDE STIFFNESS DUE TO MOORING LINES.

PERIOD NUMBER	PERIOD (SECONDS)	UNDAMPED NATURAL PERIOD(SECONDS)					
		SURGE(X)	SWAY(Y)	HEAVE(Z)	ROLL(RX)	PITCH(RY)	YAW(RZ)
30	10.00	0.00	0.00	7.79	7.07	7.51	0.00
31	9.50	0.00	0.00	7.63	7.04	7.39	0.00
32	9.00	0.00	0.00	7.46	7.00	7.26	0.00
33	8.50	0.00	0.00	7.30	6.94	7.11	0.00
34	8.00	0.00	0.00	7.16	6.88	6.94	0.00
35	7.50	0.00	0.00	7.03	6.80	6.75	0.00
36	7.00	0.00	0.00	6.93	6.73	6.57	0.00
37	6.50	0.00	0.00	6.85	6.66	6.39	0.00
38	6.00	0.00	0.00	6.79	6.59	6.25	0.00
39	5.50	0.00	0.00	6.76	6.54	6.15	0.00
40	5.00	0.00	0.00	6.76	6.51	6.06	0.00
41	4.50	0.00	0.00	6.81	6.49	6.02	0.00
42	4.00	0.00	0.00	6.85	6.50	5.98	0.00
43	3.50	0.00	0.00	6.89	6.52	5.96	0.00
44	3.00	0.00	0.00	6.87	6.53	5.94	0.00

找到 6.5s 对应的横摇附加转动惯量 Δm_{44}=9.3322E+08kg·m^2。

```
* * * * H Y D R O D Y N A M I C   P A R A M E T E R S   F O R   S T R U C T U R E   1 * * *
        ---------------------------------------------------------------------

                        (WITH RESPECT TO STRUCTURE COG)

                WAVE PERIOD =    6.500   WAVE FREQUENCY =  0.9666

                                  ADDED  MASS
                                  -----------
```

	X	Y	Z	RX	RY	RZ
X	2.9860E+05	0.0000E+00	-3.4480E+04	0.0000E+00	4.2995E+07	0.0000E+00
Y	0.0000E+00	1.6486E+06	0.0000E+00	-8.6718E+06	0.0000E+00	-1.3431E+06
Z	-3.4308E+04	0.0000E+00	2.4683E+07	0.0000E+00	-2.9584E+07	0.0000E+00
RX	0.0000E+00	-9.3820E+06	0.0000E+00	9.3322E+08	0.0000E+00	-2.4856E+07
RY	4.3075E+07	0.0000E+00	-2.9491E+07	0.0000E+00	1.3048E+10	0.0000E+00
RZ	0.0000E+00	-1.3097E+06	0.0000E+00	-1.8657E+07	0.0000E+00	8.7356E+08

横摇转动惯量 m_{44}=9.8959E+08kg·m^2。

横摇运动临界阻尼比：

$$2\sqrt{(m_{44}+\Delta m_{44})K_{ROLL}} \tag{1.9}$$

横摇临界阻尼比为 3.63E+09Nm/(rad/s)，这里添加 10%的临界阻尼，即 3.6294E+08 Nm/(rad/s)。

在 draft2_4.dat 文件 category7 添加横摇阻尼。

```
    07    WFS1
 * roll 10%
 END07FIDD                                        3.6294E+08
    08    NONE
```

保存文件重新计算并查看横浪作用下的横摇运动 RAO，如图 1.15 所示。添加横摇阻尼后横摇运动 RAO 峰值为 5.3°/m，比较合理。

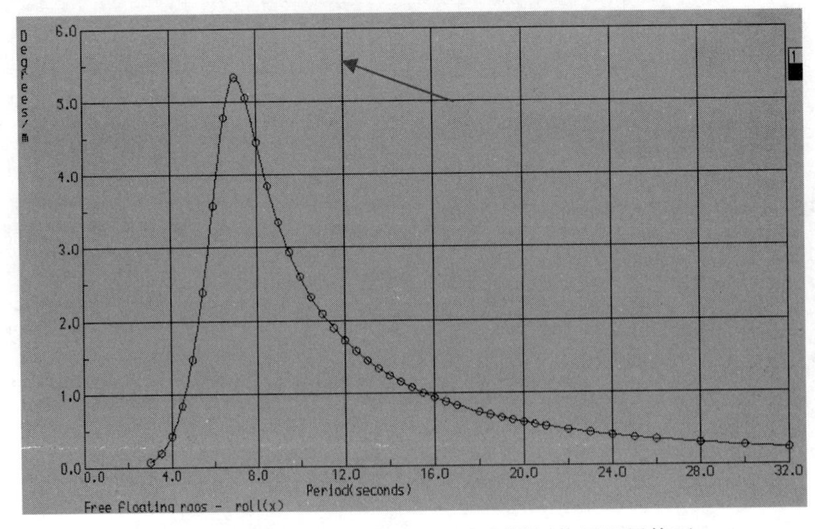

图 1.15　横浪横摇运动 RAO——10%横摇临界阻尼修正

注："加多少阻尼是合理的"这一问题在缺乏模型试验的前提下确实很难回答，更多时候是靠经验选取。如果有试验结果或者 CFD 的数据支持，这里可以添加更精确的阻尼。需要注意，这里添加的阻尼都是线性阻尼。在 AQWA 中可以添加舭龙骨来模拟其对于横摇运动的影响，具体可参考 AQWA 帮助手册的相关内容。

1.5 拖航阻力计算

近似地认为驳船的拖航阻力包括流力、风力、定常波浪力 3 种成分。

注：从本质上讲，船体受到的阻力包括空气阻力和水阻力，水阻力又可分为摩擦阻力、兴波阻力、黏压阻力，在工程应用上可简单近似认为流力、风力、定常波浪力三者之和为拖航物的总阻力。

新建静平衡计算文件来计算不同环境条件作用下的驳船拖航阻力，拖航海况见表 1.4。

表 1.4 拖航阻力计算目标海况*

工况	有义波高/m	谱峰周期/s	γ/-	风速/（m/s）	流速/（m/s）	航速/knots
静水	-	-	-	-	-	0～8
作业	2	6	2.4	15	0.5	2～7
极限	5	8.1～12.2	4.9～1.0	20	0.5	0

*以上海况根据 DNVGL-ST-N001 Section11.12.2 选择。H_s=5m 条件下要求被拖物不失去位置，此时没有航速。

驳船风力系数和流力系数见表 1.5，这里仅考虑驳船迎风、迎流条件下的风力、流力，此时风面积为 600m^2，流面积为 104.4m^2。

表 1.5 风流力系数

角度/（°）	风力系数/[N/(m/s)^2]	流力系数/[N/(m/s)^2]
	X 方向	X 方向
180	3.88E+02	5.33E+04

根据不同的航速可以手算出静水拖航状态下驳船的阻力情况，如图 1.16 所示。这个阻力仅包括船体航行所产生的流力。

在工程文件夹下新建 2.towing_resistence 文件夹。新建 1.op 子文件夹并新建 op.dat 文件，在该文件中定义以下内容。

1. 定义计算选项和水动力数据文件

选项中添加 PBIS，用于保留静态计算各个迭代步的载荷计算数据。RESTART 为 4～5，引用之前计算的水动力计算文件。

2. 输入风、流力系数

在 Category10 中输入风力、流力系数，这里仅输入迎浪和随浪方向对应数据。

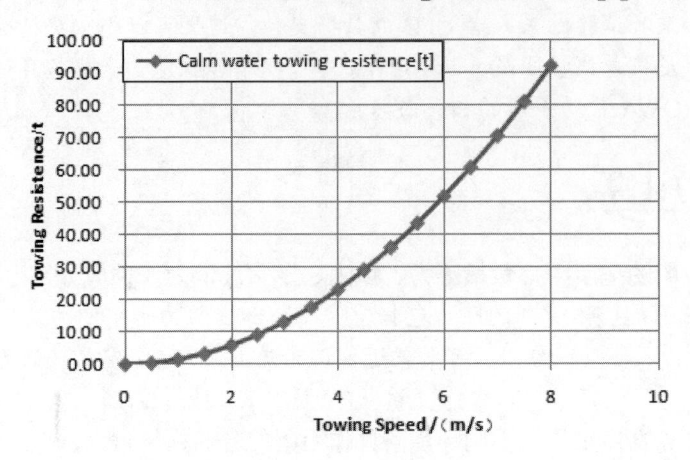

图 1.16　静水拖航阻力

```
JOB TANK  LIBR  STAT
TITLE                    Barge
OPTIONS REST PBIS END
RESTART   4  5        ..\..\1.hydroDy\Draft2_4
    09     NONE
    10     HLD1
    10SYMX
    10DIRN    1    6      0.00     15.00     30.00     45.00     60.00     75.00
    10DIRN    7   12     90.00    105.00    120.00    135.00    150.00    165.00
    10DIRN   13   13    180.00
*
    10WIFX    1    6  3.88E+02         0         0         0         0         0
    10WIFX    7   12         0         0         0         0         0         0
    10WIFX   13   13 -3.88E+02         0         0         0         0         0
*
*
    10CUFX    1    6  5.33E+04         0         0         0         0         0
    10CUFX    7   12         0         0         0         0         0         0
    10CuFX   13   13 -5.33E+04         0         0         0         0         0
 END10
```

3. 锁住纵荡、横荡、艏摇运动

在 Category12 中输入 DACF 命令，锁住纵荡、横荡、艏摇运动。

```
   11     ENVR
   11CURR        0.5      180
END11WIND         15      180
   12     CONS
   12DACF     1    1
   12DACF     1    2
END12DACF     1    6
   13     SPEC
   13SPDN                 180
END13JONH              0.300     2.0000        2.4       2.0     1.0472
   14     NONE
   15     STRT
END15POS1            45.1000     0.0000     3.5000     0.000     0.000     0.000
   16     LMTS
END16MXNI       1000
   17     NONE
   18     NONE
   19     NONE
   20     NONE
```

4. 定义环境条件

在 Category11 中定义风速和流速，流速 0.5m/s，风速 15m/s。

注：当然，这里的风力流力都可以通过手算来实现，也可以在软件中输入风力、流力系数来通过软件进行计算。

在 Category13 中定义海况，有义波高 2.0m，γ 值 2.4，谱峰频率 1.0472rad/s（6s）。

在 Category15 中输入重心位置，在 Category16 中输入迭代步数 1000 步。

输入完毕后运行 op.dat 文件，运行完毕后打开 op.lis 文件，找到载荷计算结果，可以看到定常波浪力（DRIFT）为 3.7976E+04N。

```
1    1    POSITION              45.1000        0.0000        3.5000
          GRAVITY            0.0000E+00    0.0000E+00   -6.9235E+07
          HYDROSTATIC       -1.8828E+00   -8.1110E-01    6.9240E+07
          CURRENT DRAG      -1.3325E+04    0.0000E+00    0.0000E+00
          WIND              -8.7300E+04    0.0000E+00    0.0000E+00
          DRIFT             -3.7976E+04    7.6956E-02    1.1686E+05
          MOORING            0.0000E+00    0.0000E+00    0.0000E+00
          THRUSTER           0.0000E+00    0.0000E+00    0.0000E+00
          TOTAL FORCE       -1.3860E+05   -7.3414E-01    1.2205E+05


2    1    POSITION              45.1000        0.0000        3.5000
          GRAVITY            0.0000E+00    0.0000E+00   -6.9235E+07
          HYDROSTATIC       -1.8828E+00   -8.1110E-01    6.9240E+07
          CURRENT DRAG      -1.3325E+04    0.0000E+00    0.0000E+00
          WIND              -8.7300E+04    0.0000E+00    0.0000E+00
          DRIFT             -3.7976E+04    7.6956E-02    1.1686E+05
          MOORING            0.0000E+00    0.0000E+00    0.0000E+00
          THRUSTER           0.0000E+00    0.0000E+00    0.0000E+00
          TOTAL FORCE       -1.3860E+05   -7.3414E-01    1.2205E+05
```

将计算结果进行整理，绘制阻力曲线，如图 1.17 所示。

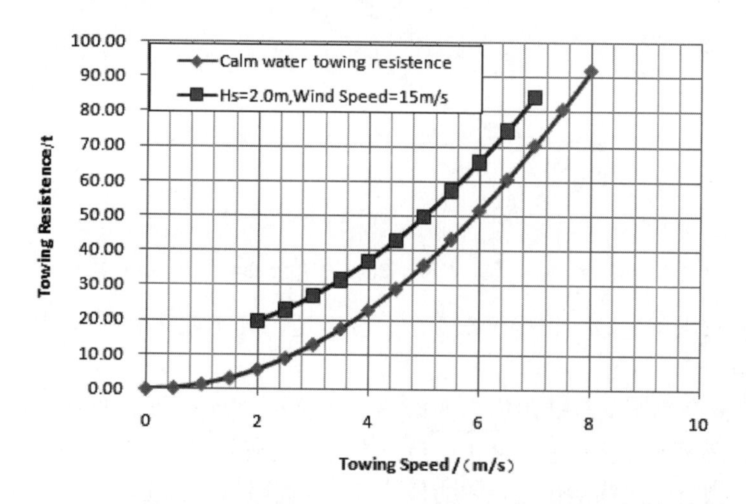

图 1.17　静水拖航阻力与 H_s=2.0m 状态下拖航阻力

新建 2.ex 文件夹，将 op.dat 拷贝至 2.ex 文件夹，重命名为 ex1.dat、ex2.dat、ex3.dat 文件，修改 3 个文件中 Category13 中的海况条件，分别为：

ex1：H_s =5.0m，γ=4.9，T_p=8.1s。

```
       13      SPEC
       13CURR                    0.500        180
       13SPDN                     180
     END13JONH                   0.300     2.0000          4.9         5.0      0.7757
```

ex2：H_s =5.0m，γ=2.4，T_p=9.5s。

```
       13      SPEC
       13CURR                    0.500        180
       13SPDN                     180
     END13JONH                   0.300     2.0000          2.4         5.0      0.6614
```

ex3：H_s =5.0m，γ=1.0，T_p =12.2s。

```
       13      SPEC
       13CURR                    0.500        180
       13SPDN                     180
     END13JONH                   0.300     2.0000          1.0         5.0      0.5150
```

运行这 3 个文件，查看计算结果文件，选取定常波浪力最大的工况计算总拖航阻力为 29.8t 并将其绘制在阻力曲线图 1.18 中。

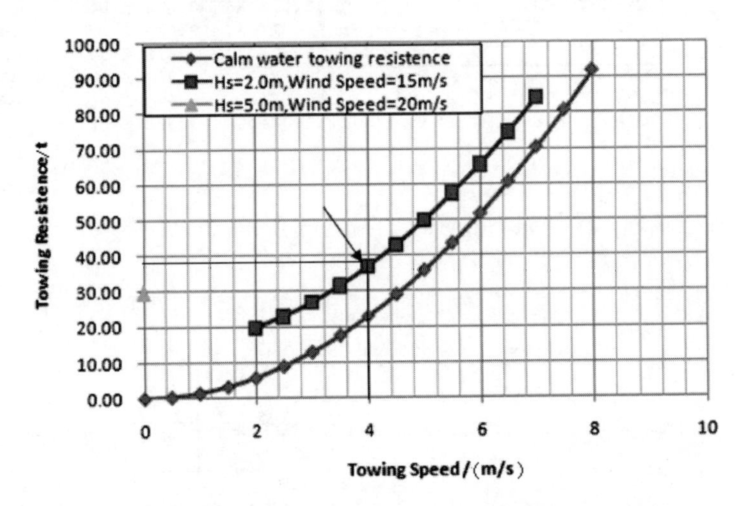

图 1.18　静水拖航阻力、H_s=2.0m、H_s =5.0m 状态下拖航阻力

根据设计要求来确定驳船一定海况下的目标航速，确定航速后与极端条件进行对比，确定最终的设计阻力。

有义波高 5m 条件下的拖航阻力为 30t，有义波高 2m 条件下的拖航阻力可根据曲线进行查找，如要求此海况下拖航航速不低于 4 节，则对应拖航阻力为 37t。37t 大于 30t，这时需要再考虑拖轮的阻力贡献最终给出设计阻力值。这个设计阻力包括拖轮阻力、驳船阻力，为最终的环境载荷设计值（Towline Pull Required，TPR）。

根据环境载荷设计值进行静态持续拖力（Static Continuous Bollard Pull，BP）的计算，确定 BP 以后进行拖轮选择（需要考虑拖轮的有效拖力百分比 Te），根据规范要求进行拖缆破断力、卸扣规格、其他连接件的选型。

在环境条件数据充足的条件下，应该根据具体拖航路线的环境条件来进行阻力计算，同时需要考虑拖航物的拖点强度与缆索搭配的可操作性。

1.6 频域运动分析

1.6.1 建立计算模型

在工程文件夹下新建 3.FD_motion 文件夹，在该文件夹下新建 3 个文件：afbarge_l.dat、afbarge_M.dat、afbarge_H.dat 用于驳船拖航频域计算，3 个文件对应海况分别为：

海况 1：H_s=2.6m，T_p=6s，γ=4.2。

海况 2：H_s=2.6m，T_p=7s，γ=2.1。

海况 3：H_s=2.6m，T_p=8s，γ=1.0。

打开 afbarge_l.dat，输入以下内容：

（1）在 JOB 位置输入 FER 进行频域分析，输入 WFRQ 仅进行波频运动分析。

```
JOB BAR   FER   WFRQ
TITLE                 BARGE
OPTIONS REST PRRS END
RESTART    4  5      ..\1.hydroDy\draft2_4
    09     NONE
    10     NONE
    11     NONE
    12     NONE
    13     SPEC
    13SPDN               0
    13JONH           0.100     2.9000       4.2        2.6     1.0472
    13SPDN              45
    13JONH           0.100     2.9000       4.2        2.6     1.0472
    13SPDN              90
    13JONH           0.100     2.9000       4.2        2.6     1.0472
    13SPDN             135
    13JONH           0.100     2.9000       4.2        2.6     1.0472
    13SPDN             180
    13JONH           0.100     2.9000       4.2        2.6     1.0472
    13SPDN             225
    13JONH           0.100     2.9000       4.2        2.6     1.0472
    13SPDN             270
    13JONH           0.100     2.9000       4.2        2.6     1.0472
    13SPDN             315
 END13JONH           0.100     2.9000       4.2        2.6     1.0472
```

（2）在 OPTION 中输入 PRRS 用于在*.lis 文件中输出运动响应跨零周期。

（3）在 RESTART 中输入 4 5 进行 starge4～starge5 计算，之后输入水动力计算文件路径。

（4）在 Category13 中输入波浪谱数据，波浪方向 0～315°，间隔 45°，有义波高 H_s=2.6m，γ=4.2，谱峰周期 T_p=6s（频率 1.0472rad/s）（对应海况 1）。

（5）在 Category15 中输入重心位置(X, Y, Z)=(45.1, 0.0, 3.5)。

输入完毕后运行 afbarge_l.dat 文件。

```
        14     NONE
        15     STRT
     END15POS1             45.1000    0.0000    3.5000    0.000    0.000    0.000
        16     NONE
        17     NONE
        18     PROP
        18ALLM
        18NODE     1 8001
        18NODE     1 8002
        18NODE     1 8003
        18NODE     1 8004
        18NODE     1 8005
     END18NODE     1 8006
        19     NONE
        20     NONE
```

运行完毕后通过 AGS→Run→Aqwa-Fer→Aqwa-Fer .RSS – Results Browser 可打开计算结果文件 AFBARGE_L.RSS 来查看计算结果，如图 1.19 所示。

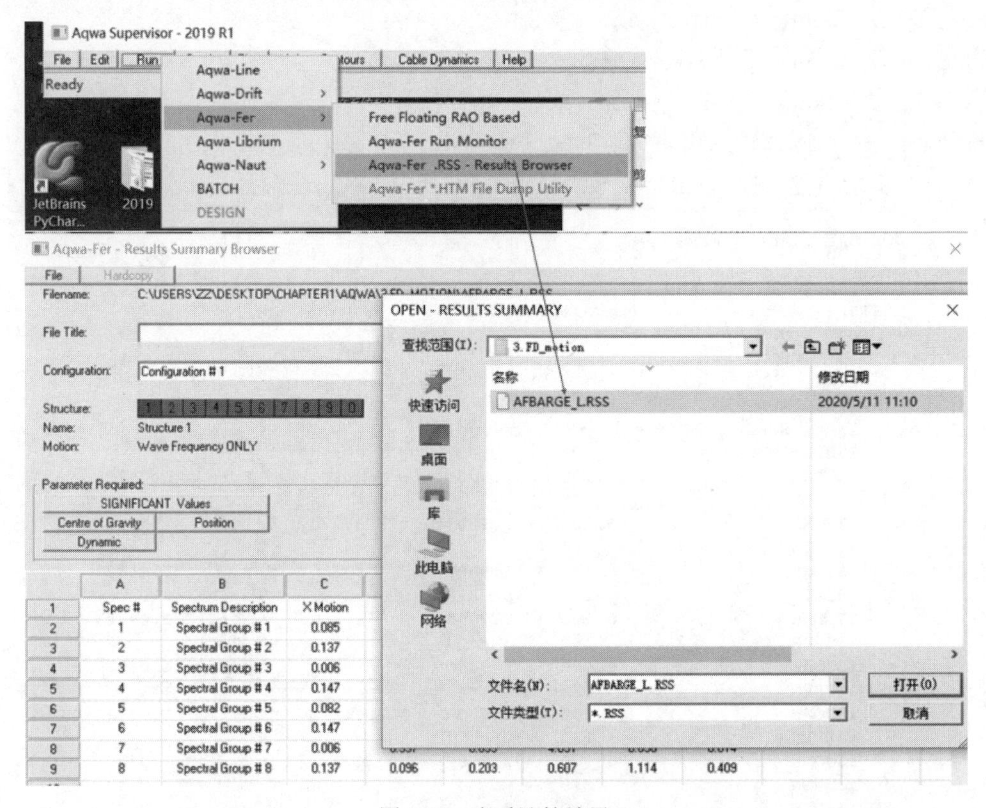

图 1.19　查看计算结果

1.6.2　运动幅值极值估计

在打开.RSS 文件弹出界面的 Parameter Required 中选择 SIGNIFICANT Values、Centre of Gravity、Position、Dynamic，显示整体重心位置对应 8 个波浪方向的 6 个自由度运动幅值有义值。选中所有结果数据后右击选择 COPY 复制，将数据在 Excel 表格中保存并显示，如图 1.20 所示。

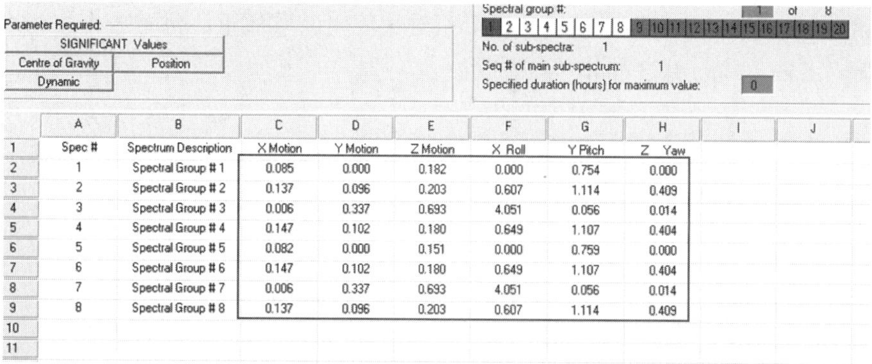

Parameter Required: SIGNIFICANT Values | Centre of Gravity | Position | Dynamic

Spectral group #: 1 of 8 | 1 2 3 4 5 6 7 8 9 10 11 12 13 14 15 16 17 18 19 20
No. of sub-spectra: 1
Seq # of main sub-spectrum: 1
Specified duration (hours) for maximum value: 0

	A	B	C	D	E	F	G	H
1	Spec #	Spectrum Description	X Motion	Y Motion	Z Motion	X Roll	Y Pitch	Z Yaw
2	1	Spectral Group # 1	0.085	0.000	0.182	0.000	0.754	0.000
3	2	Spectral Group # 2	0.137	0.096	0.203	0.607	1.114	0.409
4	3	Spectral Group # 3	0.006	0.337	0.693	4.051	0.056	0.014
5	4	Spectral Group # 4	0.147	0.102	0.180	0.649	1.107	0.404
6	5	Spectral Group # 5	0.082	0.000	0.151	0.000	0.759	0.000
7	6	Spectral Group # 6	0.147	0.102	0.180	0.649	1.107	0.404
8	7	Spectral Group # 7	0.006	0.337	0.693	4.051	0.056	0.014
9	8	Spectral Group # 8	0.137	0.096	0.203	0.607	1.114	0.409

Significant Motion Amplitude Value Summary @ Cog						
Heading	Surge[m]	Sway[m]	Heave[m]	Roll[deg]	Pitch[deg]	Yaw[deg]
0	0.085	0.000	0.182	0.000	0.754	0.000
45	0.137	0.096	0.203	0.607	1.114	0.409
90	0.006	0.337	0.693	4.051	0.056	0.014
135	0.147	0.102	0.180	0.649	1.107	0.404
180	0.082	0.000	0.151	0.000	0.759	0.000
225	0.147	0.102	0.180	0.649	1.107	0.404
270	0.006	0.337	0.693	4.051	0.056	0.014
315	0.137	0.096	0.203	0.607	1.114	0.409

图 1.20　整体重心位置 8 个波浪方向 6 个自由度运动幅值有义值结果

在 Parameter Required 中选择 SIGNIFICANT Values、Selected Nodes、Position、Dynamic，勾选 Rotn 复选框，显示各个货物重心位置对应单个波浪方向的 6 个自由度运动幅值有义值。通过点击右侧 Wave Spectral Group 中的数字来切换不同方向波浪作用下的运动响应结果。

鼠标框选所有结果右击复制，如图 1.21 所示，将数据在 Excel 表格中保存。

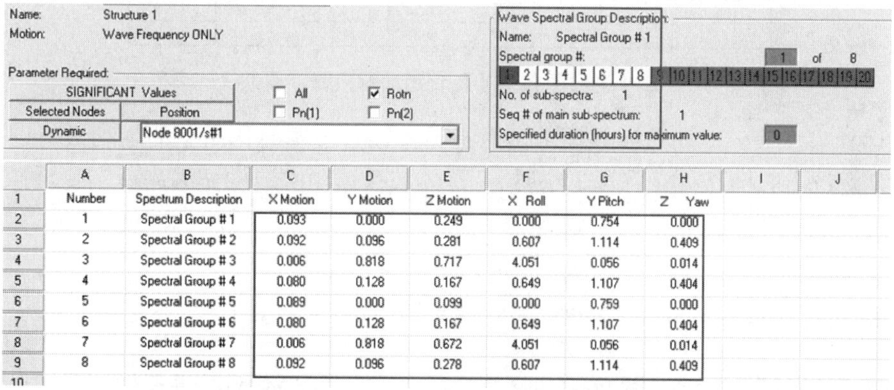

Name: Structure 1
Motion: Wave Frequency ONLY

Parameter Required: SIGNIFICANT Values | Selected Nodes | Position | Dynamic | Node 8001/s#1
All | Rotn | Pn(1) | Pn(2)

Wave Spectral Group Description:
Name: Spectral Group # 1
Spectral group #: 1 of 8 | 1 2 3 4 5 6 7 8 9 10 11 12 13 14 15 16 17 18 19 20
No. of sub-spectra: 1
Seq # of main sub-spectrum: 1
Specified duration (hours) for maximum value: 0

	A	B	C	D	E	F	G	H
1	Number	Spectrum Description	X Motion	Y Motion	Z Motion	X Roll	Y Pitch	Z Yaw
2	1	Spectral Group # 1	0.093	0.000	0.249	0.000	0.754	0.000
3	2	Spectral Group # 2	0.092	0.096	0.281	0.607	1.114	0.409
4	3	Spectral Group # 3	0.006	0.818	0.717	4.051	0.056	0.014
5	4	Spectral Group # 4	0.080	0.128	0.167	0.649	1.107	0.404
6	5	Spectral Group # 5	0.089	0.000	0.099	0.000	0.759	0.000
7	6	Spectral Group # 6	0.080	0.128	0.167	0.649	1.107	0.404
8	7	Spectral Group # 7	0.006	0.818	0.672	4.051	0.056	0.014
9	8	Spectral Group # 8	0.092	0.096	0.278	0.607	1.114	0.409

图 1.21　重心位置对应单个波浪方向的 6 个自由度运动幅值有义值结果

经整理，船体整体重心及货物重心位置 8 个波浪方向下的运动幅值有义值如图 1.22 所示。

Significant Motion Amplitude Value Summary						
Position	Surge[m]	Sway[m]	Heave[m]	Roll[deg]	Pitch[deg]	Yaw[deg]
cog	0.147	0.337	0.693	4.052	1.114	0.409
Node 8001/s#1	0.093	0.818	0.717	4.052	1.114	0.409
Node 8002/s#1	0.103	0.861	0.725	4.052	1.114	0.409
Node 8003/s#1	0.335	1.720	0.861	4.052	1.114	0.409
Node 8004/s#1	0.267	1.483	0.784	4.052	1.114	0.409
Node 8005/s#1	0.128	0.503	1.431	4.052	1.114	0.409
Node 8006/s#1	0.142	0.438	1.439	4.052	1.114	0.409

图 1.22　整体重心位置及货物重心位置 8 个波浪方向中运动幅值有义值

打开 afbarge_l.lis 文件，将运动响应谱分析结果给出的整体重心位置 6 个自由度波频运动跨零周期提取出来，如图 1.23 所示。

```
                    * * * * R E S P O N S E   S P E C T R U M * * * *
                            - - - - - - - - - - - - - - - - - -

                N.B. IN FRA AXIS FRAME
                     INCLUDING CONTRIBUTIONS FROM *ALL* SUB-DIRECTIONS.

                                SPECTRAL GROUP NUMBER  1
                                ------------------------

FREQUENCY  SPECTRAL      SURGE(X)     SWAY(Y)     HEAVE(Z)     ROLL(RX)    PITCH(RY)      YAW(RZ)

 (RAD/S)   ORDINATE
-------------------------------------------------------------------------------------------------

...

21 2.8972     0.01         0.000        0.000        0.000        0.000        0.000        0.000
 ZERO CROSSING PERIODS
 ---------------------

 STRUCT      1 DRIFT FREQ    125.664    125.664    125.664    125.664    125.664    125.664
               WAVE  FREQ      7.342      6.283      6.215      6.283      6.316      6.283
               ALL   FREQ      7.342      6.283      6.215      6.283      6.316      6.283
```

ZERO CROSSING PERIODS [s]						
Heading	Surge	Sway	Heave	Roll	Pitch	Yaw
0	7.342	6.283	6.215	6.283	6.316	6.283
45	7.070	7.245	6.792	6.232	6.429	6.369
90	5.812	5.978	6.270	6.257	5.802	5.926
135	6.987	7.144	6.913	6.266	6.434	6.370
180	7.569	6.283	6.262	6.283	6.326	6.283
225	6.987	7.144	6.913	6.266	6.434	6.370
270	5.812	5.978	6.270	6.257	5.802	5.926
315	7.070	7.245	6.792	6.232	6.429	6.369

图 1.23　整体重心位置运动响应跨零周期

已知运动有义值、运动跨零周期，可对指定持续时间海况作用下的运动极值进行估计，对于“短期海况”时间 T（一般为 3 小时），浮体波频运动次数为 T/T_{1R} 次，T_{1R} 近似取平均跨零周期，则浮体运动最可能极值（MPM）R_{mpm} 为：

$$R_{mpm} = \sqrt{2m_{0R} \ln \frac{T}{T_{1R}}} \tag{1.10}$$

对整体重心位置的 6 个自由度运动幅值最可能极大值（MPM）进行估计，结果如图 1.24 所示。

Max Motion Probable Amplitude Value Summary @ Cog						
Position	Surge[m]	Sway[m]	Heave[m]	Roll[deg]	Pitch[deg]	Yaw[deg]
0	0.137	0.000	0.406	0.000	1.644	0.000
45	0.230	0.157	0.376	1.385	2.289	0.860
90	0.016	0.840	1.508	8.803	0.144	0.037
135	0.253	0.166	0.324	1.394	2.270	0.850
180	0.124	0.000	0.332	0.000	1.649	0.000
225	0.253	0.166	0.324	1.394	2.270	0.850
270	0.016	0.840	1.508	8.803	0.144	0.037
315	0.230	0.157	0.376	1.385	2.289	0.860

图 1.24　整体重心位置 6 个自由度运动幅值最可能极值（MPM）

将 MPM 除以有义值，则 MPM 是有义值的 1.91～1.93 倍，略大于通常的 1.86。

计算 P90 值：P=90%（P90），1-P=0.1 对应极值：

$$R_{P90}=\sqrt{2m_{0R}\ln\left(\frac{T}{T_{1R}0.1}\right)} \tag{1.11}$$

则整体重心位置对应的 P90 值如图 1.25 所示。

P90 Amplitude Value Summary @ Cog						
Position	Surge[m]	Sway[m]	Heave[m]	Roll[deg]	Pitch[deg]	Yaw[deg]
0	0.158	0.000	0.464	0.000	1.881	0.000
45	0.263	0.180	0.431	1.584	2.620	0.984
90	0.018	0.961	1.725	10.071	0.164	0.042
135	0.290	0.191	0.371	1.595	2.598	0.973
180	0.142	0.000	0.380	0.000	1.887	0.000
225	0.290	0.191	0.371	1.595	2.598	0.973
270	0.018	0.961	1.725	10.071	0.164	0.042
315	0.263	0.180	0.431	1.584	2.620	0.984

图 1.25　整体重心位置 P90 值

将整体重心位置的 P90 值除以有义值，则 P90 值是有义值的 2.19～2.22 倍。通常而言，P90 值是有义值的 2.15 倍，P95 极值是有义值的 2.23 倍左右。

1.6.3　AGS 给出的极值对应的极值水平

用户可以通过 AGS 给出极值，但这个极值水平我们是不清楚的。这里可以进行一下比较来确定该极值对应的极值水平。

在 Parameter Required 中选择 MAXIMUM – Duration = 3hrs、Centre of Gravity、Position、Dynamic，显示整体重心位置对应 8 个波浪方向的 6 个自由度运动幅值有义值，如图 1.26 所示。鼠标框选所有结果右击复制到 Excel 表格中保存。

Parameter Required:
MAXIMUM - Duration = 3 hrs
Centre of Gravity　Position
Dynamic

Spectral group #:
1 2 3 4 5 6 7 8 9 10 11 12
No. of sub-spectra:　1
Seq # of main sub-spectrum:　1
Specified duration (hours) for maximum value:

	A	B	C	D	E	F	G	H
1	Spec #	Spectrum Description	X Motion	Y Motion	Z Motion	X Roll	Y Pitch	Z Yaw
2	1	Spectral Group # 1	0.183	0.000	0.392	0.000	1.625	0.000
3	2	Spectral Group # 2	0.296	0.207	0.436	1.308	2.401	0.881
4	3	Spectral Group # 3	0.013	0.726	1.493	8.729	0.122	0.031
5	4	Spectral Group # 4	0.317	0.220	0.389	1.398	2.385	0.871
6	5	Spectral Group # 5	0.177	0.000	0.325	0.000	1.636	0.000
7	6	Spectral Group # 6	0.317	0.220	0.389	1.398	2.385	0.871
8	7	Spectral Group # 7	0.013	0.726	1.493	8.729	0.122	0.031
9	8	Spectral Group # 8	0.296	0.207	0.436	1.308	2.401	0.881

图 1.26　整体重心位置对应 8 个波浪方向的 6 个自由度运动幅值有义值

将该极值除以之前给出的整体重心运动幅值有义值可以发现：AGS 给出的极值是有义值的 2.15 倍左右，比较接近 P90 极值（图 1.27）。

Max Motion Amplitude Value Summary @ Cog -AGS						
Heading	Surge[m]	Sway[m]	Heave[m]	Roll[deg]	Pitch[deg]	Yaw[deg]
0	0.183	0.000	0.392	0.000	1.625	0.000
45	0.296	0.207	0.436	1.308	2.401	0.881
90	0.013	0.726	1.493	8.729	0.122	0.031
135	0.317	0.220	0.389	1.398	2.385	0.871
180	0.177	0.000	0.325	0.000	1.636	0.000
225	0.317	0.220	0.389	1.398	2.385	0.871
270	0.013	0.726	1.493	8.729	0.122	0.031
315	0.296	0.207	0.436	1.308	2.401	0.881

图 1.27　AGS 给出的整体重心的运动极值

这里仅计算了驳船拖航整体重心位置的极值情况，用户可以通过本小节的方法计算各个货物重心位置对应的运动极值情况，在此不再赘述。

1.6.4　运动加速度结果统计

同样的方法，通过 AGS 查看整体重心位置的加速度幅值极值结果和各个货物重心位置的加速度幅值极值结果，将这些数据保存在 Excel 表中进行进一步处理，如图 1.28 和图 1.29 所示。

Parameter Required:
MAXIMUM - Duration = 3 hrs
Centre of Gravity | Acceleration
Dynamic

1 | 2 | 3 | 4 | 5 | 6 | 7 | 8 | 9 | 10 | 11 | 1
No. of sub-spectra: 1
Seq # of main sub-spectrum: 1
Specified duration (hours) for maximum value

	A	B	C	D	E	F	G	H
1	Spec #	Spectrum Description	X Motion	Y Motion	Z Motion	X Roll	Y Pitch	Z Yaw
2	1	Spectral Group # 1	0.143	0.000	0.415	0.000	1.689	0.000
3	2	Spectral Group # 2	0.241	0.166	0.391	1.404	2.344	0.878
4	3	Spectral Group # 3	0.016	0.878	1.541	8.994	0.146	0.038
5	4	Spectral Group # 4	0.264	0.181	0.338	1.459	2.327	0.869
6	5	Spectral Group # 5	0.130	0.000	0.340	0.000	1.695	0.000
7	6	Spectral Group # 6	0.264	0.181	0.338	1.459	2.327	0.869
8	7	Spectral Group # 7	0.016	0.878	1.541	8.994	0.146	0.038
9	8	Spectral Group # 8	0.241	0.166	0.391	1.404	2.344	0.878
10								

Max Acc. Amplitude Value Summary @ Cog						
Heading	Surge[m/s2]	Sway[m/s2]	Heave[m/s2]	Roll[deg/s2]	Pitch[deg/s2]	Yaw[deg/s2]
0	0.154	0.000	0.453	0.000	1.835	0.000
45	0.259	0.177	0.422	1.545	2.560	0.960
90	0.018	0.935	1.682	9.826	0.159	0.040
135	0.284	0.189	0.363	1.556	2.539	0.950
180	0.139	0.000	0.371	0.000	1.842	0.000
225	0.284	0.189	0.363	1.556	2.539	0.950
270	0.018	0.935	1.682	9.826	0.159	0.040
315	0.259	0.177	0.422	1.545	2.560	0.960

图 1.28　AGS 给出的整体重心的加速度幅值极值

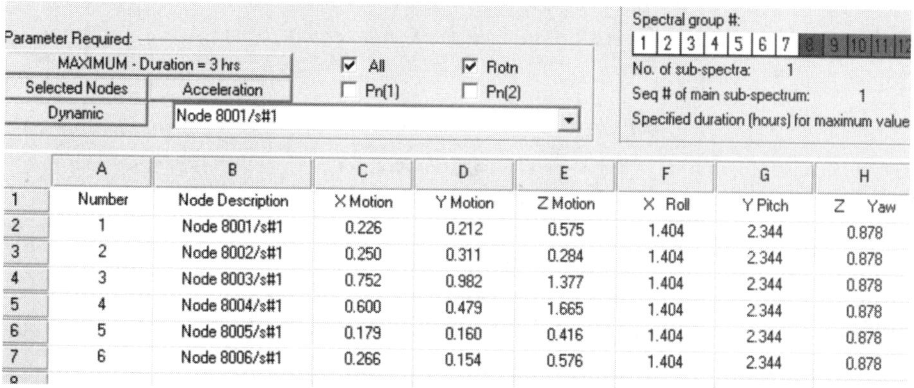

Parameter Required:

MAXIMUM - Duration = 3 hrs

Selected Nodes　Acceleration

Dynamic　Node 8001/s#1

All　Rotn　Pn(1)　Pn(2)

Spectral group #: 1 2 3 4 5 6 7 8 9 10 11 12

No. of sub-spectra: 1

Seq # of main sub-spectrum: 1

Specified duration (hours) for maximum value

	A	B	C	D	E	F	G	H
1	Number	Node Description	X Motion	Y Motion	Z Motion	X Roll	Y Pitch	Z Yaw
2	1	Node 8001/s#1	0.226	0.212	0.575	1.404	2.344	0.878
3	2	Node 8002/s#1	0.250	0.311	0.284	1.404	2.344	0.878
4	3	Node 8003/s#1	0.752	0.982	1.377	1.404	2.344	0.878
5	4	Node 8004/s#1	0.600	0.479	1.665	1.404	2.344	0.878
6	5	Node 8005/s#1	0.179	0.160	0.416	1.404	2.344	0.878
7	6	Node 8006/s#1	0.266	0.154	0.576	1.404	2.344	0.878

Max Acc. Amplitude Value Summary						
Position	Surge[m/s2]	Sway[m/s2]	Heave[m/s2]	Roll[deg/s2]	Pitch[deg/s2]	Yaw[deg/s2]
cog	0.264	0.878	1.541	8.994	2.344	0.878
Node 8001/s#1	0.243	2.066	1.490	8.994	2.344	0.878
Node 8002/s#1	0.261	2.164	1.620	8.994	2.344	0.878
Node 8003/s#1	0.752	4.076	1.840	8.994	2.344	0.878
Node 8004/s#1	0.600	3.545	1.732	8.994	2.344	0.878
Node 8005/s#1	0.257	1.347	0.861	8.994	2.344	0.878
Node 8006/s#1	0.281	1.188	3.239	8.994	2.344	0.878

图 1.29　AGS 给出的各货物重心加速度幅值极值

1.6.5　货物载荷

海上运输的货物绑扎在运输驳船上，运输驳船在波浪的周期性作用下产生运动加速度，货物作用在甲板上的惯性载荷因为驳船的运动而发生变化，同时，货物还受到风力载荷的作用。对结构专业而言，货物的惯性载荷、风力载荷用于校核结构物本身强度、绑扎件强度以及支撑货物的甲板强度等，在此基础上进行绑扎件的选型和设计、焊缝校核以及甲板强度校核等工作。

货物加速度可以参照 DNVGL-ST-N001 的推荐值（规范值）来给出，也可以通过浮体专业进行运动分析来提供，需要充分评估设计海况条件以及运输运动的真实响应来确定究竟利用哪种方式来给出加速度值。

货物在运输驳船上受到横摇运动、纵摇运动和升沉运动的联合影响。横摇运动的旋转中心为整体重心位置。由于横摇运动，货物作用在船体甲板上的垂向载荷应为重力载荷的分量加上横摇加速度的贡献，其中重力和升沉运动的贡献为：

$$Fv\_Static + H\_Roll = (g + A\_heave) \times Mass \times \cos(\theta\_Roll) \quad 或 \tag{1.12}$$

$$Fv\_Static - H\_Roll = (g - A\_heave) \times Mass \times \cos(\theta\_Roll) \tag{1.13}$$

式中，g 为重力加速度；A_heave 为升沉运动加速度；$Mass$ 为货物重量；θ_Roll 为横摇运动最大值（这个值应该考虑到风倾力矩对横倾的贡献）。

横摇运动加速度的贡献为：

$$Fv\_Roll = Mass \times A\_Roll \times Ycg \tag{1.14}$$

式中，A_Roll 为横摇运动角加速度；Ycg 为货物重心与整体重心之间的水平距离。

货物平行于甲板的横向力的重力贡献为：

$$Ft\_Static{+}H\_Roll = (g{+}A\_heave) \times Mass \times \sin(Roll) \quad 或 \tag{1.15}$$

$$Ft\_Static\text{-}H\_Roll = (g\text{-}A\_heave) \times Mass \times \sin(Roll) \tag{1.16}$$

横摇运动加速度的贡献为：

$$Ft\_Roll = Mass \times A\_Roll \times Zcg \tag{1.17}$$

货物重心局部坐标系平行于船体重心坐标系，Zcg 为二者之间的距离。横摇运动状态下甲板货物状态如图 1.30 所示。

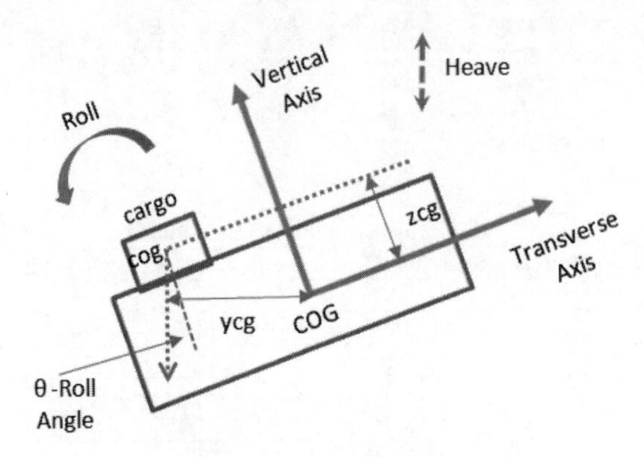

图 1.30　横摇运动状态下甲板货物状态

对于纵摇运动，货物垂直于甲板的垂向力的重力贡献为：

$$Fv\_Static+H\_Pitch = (g+A\_heave) \times Mass \times \cos(\delta\_Pitch) \quad 或 \tag{1.18}$$

$$Fv\_Static\text{-}H\_Pitch = (g\text{-}A\_heave) \times Mass \times \cos(\delta\_Pitch) \tag{1.19}$$

纵摇运动加速度的贡献为：

$$Fv\_Pitch = Mass \times A\_Pitch \times Xcg \tag{1.20}$$

货物平行于甲板的纵向力的重力贡献为：

$$Ft\_Static+H\_Pitch = (g+A\_heave) \times Mass \times \sin(\delta\_Pitch) \quad 或 \tag{1.21}$$

$$Ft\_Static\text{-}H\_Pitch = (g\text{-}A\_heave) \times Mass \times \sin(\delta\_Pitch) \tag{1.22}$$

纵摇运动加速度的贡献为：

$$Ft\_Pitch = Mass \times A\_Pitch \times Zcg \tag{1.23}$$

纵摇运动状态下甲板货物状态如图 1.31 所示。

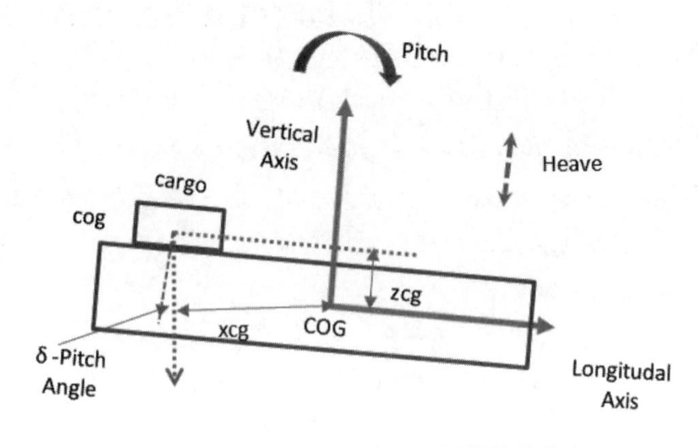

图 1.31　纵摇运动状态下甲板货物状态

以货物 BST5 为例计算货物载荷。BST5 重 150t，其重心位置为：(X, Y, Z)=(39.4, -0.39, 16.6)（参见表 1.2）。

通过上一节的方法将货物 BST5 重心位置（NODE8001）对应的加速度极值结果提取出来，如图 1.32 所示。

Max Acc. Amplitude Value Summary @ Node 8001						
Heading	**Surge[m/s2]**	**Sway[m/s2]**	**Heave[m/s2]**	**Roll[deg/s2]**	**Pitch[deg/s2]**	**Yaw[deg/s2]**
0	0.243	0.000	0.571	0.000	1.689	0.000
45	0.226	0.212	0.581	1.404	2.344	0.878
90	0.015	2.066	1.597	8.994	0.146	0.038
135	0.197	0.325	0.274	1.459	2.327	0.869
180	0.235	0.000	0.208	0.000	1.695	0.000
225	0.196	0.325	0.274	1.459	2.327	0.869
270	0.015	2.066	1.490	8.994	0.146	0.038
315	0.226	0.212	0.575	1.404	2.344	0.878

图 1.32 货物 BST5 重心位置的运动加速度极值

根据运动结果得知，整体横浪横摇运动最大值为 8.73°，迎浪/随浪纵摇运动最大值为 1.64°。

货物重量及重心位置、运动加速度极值、横摇纵摇运动最大值均已知，对 BST5 相对于驳船甲板的横向力、垂向力进行计算（这里未考虑风力作用）。

为了方便计算，这里将升沉运动加速度取 0.2g。载荷工况包括正负升沉运动与横摇运动的正负组合、正负升沉运动与纵摇运动的正负组合，计算结果如图 1.33 所示。

BST5 的最大横向力为 497kN（横摇状态），最大垂向力为 1792kN（纵摇状态）。

需要指出的是，这里未考虑风力的贡献，对于波浪方向仅考虑了横浪和迎浪/随浪的工况，如果需要计算斜浪工况，则需要对横摇、纵摇运动贡献进行组合，具体组合方法可参考 DNVGL-ST-N001 的相关要求。

Max roll angle	8.73	°
Max pitch angle	1.64	°
Max roll Acc	8.994	°/s2
Max pitch Acc	1.695	°/s2
xcg	6.0	m
ycg	1.10	m
zcg	9.7	m

Cargo Force	Trans [kN]	Vertical [kN]
Static +H roll	268.0	1745.3
Static -H roll	178.7	1163.6
Dyanmic R	228.3	9.09
+H+R	**496.3**	**1754.4**
+H-R	39.7	1736.3
-H+R	406.9	1172.7
-H-R	-49.6	1154.5
Cargo Force	Trans [kN]	Vertical [kN]
Static +H pitch	50.5	1765.1
Static -H pitch	33.7	1176.7
Dyanmic P	43.0	26.46
+H+P	**93.6**	**1791.5**
+H-P	7.5	1738.6
-H+P	76.7	1203.2
-H-P	-9.3	1150.3

图 1.33 货物 BST5 的货物载荷（未考虑风力作用）

1.7 总纵弯矩/剪力

结构物海上拖航运输需要对装载货物的驳船进行总纵强度分析以保证航行安全。通常情况下对船舶进行静水弯矩和剪力的计算比较容易实现，目前对于波浪弯矩和剪力进行计算主要有以下 3 种手段。

1. 规范计算

可以参照各船级社的钢制海船入级规范来进行计算，但一般采用规范值需要满足规范要求的前提条件，诸如船长与船宽比、船宽与型深比以及方形系数等。在满足前提条件的情况下才可以考虑用规范计算的波浪弯矩剪力用于整体总纵强度校核。

2. 准静态等效设计波

实际工程中比较常用的是等效设计波方法。该方法假定一个较大的设计波，用此设计波来计算运输船所遭遇的最大波浪弯矩和剪力。一般规则波波长等于船长，波高根据实际遭遇海况进行计算，在缺乏依据的时候可以参照 DNVGL-ST-N001 来选取：

$$H_w = 0.61\sqrt{L_w} \tag{1.24}$$

式中：L_w 为船长；H_w 为等效设计波波高。

确定设计波高后将波峰位置沿着船长方向移动，从而计算出最恶劣的载荷工况，分析结果如图 1.34 和图 1.35 所示。

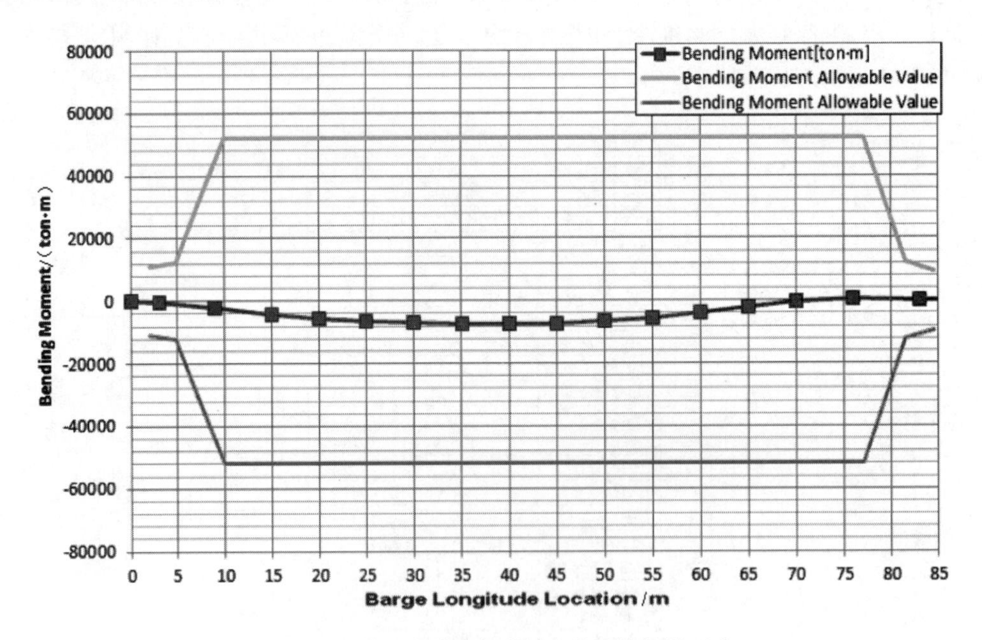

图 1.34　运输驳船总弯矩曲线与许用值比较示意

通常而言，准静态等效设计波给出的结果偏于保守。

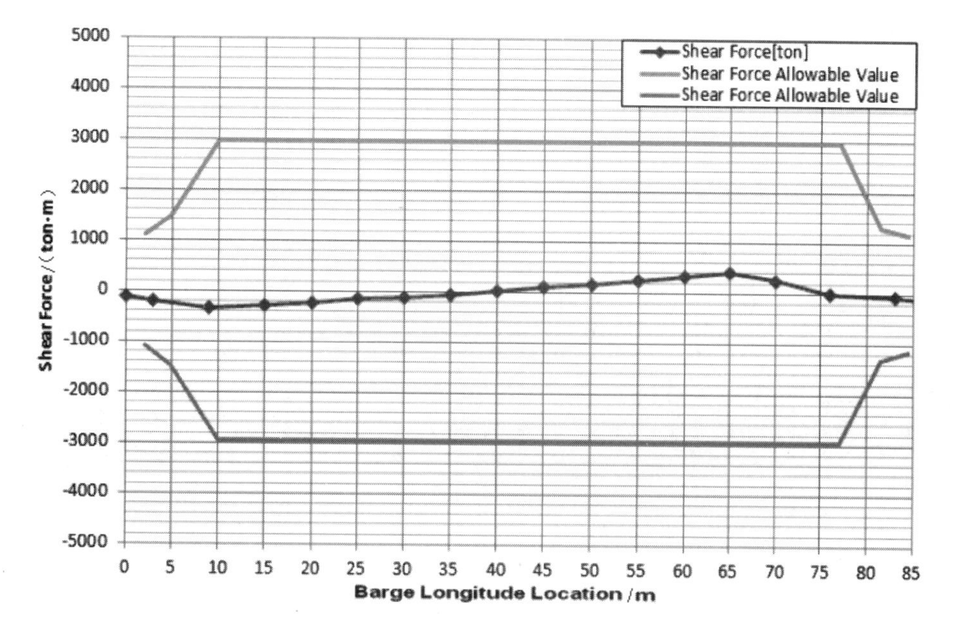

图 1.35 运输驳船总剪力曲线与许用值比较示意

3. 直接计算

直接计算首先需要建立船体的水动力计算模型和质量分布模型，通过水动力计算得出作用在船体上的流体动力，进而获得波浪诱导船体剖面载荷传递函数。根据运输途径海况，采用谱分析方法对运输船所能遭受的波浪弯矩和剪力进行预报。一般对于运输时间较长的运输作业需要进行长期预报。进行长期预报需要首先确定超越概率水平。

经典 AQWA 可以通过 AGS 来进行波浪弯矩和剪力的传递函数（RAO）计算以及给定海况的波浪弯矩有义值计算，在此基础上可以进行短期预报和长期预报。

本节仅对使用经典 AQWA 进行短期弯矩剪力值预报进行介绍。

在工程文件夹下新建 4.SFBM 文件夹，新建 draft2_4_SFBM.MSD 文件，在该文件中将 1.3.2 节计算的沿着船长方向的重量分布输入。

MSD 文件如图 1.36 所示，包括以下内容：

（1）文件第一行输入文件名称。

（2）第二行对应各个变量含义，每一行包括 8 个量：SECTION、MASS（重量）、X、Y、Z（重量的重心位置）、START、FINISH（重量沿着船长方向的起止位置）、Radius of gyration（重量的回转半径）。

（3）第三行输入 Ixx 表示输入的回转半径为横摇回转半径，如果包含其他方向则还需要输入 Iyy、Izz。

（4）第四行定义重量截面的中性轴。

（5）第五行以下输入各个定义位置的重量、重心、起止位置以及回转半径信息。

```
BARGE EXAMPLE,,,,,,,
SECTION  MASS      X   Y   Z START FINISH Radius of gyration
Ixx
NEUTRAL,  2.75
STEP 1 ,  50.00 ,   2.5, 0, 6.9,  0,  5   , 11.8
STEP 2 , 190.00 ,   7.5, 0, 6.9,  5, 10   , 11.8
STEP 3 , 345.00 ,  12.5, 0, 6.9, 10, 15   , 11.8
STEP 4 , 250.00 ,  17.5, 0, 6.9, 15, 20   , 11.8
STEP 5 , 740.00 ,  22.5, 0, 6.9, 20, 25   , 11.8
STEP 6 , 619.40 ,  27.5, 0, 6.9, 25, 30   , 11.8
STEP 7 , 240.00 ,  32.5, 0, 6.9, 30, 35   , 11.8
STEP 8 , 396.00 ,  37.5, 0, 6.9, 35, 40   , 11.8
STEP 9 , 878.20 ,  42.5, 0, 6.9, 40, 45   , 11.8
STEP 10, 659.00 ,  47.5, 0, 6.9, 45, 50   , 11.8
STEP 11, 335.00 ,  52.5, 0, 6.9, 50, 55   , 11.8
STEP 12, 230.00 ,  57.5, 0, 6.9, 55, 60   , 11.8
STEP 13, 644.20 ,  62.5, 0, 6.9, 60, 65   , 11.8
STEP 14, 629.20 ,  67.5, 0, 6.9, 65, 70   , 11.8
STEP 15, 150.00 ,  72.5, 0, 6.9, 70, 75   , 11.8
STEP 16, 180.00 ,  77.5, 0, 6.9, 75, 80   , 11.8
STEP 17, 250.00 ,  82.5, 0, 6.9, 80, 85   , 11.8
STEP 18, 224.00 ,  87.5, 0, 6.9, 85, 90   , 11.8
STEP 19,  50.00 , 92.58, 0, 6.9, 90, 95.16, 11.8
```

图 1.36　驳船重量分布文件内容（MSD 文件）

将 1.HydroDy 文件夹下的水动力计算文件 draft2_4.dat 拷贝至 4.SFBM 文件夹并重命名为 Draft2_4SFBM.dat。打开该文件进行以下修改：

（1）将 RESTART 后改为 1　5。

```
JOB MESH  LINE
TITLE                  MESH FROM LINES PLANS/SCALING
OPTIONS REST GOON END
RESTART    1   5
```

（2）对 Category6 进行修改，引用水动力计算文件 draft2_4.HYD。

```
   05     GLOB
   05DPTH  1000.000
   05DENS 1024.4000
END05ACCG     9.8067
   06     FDR1
   06FILE            ..\1.hydroDy\draft2_4.HYD
   06CSTR     1
END06CPDB
```

（3）输入 Category7～Category20，均为 NONE。

```
07     NONE
08     NONE
09     NONE
10     NONE
11     NONE
12     NONE
13     NONE
14     NONE
15     NONE
16     NONE
17     NONE
18     NONE
19     NONE
20     NONE
```

修改完毕后运行 Draft2_4SFBM.dat 文件。文件运行完毕后点击 AGS→Plots→Select→Ship Bending/Shear→File，打开 Draft2_4_SFBM.RES 文件，如图 1.37 所示。

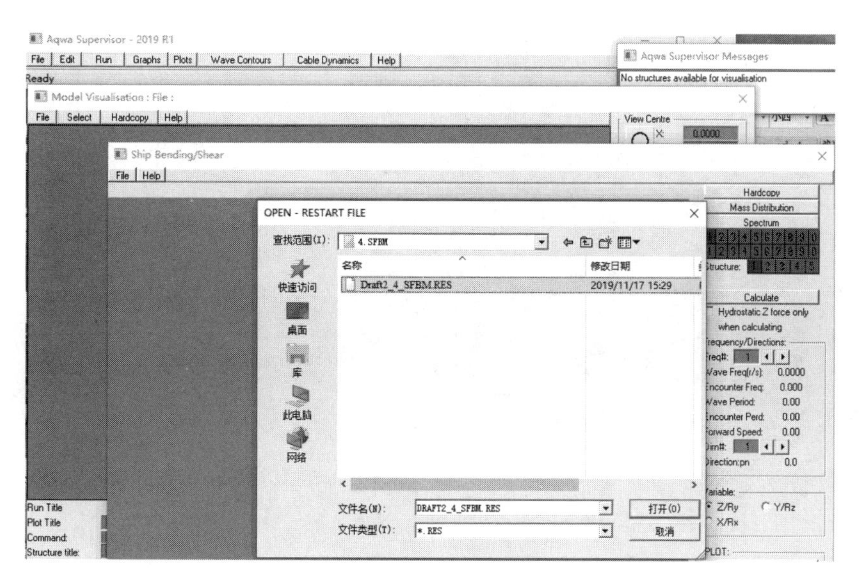

图 1.37　打开 Draft2_4_SFBM.RES 文件

读入完毕后点击 Calculate，再点击 Mass Distribution，程序会对比 MSD 文件的重量信息和水动力文件的重量信息，这二者应该基本一致，如图 1.38 所示。

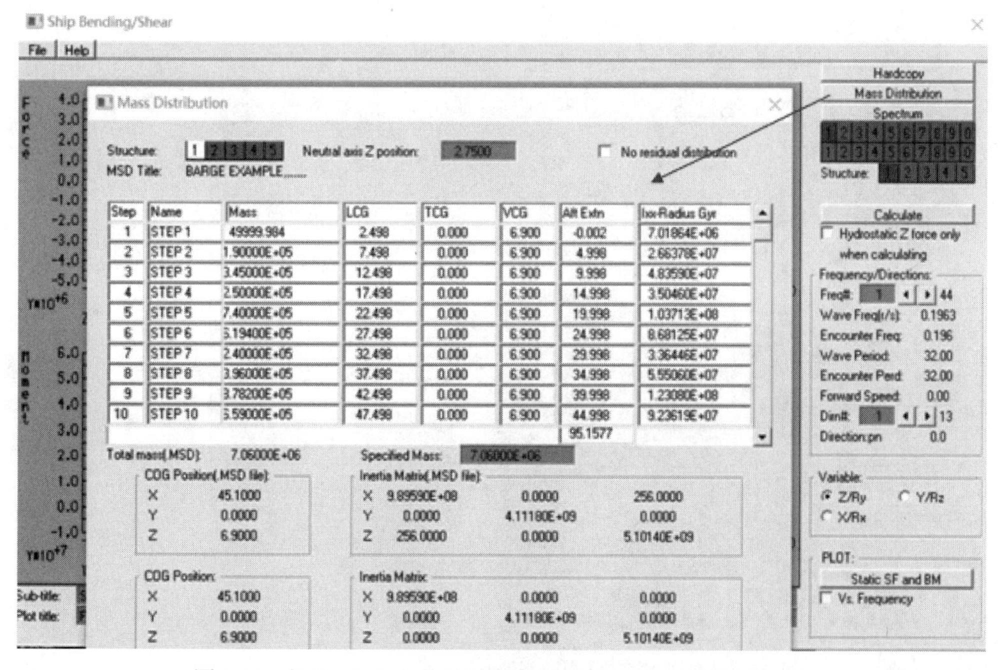

图 1.38　打开 MSD 文件重量信息与水动力文件重量信息对比

点击下方 PLOT 中的 Mass distribution，程序将重量分布曲线进行显示，如图 1.39 所示。

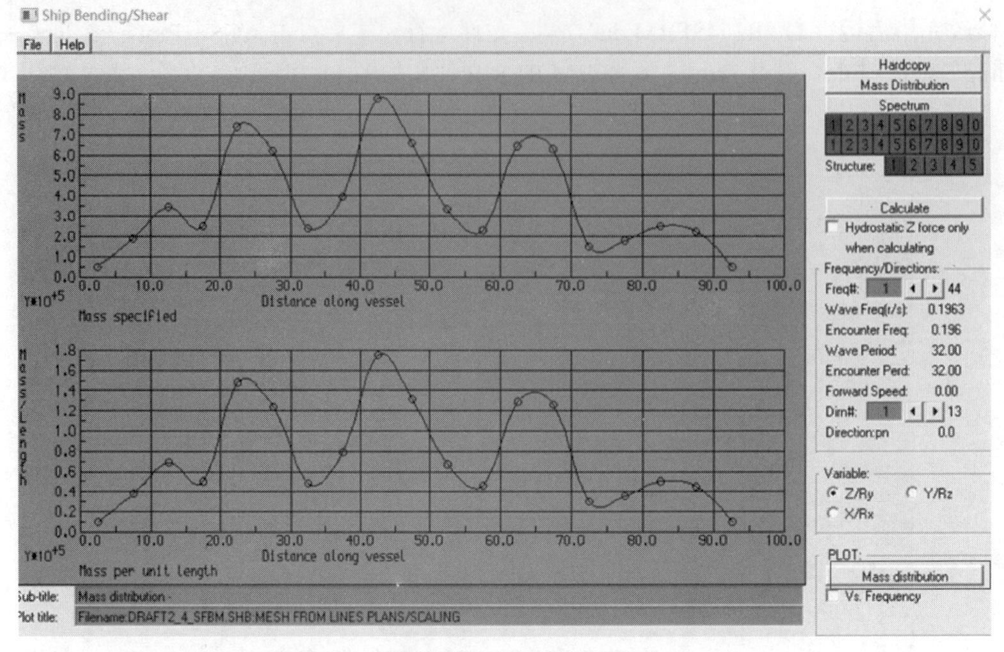

图 1.39　重量分布曲线

勾选 Z/Ry，表明目前进行的弯矩剪力计算基于船长方向。点击 PLOT 选择 Static SF and BM 将静水条件下的静水弯矩和剪力显示出来，如图 1.40 所示。正常情况下，弯矩剪力曲线应该是闭合的。点击 Hard Copy→ASCII File，将静水弯矩剪力结果输出为文本文件（AQWA000.PTA）。

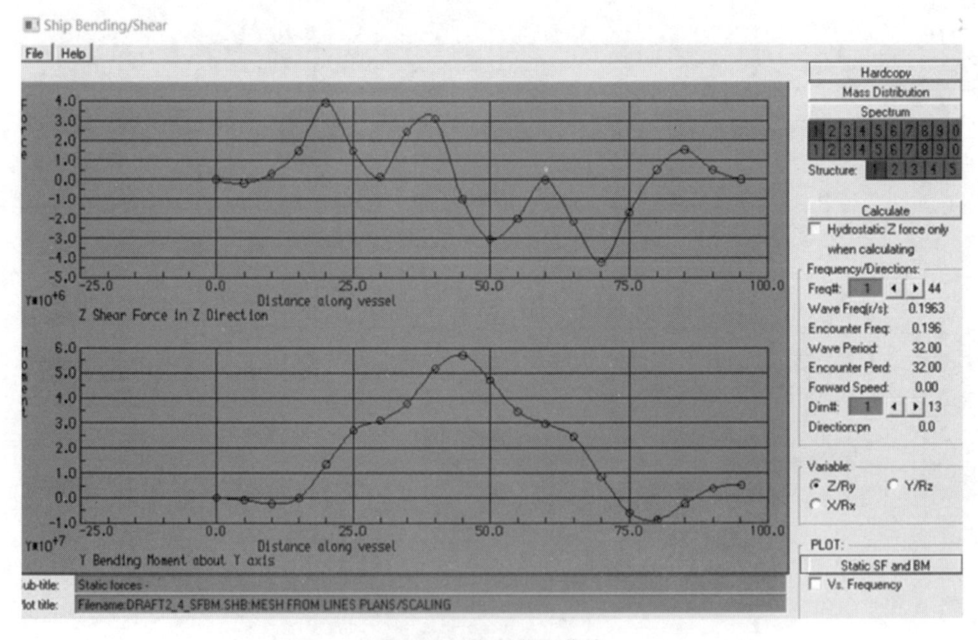

图 1.40　剪力弯矩曲线

点击 PLOT 的其他选项可以查看波浪弯矩剪力的 RAO 幅值/相位曲线以及不同相位对应的 RAO 曲线以及包络线。

如果想看某个截面的弯矩剪力 RAO，可以勾选 VS Frequency，在@Station 后面第二个输入框中输入指定位置，随后点击 PLOT 中的 SF BM RAO Amplitude 进行显示，如图 1.41 所示。

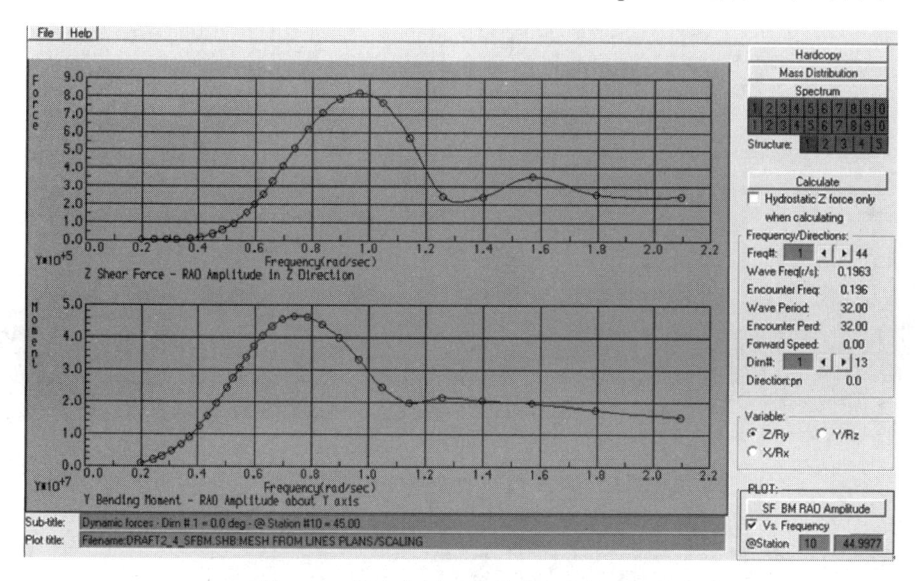

图 1.41　指定位置对应的剪力弯矩 RAO

点击 Spectrum 定义波浪谱（通过 AGS 最多定义 20 个波浪谱），在弹出菜单的#Formulated Spectra 后输入 1，在 Formulated Wave Spectrum 的 Type 中选择 JONSWAP，在 Direction 中输入 180（迎浪方向）；在 Simulation Duration（hours）后输入 3，表明进行 3 小时的模拟。

在 Name 中输入定义海况的名称，在 Gamma 中输入 4.2，在 Peak Frequency[rad]中输入 1.0472（对应谱峰周期 6s），在 Hs[Sig Wave Ht]中输入 2.6。忽略风、流环境条件，关闭该界面（图 1.42）。

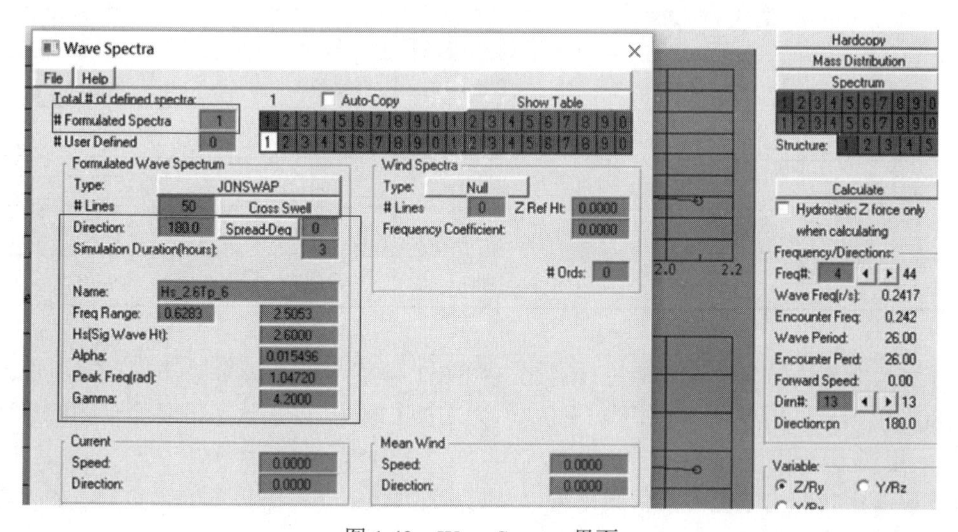

图 1.42　Wave Spectra 界面

在主界面的 Dirn#位置点击箭头将波浪方向切换为 180°，与刚才定义的波浪谱方向一致。

在 PLOT 中切换 Significant Amplitude，将给定海况下的波浪弯矩和剪力有义值显示出来（图 1.43）。点击 Hard Copy 将有义值计算结果保存为文本文件（AQWA0002.PTA）。

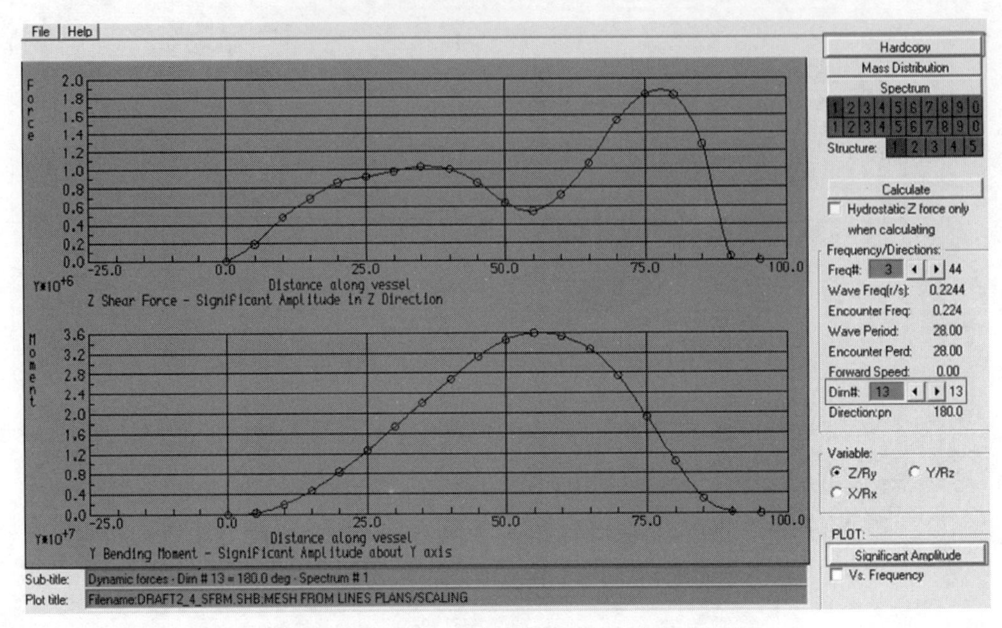

图 1.43　对应海况和波浪方向的剪力弯矩有义值

驳船的许用弯矩剪力见表 1.6。

表 1.6　驳船许用弯矩剪力

位置（相对于艉垂线）	许用剪力/t		许用弯矩/（t·m）	
93	1149	-1149	9306	-9306
90	1313	-1313	12241	-12241
77	2960	-2960	52047	-52047
43	2960	-2960	52047	-52047
10	2960	-2960	52047	-52047
5	1313	-1313	12241	-12241
2	1093	-1093	9306	-9306

将静水弯矩剪力结果同许用值进行对比，如图 1.44 所示。静水状态下驳船受到的最大剪力为 398t，相当于许用剪力 2960t 的 13%（剪力 UF=13%）；静水状态下驳船受到的最大弯矩为 5819t，相当于许用弯矩 52047t·m 的 11%（弯矩 UF=11%）。

将波浪弯矩和剪力幅值有义值结果乘以 2.15（P90 值）并考虑极值的正负号，加上静水值并与许用值进行比较如图 1.45 所示。

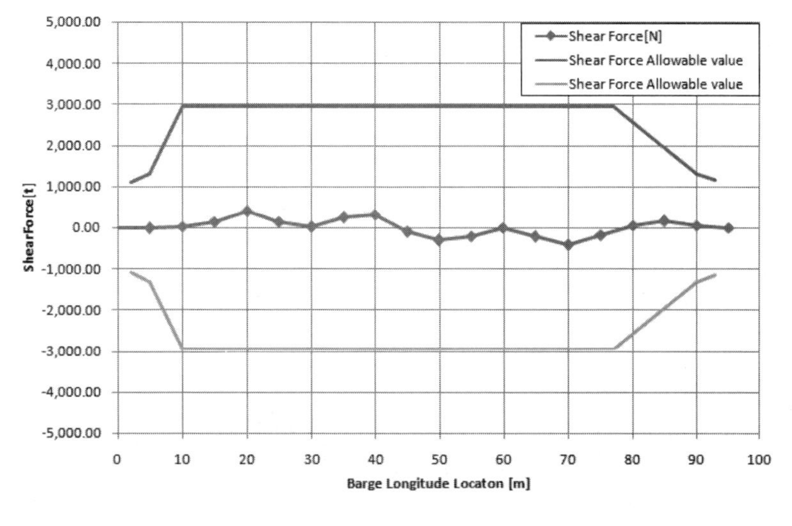

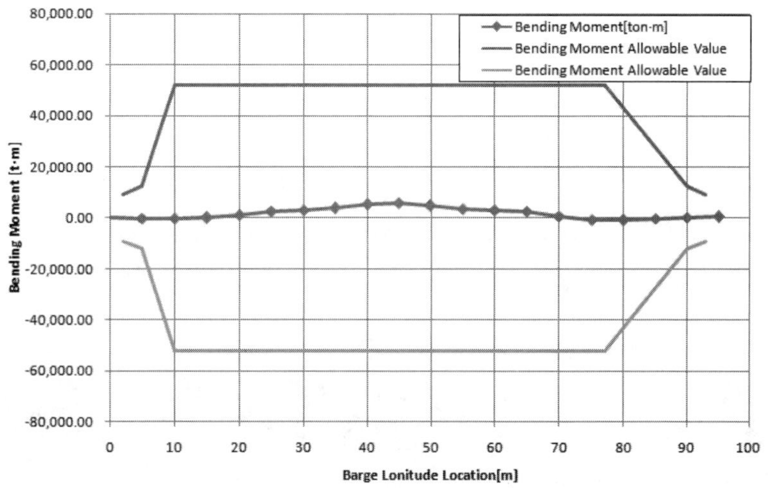

图 1.44 静水工况总纵弯矩剪力与许用值对比

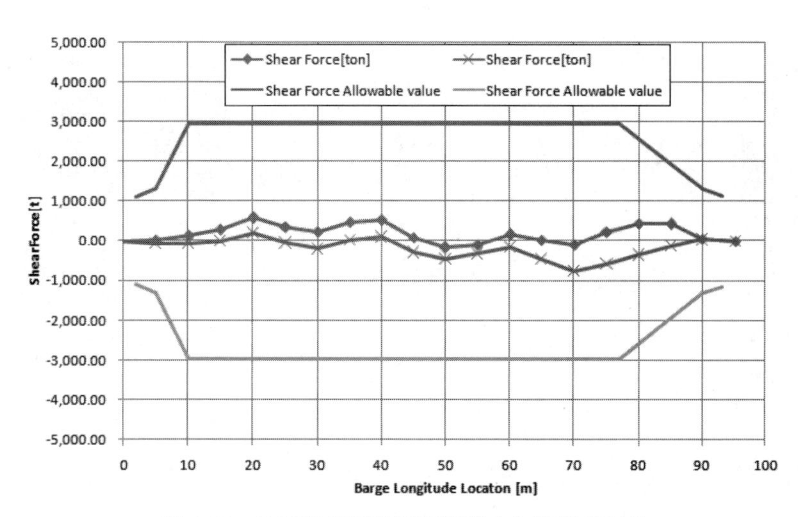

图 1.45 波浪作用下总纵弯矩剪力与许用值对比

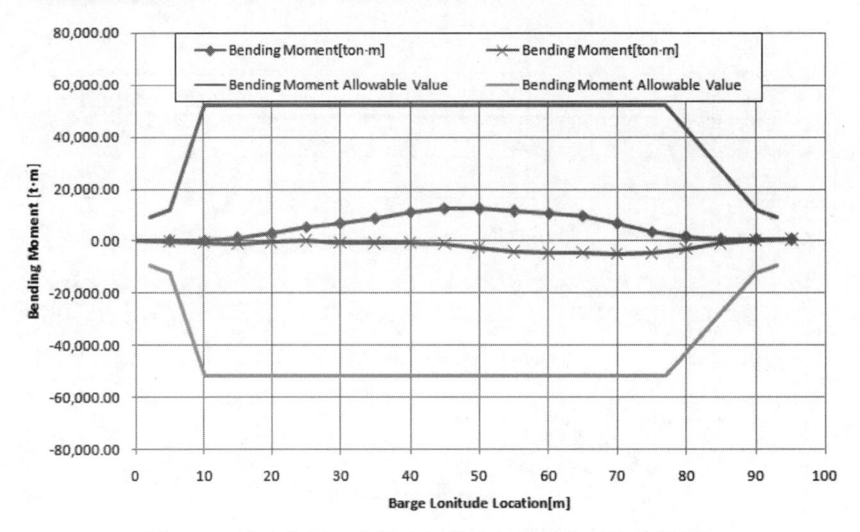

图 1.45　波浪作用下总纵弯矩剪力与许用值对比（续图）

波浪状态下驳船受到的最大剪力为 587t，相当于许用剪力 2960t 的 20%（剪力 UF=20%）；波浪状态下驳船受到的最大弯矩为 12684t，相当于许用弯矩 52047t·m 的 24%（弯矩 UF=24%）。

在给定海况 H_s=2.6m、T_p=6s 的作用下，驳船总纵强度和剪力满足要求。

如果需要计算其他多个海况作用下的波浪弯矩剪力有义值，可以点击 Spectrum，调整 Fomulated Spectra 的数量，勾选 Auto-Copy，在各个对应海况代号下输入各个波浪谱对应的数据。输入完毕后可以点击 Show Table 来查看输入是否正确，如图 1.46 所示。

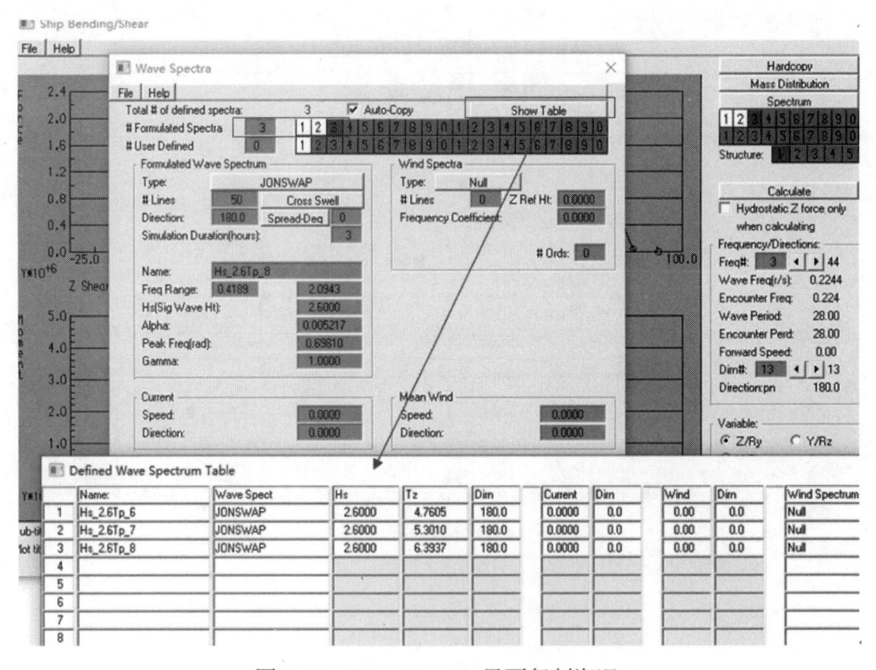

	Name:	Wave Spect	Hs	Tz	Dirn	Current	Dirn	Wind	Dirn	Wind Spectrum
1	Hs_2.6Tp_6	JONSWAP	2.6000	4.7605	180.0	0.0000	0.0	0.00	0.0	Null
2	Hs_2.6Tp_7	JONSWAP	2.6000	5.3010	180.0	0.0000	0.0	0.00	0.0	Null
3	Hs_2.6Tp_8	JONSWAP	2.6000	6.3937	180.0	0.0000	0.0	0.00	0.0	Null
4										
5										
6										
7										
8										

图 1.46　Wave Spectra 界面复制海况

输入完毕后，如果想查看对应海况的弯矩剪力有义值，只需要点击 Spectrum 下方对应代号，在 Plot 中选择显示有义值即可，如图 1.47 所示。

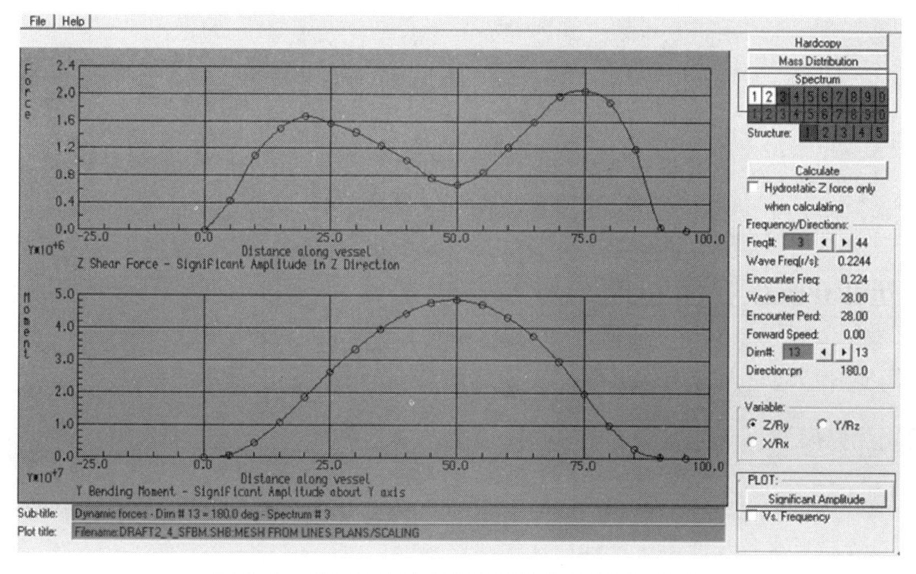

图 1.47　重新计算给定海况下的剪力弯矩有义值

如果想保存目前的结果以便后续再查看，点击 File→Save 或 Save as。

4. 关于长期分布

波浪弯矩剪力的长期分布需要首先确定超越概率，比较常见的超越概率为 $1/10^7$～$1/10^8$。假定 10～20min 为一个短期分布，如果船龄 25a，每年平均航行时间 200d，假设一个波浪弯矩循环为 5～6s，则应力循环为 1×10^7～1×10^8。对于不同的航行条件、船舶状态以及和海况分布可以进行运输船舶长途航行的超越概率计算。

长期分布由短期海况组成，通过不同短期海况的组合（包括波高、周期、持续时间等）得出对应海况的弯矩剪力分布，并最终给出一个“长期”的弯矩剪力分布。根据超越概率可以给出对应超越概率水平的波浪弯矩剪力值。

在经典 AQWA 中长期分布是不能直接给出的，用户可以通过 AGS 来定义多个海况进行短期预报，输出短期预报结果手动做长期分布。

1.8　经典 AQWA 小结

前面大致介绍了用经典 AQWA 进行结构物海上拖航分析的内容，包括设计环境条件的选取、船体模型建模、质量分布计算、水动力计算、拖航阻力计算、频域运动分析与总纵强度分析等内容，对通过经典 AQWA 进行运动极值计算、总纵强度计算流程进行了介绍。

拖航分析中比较重要的稳性分析目前还不能通过 AQWA 来实现。AQWA 不能进行舱室压载与静态计算，在计算重量分布以及压载方案时需要通过其他手段来实现。AQWA 的总纵强度计算目前不支持准静态等效规则波方法，用户可以通过短期预报来实现总纵强度的评估。

最终工程文件夹如图 1.48 所示。其中，0.input 为驳船型线文件以及整体输入参数文件；1.hydroDy 为驳船水动力计算文件；2.Towing_resistance 为拖航阻力计算文件夹；3.FD_motion 为频域运动分析文件夹；4.SFBM 为总纵弯矩剪力计算文件夹。

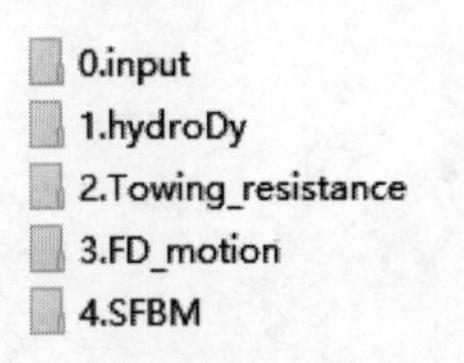

图 1.48　最终工程文件夹

1.9　Workbench 界面建模与计算

本节简要介绍通过 Workbench 界面实现之前章节分析内容的基本流程。

1.9.1　建立几何模型

打开 Workbench，拖拽 Hydrodynamic Diffraction 至右侧，在 Geometry 上右击选择 Design Modelde（DM）来建立几何模型，如图 1.49 所示。

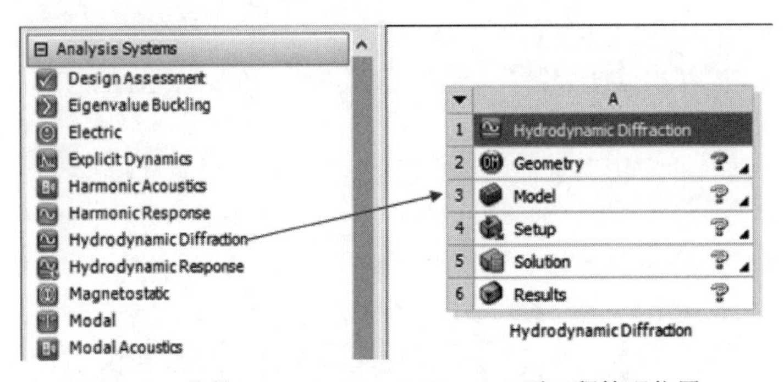

图 1.49　拖拽 Hydrodynamic Diffraction 至工程管理位置

打开 DM 通过 Concept→3D Curve 来读入驳船型线建立模型，不过在读入文件之前需要对型线文件进行修改，如图 1.50 所示。

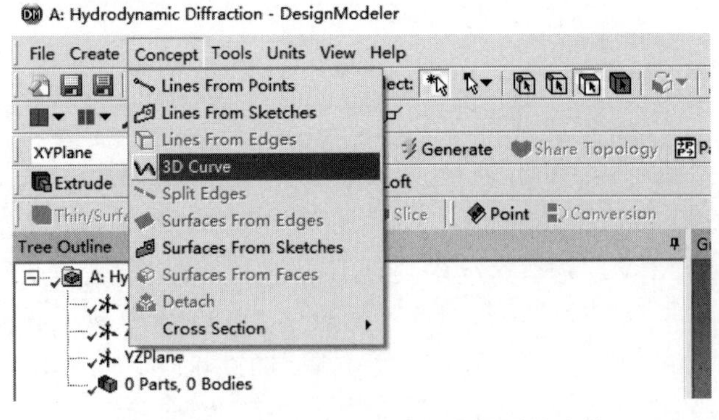

图 1.50　点击 3D Curve 读入驳船型线文件

DM 中的 3D Curve 读入点坐标数据后通过样条曲线拟合，但驳船的型线比较简单，其舭部是折边过渡而不是圆形过渡，这就意味着驳船的型线本质上是三条直线形成的而不应通过样条曲线来描述，如图 1.51 所示。

Section No.	Points No.	X	Y	Z
1	1	0	0	4.1
1	2	0	14.8	4.1
2	1	0	14.8	4.1
2	2	0	15.3	4.88
3	1	0	15.3	4.88
3	2	0	15.3	6.1
4	1	12.81	0	0
4	2	12.81	14.7	0
5	1	12.81	14.7	0
5	2	12.81	15.3	0.61
6	1	12.81	15.3	0.61
6	2	12.81	15.3	6.1
7	1	16	0	0
7	2	16	14.7	0
8	1	16	14.7	0
8	2	16	15.3	0.61
9	1	16	15.3	0.61
9	2	16	15.3	6.1
10	1	20	0	0
10	2	20	14.7	0
11	1	20	14.7	0
11	2	20	15.3	0.61
12	1	20	15.3	0.61
12	2	20	15.3	6.1

图 1.51　驳船型值内容示意

读入 3D Curve 后通过 Skin 来形成船体外面，Skin 同样是基于样条形式形成曲面，而驳船的外表面其实是多个平面组成的，这就要求在编写读入文件的时候需要添加多个站位来减少曲面的发生。

注：通过其他方法来建模也可以，可能会比该方式更接近驳船表面的真实形态。

按照读入文件格式进行修改，每个横截面由三条直线组成，在船舯添加多个站位，在船艏、船艉添加多个站位来尽量保持外表面平直。

编写完毕后将坐标信息拷贝至 barge.txt，在 DM 点击 Concept→3D Curve，Coordinate File 选中 barge.txt，点击 Generate，生成线（line body），如图 1.52 所示。

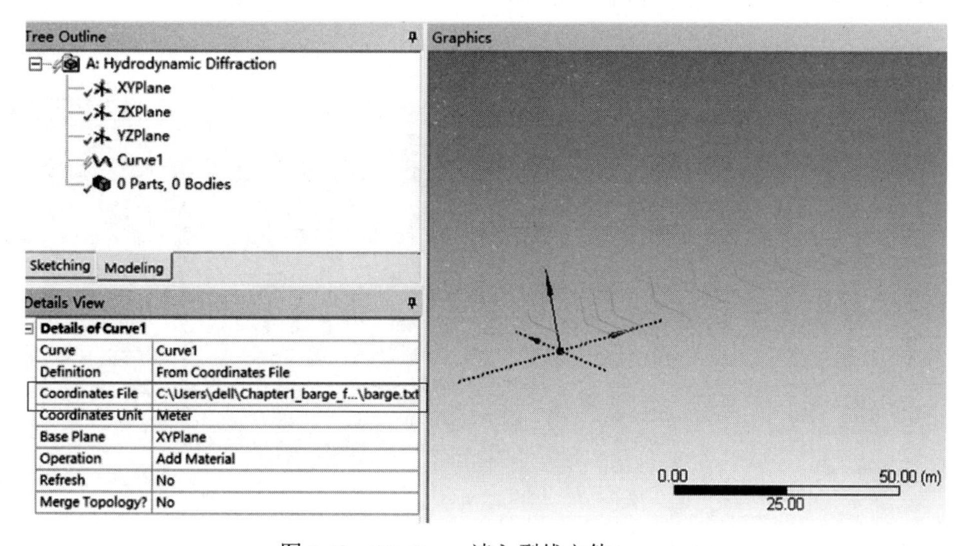

图 1.52　3D Curve 读入型线文件 barge.txt

选中所有线，点击 Skin/Loft，再点击 Generate 生成驳船外表面，如图 1.53 所示。

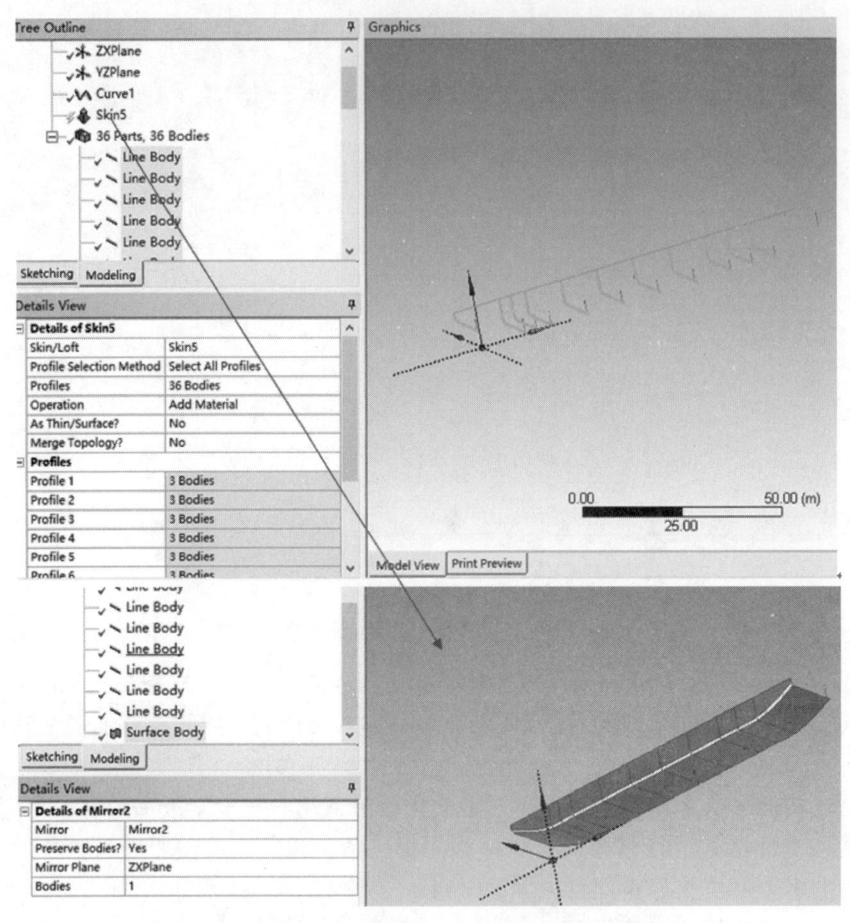

图 1.53　通过 Skin 选择型线形成船体外表面

点击 Creat→Body Transformation→Mirror，对称轴设置为 ZXPlane，选择外表面，将船体模型关于 XOZ 平面进行镜像，如图 1.54 所示。

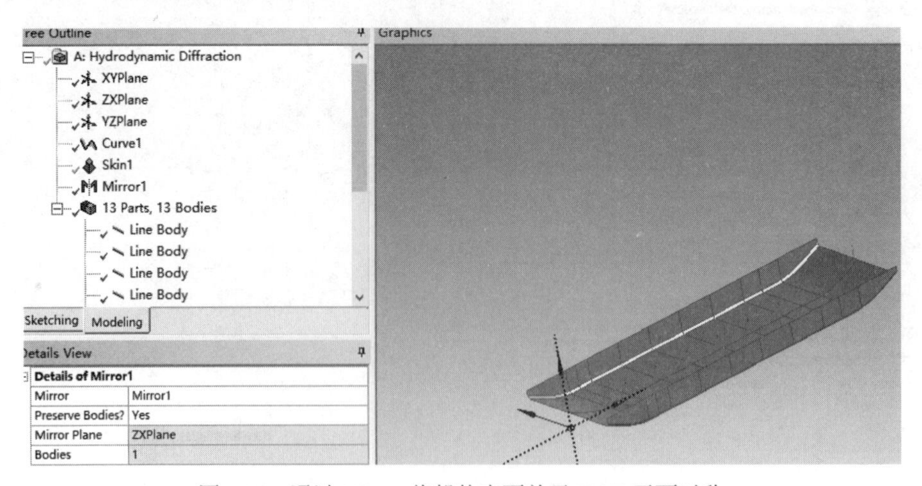

图 1.54　通过 Mirror 将船体表面关于 XOZ 平面对称

注：Workbench AQWA 不支持 1/2 模型、1/4 模型计算，所有模型都必须是完整的。

对称完毕后点击 Concept→Line From Points，按住 Ctrl 键选择船艉两侧定点生成 line，随后点击 Concept→Surface from Edges，按住 Ctrl 键选择船艉几条线，点击 Generate 形成艉封板，如图 1.55 和图 1.56 所示。

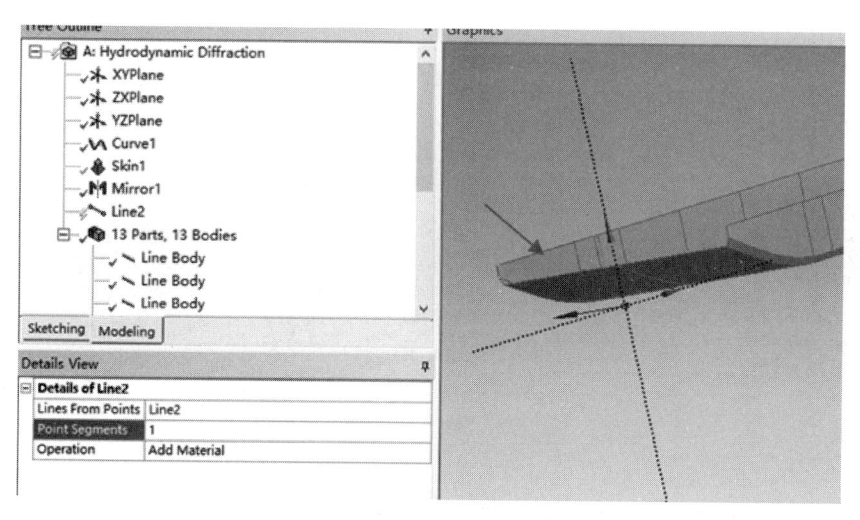

图 1.55　建立艉封板顶边线

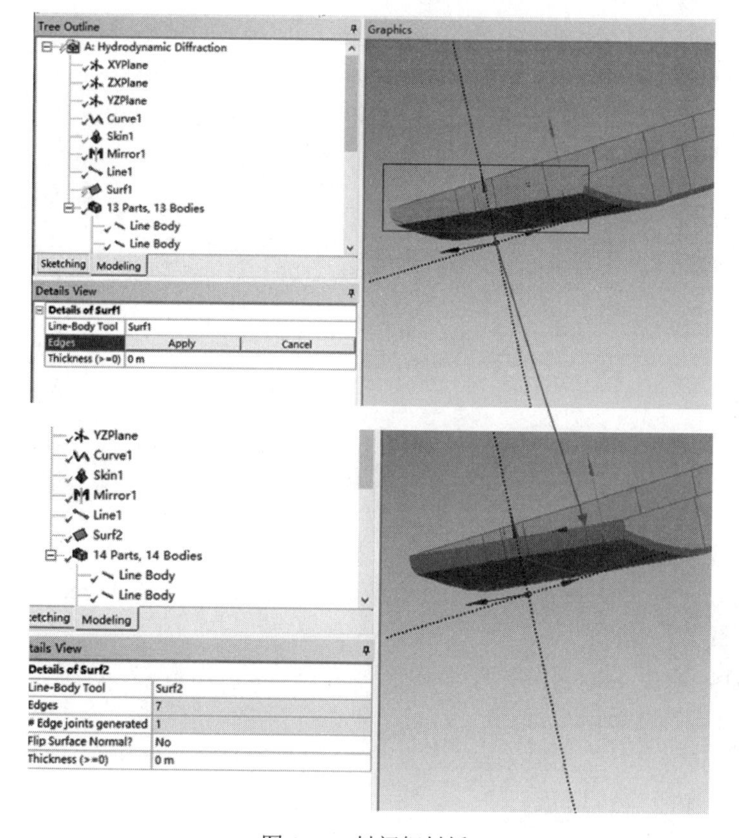

图 1.56　封闭艉封板

用同样的方式建立艏封板，如图 1.57 所示。

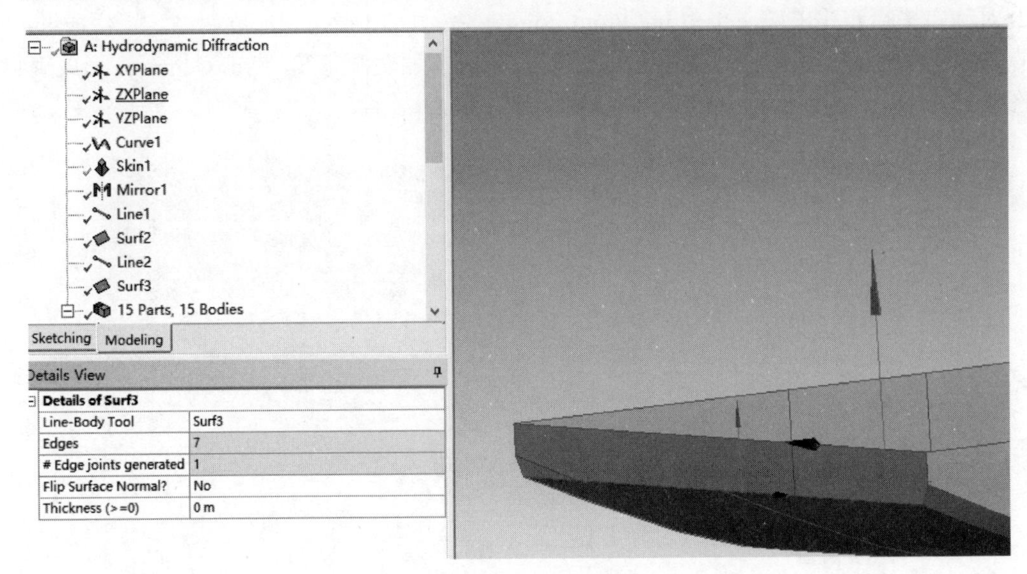

图 1.57　建立艏封板

至此，完整的驳船外表面建立完毕，随后对驳船进行切水线。

选择所有外表面，点击 Create→Body Transformation→Rotate，船艏艉吃水差 1m，船体总长度 95m，换算一下大概相当于驳船艉倾 0.6°。模型原点位于船艉，此时设置旋转角度为 0.6°，点击 Generate，如图 1.58 所示。

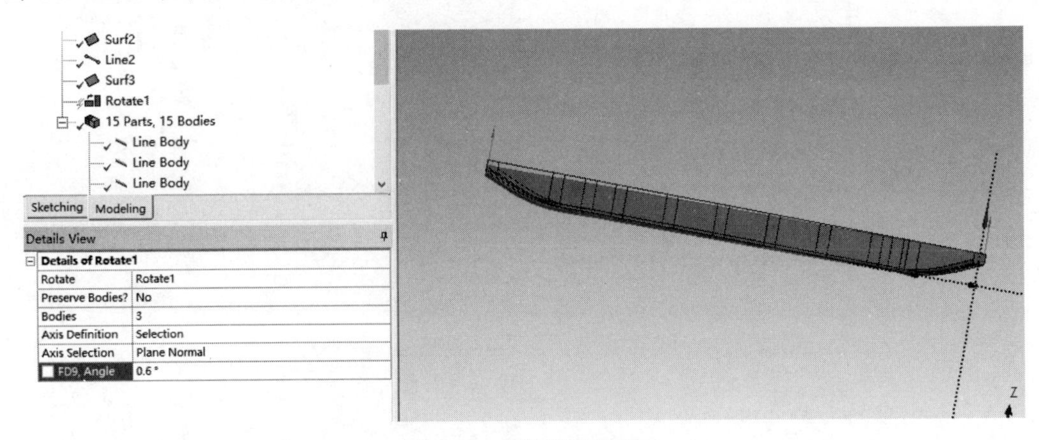

图 1.58　设置船体纵倾

选择所有面，点击 Create→Body Transformation→Translate，在 Direction Definition 中选择 Coordinate，设置 Z 向移动-3.4m，如图 1.59 所示。

选择所有面，点击 Slice，切割平面设置为 XYPlane，点击 Generate，将船体模型沿着水线进行切割，如图 1.60 所示。

选择所有 Line body，右击 Suppressed。选择所有 Surface Body，右击 Form Part，将 Part 重命名为 barge，如图 1.61 所示。

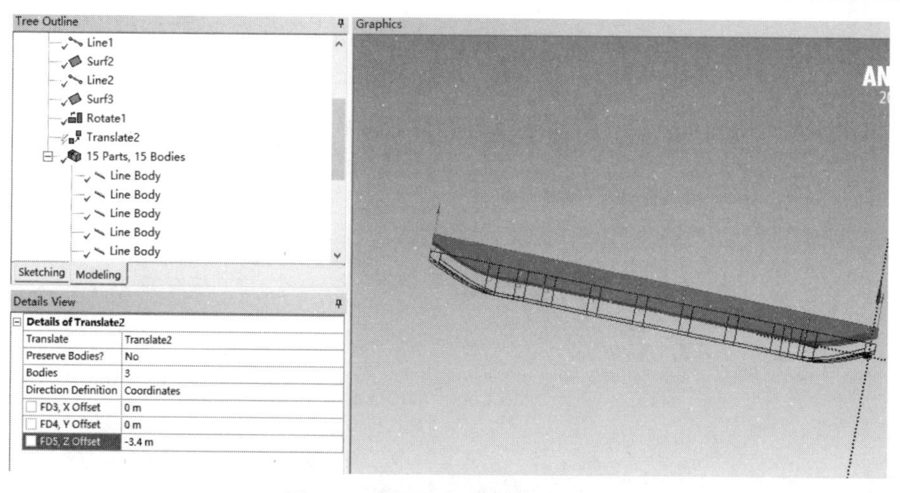

图 1.59　按照指定吃水偏移船体

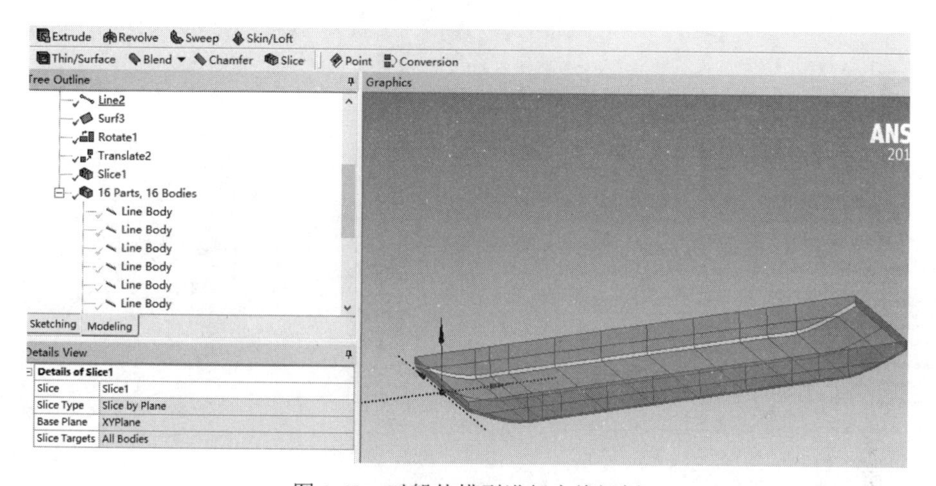

图 1.60　对船体模型进行水线切割

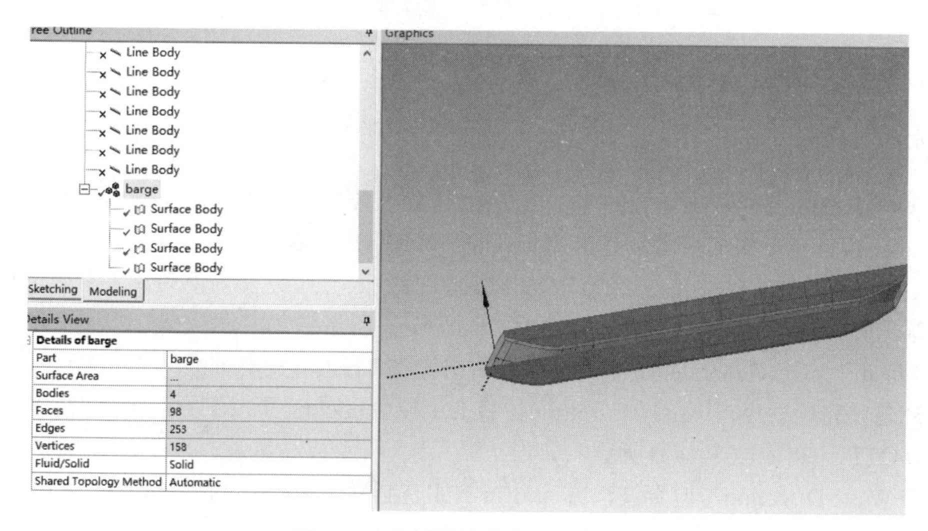

图 1.61　选择船体外表面形成 Part

检查模型法线方向，在 Select 位置选择 Selection Filter:Faces（或者按 Ctrl+F），点击模型水下的面，如果船体表面朝向水体的面呈现亮绿色，则法线方向正确。如果法线方向不正确，选择面，点击 Tools→Surface Flip 将其法线方向翻转如图 1.62 和图 1.63 所示。

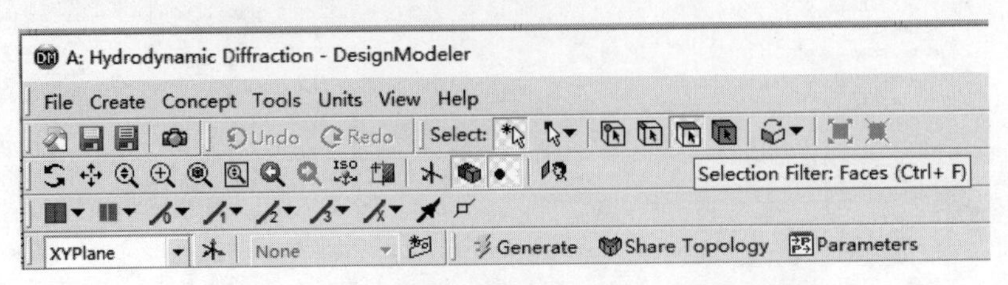

图 1.62　点击 Selection Filter：Faces 选择特定面

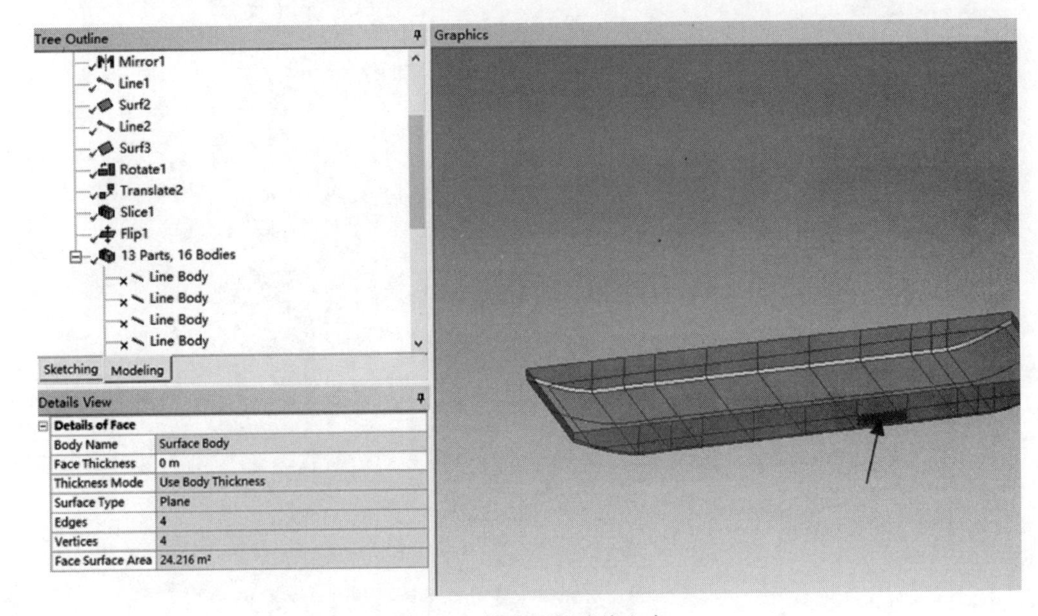

图 1.63　检查面的法线方向

检查完毕后保存，关闭退出 DM。

1.9.2　水动力计算

在 Workbench 界面双击 Model 进行水动力计算参数设置。在正式开始参数设置之前建议点击 Project 检查一下整体变量，点击 Geometry 检查整体参数。

在 Geometry→Barge 上右击添加 Point Mass，在输入界面设置为手动输入参数，将重心位置、重量、回转半径等信息进行输入，如图 1.64（a）所示。

在 Mesh 上右击 Generate Mesh，也可以右击添加 Mesh 控制，如图 1.64（b）所示。

网格划分完毕后点击 Analysis Settings，将 Ignore Modeling Rule 改为 Yes，关闭 Wave Grid，关闭 Full QTF，如图 1.65（a）所示。

点击 Wave Direction，检查波浪方向分布，如有必要可以进行调整，如图 1.65（b）所示。

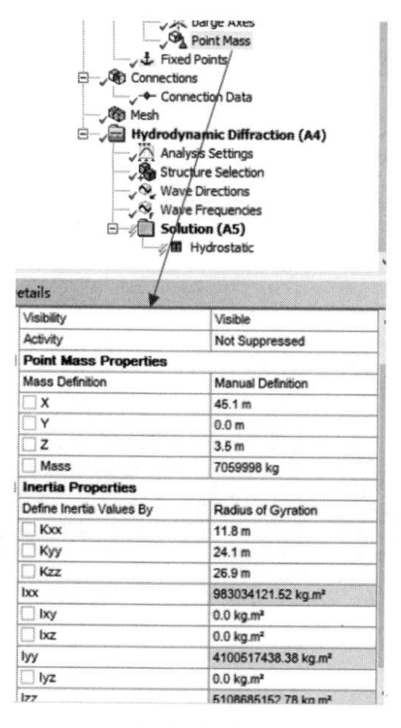

（a）设置重量

Connection Data
Mesh
Hydrodynamic Diffraction (A4)
Analysis Settings
Structure Selection
Wave Directions
Wave Frequencies
Solution (A5)
Hydrostatic

Details

Details of Mesh	
Defaults	
Control Type	Basic Controls
Mesh Parameters	
Defeaturing Tolerance	2 m
Maximum Element Size	5 m
Maximum Allowed Frequency	0.275 Hz
Meshing Type	Program Controlled
Generated Mesh Information	
Total Nodes	826
Total Elements	775
Diffracting Nodes	616
Diffracting Elements	566
Line Body Nodes	0
Line Body Elements	0
Field Points	0

（b）网格划分

图 1.64　设置重量和进行网格划分

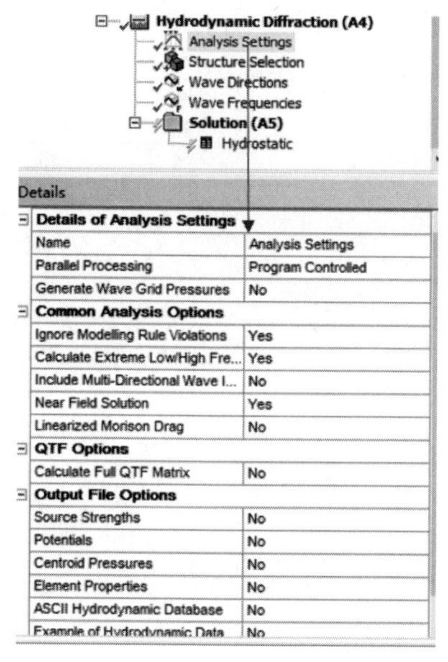

（a）分析设置

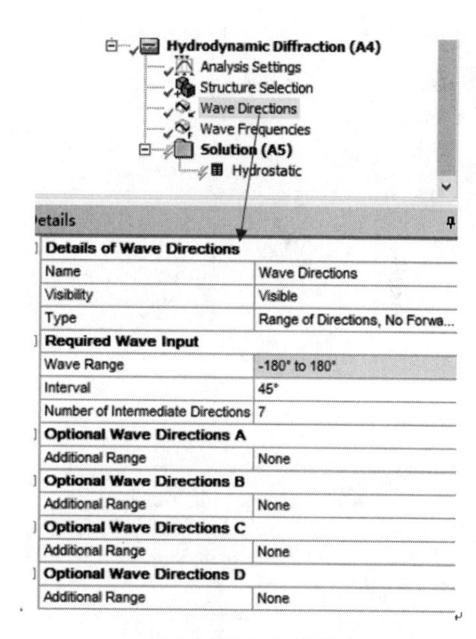

（b）波浪方向设置

图 1.65　进行分析设置和设置波浪方向设置

点击 Wave Frequencies，设置计算频率/周期。这里手动输入周期，最大周期 31s，计算周期数 50 个，如图 1.66（a）所示。

设置完毕后右击 Solution，添加静水力计算结果（Hydrostatic）和横摇运动 RAO 曲线（RAOs（Distance/Ratation vs Frequencies）），选择显示 90°横浪条件下的横摇运动 RAO 曲线，如图 1.66（b）所示。

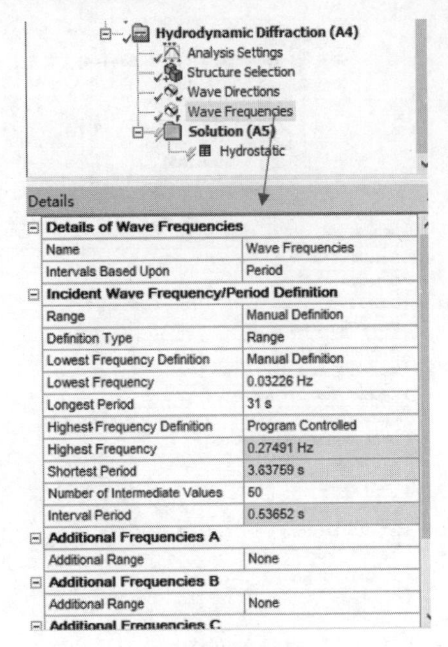

（a）设置计算周期

Hydrodynamic Diffraction (A4)
Analysis Settings
Structure Selection
Wave Directions
Wave Frequencies
Solution (A5)
Hydrostatic
RAOs (Distance/Rotation v

Details

Details of RAOs (Distance/Rotation vs Frequency)	
Name	RAOs (Dista...
Presentation Method	Line
Axes Selection	Distance/Rot...
Frequency or Period Scale	Period
Line A	
Structure	barge
Type	RAOs
Component	Global RX
Direction	90°
Abscissa Position of Minimum	0.0 s
Abscissa Position of Maximum	0.0 s
Minimum Value	0.0 °/m
Maximum Value	0.0 °/m
Line B	
Structure	Undefined...

（b）设置查看运动 RAO 结果

图 1.66　设置计算周期和设置查看运动 RAO 结果

右击 Solution→Solve hydrostatic 进行静水力求解，计算完毕后查看静水力计算结果，如图 1.67 所示。

Hydrostatic Results

Structure		barge				
Hydrostatic Stiffness						
Center of Gravity (CoG) Position:	X:	45.099998 m	Y:	0. m	Z:	3.4999998 m
		Z		RX		RY
Heave (Z):		27547984 N/m		0.679446 N/°		-618210.88 N/°
Roll (RX):		38.92939 N.m/m		31257588 N.m/°		-2.5377586 N.m/°
Pitch (RY):		-35420876 N.m/m		-2.5377586 N.m/°		3.16027e8 N.m/°
Hydrostatic Displacement Properties						
Actual Volumetric Displacement:		7199.9888 m³				
Equivalent Volumetric Displacement:		6887.8027 m³				
Center of Buoyancy (CoB) Position:	X:	44.850372 m	Y:	-1.9316e-4 m	Z:	-1.4012725 m
Out of Balance Forces/Weight:	FX:	-3.3147e-9	FY:	-9.6972e-9	FZ:	4.5324e-2
Out of Balance Moments/Weight:	MX:	-2.0208e-4 m	MY:	0.2609441 m	MZ:	-1.986e-8 m
Cut Water Plane Properties						
Cut Water Plane Area:		2740.5977 m²				
Center of Floatation:	X:	46.385788 m	Y:	1.4131e-6 m		
Principal 2nd Moments of Area:	X:	213458.69 m⁴	Y:	1832125.3 m⁴		
ngle between Principal X Axis and Global X Axis:		-3.3576e-7°				
Small Angle Stability Parameters		*with respect to Principal Axes*				
CoG to CoB (BG):		4.9012723 m				
Metacentric Heights (GMX/GMY):		24.745815 m		249.56096 m		
CoB to Metacentre (BMX/BMY):		29.647087 m		254.46223 m		
Restoring Moments (MX/MY):		31257592 N.m/°		3.15232e8 N.m/°		

图 1.67　静水力计算结果汇总

通过 DM 建立的模型排水量 7200m^3，稍大于目标值 6900m^3。

在 barge 上右击添加 6 个 Connection Point，分别对应 6 个货物的重心位置。

在 barge 上右击添加阻尼矩阵（Additional Damping），对横摇运动阻尼进行修正，如图 1.68 所示。

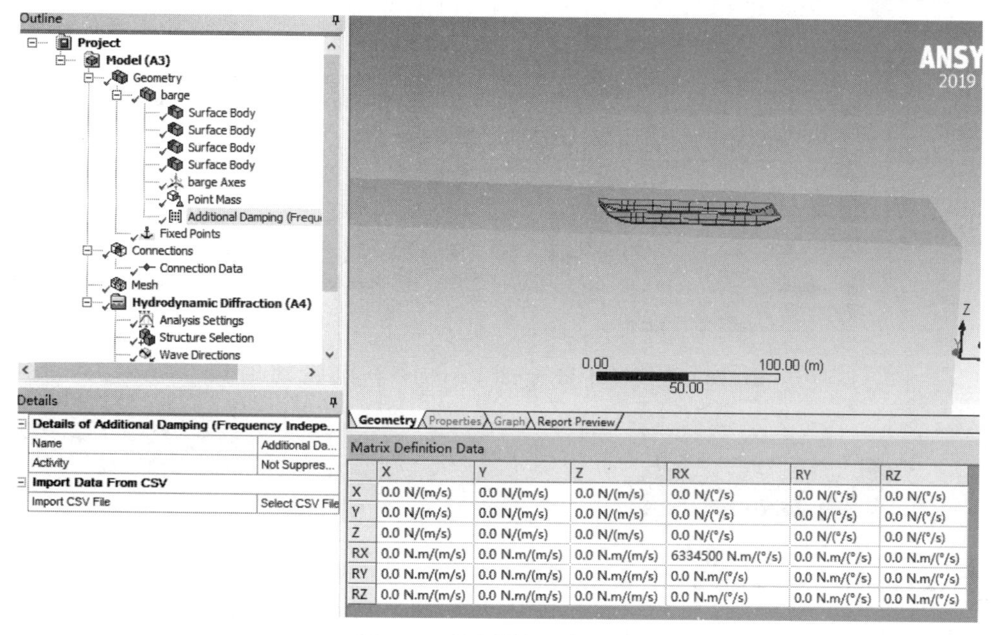

图 1.68　设置横摇附加阻尼

在 1.4 节中对驳船添加了 10%的横摇临界阻尼 3.6294E+08Nm/(rad/s)，在 Workbench 中需要对单位进行换算（这里的单位为 Nm/(°/s)）。

将换算后的阻尼值填入，重新计算，点击横摇运动 RAO 曲线并同 1.4 节的结果进行对比，二者幅值基本一致，均为 5.3°/m 左右，如图 1.69 所示。

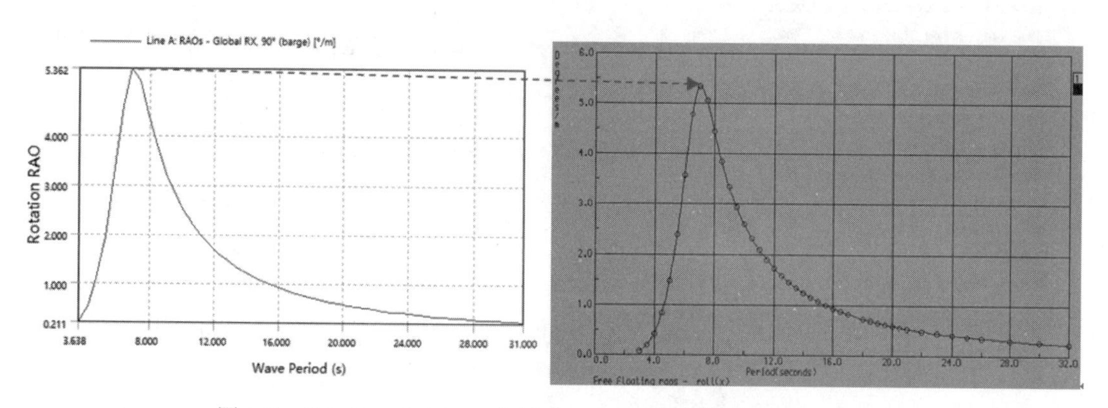

图 1.69　Workbench AQWA 与经典 AQWA 横浪横摇运动 RAO 对比

1.9.3　环境载荷静力计算

拖拽 Hydrodynamic Response 至 Hydrodynamic Diffraction 右侧，如图 1.70 所示。双击 Setup，将 Hydrodynamic Diffraction 重命名为 Towing Resistance。点击 Analysis Setting，将 Computation Type 设置为 Stability Analysis，如图 1.71（a）所示。

在 Towing Resistance 右击新建 Deactiveted Freedoms1，将纵荡、横荡、艏摇运动自由度锁住（Deactived Freedom 1 Global X、Deactiveted Freedom 2 Global Y、Deactiveted Freedom 3 Global Rz），如图 1.71（b）所示。

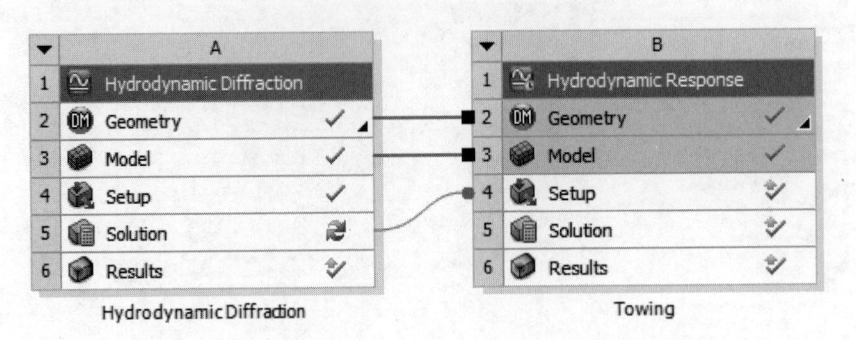

图 1.70　拖拽 Hydrodynamic Response 至项目管理页面

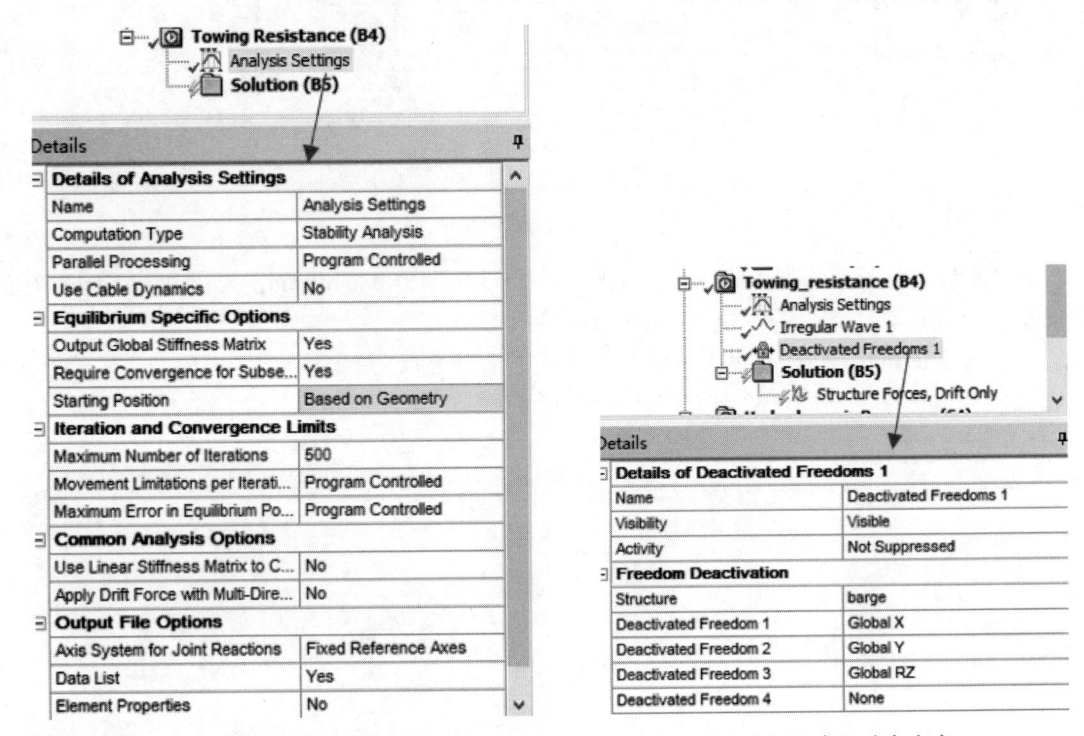

（a）分析设置　　　　（b）约束运动自由度

图 1.71　进行分析设置和约束运动自由度

在 Towing Resistance 定义不规则波（Irregular JONSWAP Hs），设置海况为 H_s=2.0m，γ=2.4，T_p =6s，方向迎浪 180°，如图 1.72（a）所示。

在 Solution 右击新建 Structure Forces, Drift Only，查看 X 方向的定常波浪力结果，如图 1.72（b）所示。

在 Solution 上右击 Solve，查看定常波浪力计算结果为 42kN，略大于 1.5 节计算结果 38kN，如图 1.73 所示。

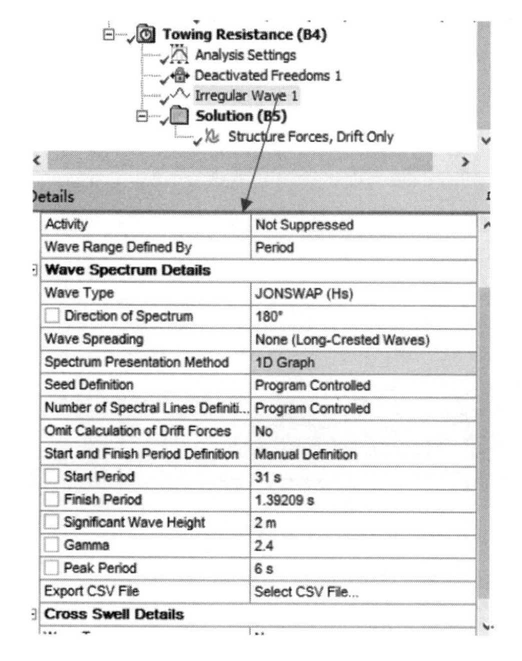

（a）定义海况

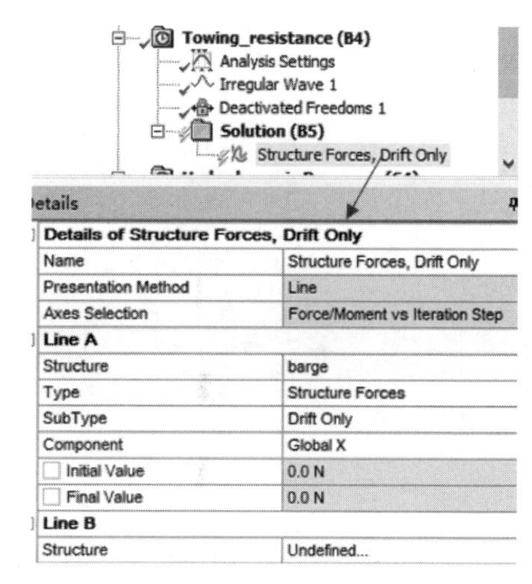

（b）查看波浪漂移力结果

图 1.72　定义海况和设置查看波浪漂移力结果

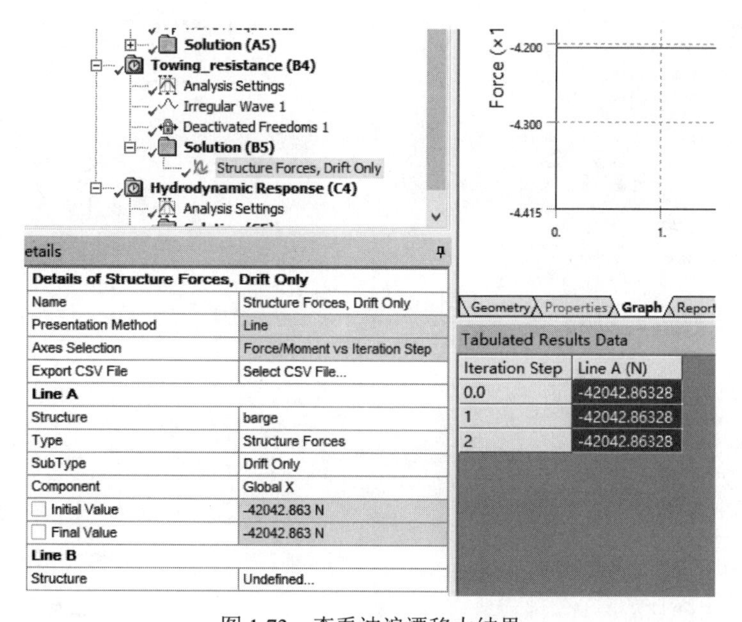

图 1.73　查看波浪漂移力结果

1.9.4　频域运动分析

在 Workbench 管理界面拖拽 Hydrodynamic Response 至阻力计算下方，引用 Hydrodynamic Diffraction 的水动力计算结果，如图 1.74 所示。

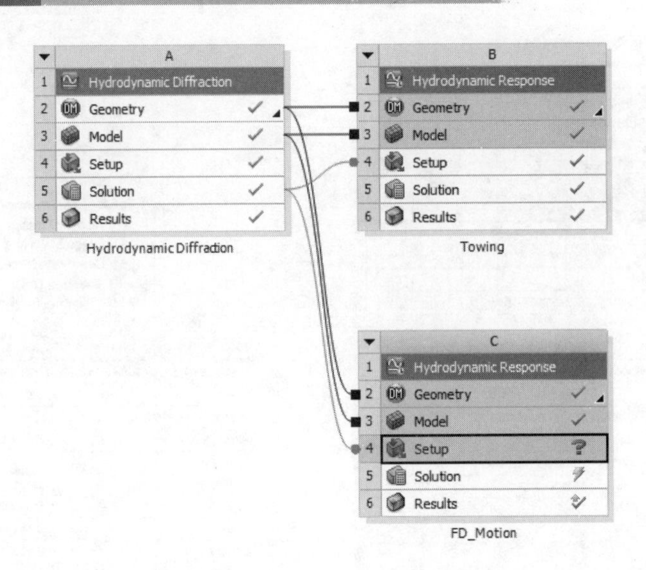

图 1.74　拖拽 Hydrodynamic Response 至项目管理页面用于频域运动分析

双击 Setup，将 Hydrodynamic Response 重命名为 FD_motion。点击 Analysis Setting，将分析内容设置为频域分析。在 FD_motion 上右击新建不规则波海况，有义波高 2.6m，T_p=6s，将不规则波浪向方框前方勾选 P，将其设置为输入可变参数，如图 1.75 所示。

FD motion (C4)
Analysis Settings
Solution (C5)

Details

Name	Analysis Settings
Computation Type	Frequency Statistical Analysis
Parallel Processing	Program Controlled
Use Cable Dynamics	Yes
Frequency Response Specific Options	
Analysis Type	Wave Frequencies Only
Direction of Output for RAOs	Program Controlled
Spectrum Sub-Direction of Outp...	Not Available
Axis System for Motion Statistic...	Local Structure Axes
Starting Position	Based on Geometry
Common Analysis Options	
Calculate RAOs with Mooring Li...	No
Apply Drift Force with Multi-Dire...	No
Linearized Morison Drag	No
QTF Options	
Use Full QTF Matrix	No
Output File Options	
Axis System for Joint Reactions	Fixed Reference Axes

（a）分析设置

FD motion (C4)
Analysis Settings
Irregular Wave
Solution (C5)

Details

Name	Irregular Wave
Visibility	Visible
Activity	Not Suppressed
Wave Range Defined By	Period
Wave Spectrum Details	
Wave Type	JONSWAP (Hs)
P Direction of Spectrum	0.0°
Wave Spreading	None (Long-Crested Waves)
Spectrum Presentation Method	1D Graph
Seed Definition	Program Controlled
Number of Spectral Lines Definiti...	Program Controlled
Omit Calculation of Drift Forces	No
Start and Finish Period Definition	Manual Definition
Start Period	31 s
Finish Period	1 s
Significant Wave Height	2.6 m
Gamma	4.2
Peak Period	6 s
Export CSV File	Select CSV File...

（b）设置波向

图 1.75　进行分析设置和定义海况并将浪向设置为输入可变参数

右击 Solution，新建两个频域分析结果：关于重心位置，在 Statistical Measure 中选择 Significant Value，输出有义值；另一个在 Statistical Measure 中选择 Probable Maximum，输出最可能极值，如图 1.76 所示。

将这两个结果的 6 个自由度运动位移结果前方勾选 P，设置为输出可变参数，如图 1.76 所示。

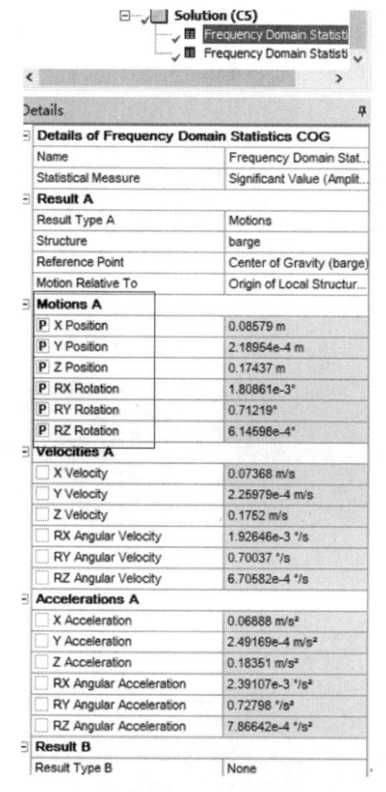

（a）有义值设置为可变参数

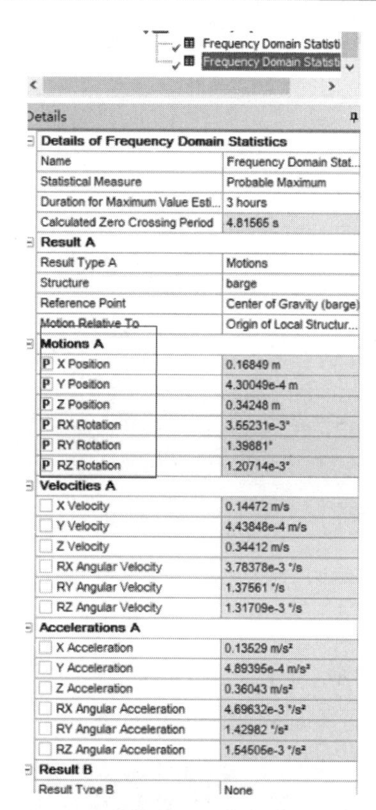

（b）最大可能极值设置为可变参数

图 1.76　将 6 个自由度运动有义值设置为可变参数和最大可能极值设置为可变参数

保存并关闭界面，在主界面会看到 FD_Motion 下方出现了 Parameters，双击 Parameter Set，如图 1.77 所示。

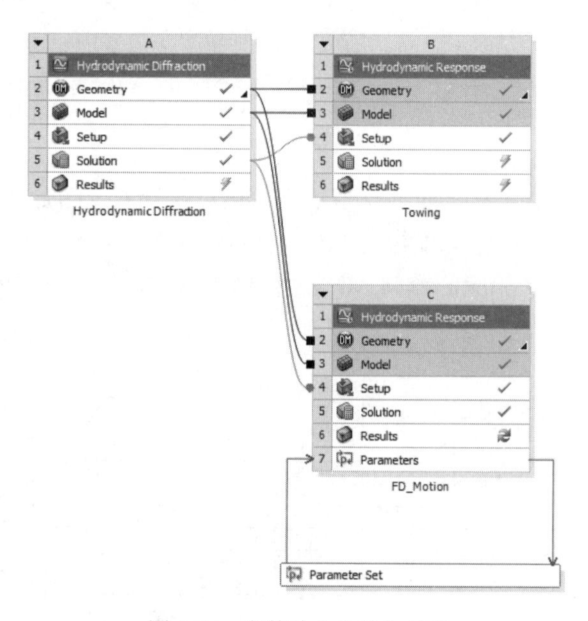

图 1.77　参数输入与输入界面

在弹出的 Parameter Set 界面右侧的参数输入栏中输入波浪方向 0～315°，间隔 45°，如图 1.78 所示。输入完毕后点击界面左上方的 Update All Design Points 进行给定海况 0～315°浪向的频域运动分析。

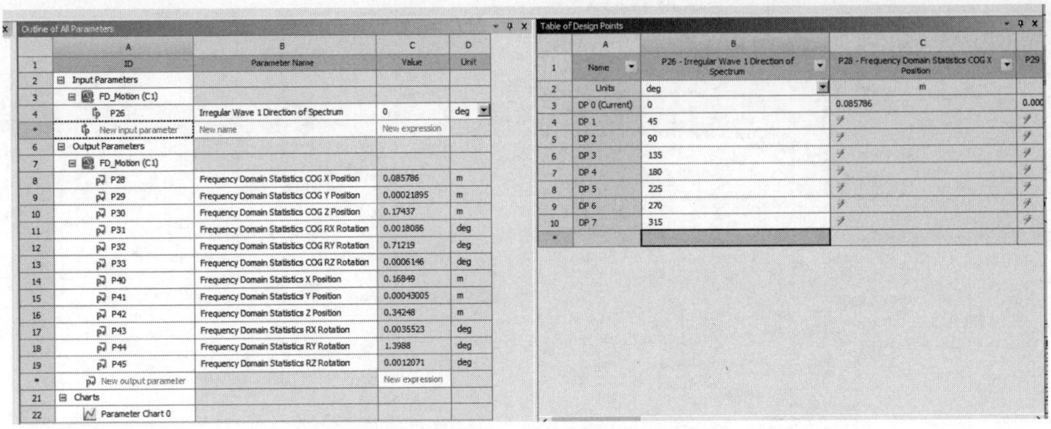

图 1.78　输入波浪方向可变参数具体值

运行完毕后在 Parameter Set 界面框选相关数据以 CSV 格式输出，命名为 motion.csv，打开该文件进行整理，如图 1.79 所示。

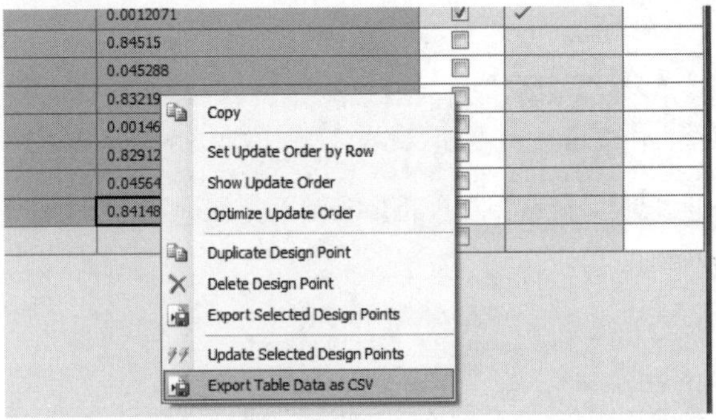

图 1.79　将分析结果以 CSV 格式输出

Workbench AQWA 计算得到的重心位置 6 个自由度运动有义值如图 1.80 所示，最可能极值 MPM 结果如图 1.81 所示。最可能极值 MPM 计算结果显示：横摇最大运动幅值为 8.17°，纵摇最大运动幅值为 2.06°。相应的经典 AQWA 计算的结果，横摇最大运动幅值为 8.8°，纵摇最大运动幅值为 2.2°。

Wave Direction[°]	Max Significant Motion Amplitude @ COG					
	Surge[m]	Sway[m]	Heave[m]	Roll[°]	Pitch[°]	Yaw[°]
0	0.086	0.000	0.174	0.002	0.712	0.001
45	0.140	0.100	0.206	0.629	1.049	0.430
90	0.007	0.368	0.709	4.159	0.066	0.023
135	0.152	0.107	0.181	0.657	1.045	0.424
180	0.085	0.000	0.140	0.001	0.722	0.001
225	0.152	0.106	0.181	0.658	1.045	0.422
270	0.007	0.365	0.705	4.166	0.065	0.023
315	0.140	0.100	0.206	0.631	1.049	0.428

图 1.80　Workbench AQWA 计算的整体重心位置 6 个自由度运动幅值有义值

Wave Direction[°]	MPM Motion Amplitude @ COG					
	Surge[m/s2]	Sway[m/s2]	Heave[m/s2]	Roll[deg/s2]	Pitch[deg/s2]	Yaw[deg/s2]
0	0.168	0.000	0.342	0.004	1.399	0.001
45	0.276	0.196	0.404	1.236	2.060	0.845
90	0.013	0.723	1.392	8.169	0.129	0.045
135	0.299	0.210	0.356	1.291	2.052	0.832
180	0.167	0.000	0.275	0.003	1.418	0.001
225	0.299	0.209	0.356	1.291	2.053	0.829
270	0.013	0.718	1.385	8.182	0.128	0.046
315	0.276	0.196	0.404	1.239	2.061	0.841

图 1.81　Workbench AQWA 计算的整体重心位置 6 个自由度运动幅值最可能极值 MPM

通过比较经典 AQWA 和 Workbench AQWA 进行运动分析可以发现，通过 Workbench 来进行运动计算能够比较方便地实现批处理运行和计算结果的输出。

1.9.5　关于总纵弯矩/剪力计算

在 Workbench 界面中用户可以通过指定多个 point mass 来添加质量，程序处理方式是将用户指定的质量沿着指定重量重心 2 倍的范围进行均布施加，然后程序自动形成.msd 文件。

如船长 92m，坐标原点位于船艉垂线，指定 50000kg 的质量施加在 X=2.5m 的位置，则程序会将该质量分布在-5～5m 范围内，因为没有-5～0m 的船体部分，因而该质量最终会均分在 0～5m 的范围内。如果指定质量纵向重心 X=40m，则程序将指定的质量分布在 0～80m 的范围内。在 Workbench 中，用户比较难以实现总纵弯矩剪力的计算，因为绝大多数情况下重量沿着船长的分布都不是均匀的。

1.10　Workbench AQWA 小结

相比于经典 AQWA，Workbench AQWA 的优势在于整体分析流程清晰，工程管理可视化，建模和参数设置呈现线性流程，输入输出参数可设置为变量，批处理运行和数据输出功能较强，能够提高工程管理效率和数据处理效率。

Workbench AQWA 不能方便地进行总纵弯矩剪力的计算。在使用 Workbench AQWA 进行分析的时候不能引用其他文件的水动力计算结果，整个工程管理对于参数变更比较敏感，如果出现参数变更需要重新更新工程甚至推倒重来，这对工程师的整体把控能力要求比较高。本章 Workbench AQWA 的工程文件夹如图 1.82 所示。

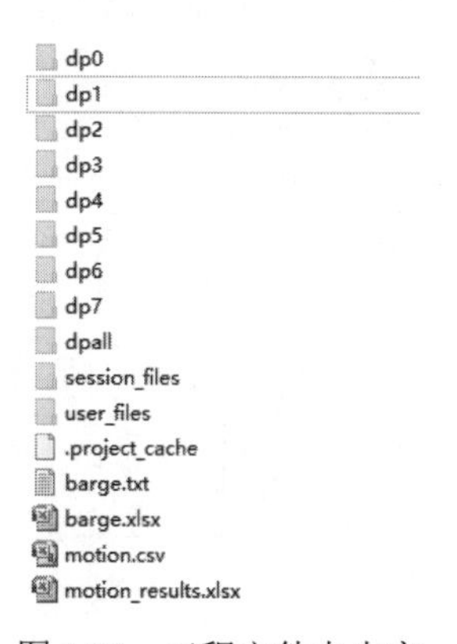

图 1.82　工程文件夹内容

练习

1．在经典 AQWA 中利用 line plan 功能分别建立吃水 2m、3m、4m 的水动力模型（无纵倾），网格大小要求为 2m（可根据情况调整，但网格大小不大于 2m）。

2．运行经典 AQWA 文件夹的 3.FD_motion 中的 afbarge_M.dat、afbarge_H.dat 文件，对运动结果和加速度结果进行整理并与 afbarge_L 的计算结果进行比较和总结。

3．在经典 AQWA 文件夹的 3.FD_motion 中分别根据 afbarge_M.dat、afbarge_H.dat 计算货物 BST5 的货物载荷，并与 afbarge_L 的计算结果进行比较和总结。

4．在经典 AQWA 文件夹的 4.SFBM 中计算海况 2、海况 3 对应的波浪弯矩剪力情况，与静水结果进行组合并与许用值进行比较。

5．在 Workbench AQWA 中计算海况 2、海况 3 的整体重心位置运动幅值与加速度幅值的有义值与 MPM，并与海况 1 的计算结果进行比较。

第2章 软钢臂单点系泊 FPSO

软钢臂单点 FPSO 在我国渤海海域有着广泛的应用，在渤海服役或服役过的软钢臂 FPSO 主要有渤海友谊、渤海明珠、渤海长青、渤海世纪（HYSY109）、海洋石油 117、海洋石油 112、海洋石油 113 等，吨位从 5 万吨到 30 万吨不等，软钢臂类型涵盖水上软钢臂和水下软钢臂，单点产品涵盖 SBM、Bluewater 和 SOFEC。

软钢臂 FPSO 的单点分析涉及的专业多，接口复杂。按照设计阶段的不同，软钢臂单点系泊分析内容也不尽相同。在软钢臂总体形式确定的前提下，系泊分析需要进行的工作可以包括但不限于：

（1）提取整体软钢臂系统的恢复力曲线。

（2）关注点的平面偏移运动响应。

（3）导管架与 Yoke 连接主轴承设计载荷。

（4）连接部件设计载荷。

（5）外输系泊缆设计载荷与选型。

（6）疲劳载荷。

（7）碰撞风险评估。

（8）其他。

本章简要介绍使用 AQWA 分别在经典界面和 Workbench 界面进行水上软钢臂 FPSO 水动力分析、连接部件建模、时域分析与结果后处理等内容。

2.1 输入数据和假设条件

2.1.1 目标 FPSO 船体信息

目标 FPSO 为 15 万吨级 FPSO，全长 266.7m，型宽 50m，型深 26m，满载吃水 14.5m，满载排水量为 145910t，具体参数见表 2.1。

表 2.1 目标 FPSO 信息

数据项	数据	单位
总长 Length Overall	266.7	m
型宽 Beam	50	m
型深 Depth	26	m
满载吃水 Full Loaded Draft	14.5	m
排水量 Displacement	145910	t
重心纵向位置 LCG	10.778	m
重心横向位置 TCG	0.0	m
重心垂向位置 VCG	14.7	m
横摇回转半径 R_{xx}	13	m
纵摇回转半径 R_{yy}	65	m
艏摇回转半径 R_{zz}	65	m

注：重心纵向位置相对船艉垂线 146.578m。

FPSO 的型线数据参考 AQWA 提供的例子文件 Altest2.lin，该文件位于以下路径：

X:\Program Files\ANSYS Inc\v193\aqwa\demo

对 Altest2.lin 进行修改，将其球鼻艏删除，如图 2.1 所示。修改后的文件重命名为 FPSO.lin。新建文件夹，将 FPSO.lin 放在 1.vessel 子文件夹下。

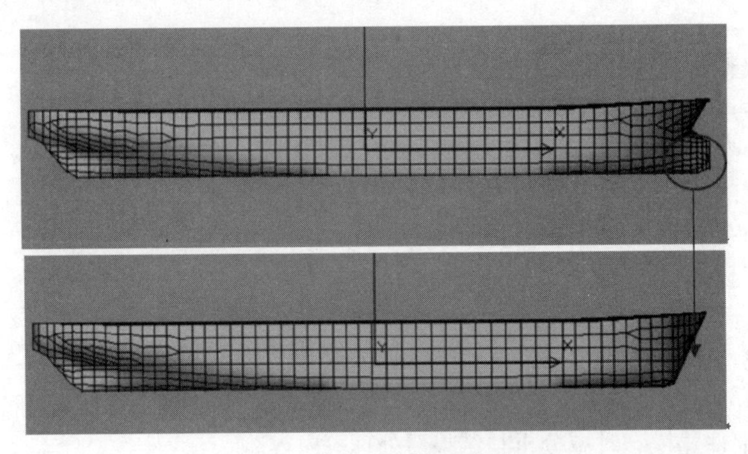

图 2.1 修改 Altest2.lin 文件

2.1.2 软钢臂系统信息

软钢臂系统的 Yoke 臂通过旋转接头与导管架单点主轴承相连接。Yoke 为三角形框架结构，由连接杆和压载舱组成，如图 2.2 所示。Yoke 压载舱上部通过万向接头分别与两根系泊腿下部相连接，系泊腿上部通过球形支座与 FPSO 的支撑框架相连接。

目标 Yoke 总重 1850t，回转半径分别为 R_{xx}=15.69m，R_{yy}=11.67m，R_{zz}=19.36m。压载舱外径 5.867m，长 54m；支撑杆件外径 1.76m，长 46m。Yoke 整体重心距离压载舱中心轴 4.11m。

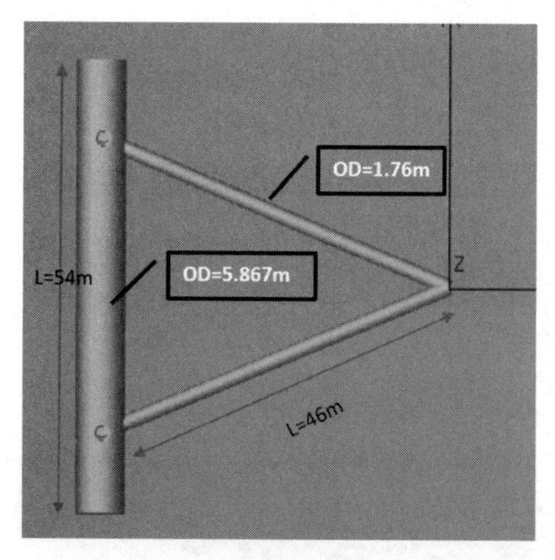

（a）俯视图

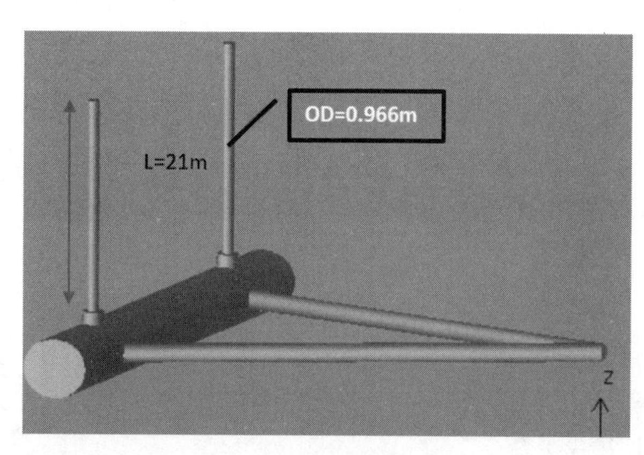

（b）侧视图

图 2.2　软钢臂 Yoke 与系泊腿示意

系泊腿外径 0.966m，重 75t，长 21m。

2.1.3　环境条件

这里仅对 FPSO 在 100 年一遇极端环境条件下的响应进行分析，100 年一遇环境条件数据见表 2.2。100 年一遇有义波高 5.3m，1 小时平均风速 28m/s，表面流速 1.0m。波浪谱为 JONSWAP 谱，γ=1.8；风谱为 NPD 风谱；流为遵循 1/7 规则的浅水潮流。

目标海域平均水深 20m。

表 2.2　100 年一遇环境条件信息

项目	单位	数据
	波浪条件	
有义波高	m	5.4
谱峰周期	s	10.3
γ	\	1.8
	风况	
风谱	\	NPD
1 小时平均风速	m/s	28
	流环境	
表面流速	m/s	1.0
类型	\	1/7 power

2.1.4　环境条件方向组合

单点 FPSO 在风、浪、流的共同作用下绕着单点旋转，始终保持船头朝向环境载荷合力最小的方向，即实现“风向标效应”（Weather Vane）。由于 FPSO 的最终朝向是风、浪、流三种载荷的合力最小的方向，在研究 FPSO 位移和受力特性时就需要考虑多种环境条件方向的组合，针对系泊定位的单点 FPSO 进行多种风、浪、流方向组合条件下的系泊分析，即一般所说的“扫掠分析”（Screening Analysis）。通过对极端条件下确定的（假定的）风、浪、流环境方向组合作用下 FPSO 平面位移（Offset）和系泊系统的张力响应进行分析，从而得到较为准确的 FPSO 平面位移结果和载荷响应结果。

风、浪、流的方向组合，最好根据环境条件数据确定，但一般情况下，环境条件数据很难给出三者的确切对应关系，更多时候或者说在设计的初始阶段需要依靠假定方向组合来进行分析。

关于风、浪、流三种环境条件方向的组合，一些船级社规范给出了如下建议。

（1）ABS Floating Production Installations(FPI)对于风浪流方向角度组合有如下建议。对于缺乏环境条件方向关系数据的时候，除了考虑风浪流方向共线外，还可以考虑以下两种风浪流非共线组合：

1）风、流与波浪方向均相差 30°。

2）风与波浪方向相差 30°，流与波浪方向相差 90°。

（2）DNVGL OS E301 Position Mooring 对于风浪流方向角度组合有如下建议。当缺乏环境条件方向关系数据的时候：

1）风、浪、流方向共线，计算的方向绕着 FPSO 旋转，步长为 15°；

2）风与波浪方向相差 30°，流与波浪方向相差 45°，三者从 FPSO 的同一侧向 FPSO 传播。

（3）BV NR493 Classfication of Mooring Systems for Permanent Offshore Units 对于环境方向组合给出的建议比较多，这里不再进行介绍，具体内容可查询规范要求。

整体而言，ABS、DNVGL 对于环境条件方向的建议较为简单。BV 的建议略微复杂，除了考虑方向组合较多以外还需要考虑相应的折减系数。

由于软钢臂单点实际上并不存在刚度不同的多个特征方向，因而这里仅考虑一个波浪方向，即 FPSO 船艏迎浪。

出于简便考虑，这里的风、浪、流环境条件方向组合为以下四种：

- COLL：风浪流同向。
- CRO1：风浪同向，流与二者相差 90°。
- CRO2：风与波浪相差 30°，流与波浪相差 90°。
- CRO3：风与波浪相差 30°，流与波浪相差 45°。

2.2 船体模型的建立与水动力试算

2.2.1 生成船体水动力计算模型

打开 AGS，点击 Plots→Select→Lines Plan→File，打开 1.vessel 子文件夹下的 FPSO.lin 文件。FPSO.lin 文件中的 FPSO 坐标起点位于船艉，终点位于船艏。将 WLZ coord(x=x1)和 WLZ coord(x=xn)设置为 14.5，对应 FPSO 吃水 14.5m。将 N/Max Size 设置为 2，对应水动力单元大小为 2m。将重心位置输入到 CG Posn 对应位置，重心纵向坐标、横向坐标与浮心一致，重心高度为 14.7m。点击 Global，将吃水设置为 20m。具体设置如图 2.3 所示。

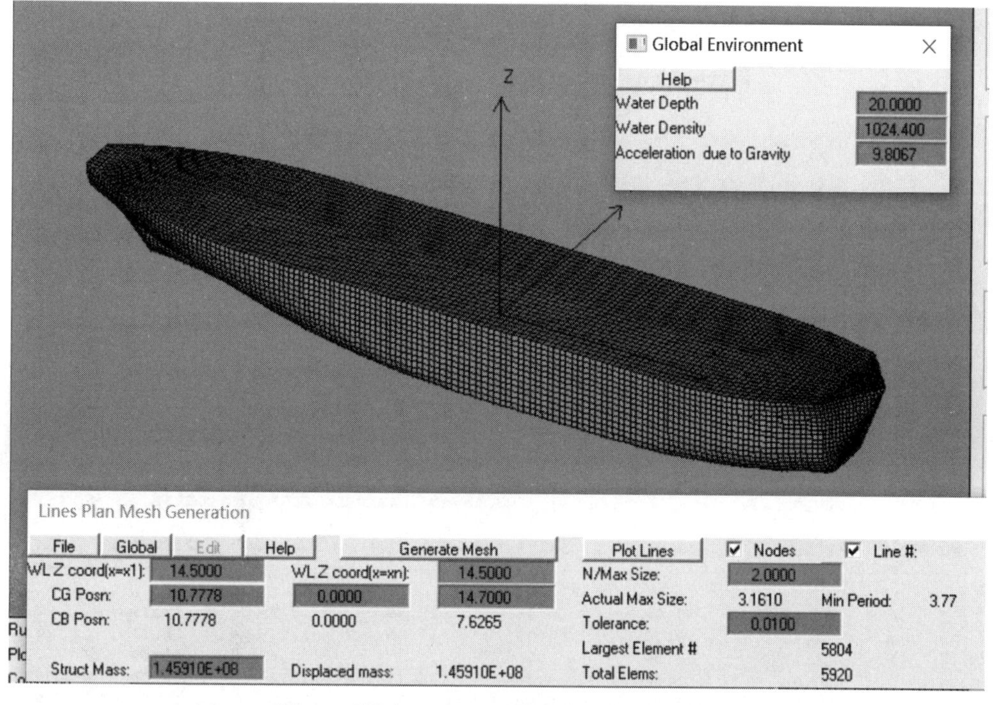

图 2.3　通过 Lines Plan 建立水动力计算模型

设置完毕后点击 File→Save *.dat，将模型文件保存。1.vessel 文件夹下名为 AQWA001.dat 的模型即为刚生成的模型。

打开 AQWA001.dat，在 OPTION 位置添加 GOON，修改 RESTART 1 2 为 RESTART 1 3。

```
JOB MESH  LINE
TITLE                  MESH FROM LINES PLANS/SCALING
OPTIONS REST GOON END
RESTART    1   3
```

检查重心位置和排水量是否正确。参考表 2.1 修改 Category 4 中的转动惯量数据。

```
   02     FINI
   03     MATE
   03                1 1.45910E8  0.000000  0.000000
 END03
   04     GEOM
*  FPSO                Kxx=13                         Kyy=65                Kzz=65
   04PMAS            1 2.4659E10  0.000000  0.000000 6.1640E11  0.000000 6.1640E11
 END04
```

修改完毕后运行 AQWA001.dat。

2.2.2　横摇阻尼修正

AQWA001.dat 文件运行完毕后打开.lis 文件，查看 FPSO 横摇静水回复刚度为 1.03862E+10 Nm/rad，如图 2.4 所示。

```
3. TOTAL HYDROSTATIC STIFFNESS
------------------------------
(WITH RESPECT TO STRUCTURE COG)

                 Z             RX            RY            RZ
HEAVE( Z) =  1.11709E+08   1.47027E+03   9.39142E+08   0.00000E+00
ROLL  (RX) = 1.47027E+03   1.03862E+10   7.07922E+03   7.31723E+04
PITCH(RY) =  9.39142E+08   7.07922E+03   4.83450E+11  -2.32534E+03
```

图 2.4　静水回复刚度计算结果

查看 FPSO 横摇运动周期为 12.9s，如图 2.5 所示。

```
* * * N A T U R A L   F R E Q U E N C I E S / P E R I O D S   F O R   S T R U C T U R E   1 * *
      - - - - - - - - - - - - - - - - - - - - - - - - - - - - - - - - - - - - - - - - - - - - - -

      N.B. THESE NATURAL FREQUENCIES DO *NOT* INCLUDE STIFFNESS DUE TO MOORING LINES.

PERIOD    PERIOD                     UNDAMPED  NATURAL  PERIOD(SECONDS)

NUMBER   (SECONDS)   SURGE(X)   SWAY(Y)   HEAVE(Z)   ROLL(RX)   PITCH(RY)   YAW(RZ)
---------------------------------------------------------------------------------

 2        41.89       0.00       0.00      19.39      13.99      17.39       0.00
 3        31.42       0.00       0.00      17.85      13.76      15.72       0.00
 4        25.13       0.00       0.00      14.34      13.47      16.64       0.00
 5        20.94       0.00       0.00      15.73      13.24      13.39       0.00
 6        17.95       0.00       0.00      15.15      13.09      12.68       0.00
 7        15.71       0.00       0.00      14.88      12.99      12.10       0.00
 8        13.96       0.00       0.00      14.78      12.94      11.70       0.00
 9        12.57       0.00       0.00      14.74      12.91      11.49       0.00
10        11.42       0.00       0.00      14.73      12.88      11.40       0.00
11        10.47       0.00       0.00      14.72      12.84      11.35       0.00
```

图 2.5　固有周期计算结果

找到 12.6s 附近对应 FPSO 横摇附加转动惯量为 1.9179E+10kg·m^2，如图 2.6 所示。

```
WAVE PERIOD =  12.566    WAVE FREQUENCY =  0.5000

                     ADDED  MASS
                     -----------

        X            Y            Z            RX           RY           RZ
   ---------------------------------------------------------------------------

X   6.4928E+06   0.0000E+00   5.4665E+06   0.0000E+00   1.0923E+09   0.0000E+00

Y   0.0000E+00   5.0244E+07   0.0000E+00  -1.6921E+08   0.0000E+00  -7.3252E+08

Z   5.3940E+06   0.0000E+00   4.2293E+08   0.0000E+00  -1.3976E+09   0.0000E+00

RX  0.0000E+00  -1.7229E+08   0.0000E+00   1.9179E+10   0.0000E+00   9.6804E+09

RY  1.0958E+09   0.0000E+00  -1.3916E+09   0.0000E+00   1.1067E+12   0.0000E+00

RZ  0.0000E+00  -7.3430E+08   0.0000E+00   9.7989E+09   0.0000E+00   2.9591E+11
```

图 2.6　12.6s 附加转动惯量计算结果

FPSO 横摇运动临界阻尼为：

$$2\times\sqrt{(I_{xx}+\Delta I_{xx})\times K_{xx}} \tag{2.1}$$

这里取 7%横摇运动临界阻尼 2.99E+09Nm/rad 对 FPSO 进行横摇阻尼修正。打开 AQWA001.dat，设置 Category6 的计算周期范围 4～30s，修改计算浪向范围为 0～180°，间隔 10°。在 Category7 中添加横摇阻尼修正 2.99E+09Nm/rad，如图 2.7 所示。

```
      06      FDR1
      06PERD      1     6        30        27        25        24        23        22
      06PERD      7    12        21      20.5      20.0      19.5      19.0      18.5
      06PERD     13    18      18.0      17.5      17.0      16.5      16.0      15.5
      06PERD     19    24      15.0      14.5      14.0      13.5      13.0      12.5
      06PERD     25    30      12.0      11.5      11.0      10.5      10.0       9.5
      06PERD     31    36       9.0       8.5       8.0       7.5       7.0       6.5
      06PERD     37    41       6.0       5.5       5.0       4.5       4.0
      06DIRN      1     6      0.00     10.00     20.00     30.00     40.00     50.00
      06DIRN      7    12     60.00     70.00     80.00     90.00    100.00    110.00
      06DIRN     13    18    120.00    130.00    140.00    150.00    160.00    170.00
  END06DIRN     19    19    180.00
      07      WFS1
  END07FIDD                  0.000     0.000     0.000  2.990E09    0.0000    0.0000
      08      NONE
```

图 2.7　修改计算周期设置并添加横摇阻尼

修改完毕后保存文件重新运行 AQWA001.dat。运行完毕后通过 AGS 查看 FPSO 横浪状态下的运动 RAO 曲线。横摇运动共振状态下 RAO 峰值为 7m/m 左右，如图 2.8 所示。通常情况下这个值对于这个吨位的 FPSO 而言已经足够保守。

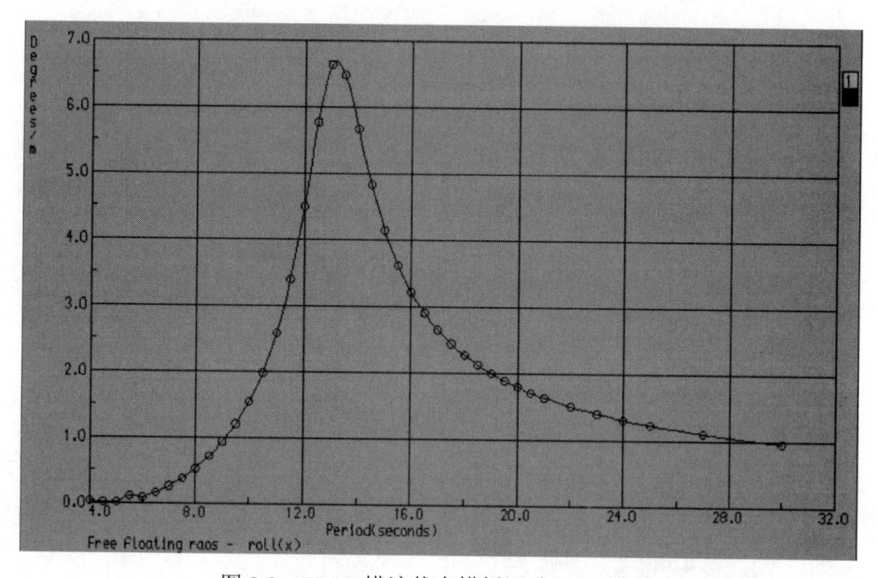

图 2.8　FPSO 横浪状态横摇运动 RAO 曲线

至此，初步的水动力计算工作完成，下面将介绍软钢臂系统的连接部件建模。

2.3　支座部件的建立

在经典 AQWA 中建立支座连接部件是比较困难和烦琐的工作。用户需要对部件的类型、局部坐标系以及连接设置有充分的理解。用户需要在不可视的条件下建立支座单元，随后在调试过程中修改完善直至建立正确的支座部件。

2.3.1 支座类型与组成

目标 FPSO 水上软钢臂系统包括 5 个主要支座部件，如图 2.9 所示。这 5 个支座分别为：

（1）支座 1 位于 Yoke 与导管架主轴承的连接位置。该位置实际上包括 3 个旋转子部件：横摇轴承（释放 FPSO 横摇相对运动）、纵摇轴承（释放 FPSO 纵摇相对运动）以及主轴承（释放 FPSO 艏摇相对运动）。在简化条件下可以将这 3 个轴承等效成一个球形支座，球形支座可以实现 3 个旋转自由度的运动释放。

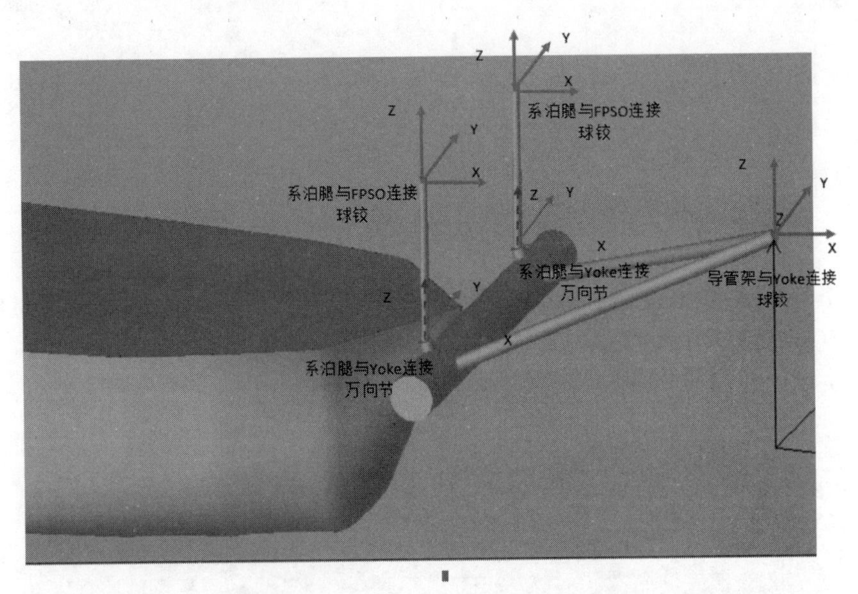

图 2.9 目标 FPSO 水上软钢臂系统连接支座分布与对应类型

（2）支座 2 位于 Yoke 压载舱与系泊腿 1 下端连接位置。该支座位于压载舱上方，释放横摇方向、纵摇方向的运动，不释放杆件绕着长轴方向的转动，该支座可以通过万向节来模拟。

（3）支座 3 位于 Yoke 压载舱与系泊腿 2 下端连接位置。该支座位于压载舱上方，释放横摇方向、纵摇方向的运动，不释放杆件绕着长轴方向的转动，该支座可以通过万向节来模拟。

（4）支座 4 位于系泊腿 1 上端与 FPSO 的连接支架连接位置。该支座为球形支座，释放 3 个转动方向相对运动。

（5）支座 5 位于系泊腿 2 上端与 FPSO 的连接支架连接位置。该支座为球形支座，释放 3 个转动方向相对运动。

FPSO 软钢臂系统是通过支座连接的多体模型，整个模型包括 4 个体，对应编号分别为：

- 结构 1(Str1, ELM1)：FPSO 船体模型。
- 结构 2(Str2, ELM2)：Yoke 模型。
- 结构 3(Str3, ELM3)：系泊腿 1。
- 结构 4(Str4, ELM4)：系泊腿 2。

出于简便考虑，5 个支座部件的局部坐标系同全局坐标系方向一致。

1. 支座 1（球形支座）

支座 1 位于 Yoke 与导管架连接主轴承位置，出于简便考虑，将该点设置到全局坐标系原点上方。建立球形支座比较简单，仅需要两个点，所属结构、编号及对应坐标（相对于全局坐标系）见表 2.3。

表 2.3　支座 1 的节点与坐标

支座类型及代号	所属结构	节点编号	X 方向坐标值	Y 方向坐标值	Z 方向坐标值
球铰（0）	Str0（固定点）	20000	0	0	27.1
	Str2	20001	0	0	27.1

20000 点为导管架主轴承位置。20001 为 Yoke 上与 20000 点连接的点。整个球形支座的坐标系的方向与全局坐标系方向完全一致，如图 2.10 所示。

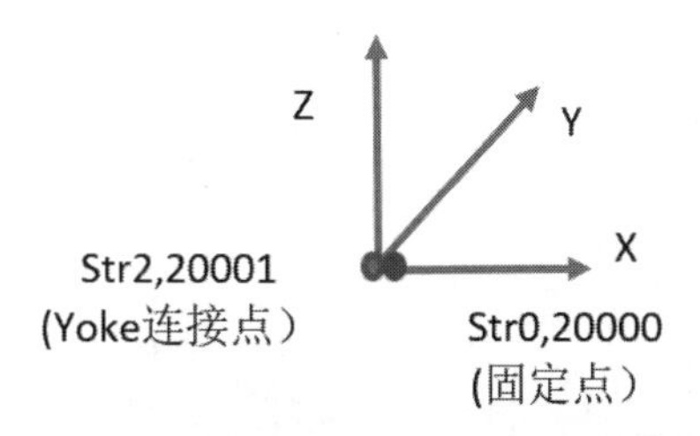

导管架与Yoke连接球形支座
释放三个旋转自由度

图 2.10　软钢臂与导管架连接—球形支座

2. 支座 2（万向节支座）

支座 2 为 Yoke 与系泊腿 1 下节点连接支座，通过万向节来模拟。万向节支座需要指定局部坐标系 X 轴和 Y 轴方向，支座位于第一个结构的节点 1。该支座各个节点编号及坐标见表 2.4。

表 2.4　支座 2 的节点与坐标

支座类型及代号	所属结构	节点编号	X 方向坐标值	Y 方向坐标值	Z 方向坐标值
万向节（1）	Str2	20002	-42.234	17.50	31.42
		20042	-41.46	17.50	31.42
	Str3	30002	-42.46	17.50	27.10
		30032	-42.46	18.00	27.10

20002 点对应支座位置，局部坐标系 X 轴方向由 20002 指向 20042，Y 轴方向由 30002 指向 30032，如图 2.11 所示。

3. 支座 3（万向节支座）

支座 3 为 Yoke 与系泊腿 2 连接支座，通过万向节来模拟。万向节支座需要指定局部坐标系 X 轴和 Y 轴方向，支座位于第一个结构的节点 1。该支座各个节点编号及坐标见表 2.5。

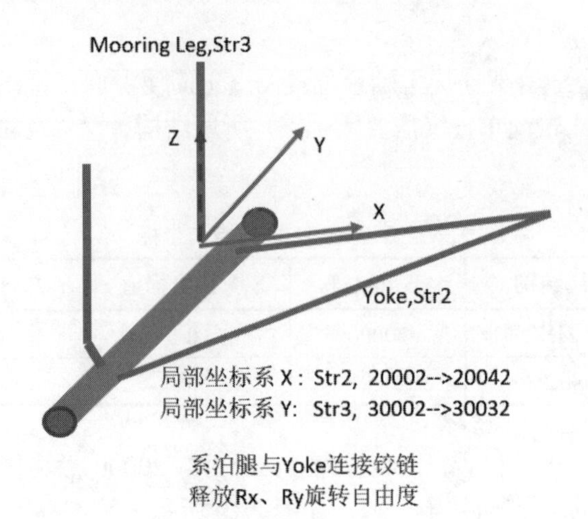

图 2.11　软钢臂与系泊腿 1 连接—万向节支座

表 2.5　支座 3 的节点与坐标

支座类型及代号	所属结构	节点编号	X 方向坐标值	Y 方向坐标值	Z 方向坐标值
万向节（1）	Str2	20003	-42.234	-17.50	31.42
		20043	-41.46	-17.50	31.42
	Str4	40003	-42.46	-17.50	27.10
		40033	-42.46	-17.00	27.10

20002 点对应支座坐标，局部坐标系 X 轴方向由 20002 指向 20042，Y 轴方向由 30002 指向 30032，如图 2.12 所示。

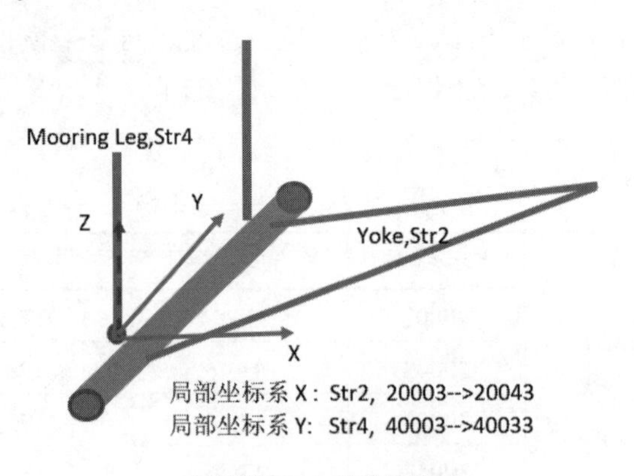

图 2.12　软钢臂与系泊腿 2 连接—万向节支座

4. 支座 4（球形支座）

支座 4 位于系泊腿 1 与 FPSO 支架的连接位置。建立球形支座比较简单，仅需要两个点即可，所属结构、编号及坐标（相对于全局坐标系）见表 2.6。

表 2.6　支座 4 的节点与坐标

支座类型及代号	所属结构	节点编号	X 方向坐标值	Y 方向坐标值	Z 方向坐标值
球铰（0）	Str1	40002	152.00	17.50	51.500
	Str3	30004	-42.46	17.50	48.10

40002 点为 FPSO 支架的连接位置。30004 为系泊腿 1 上与 FPSO 连接的点。整个球形支座的坐标系与整体坐标系方向一致，如图 2.13 所示。

40002 的 X 方向坐标值较大是因为 FPSO 模型的建模原点位于船舯附近，该连接点实际位于船艏。由于支座 1 是固定点，因而当整个系统建立以后 FPSO 的位置会按照平衡计算自动调整至最终的平衡位置。

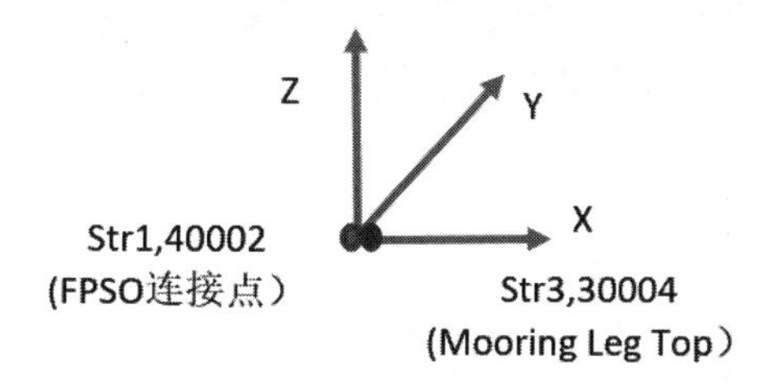

系泊腿与FPSO连接球形支座
释放三个旋转自由度

图 2.13　系泊腿 1 与 FPSO 支架连接支座

5. 支座 5（球形支座）

支座 5 位于系泊腿 2 上端与 FPSO 支架的连接位置。建立球形支座比较简单，仅需要两个点即可，所属结构、编号及坐标（相对于全局坐标系）见表 2.7。

表 2.7　支座 5 的节点与坐标

支座类型及代号	所属结构	节点编号	X 方向坐标值	Y 方向坐标值	Z 方向坐标值
球铰（0）	Str1	50002	152.00	-17.50	51.50
	Str4	40005	-42.46	-17.50	48.10

50002 点为 FPSO 支架的连接位置。40005 为系泊腿 2 上与 FPSO 连接的点。整个球形支座的坐标系与整体坐标系方向一致，如图 2.14 所示。

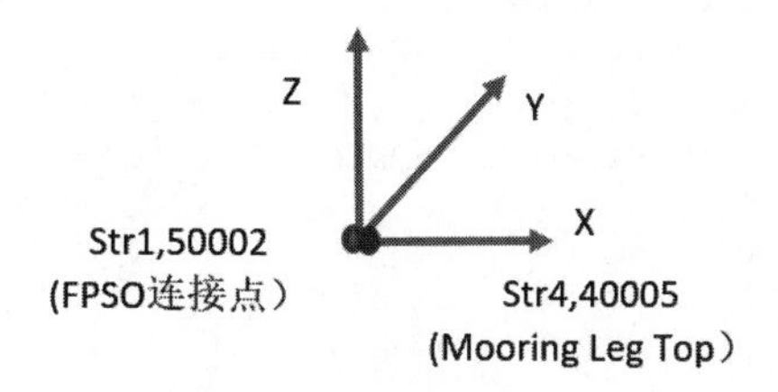

系泊腿与FPSO连接球形支座
释放三个旋转自由度

图 2.14　系泊腿 2 与 FPSO 支架连接支座

2.3.2 模型修改与平衡位置计算

在工程文件夹下新建 2.hydro 文件夹，将 AQWA001.DAT 文件复制到该文件夹下并重命名为 Draft14_5m.DAT。打开 Draft14_5m.DAT 进行以下内容修改。

1. 添加节点信息

添加节点 20000 及其对应坐标信息。

```
OPTIONS REST GOON END
RESTART   1  3
   01     COOR
   01NOD5
* Tower 连接固定点
   0120000              0.000     0.000     27.100
* FPSO nodes
   01    1         -135.9000    0.0000    16.0000
```

添加 FPSO 与系泊腿的连接点 40002、50002 及对应坐标信息。

```
*
*  FPSO上 铰接点
*
    0140002             152.000     17.50     51.500
    0150002             152.000    -17.50     51.500
* FPSO cog
    0199999             10.7779    0.0000    14.7000
```

添加 Yoke 的相关节点信息。

```
*--------Yoke
* Yoke C.O.G
   0129999            -38.35      0.000     27.110
*
   0120001            0           0.000     27.10
   0120002          -42.234      17.50      31.42
   0120003          -42.234     -17.50      31.42
   0120042           -41.46      17.50      31.42
   0120043           -41.46     -17.50      31.42
   0120012           -42.46      17.50      27.10
   0120032           -42.46      18.00      31.42
   0120013           -42.46     -17.50      27.10
   0120022           -42.46      27.00      27.10
   0120023           -42.46     -27.00      27.10
```

添加系泊腿 1、系泊腿 2 的节点信息。

```
 *-------leg 1
    0130002             -42.46      17.50     27.10
    0130004             -42.46      17.50     48.10
    0130006             -42.46      17.50     37.60
 *
    0130032             -42.46      18        27.10
    0130052             -42.46      17.50     27.10
    0130054             -42.46      17.50     48.10
 *-------leg 2
    0140003             -42.46     -17.50     27.10
    0140005             -42.46     -17.50     48.10
    0140007             -42.46     -17.50     37.60
 *
    0140033             -42.46     -17        27.10
    0140053             -42.46     -17.50     27.10
    0140055             -42.46     -17.50     48.10
```

2. 添加 Yoke 及系泊腿单元

在 Category2 的 FPSO 单元模型信息后（对应 ELM1）添加 ELM2（对应 YOKE）、ELM3（对应系泊腿 1）和 ELM4（对应系泊腿 2），这 3 个体均由 TUBE 单元组成。

ELM2 对应 Category3 重量信息代号为 2，重量为 1850t。ELM3 对应重量信息代号 4，重量为 75t。ELM4 对应重量信息代号 4，重量为 75t。

所有 TUBE 杆件以重量点（PMAS）的形式来考虑质量，不设置材料密度（此时 Category3 中的代号 3 为 0）。

```
     02     ELM2       *Yoke
     02PMAS            500(1)(29999)(2)(2)
     02TUBE            501(1)(20001)(20012)(3)(5)
     02TUBE            502(1)(20001)(20013)(3)(5)
     02TUBE            511(1)(20002)(20012)(3)(5)
     02TUBE            512(1)(20003)(20013)(3)(5)
  END02TUBE            503(1)(20022)(20023)(3)(4)
     02     ELM3       *Leg-PS
     02PMAS            506(1)(30006)(4)(3)
  END02TUBE            504(1)(30002)(30004)(3)(6)
     02     ELM4       *Leg-SB
     02PMAS            507(1)(40007)(4)(3)
  END02TUBE            505(1)(40003)(40005)(3)(6)
     02     FINI
     03     MATE
     03                  1 1.45910E8  0.000000  0.000000
     03                  2 1.85000E6  0.000000  0.000000
     03                  3 0.0000000  0.000000  0.000000
     03                  4 7.50000E4  0.000000  0.000000
  END03
```

修改 Category4 中的转动惯量信息。在 TUBE 单元的参数设置部分分别输入 Yoke 和系泊腿的杆件外径。Yoke 压载舱的外径为 5.867m，Yoke 连接杆外径为 1.76m。系泊腿的外径为 0.966m。

```
    04     GEOM
*   FPSO               Kxx=13                           Kyy=65               Kzz=65
    04PMAS           1 2.4659E10  0.000000  0.000000 6.1640E11  0.000000 6.1640E11
*   Yoke               Kxx=15.69                        Kyy=11.67            Kzz=19.36
    04PMAS           2 4.5543E08  0.000000  0.000000 2.5195E08  0.000000 6.9340E08
*   LEG                Kxx=9.50                         Kyy=9.50             Kzz=0.60
    04PMAS           3 6.7688E06  0.000000  0.000000 6.7688E06  0.000000 2.7000E04
*   tube characters
    04TUBE           4 5.8670000  0.100000  0.000000 0.0000000  0.000000 0.000000
    04TUBE           5 1.7600000  0.050000  0.000000 0.0000000  0.000000 0.000000
    04TUBE           6 0.9660000  0.050000  0.000000 0.0000000  0.000000 0.000000
 END04
```

在 Category6 后加一行 FINI 表示不再对 Yoke 以及系泊腿进行计算周期设置。

```
     06     FDR1
     06PERD     1    6        30        27        25        24        23        22
     06PERD     7   12        21      20.5      20.0      19.5      19.0      18.5
     06PERD    13   18      18.0      17.5      17.0      16.5      16.0      15.5
     06PERD    19   24      15.0      14.5      14.0      13.5      13.0      12.5
     06PERD    25   30      12.0      11.5      11.0      10.5      10.0       9.5
     06PERD    31   36       9.0       8.5       8.0       7.5       7.0       6.5
     06PERD    37   41       6.0       5.5       5.0       4.5       4.0
     06DIRN     1    6      0.00     10.00     20.00     30.00     40.00     50.00
     06DIRN     7   12     60.00     70.00     80.00     90.00    100.00    110.00
     06DIRN    13   18    120.00    130.00    140.00    150.00    160.00    170.00
  END06DIRN    19   19    180.00
     06     FINI
```

设置完毕后保存并运行 Draft14_5m.DAT 文件。

在工程目录文件夹内新建 3.eqp 文件夹，新建 0_eqp.dat 文件，打开该文件输入以下内容：

（1）JOB 位置设置进行 DRIFT 模块计算。

（2）在 OPTION 位置添加相关设置。

（3）在 RESTART 位置输入“RESTART　4　5　　..\2.hydro\Draft14_5m”表示引用之前计算的水动力数据。

（4）在 Category12 中按照 2.3.1 节的信息定义 5 个支座。

```
JOB BLST  DRIF  WFRQ
TITLE
OPTIONS REST CONV GOON END
RESTART   4  5       ..\2.hydro\Draft14_5m
    09     NONE
    10     NONE
    11     NONE
    12     CONS
    12DCON     0     020000                  220001
    12DCON     1     22000220042             33000230032
    12DCON     1     22000320043             44000340033
    12DCON     0     140002                  330004
    12DCON     0     150002                  440005
 END12
*
    13     NONE
    14     NONE
    15     NONE
    16     TINT
 END16TIME       10000    0.1
    17     NONE
    18     PROP
    18GREV 1
 END18PREV10000
    19     NONE
```

（5）在 Category16 中输入时域计算参数，共计算 14000 步，步长 0.1s，即模拟 1400s。

输入完毕后保存文件并运行。运行完毕后通过 AGS 打开 0_eqp.res 文件查看模型。点击 Select→Sequence，将弹出界面的播放条拉到最后可看到最终整个模型的平衡状态，如图 2.15 所示。

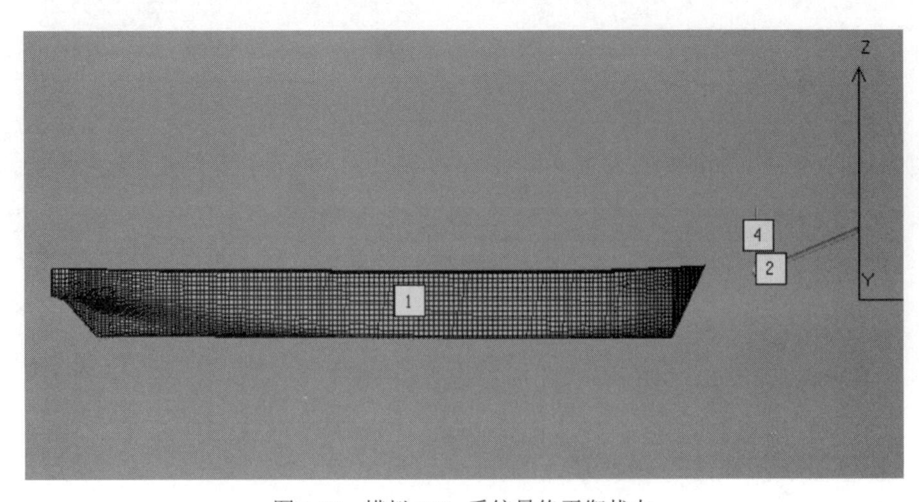

图 2.15　模拟 100s 系统最终平衡状态

打开 lis 文件，查看时域计算的最终平衡位置，4 个体整体坐标系下的平衡位置见表 2.8。各个体的对应平衡位置（相对于全局坐标系）将作为整个系统的计算初始状态。

表 2.8　系统各个体最终整体坐标系下的平衡位置

名称	代号	X 方向坐标/m	Y 方向坐标/m	Z 方向坐标/m
FPSO	1	-182.10	0.00	0.00
Yoke	2	-35.46	0.00	12.53
Leg1	3	-40.68	17.50	25.53
Leg2	4	-40.68	-17.50	25.53

注：整个系统比较复杂，采用 librium 静态求平衡也可以，但求解失败的概率比较高。此时，采用短时域计算求平衡位置会相对简单直接一些。

2.4　水动力计算

2.4.1　二阶浅水效应

差频载荷的二阶波浪力可以表达为：

$$
\begin{aligned}
F^{(2)}(t)=&\sum_{i=1}^{N}\sum_{j=1}^{N}\{P_{ij}^{-}\cos[-(\omega_i-\omega_j)t+(\varepsilon_i-\varepsilon_j)]+P_{ij}^{+}\cos[-(\omega_i+\omega_j)t+(\varepsilon_i+\varepsilon_j)]\}\\
&+\sum_{i=1}^{N}\sum_{j=1}^{N}\{Q_{ij}^{-}\sin[-(\omega_i-\omega_j)t+(\varepsilon_i-\varepsilon_j)]+Q_{ij}^{+}\sin[-(\omega_i+\omega_j)t+(\varepsilon_i+\varepsilon_j)]\}
\end{aligned}
\tag{2.3}
$$

其中，P_{ij}^{-} 和 Q_{ij}^{-} 为与独立于时间的二阶面内力和面外力。

P_{ij}^{-} 由以下几项组成：

$$
\begin{aligned}
P_{ij}^{(\pm)}=&-\oint_{WL}\frac{1}{4}\rho g\zeta_i\zeta_j\cos(\varepsilon_i+\varepsilon_j)\frac{\overline{N}}{\sqrt{n_1^2+n_2^2}}\mathrm{d}l\\
&+\iint_{S0}\frac{1}{4}\rho\left|\nabla\phi_i\right|\cdot\left|\nabla\phi_i\right|\overline{N}\mathrm{d}S\\
&+\iint_{S0}\frac{1}{2}\rho\left(X_i\cdot\nabla\frac{\partial\Phi_j}{\partial t}\right)\overline{N}\mathrm{d}S\\
&+\frac{1}{2}M_s\boldsymbol{R}_i\cdot\ddot{X}_{gj}\\
&+\iint_{S0}\rho\frac{\partial\Phi^{(2)}}{\partial t}\overline{N}\mathrm{d}S
\end{aligned}
\tag{2.4}
$$

式中：第一项为水线面积分项；第二项为伯努利压力项；第三项为加速度项；第四项为动量项；第五项为二阶速度势项。

面外项 Q_{ij}^{-} 与面内项的求解类似。

AQWA 对于 P_{ij}^{-} 和 Q_{ij}^{-} 进行求解并保存在.qtf 文件中。

常规情况下，二阶速度势项基本不影响二阶定常力载荷，二阶定常力载荷为 QTF 矩阵的主对角线项。当结构处于浅水状态时，由于浅水效应对二阶速度势的影响，二阶载荷会显著增加，非线性特征增强。因而，结构物浅水系泊条件下需要充分考虑二阶浅水效应的影响。

目标 FPSO 吃水 14.5m，水深 20m，需要考虑二阶浅水效应的影响，在 AQWA 中需要通过全 QTF 法来考虑二阶速度势的影响。

2.4.2 水动力计算

打开 2.hydro 文件夹下的 Draft14_5m.DAT 文件，对 OPTION 进行修改。添加 AQTF、CQTF、NQTF 三个选项，表明计算全 QTF 矩阵并生成.qtf 文件。

```
JOB MESH  LINE
TITLE               MESH FROM LINES PLANS/SCALING
OPTIONS REST AQTF CQTF NQTF GOON END
RESTART   1  3
```

在 Category2 中添加 ILID 行，去除不规则频率的影响。

```
END01
    02     ELM1
    02SYMX
    02ILID AUTO
    02ZLWL          (        14.5000)
    02QPPL         1(1)(9)(8)(1)(2)
    02QPPL         1(1)(10)(9)(2)(3)
```

修改完毕后运行 Draft14_5m.DAT 文件。运行完毕后通过 AGS 读入 Draft14_5m.res，点击 Graphs，选择 Function/Processing→Data processing→Wave forces→Fully-Coupled QTFs，如图 2.16 所示。

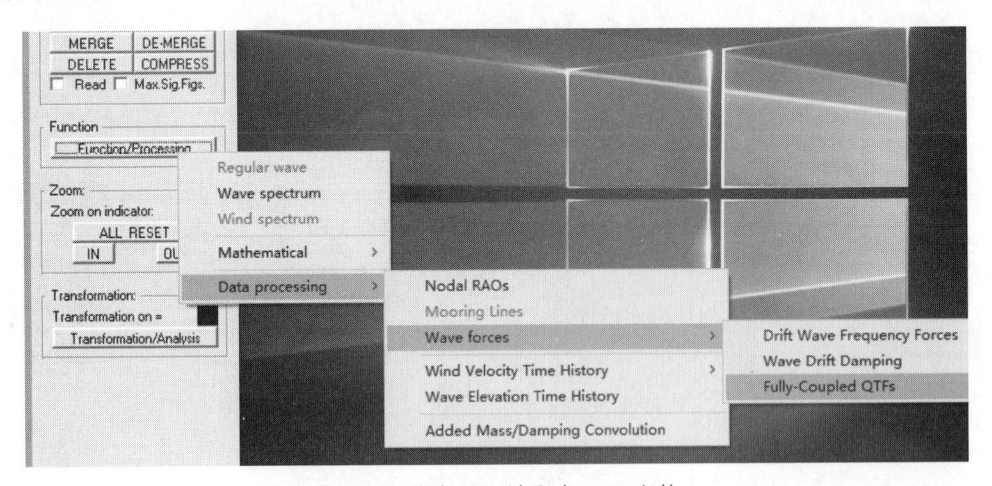

图 2.16 通过 AGS 读取全 QTF 文件

在弹出的 Full-Coupled QTFs 界面中点击 2-D PLOT，差频 QTF 幅值等高线图显示在弹出界面，如图 2.17 所示。可以看出 QTF 矩阵的主要载荷成分集中分布在低频区域。

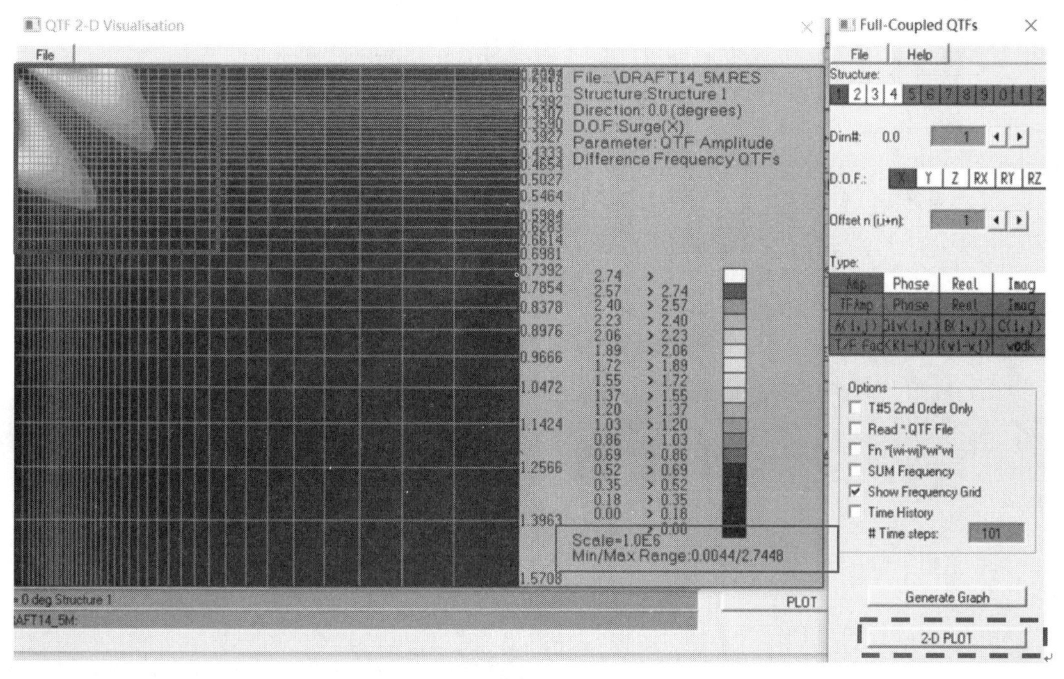

图 2.17　查看 QTF 纵荡二阶载荷分布

选择实部（Real）点击 2-D PLOT，再选择虚部（Imag）点击 2-D PLOT，比较二者可以发现虚部（非线性项）是 QTF 矩阵的主要贡献，如图 2.18 和图 2.19 所示。

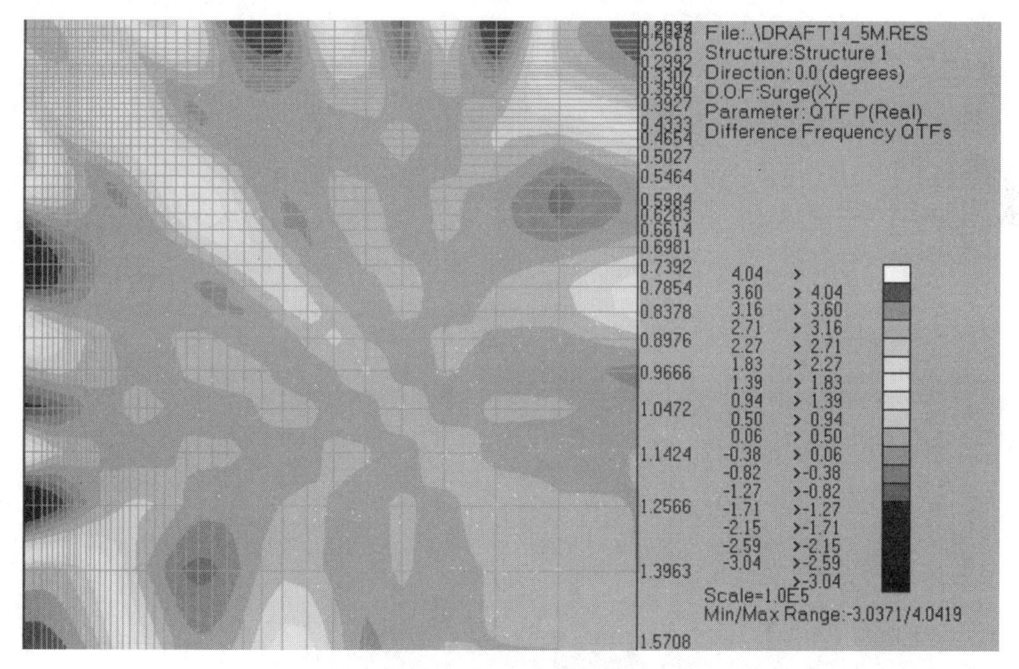

图 2.18　QTF 载荷的实部

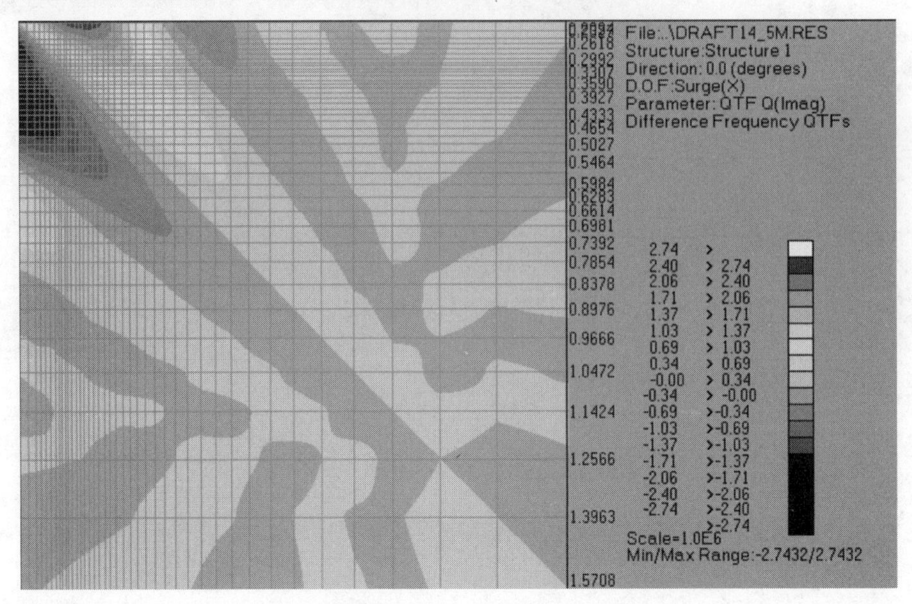

图 2.19 QTF 载荷的虚部

复制 Draft14_5m.DAT 文件并重命名为 Draft14_5m_100.DAT，打开 Draft14_5m_100.DAT 文件修改水深 20m 为 100m。运行 Draft14_5m_100.DAT 文件。

```
    05    GLOB
    05DPTH       100
    05DENS 1024.4000
END05ACCG     9.8067
```

查看差频 QTF 幅值等高线图，在水深改为 100m 后差频 QTF 幅值有了明显的下降，如图 2.20 所示。

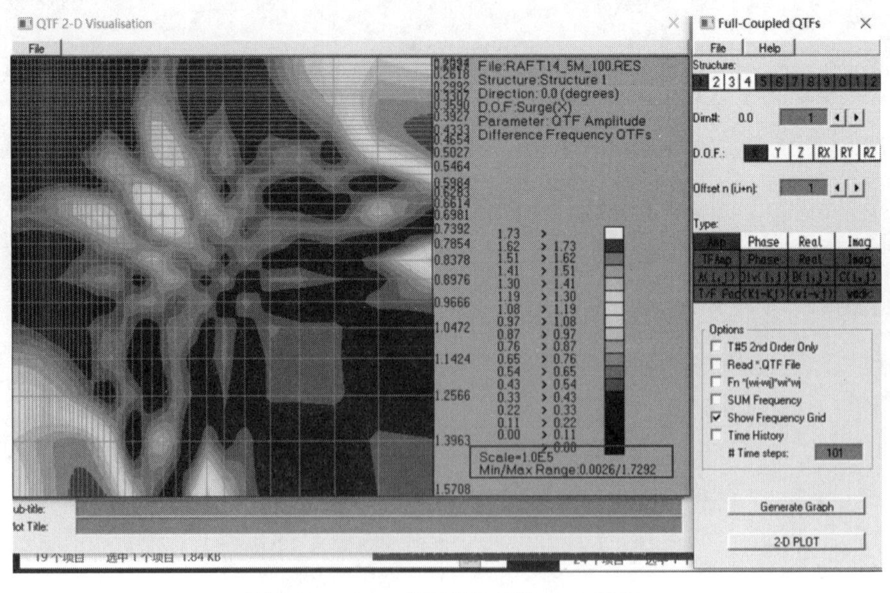

图 2.20 100m 水深条件下的 QTF 载荷

选择实部（Real）点击 2-D PLOT，再选择虚部（Imag）点击 2-D PLOT，比较二者发现此时实部载荷是 QTF 矩阵的主要贡献，如图 2.21 和图 2.22 所示。

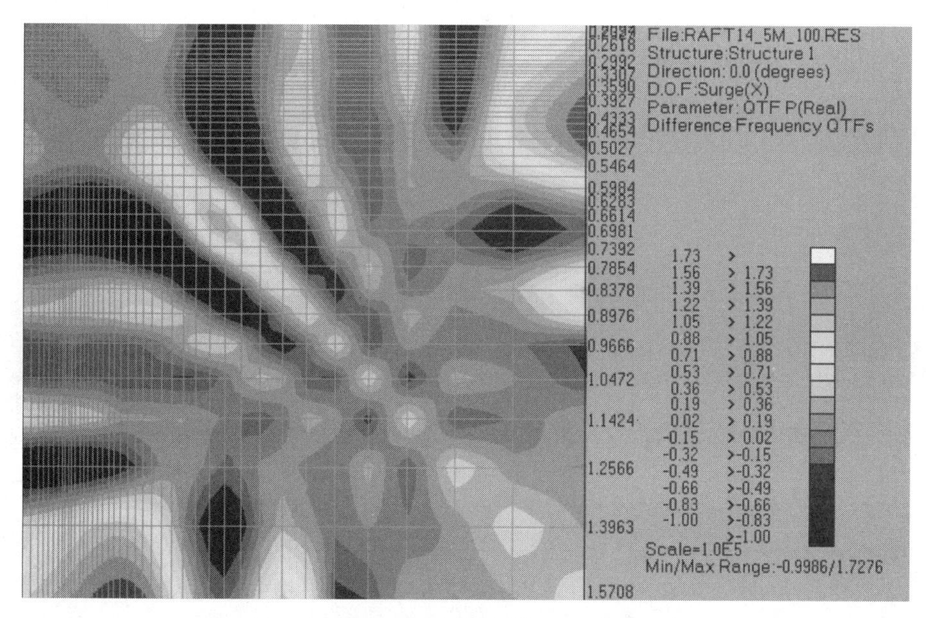

图 2.21　100m 水深条件下的 QTF 载荷实部

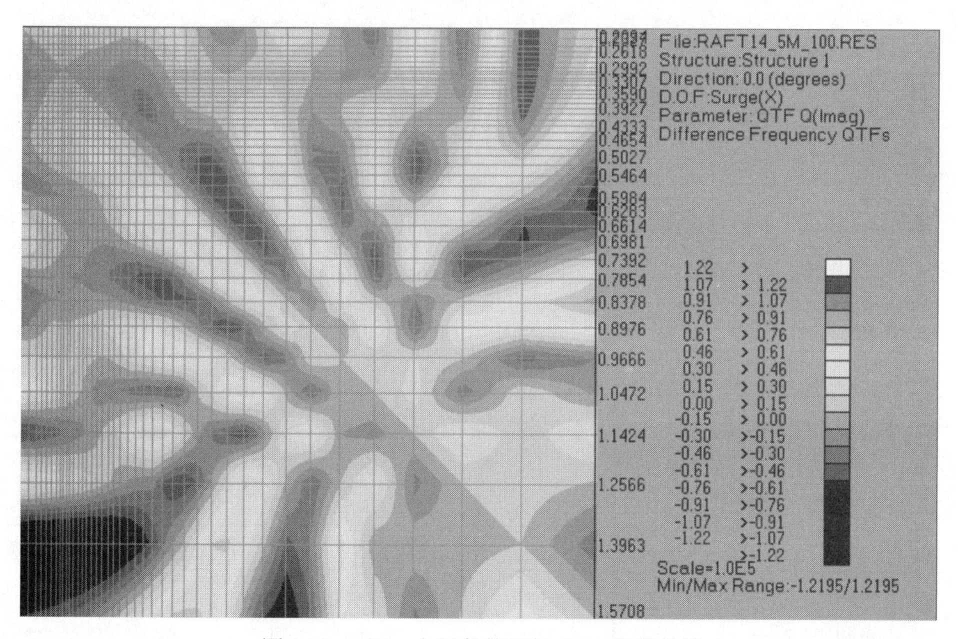

图 2.22　100m 水深条件下的 QTF 载荷虚部

通过 AGS 比较两种水深条件下二阶近场法计算的定常波浪力（迎浪纵荡力），如图 2.23 所示。浅水时二阶定常波浪力与水深较大时的趋势特征相差较大。水深 100m 情况下 FPSO 的二阶定常力主要分布在 4～12s。20m 水深情况下 FPSO 的二阶定常力主要分布在 4～20s，跨越整个波浪能量范围，且量级有了明显增加，这既有一阶浅水效应对二阶载荷的贡献，也有二阶速度势的贡献。

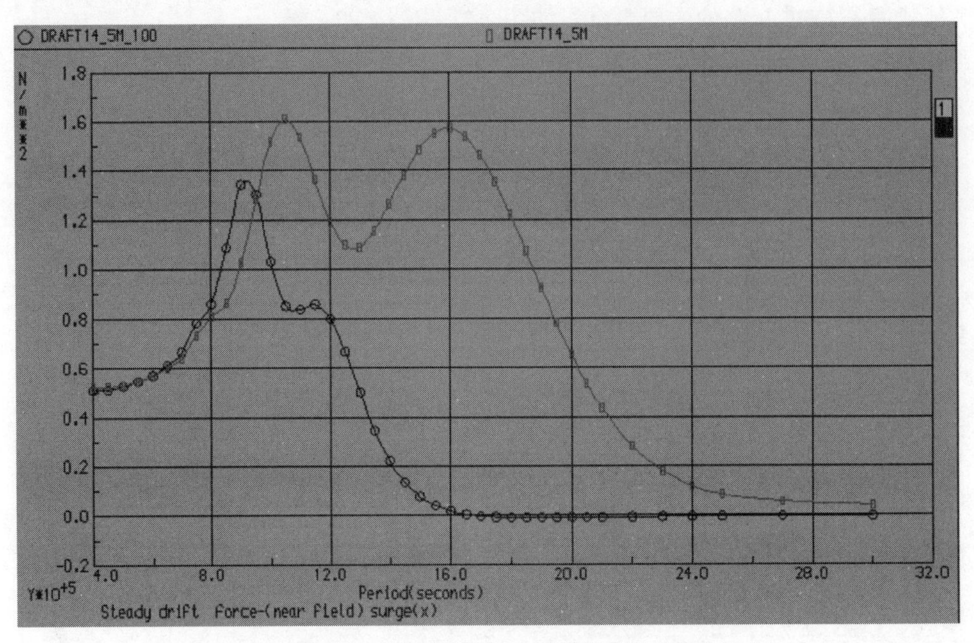

图 2.23 近场法二阶定常力比较（船艏迎浪纵荡方向的力）

2.5 系泊与载荷计算

2.5.1 工况

参照 2.1.3 和 2.1.4 节，分析工况见表 2.9。

表 2.9 分析工况表

环境条件	单位	COLL	CRO1	CRO2	CRO3
水深	m	20	20	20	20
波谱类型	\	JONSWAP	JONSWAP	JONSWAP	JONSWAP
波浪方向	°	180	180	180	180
有义波高 H_s	m	5.4	5.4	5.4	5.4
谱峰周期 T_p	s	10.3	10.3	10.3	10.3
Γ	\	1.8	1.8	1.8	1.8
1 小时平均风速 V_w	m/s	28.0	28.0	28.0	28.0
风谱	\	NPD	NPD	NPD	NPD
风向	°	180	180	210	210
表面流速 V_c	m/s	1.0	1.0	1.0	1.0
流向	°	180	270	270	225

每个工况计算 5 个波浪种子，计算结果的平均值作为最终结果。

2.5.2 主要输出结果

主要输出结果可以包括但不限于：

（1）软钢臂系统恢复力曲线。

（2）Yoke 与单点连接位置载荷。

（3）Yoke 平面转角和倾角。

（4）系泊腿底部节点张力载荷。

（5）系泊腿倾角。

（6）FPSO 平面位移。

（7）FPSO 平面转角。

（8）FPSO 横摇、升沉与纵摇运动。

（9）部件设计载荷，包括主轴承载荷、Yoke 旋转轴承载荷等。

2.5.3 风流力系数

一般而言通过风洞试验来得到 FPSO 的风流力系数是较为准确可靠的方法。在缺乏风洞试验数据时，对风力系数的估算一般有两种做法：

（1）在了解具体上层模块布置情况前提下，可以通过考虑形状系数和高度系数，对 FPSO 上层模块以及船体受风力作用部分进行计算，给出风力系数以及受风面积的计算估计值。

（2）根据 OCIMF Prediction of Wind and Current Loads on VLCC(1994)（以下简称为 OCIMF）对风力系数进行估计。

对于 FPSO 的流力系数一般可以参考 OCIMF 对于流力系数的建议。

由于缺乏上层模块布置情况，因而本章对于目标 FPSO 的风力、流力系数估算均参考 OCIMF 建议值。

OCIMF 对 VLCC 所受风力定义为：

$$F_{X_W} = \frac{1}{2} C_{X_W} \rho_W V_W^2 A_T \tag{2.5}$$

$$F_{Y_W} = \frac{1}{2} C_{Y_W} \rho_W V_W^2 A_L \tag{2.6}$$

$$M_{XY_W} = \frac{1}{2} C_{XY_W} \rho_W V_W^2 A_L L_{BP} \tag{2.7}$$

式中：C_{X_W} 为 X 方向（横截面）风力系数；C_{Y_W} 为 Y 方向（纵截面）风力系数；M_{XY_W} 为艏摇方向风力系数；ρ_W 为空气密度；V_W 为风速；A_T 为横截面迎风面积；A_L 为纵剖面迎风面积；L_{BP} 为垂线间长。

OCIMF 对 VLCC 所受流力定义为：

$$F_{X_C} = \frac{1}{2} C_{X_C} \rho_C {V_C}^2 L_{BP} T \tag{2.8}$$

$$F_{Y_C} = \frac{1}{2} C_{Y_C} \rho_C {V_C}^2 L_{BP} T \tag{2.9}$$

$$M_{XY_C}=\frac{1}{2}C_{XY_C}\rho_C V_C^2 L_{BP}^2 T \qquad (2.10)$$

式中：C_{X_C} 为X方向（横截面）流力系数；C_{Y_C} 为Y方向（纵截面）流力系数；M_{XY_C} 为艏摇方向流力系数；ρ_C 为海水密度；V_C 为流速；T 为吃水；L_{BP} 为垂线间长。

OCIMF坐标系的定义为：船艉指向船艏为X轴正方向，右舷指向左舷为Y轴正方向。风/流角度定义为去向与X轴的夹角，当风/流去向沿着X轴正向时为0°，当风/流去向沿着X轴负向时为180°，坐标轴及方向定义如图2.24所示。

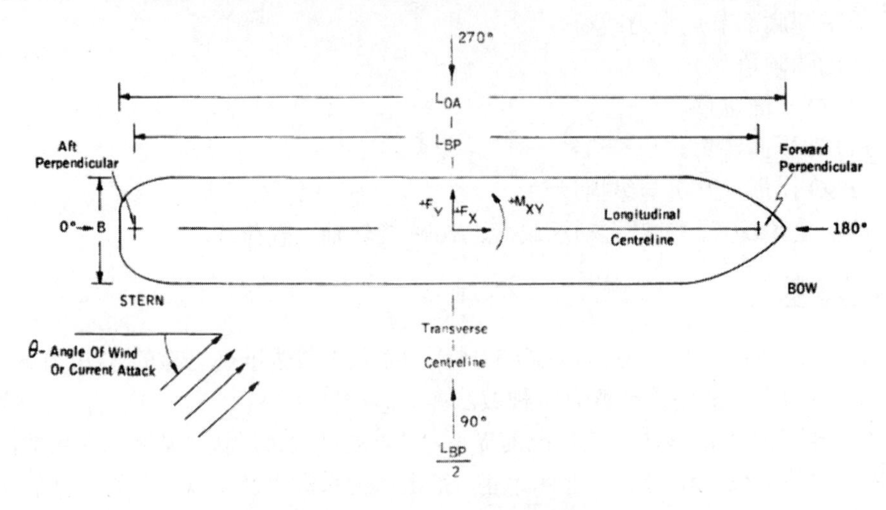

图2.24　OCIMF坐标系定义

OCIMF针对VLCC船艏形状不同，给出了关于不同风向的，对应球鼻艏船艏（Conventional）和非球鼻艏船艏（Cylindrical）的船体横截面方向风力系数 C_{Xw}，如图2.25所示。

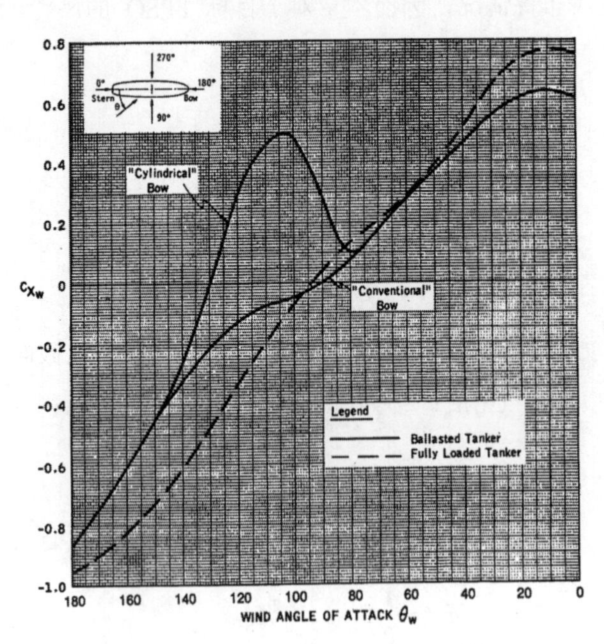

图2.25　VLCC横剖面方向风力系数

纵截面方向关于风向的风力系数 C_{Yw}，以及艏摇方向关于风向的风力系数 C_{XYw}，如图 2.26 和图 2.27 所示。

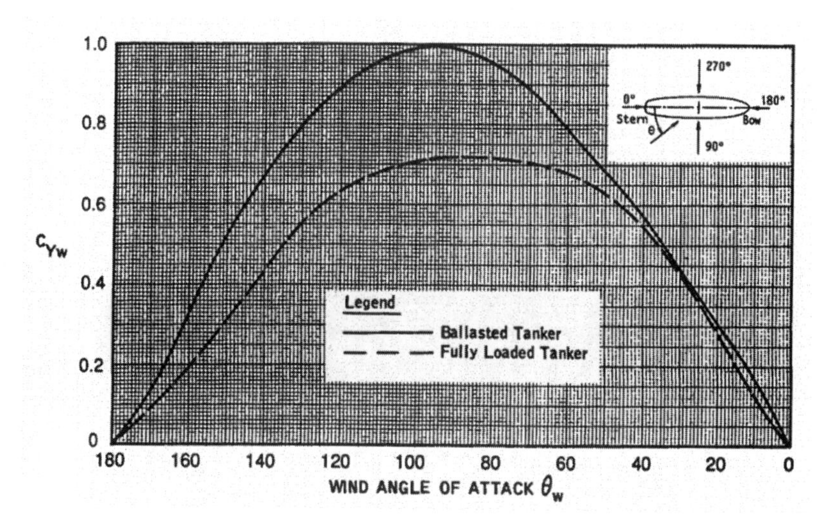

图 2.26　VLCC 纵剖面方向风力系数

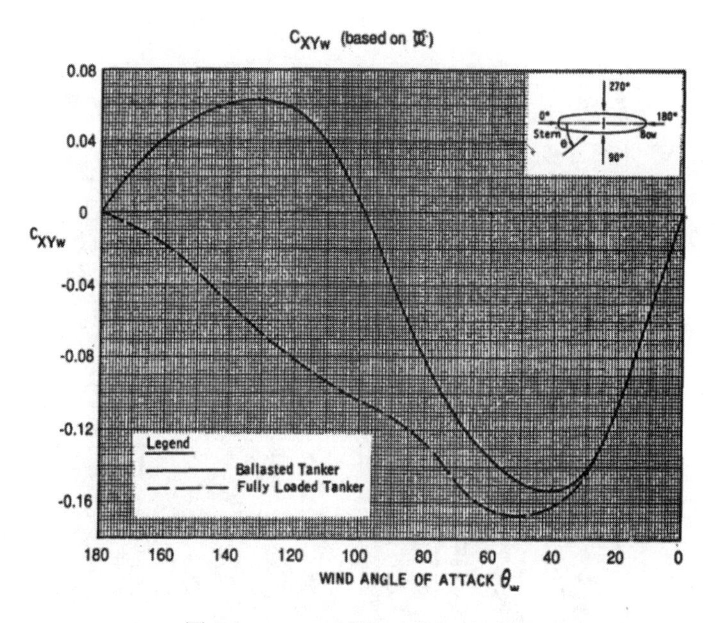

图 2.27　VLCC 艏摇方向风力系数

OCIMF 针对 VLCC 船艏形状不同，给出了关于不同流向的，对应球鼻艏船艏（Conventional）和非球鼻艏船艏（Cylindrical）的横截面方向流力系数 C_{Xc}。

目标海域水深 20m，FPSO 满载吃水 14.5m，水深/吃水约为 1.4，参考 OCIMF 推荐值，这里使用水深与吃水比等于 1.5 时的流力系数。

VLCC 满载状态横截面方向关于流向的流力系数 C_{Xw} 如图 2.28 所示；纵截面方向关于流向的流力系数 C_{Yw} 如图 2.29 所示；艏摇方向关于风向的风力系数 C_{XYw} 如图 2.30 所示。

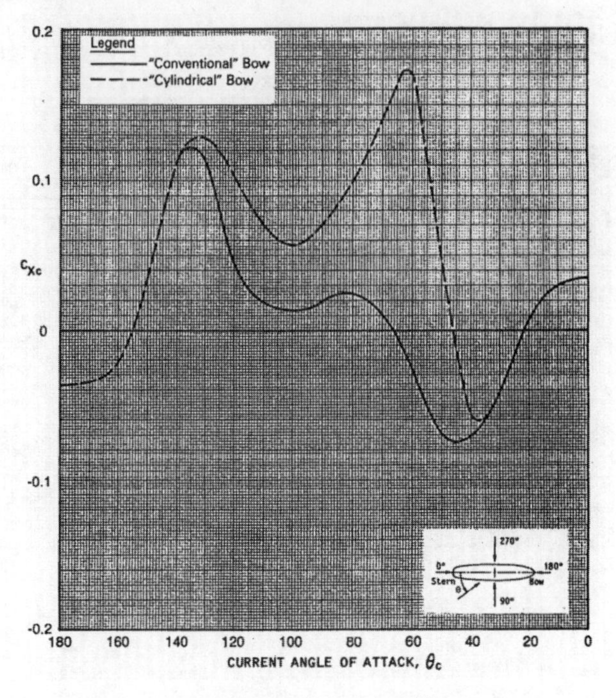

图 2.28 VLCC 横剖面方向流力系数 WD/T=1.5

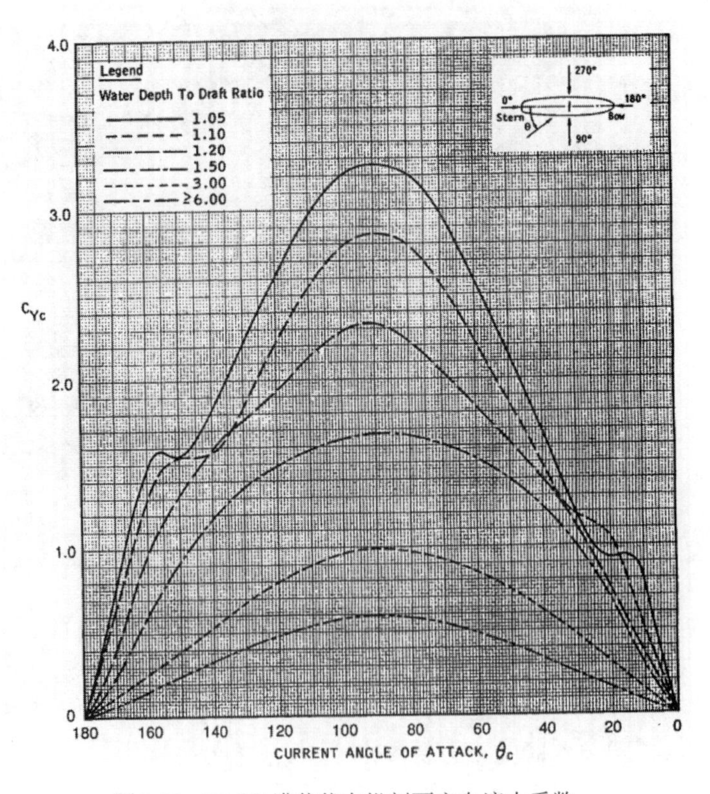

图 2.29 VLCC 满载状态纵剖面方向流力系数

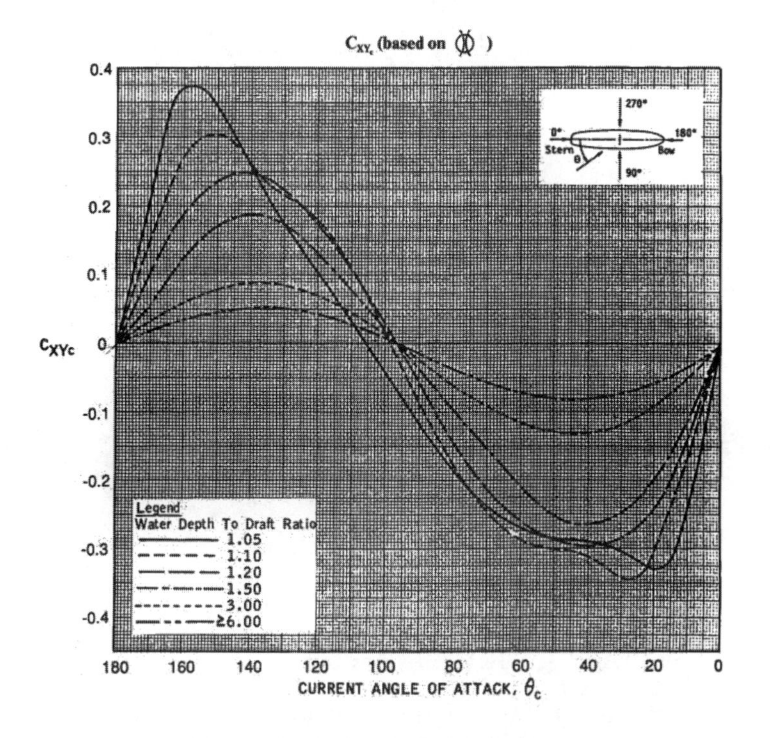

图 2.30　VLCC 满载状态艏摇方向流力系数

参考 OCIMF 提供的数据，提取非球鼻艏型 VLCC 满载状态对应的风流力系数用于系泊分析使用，风力系数如图 2.31 所示，流力系数如图 2.32 所示。

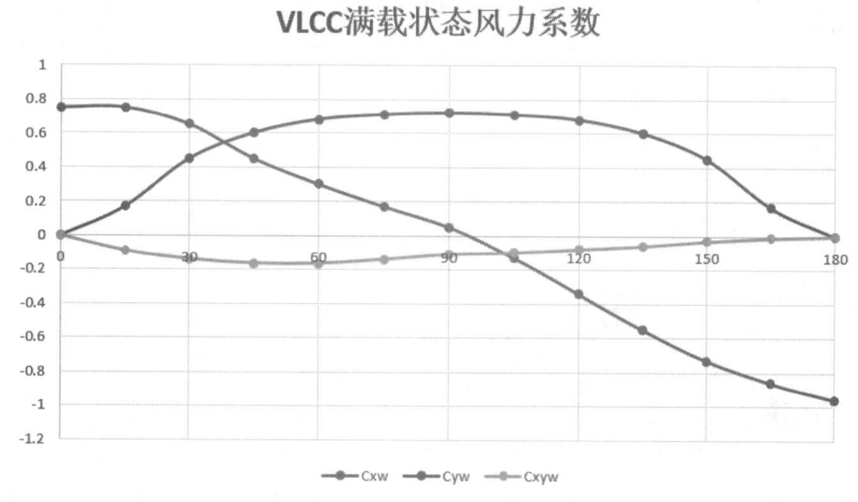

图 2.31　目标 FPSO 风力系数

OCIMF 中对于船体坐标系的定义与 AQWA 一致。在 AQWA 中，风流力系数的定义方式为不包含风速、流速的项，即式（2.5）～式（2.10）中将风速和流速去掉后的数值。

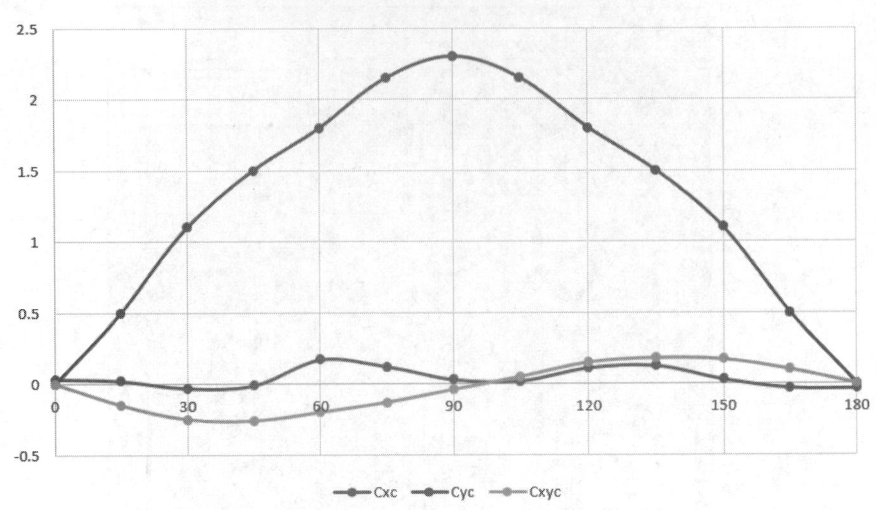

图 2.32　目标 FPSO 流力系数

重新计算适用于 AQWA 程序读取的风流力系数见表 2.10。

表 2.10　用于 AQWA 的目标 FPSO 满载状态风流力系数

风向/流向	C_{X_W} /[N/(m/s)^2]	C_{Y_W} /[N/(m/s)^2]	C_{XY_W} /[N·m/(m/s)^2]	C_{X_C} /[N/(m/s)^2]	C_{X_C} /[N/(m/s)^2]	C_{XY_C} /[N·m/(m/s)^2]
0	5.97E+02	0.00E+00	0.00E+00	6.76E+04	0.00E+00	0.00E+00
15	5.97E+02	4.37E+02	-6.14E+04	4.25E+04	9.66E+05	-7.54E+07
30	5.18E+02	1.16E+03	-9.54E+04	-5.80E+04	2.13E+06	-1.26E+08
45	3.58E+02	1.54E+03	-1.12E+05	-1.93E+04	2.90E+06	-1.31E+08
60	2.39E+02	1.75E+03	-1.12E+05	3.28E+05	3.48E+06	-1.00E+08
75	1.35E+02	1.83E+03	-9.54E+04	2.32E+05	4.15E+06	-6.53E+07
90	3.98E+01	1.85E+03	-7.50E+04	5.80E+04	4.44E+06	-2.01E+07
105	-1.04E+02	1.83E+03	-6.82E+04	3.86E+04	4.15E+06	2.51E+07
120	-2.71E+02	1.75E+03	-5.45E+04	2.13E+05	3.48E+06	7.54E+07
135	-4.38E+02	1.54E+03	-4.09E+04	2.42E+05	2.90E+06	9.04E+07
150	-5.81E+02	1.16E+03	-2.05E+04	5.80E+04	2.13E+06	8.54E+07
165	-6.85E+02	4.37E+02	-6.82E+03	-5.80E+04	9.66E+05	5.02E+07
180	-7.64E+02	0.00E+00	0.00E+00	-6.57E+04	0.00E+00	0.00E+00

2.5.4　位移—恢复力曲线

将 2.hydro 文件夹下的 Draft14_5.dat 复制到 3.eqp 文件夹下并打开，在 Category 1 添加两个点，编号为 50000 和 60000，分别位于重心 X 轴坐标位置的前方和后方，如图 2.33 所示。

这两个点用于施加不同拉力，计算对应拉力的 FPSO 位移并最终得到沿着船长方向的位移/恢复力曲线。

```
JOB MESH  LINE
TITLE               MESH FROM LINES PLANS/SCALING
OPTIONS REST AQTF CQTF NQTF GOON END
RESTART   1  3
    01     COOR
    01NOD5
* Tower 连接固定点
    0120000              0.000       0.000      27.100
* FPSO nodes
* tow
    0150000            100.000     0.0000    14.7
    0160000           -100.000     0.0000    14.7
    01     1         -135.9000     0.0000    16.0000
    01     2         -135.9000     0.0000    17.6883
    01     3         -135.9000     0.0000    19.3767
    01     4         -135.9000     0.0000    21.0650
```

图 2.33　添加节点及对应坐标

修改完毕后保存文件。复制 0_eqp.dat 并重命名为 1_eqp_curve_x+.dat 和 1_eqp_curve_x-.dat。打开 1_eqp_curve_x+.dat，在 Category14 处添加 FORC 行，作用点位于 FPSO 重心，方向为 FPSO 重心指向总体坐标系 X 轴正向（节点 99999 指向 50000）。将模型中各个体的最终平衡位置输入到 Category15 中，如图 2.34 所示。

```
   13     NONE
   14     MOOR
END14FORC     199999     050000     1E7
   15     STRT
   15POS1           -182.1043   -0.0000    0.0025    0.0000     0.3120    0.0000
   15POS2            -35.4602   -0.0000   12.5340    0.0000   -22.3458    0.0000
   15POS3            -40.6869   17.5000   25.5377    0.0000     0.0128    0.0000
END15POS4            -40.6869  -17.5000   25.5377    0.0000     0.0128    0.0000
   16     TINT
END16TIME     10000     0.1
```

图 2.34　修改 1_eqp_curve_x+.dat 对应内容

打开 1_eqp_curve_x-.dat，在 Category14 处添加 FORC 行，作用点位于 FPSO 重心，方向为 FPSO 重心指向总体坐标系 X 轴负向（节点 99999 指向 60000），如图 2.35 所示。

```
   13     SPEC
   13SPDN                  0
END13JONH              0.300     2.0000        1.7     0.010     1.2566
   14     MOOR
END14FORC     199999     060000      9.0E6
   15     STRT
   15POS1           -182.1043   -0.0000    0.0025    0.0000     0.3120    0.0000
   15POS2            -35.4602   -0.0000   12.5340    0.0000   -22.3458    0.0000
   15POS3            -40.6869   17.5000   25.5377    0.0000     0.0128    0.0000
END15POS4            -40.6869  -17.5000   25.5377    0.0000     0.0128    0.0000
   16     TINT
END16TIME     10000     0.1
```

图 2.35　修改 1_eqp_curve_x+.dat 对应内容

Category14 中的 FORC 载荷调整范围为 1E6～1E7 N，步长 1E6 N。不断调整载荷并运行这两个文件，将每次计算的 FPSO 重心 X 方向最终平衡位置提取出来并减去 FPSO 重心 X 方向初始位置来最终得到对应载荷的偏移量。

最终计算的 FPSO 位移－恢复力曲线如图 2.36 所示。

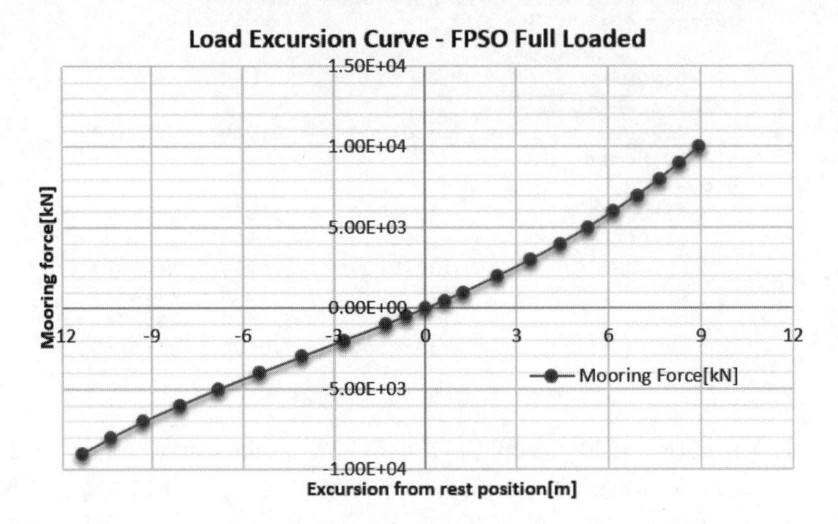

图 2.36　位移－恢复力曲线

这里采用短时域分析手段来进行平衡计算，这种计算方式稍显复杂，但最终给出的结果是贴近实际的。

2.5.5　耦合分析

这里仅以 CRO2 工况为例进行对应环境条件组合下的耦合分析计算。

在工程文件夹下新建 4.TD 文件夹，将 3.eqp 文件夹下的 0_eqp.DAT 拷贝至该文件夹下并重命名为 3_cro2.dat，该文件将用于时域试算。

打开 3_cro2.dat，将 2.5.3 节的风力、流力系数添加到 Category10 中，如图 2.37 所示。

将流速信息添加到 Category11 中，流速方向为横流（270°），如图 2.38 所示。

```
     10    HLD1
     10DIRN    1    6      0.0      15.0      30.0      45.0      60.0      75.0
     10DIRN    7   12    90.00    105.00    120.00    135.00    150.00    165.00
     10DIRN   13   13   180.00
     10SYMX
     10WIFX    1    6  5.97E+02  5.97E+02  5.18E+02  3.58E+02  2.39E+02  1.35E+02
     10WIFX    7   12  3.98E+01 -1.04E+02 -2.71E+02 -4.38E+02 -5.81E+02 -6.85E+02
     10WIFX   13   13 -7.64E+02
*
     10WIFY    1    6  0.00E+00  4.37E+02  1.16E+03  1.54E+03  1.75E+03  1.83E+03
     10WIFY    7   12  1.85E+03  1.83E+03  1.75E+03  1.54E+03  1.16E+03  4.37E+02
     10WIFY   13   13  0.00E+00
*
     10WIRZ    1    6  0.00E+00 -6.14E+04 -9.54E+04 -1.12E+05 -1.12E+05 -9.54E+04
     10WIRZ    7   12 -7.50E+04 -6.82E+04 -5.45E+04 -4.09E+04 -2.05E+04 -6.82E+03
     10WIRZ   13   13  0.00E+00
*
```

图 2.37　添加 FPSO 船体对应的风流力系数

```
    10WIRZ    1    6  0.00E+00 -6.14E+04 -9.54E+04 -1.12E+05 -1.12E+05 -9.54E+04
    10WIRZ    7   12 -7.50E+04 -6.82E+04 -5.45E+04 -4.09E+04 -2.05E+04 -6.82E+03
    10WIRZ   13   13  0.00E+00
*
    10CUFX    1    6  6.76E+04  4.25E+04 -5.80E+04 -1.93E+04  3.28E+05  2.32E+05
    10CUFX    7   12  5.80E+04  3.86E+04  2.13E+05  2.42E+05  5.80E+04 -5.80E+04
    10CUFX   13   13 -6.57E+04
*
    10CUFY    1    6  0.00E+00  9.66E+05  2.13E+06  2.90E+06  3.48E+06  4.15E+06
    10CUFY    7   12  4.44E+06  4.15E+06  3.48E+06  2.90E+06  2.13E+06  9.66E+05
    10CUFY   13   13  0.00E+00
*
    10CURZ    1    6  0.00E+00 -7.54E+07 -1.26E+08 -1.31E+08 -1.00E+08 -6.53E+07
    10CURZ    7   12 -2.01E+07  2.51E+07  7.54E+07  9.04E+07  8.54E+07  5.02E+07
    10CURZ   13   13  0.00E+00
END10DDEP                   -8
```

图 2.37　添加 FPSO 船体对应的风流力系数（续图）

```
    11      ENVR
    11CPRF          -20        0.8        270
    11CPRF          -10        0.98       270
END11CPRF             0        1.0        270
```

图 2.38　添加流环境条件

将波浪和风的环境条件数据添加到 Category13 中，波浪方向为迎浪（180°），风方向与波浪方向相差 30°，在 Category15 中设置初始平衡位置，计算模拟时间设置为 4000s（步长 0.1s），如图 2.39 所示。

```
    13      SPEC
    13NPDW
    13WIND              28.0        210        10
    13SPDN               180
END13JONH              0.300     2.0000       1.8       5.4    0.6100
    14      NONE
    15      STRT
    15POS1         -182.1043    -0.0000    0.0025    0.0000    0.3120    0.0000
    15POS2          -35.4602    -0.0000   12.5340    0.0000  -22.3458    0.0000
    15POS3          -40.6869    17.5000   25.5377    0.0000    0.0128    0.0000
END15POS4          -40.6869   -17.5000   25.5377    0.0000    0.0128    0.0000
    16      TINT
END16TIME      40000     0.1
```

图 2.39　添加风谱与波浪谱环境条件

设置完毕后保存文件并运行。运行完毕后通过 AGS 查看时域模拟动画，整个系统的稳定状态如图 2.40 所示。

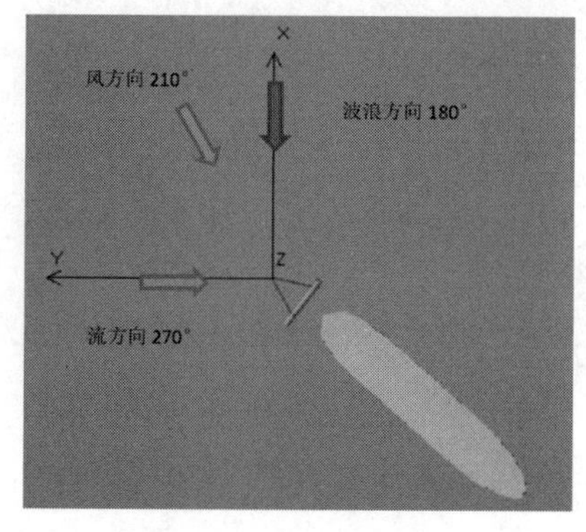

图 2.40　环境条件作用方向及系统最终平衡位置示意

FPSO 重心位置纵荡、横荡与艏摇时间历程曲线如图 2.41～图 2.43 所示，FPSO 平衡位置均值为纵荡方向-130m，横荡方向-129.1m，艏摇方向 43.4°。

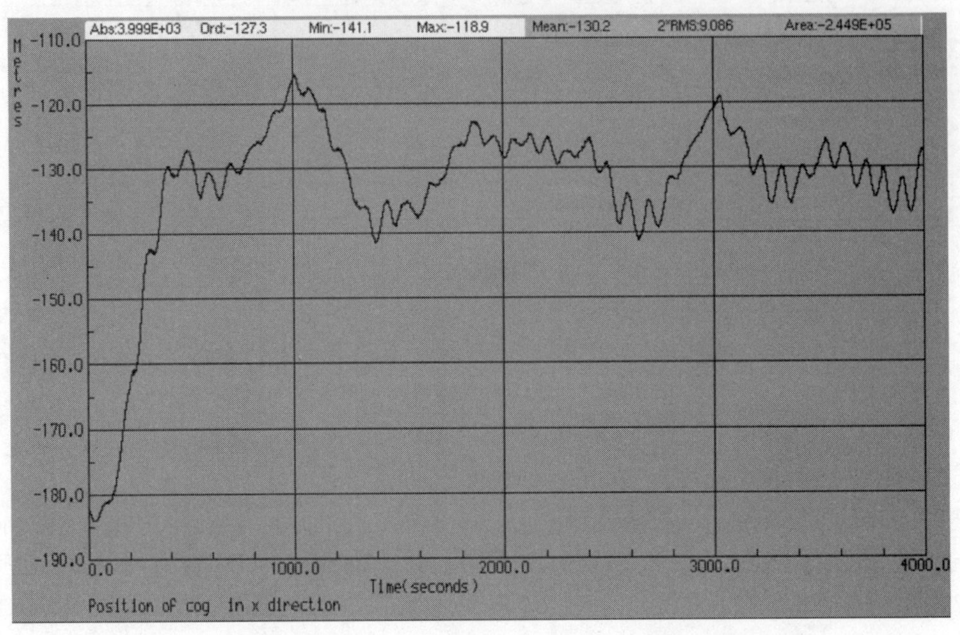

图 2.41 CRO2 工况 FPSO 重心位置平衡计算时域曲线（纵荡方向）

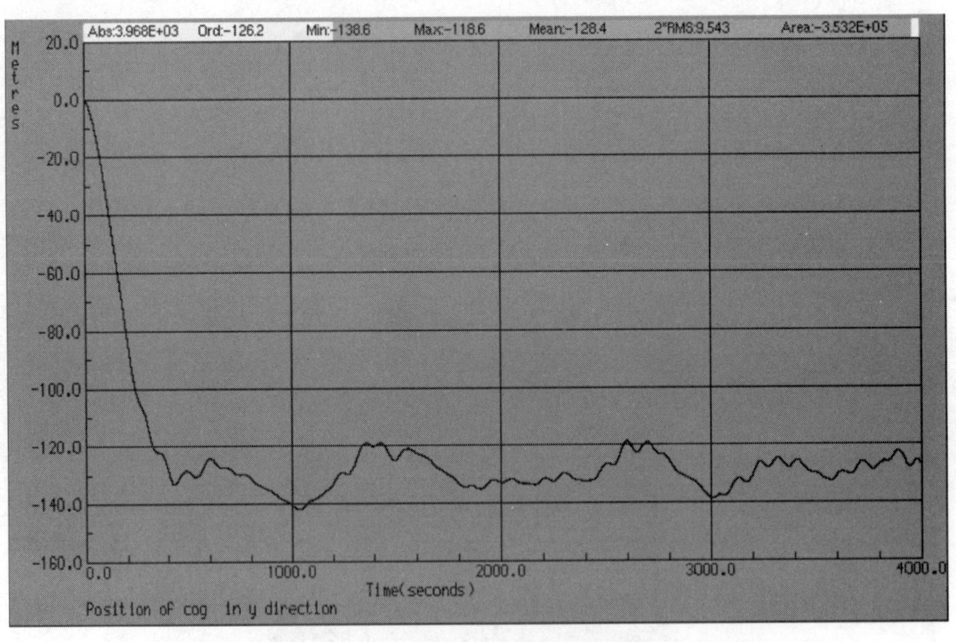

图 2.42 CRO2 工况 FPSO 重心位置平衡计算时域曲线（横荡方向）

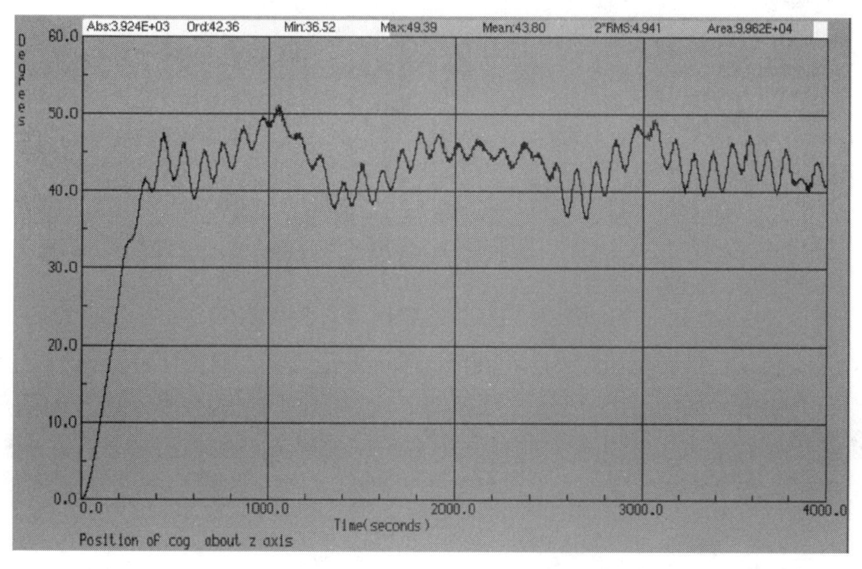

图 2.43　CRO2 工况 FPSO 重心位置平衡计算时域曲线（艏摇方向）

将 4 个体对应最终平衡位置总结见表 2.11。

表 2.11　CRO2 工况系统平衡位置

名称	代号	X/m	Y/m	Z/m	R_x/（°）	R_y/（°）	R_z/（°）
FPSO	1	-130	-129	0.00	0	0.3	43.4
Yoke	2	-23.7	-26.3	12.84	0	-21.8	48.2
Leg1	3	-39.9	-18.46	25.64	2.1	-0.3	49.0
Leg2	4	-15.1	-43.01	25.74	1.1	-7.3	48.8

注：最终的计算结果也可以从 AGS 或者通过 AQL 来读取时域曲线来进行统计分析。将这里得到的“近似”平衡位置数据填写到时域分析文件中可以直接去除掉不稳定的时域响应，这样有利于最终时域计算数据的稳定。

复制 3_cro2.dat，分别重命名为：

（1）3_cro2_td_1.dat：对应种子数为 123。

（2）3_cro2_td_2.dat：对应种子数为 2345。

（3）3_cro2_td_3.dat：对应种子数为 34567。

（4）3_cro2_td_4.dat：对应种子数为 45678。

（5）3_cro2_td_5.dat：对应种子数为 567890。

注：种子数正常应该是随机选取的，这里简化为人工指定。

打开 3_cro2_td_1.dat，修改 Category13，添加 SEED 行，输入对应波浪种子数。将表 2.9 中 4 个体的平均平衡位置输入到 Category15，如图 2.44 所示。

```
    13     SPEC
    13SEED        123
    13NPDW
    13WIND                 28.0        210        10
    13SPDN                 180
END13JONH                 0.300     2.0000        1.8        5.4   0.6100
    14     NONE
    15     STRT
    15POS1                 -130       -129        0.0     0.0000    0.3120      43.4
    15POS2                -23.7      -26.3      12.84     0.0000     -21.8      48.2
    15POS3                -39.9      -18.5      25.64     2.1000      -0.3      49.0
END15POS4                 -15.1      -43.0      25.74     1.1000      -0.7      48.8
```

图 2.44　添加波浪种子行，定义初始位置

修改 Category16，总模拟时间为 10800s，时间步长 0.1s。修改 Category18，添加 PRNT 行，将部件反力输出，如图 2.45 所示。此处需要注意，不同结构代号对应不同的部件代号，部件反力数据代号为 47（关于代号对应结果内容可以参照 ANSYS 帮助或者《ANSYS AQWA 软件入门与提高》相关内容）。

```
    16     TINT
END16TIME     108000     0.1
    17     NONE
    18     PROP
    18PRNT     2    47     1
    18PRNT     2    47     2
    18PRNT     2    47     3
    18PRNT     3    47     4
    18PRNT     4    47     5
    18GREV 1
END18PREV10000
```

图 2.45　修改时域分析参数及输出参数

将 5 个文件修改完毕后分别运行。

2.5.6　结果整理

这里主要提取以下结果：

（1）主轴承载荷。

（2）FPSO 平面漂移。

（3）FPSO 波频运动。

（4）系泊腿上下节点载荷。

1. 主轴承载荷

轴承径向力（Radial Load）表达式为：

$$F_r = \sqrt{F_x^2 + F_y^2} \tag{2.11}$$

轴承轴向力 F_a 为：

$$F_a = F_z + F_t \tag{2.12}$$

式中：F_t 为其他的额外载荷，在此不予考虑。

如果只需要单纯的统计结果，可以打开 lis 文件找到对应部件在固定坐标系下的反力，如图 2.46 所示。因为 F_x、F_y、F_z 同时达到最大的可能性比较低，实际上我们需要的是同一时刻

下的载荷分量结果。可以通过读取时域曲线结果来给出想要的载荷分量。

* * * * S T A T I S T I C S　R E S U L T S * * * *

STRUCTURE　2　REACTION AT ARTIC 1　IN THE FIXED REFERENCE AXIS SYSTEM

		SURGE(X)	SWAY(Y)	HEAVE(Z)	ROLL(RX)	PITCH(Y)	YAW(RZ)
MEAN VALUE		3.6632E+05	9.9154E+05	2.6200E+06	0.0000E+00	0.0000E+00	0.0000E+0
2 x R.M.S		2.5792E+06	1.0104E+06	6.3713E+05	0.0000E+00	0.0000E+00	0.0000E+0
MEAN HIGHEST	+	1.8696E+06	7.3427E+05	4.5318E+05	0.0000E+00	0.0000E+00	0.0000E+0
1/3 PEAKS	-	-1.7108E+06	-6.5195E+05	-3.8209E+05	0.0000E+00	0.0000E+00	0.0000E+0
MAXIMUM PEAKS	+	5.2261E+06	2.8499E+06	3.9519E+06	0.0000E+00	0.0000E+00	0.0000E+0
		5.1675E+06	2.8328E+06	3.7871E+06	0.0000E+00	0.0000E+00	0.0000E+0
		5.1646E+06	2.7897E+06	3.7493E+06	0.0000E+00	0.0000E+00	0.0000E+0
MINIMUM PEAKS	-	-3.6239E+06	-9.9107E+05	1.6151E+06	0.0000E+00	0.0000E+00	0.0000E+0

图 2.46　6 个自由度支座反力时域分析统计结果

打开 AGS，点击 Graph 打开 3_CRO2_TD_1.PLT，选择 Reaction at artic1(fra)，选择 in x direction（对应轴承 F_x 方向载荷）、in y direction（对应轴承 F_y 方向载荷）、in z direction（对应轴承 F_z 方向载荷）3 个载荷分量，点击 OK 按钮，如图 2.47 所示。

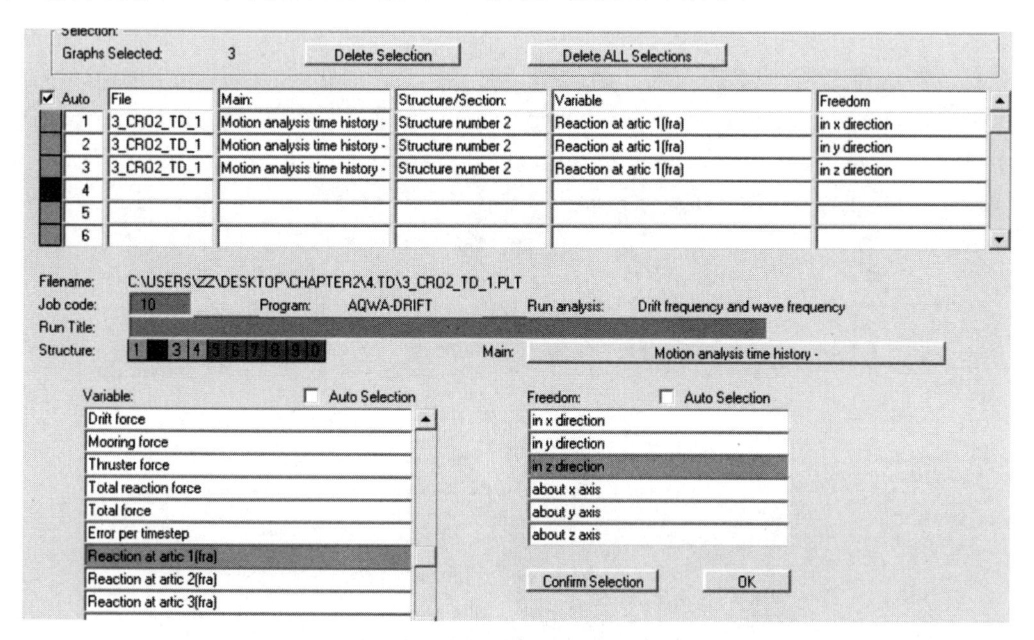

图 2.47　选择支座 1 对应的平面力

在 AGS 中分别选择 F_x、F_y 时域曲线，点击 Transformation/Analysis→Algbraic/Combination 中的 Square 进行平方处理。选择生成 F_x、F_y 的平方曲线，点击 Transformation/Analysis→Algbraic/Combination 中的 Sum 对两个曲线进行求和处理。点击求和后的曲线选择 Transformation/Analysis→Algbraic/Combination 中的 Square Root，最终得到 F_r 曲线，如图 2.48 所示。

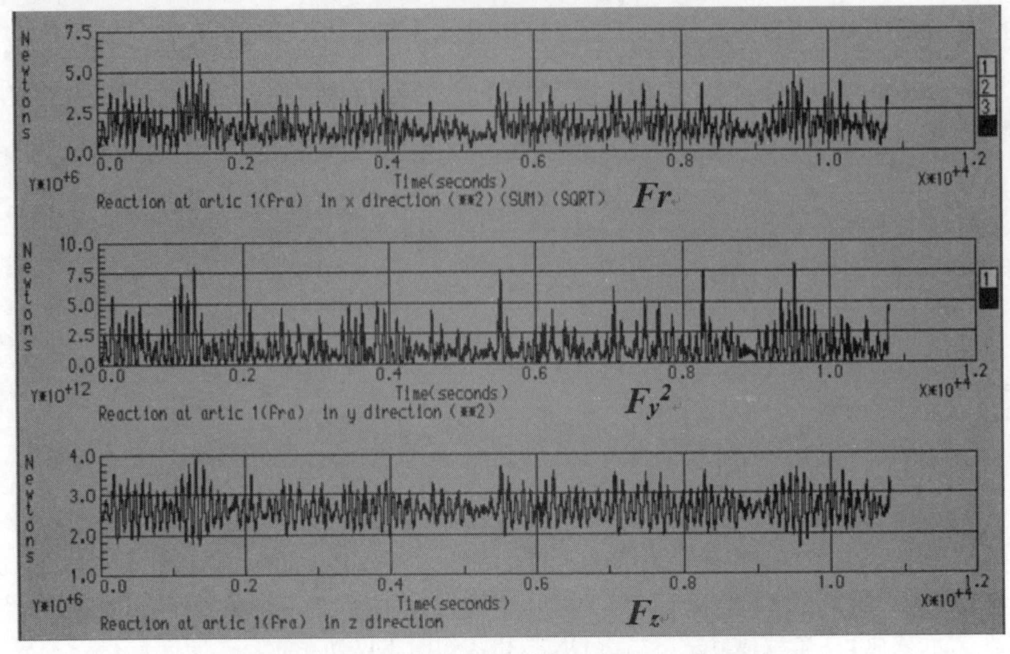

图 2.48　对 F_x、F_y 时历曲线进行处理得到 F_r 载荷曲线

鼠标点击选择 F_r 和 F_z 时历曲线，点击 Hard Copy→Spreadsheet，将二者曲线输出为 CSV 格式（对应文件名 AQWA001.csv 和 AQWA002.csv），将两个文件中的数据拷贝到 Excel 表中进行处理，找出 F_r 的最大、最小值及对应时刻的 F_a 载荷；找出 F_a 最大、最小值及对应时刻的 F_r 载荷，如图 2.49 所示。

File - C:\USER		File - C:\USERS\ZZ\DESKTOP\CHAPTER2\4.TD\3_CRO2_TD_1.PLT						
Analysis- Motion		Analysis- Motion analysis time history -						
Section - Structu		Section - Structure number 2						
Variable- Reactio		Variable- Reaction at artic 1(fra)						
Freedom - in x di		Freedom - in z direction						
Time(sec	Newtons	Time(sec	Newtons					
0	1314264	0	2653422	Fr max	Fr min	Fr (Fz)	Fr (Fz)	
0.2	1317148	0.2	2654238	5820422	35474.06	5656451	3279490	
0.4	1318718	0.4	2654892	Fa (Fz)	Fa (Fz)	Fa max	Fa min	
0.6	1318808	0.6	2655352	3662432	2391380	3951888	1615147	
0.8	1317299	0.8	2655586					
1	1314096	1	2655576		Max Fr	Min Fr	Max Fa	Min Fa
1.2	1309100	1.2	2655283	Fr(kN)	**5820**	**35**	5656	3279
1.4	1302358	1.4	2654705	Fa(kN)	3662	2391	**3952**	**1615**
1.6	1293937	1.6	2653839					
1.8	1283944	1.8	2652683					

图 2.49　F_r 与 F_a 的载荷矩阵

注：可以通过 Excel 的 vlookup 函数执行查找，也可以自己编写 VBA 程序嵌入 AQL 函数进行自动化处理。关于 AQL 的使用可参考第 6 章相关内容。

使用同样的方法提取出另外 4 个种子时域模拟结果并与图 2.49 中的结果求均值，最终 Cro2 工况主轴承载荷见表 2.12。

表 2.12　Cro2 工况得出的主轴承设计载荷

Main Bearing Load				
Items	Max F_r	Min F_r	Max F_a	Min F_a
F_r/kN	**5655**	**43**	5401	3177
F_a/kN	3540	2321	**3939**	**1675**

2. FPSO 的平面漂移

FPSO 的平面漂移（Offset）涉及参考点选取的问题。

软钢臂单点 FPSO 的平面漂移实际上是 FPSO 上参考点同导管架固定点（可以认为是主轴承）之间的平面相对位移。

将 FPSO 上的关注点设置为船艏两个系泊腿节点连线的中点，节点编号 70000，对应坐标为(x, y, z)=(152.0, 0, 51.5)。

打开 2.hydro 文件夹下的 Draft14_5.dat 文件，将该点及对应坐标值添加进去，如图 2.50 所示。

```
JOB MESH  LINE
TITLE               MESH FROM LINES PLANS/SCALING
OPTIONS REST AQTF CQTF NQTF GOON END
RESTART   1  3
    01     COOR
    01NOD5
* Tower 连接固定点
    0120000              0.000      0.000     27.100
* FPSO nodes
* 关注点
    0170000            152.000      0.000     51.500
    01     1         -135.9000     0.0000    16.0000
    01     2         -135.9000     0.0000    17.6883
    01     3         -135.9000     0.0000    19.3767
    01     4         -135.9000     0.0000    21.0650
```

图 2.50　添加关注点及坐标值

修改完毕后重新运行该文件。分别打开 4.TD 文件夹下的 3_cro2_td_1.dat～3_cro2_td_5.dat 文件，在各个文件对应的 Category18 位置添加输出 FPSO 关注点（代号 70000）与主轴承（代号 20000）之间相对位移的命令，如图 2.51 所示。

```
   17     NONE
   18     PROP
   18PRNT     2    47     1
   18PRNT     2    47     2
   18PRNT     2    47     3
   18PRNT     3    47     4
   18PRNT     4    47     5
   18GREV 1
   18PREV10000
END18NODE     170000     020000
```

图 2.51　修改 Category18 的输出设置

修改完毕后重新运行这 5 个文件。

注：实际上这部分工作应该在时域分析运行之前就编写完成，留到这里进行修改主要是

为了说明如何设置提取 FPSO 的相对平面漂移结果。

运行完毕后通过 AGS 打开.plt 文件。选取结构 1，选择 Position node numbers 70000/20000 对应 X、Y 方向位移曲线，如图 2.52 所示。对 2 个时历曲线进行平方和再开方，将时域曲线输出为 CSV 格式。

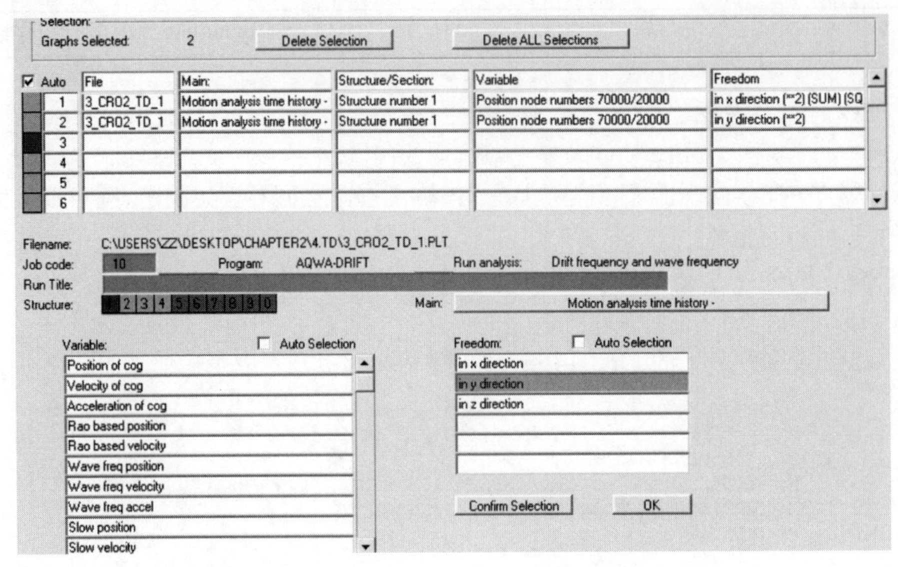

图 2.52 选取关注点 X、Y 方向相对位移

在无环境条件作用时，代号 70000 的节点距离主轴承 40.7m，该值即为两个参考点之间的初始距离。对提取的位移结果求最大值和最小值并减去 40.7，最终得到对应时域工况的 FPSO 平面偏移结果，如图 2.53 所示。

File - C:\USERS\ZZ\DESKTOP\CHAPTER2\4.TD\3_CRO2_TD_1.PLT
Analysis- Motion analysis time history -
Section - Structure number 1
Variable- Position node numbers 70000/20000
Freedom - in x direction (**2) (SUM) (SQRT)

Time(sec	Metres	Max	Min	Mean EQP	Mean offset	Max Offset[m]	Min Offet[m]
0	42.38519						
0.2	42.38407	48.56048	38.4415	40.7	1.49	7.86	-2.26
0.4	42.38063						
0.6	42.37469						

图 2.53 FPSO 关注点与导管架相对位移

对 5 个时域模拟结果进行处理并求均值，最终结果见表 2.13。

表 2.13 Cro2 工况得出的关注点平面偏移

Offset @ bow		
Mean Offset/m	Max Offset/m	Min Offset/m
1.46	7.35	-1.80

3. FPSO 运动响应

FPSO 运动响应包括升沉、横摇、纵摇以及艏摇运动。打开.lis 文件查看运动统计值，如

图 2.54 所示。

* * * * S T A T I S T I C S   R E S U L T S * * * *

STRUCTURE　1　POSITION OF COG

		SURGE (X)	SWAY (Y)	HEAVE (Z)	ROLL (RX)	PITCH (Y)	YAW (RZ)
MEAN VALUE		-130.0978	-128.8146	-0.0228	-0.1507	0.3187	43.5049
2 x R.M.S		9.9269	9.8698	0.3058	1.2648	0.5814	5.5433
MEAN HIGHEST	+	6.2828	5.2818	0.2960	1.2527	0.5844	3.7536
1/3 PEAKS	-	-4.9922	-7.7096	-0.3030	-1.1968	-0.5774	-3.2093
MAXIMUM PEAKS	+	-116.7809	-113.8514	0.5983	2.4743	1.4439	50.5603
		-116.8312	-115.3858	0.5233	2.0840	1.3871	50.4989
		-116.8316	-117.0692	0.4583	2.0825	1.3257	50.3186
MINIMUM PEAKS	-	-144.1392	-141.5712	-0.6114	-2.2120	-0.7809	34.6924
		-143.9930	-141.3265	-0.6109	-2.1695	-0.6425	35.0068
		-143.3656	-140.9863	-0.5890	-2.0747	-0.6401	35.2164

图 2.54　FPSO 整体重心位置 6 个自由度运动统计值

Cro2 工况 FPSO 重心运动结果汇总见表 2.14。

表 2.14　Cro2 工况得出的运动分析结果

Items	Max	Min	Mean	STD	Max AMP
Heave /m	0.57	-0.67	-0.02	0.30	0.59
Roll /°	2.36	-2.39	-0.15	1.26	2.51
Pitch /°	1.42	-0.76	0.32	0.58	1.10
Yaw /°	50.65	35.39	43.56	5.28	7.08

4. 系泊腿下节点载荷

系泊腿下支座坐标系 Z 向正向沿着系泊腿指向上节点。在平衡状态，Yoke 下沉，系泊腿下节点允许绕 Y 轴转动，Z 轴会与系泊腿方向产生夹角，如图 2.55 所示。当系统处于运动状态时，认为系泊腿与 Yoke 同步运动，二者没有相对横摇角度，则下节点的张力载荷应为节点力 F_z 在系泊腿方向的分量：

$$T_l = F_z \times \cos\beta \tag{2.13}$$

式中：T_l 为下节点受到的张力；F_z 为节点 Z 方向反力；β 为 Yoke 纵倾角度。

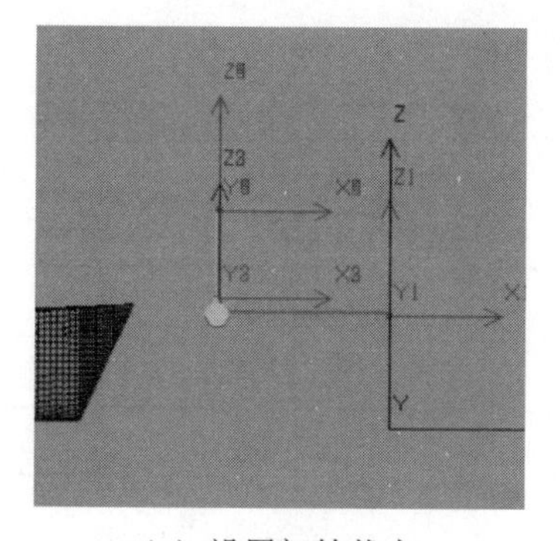

（a）设置初始状态

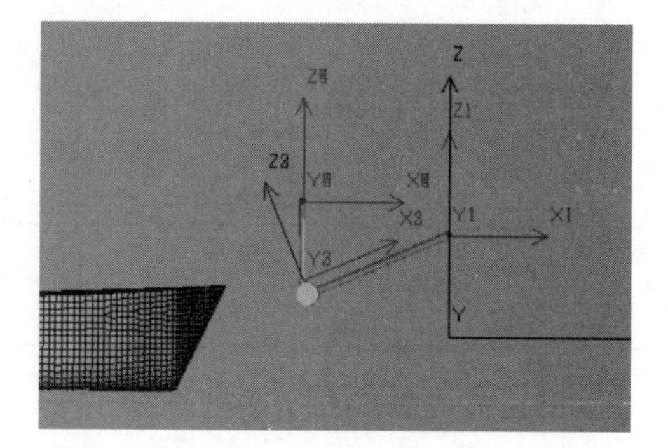

（b）设置平衡状态

图 2.55　系统初始设置状态和无环境条件的平衡状态

提取系泊腿 1（左舷）的下节点张力载荷。通过 AGS 打开 3_cro2_td_1.plt，选择 Yoke（代号 2）的 Position of COG，选择 about y axis。选择 Yoke（代号 2）的 Reaction at artic2，选择 in z direction，点击 OK 按钮，如图 2.56 所示。

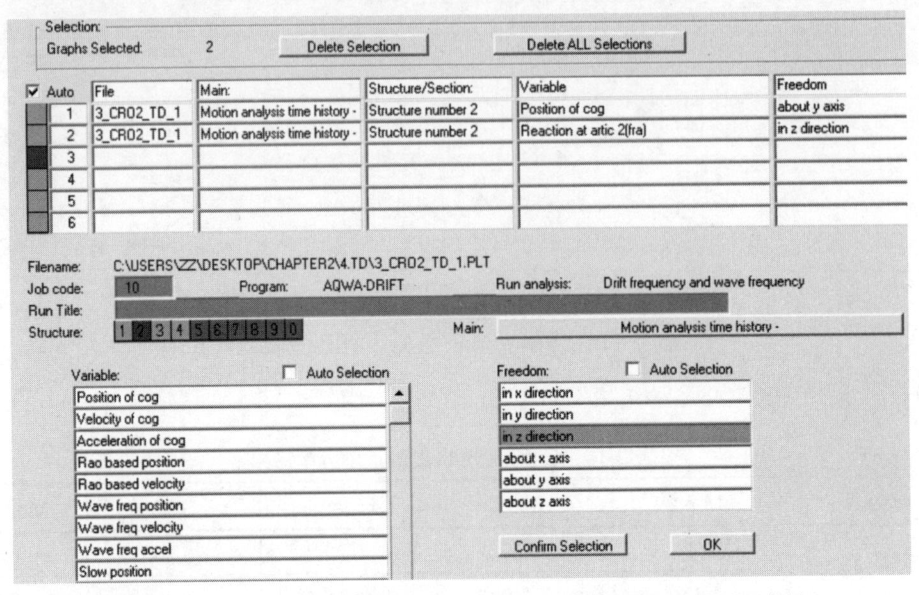

图 2.56　提取纵摇运动时历曲线和 2 号支座的 z 向载荷分量时历曲线

选择这两个曲线结果，点击 Hardcopy 保存为 CSV 格式。将数据复制到 Excel 表中进行处理，提取平衡位置的 F_z 均值与 Yoke 纵倾角。对时域曲线进行处理，得到系泊腿下节点的轴向拉力，如图 2.57 所示。

- C:\USERS\ZZ\DESKTOP\CHAPTER2\4.TD\3_CRO2_TD_1.PLT							
is- Motion analysis time history -							
n - Structure number 2					Fz @ EQP	Angle	
le- Position of cog					7.93E+06	-22.4	
m - about y axis							
ec	Degrees	Newtons			Max	Min	Mean from EQP
0	-21.6656	7803512	7252229		9449538	4938472	7.33E+06
.2	-21.6681	7801470	7250206		Max[t]	Min[t]	Mean from EQP[t]
.4	-21.6758	7800441	7248861		963	503	747
.6	-21.6891	7800600	7248341				

图 2.57　系泊腿下节点张力结果

提取其他 4 个时域计算结果并与图 2.57 中的结果求均值，最终结果见表 2.15。

表 2.15　Cro2 工况得出的系泊腿 1 下节点张力

Low Joint Tension		
Max /t	Min /t	Mean /t
991	512	747

限于篇幅，这里不再对其他结果进行提取。本节对 Cro2 工况的结果提取进行了介绍，实际应用中需要对更多的工况进行处理并综合比较得到最终的设计值。

2.6　经典 AQWA 小结

通过经典 AQWA 来进行软钢臂单点 FPSO 分析有以下几个特点：

（1）需要对整个软钢臂系统的原理、组成以及各个节点的性质有清晰的理解。

（2）经典 AQWA 对于支座部件的建模比较烦琐，缺乏直观的体现，需要反复的调试。

（3）求解系统平衡状态可以依靠短时域分析来实现，静态平衡迭代计算有时比较难收敛。

（4）需要同其他专业互相配合，明确其他专业的载荷要求并提供最终的载荷结果。

之前章节对于经典 AQWA 在支座部件的建模进行了介绍，对软钢臂 FPSO 的相关分析方法以及部分结果提取方法进行介绍，分析模型中未考虑除横摇阻尼以外的阻尼影响，同时忽略了 Yoke 和系泊腿的风力影响。在实际项目中应以实际环境条件并结合工程项目需要来开展相关的设计分析工作，本章相关内容仅供参考。

最终工程文件夹如图 2.58 所示。其中，1.vessel 为 FPSO 型线文件；2.hydro 为 FPSO 水动力计算文件；3.eqp 为平衡计算文件夹；4.TD 为时域分析文件夹；post 为部分结果后处理结果文件夹。

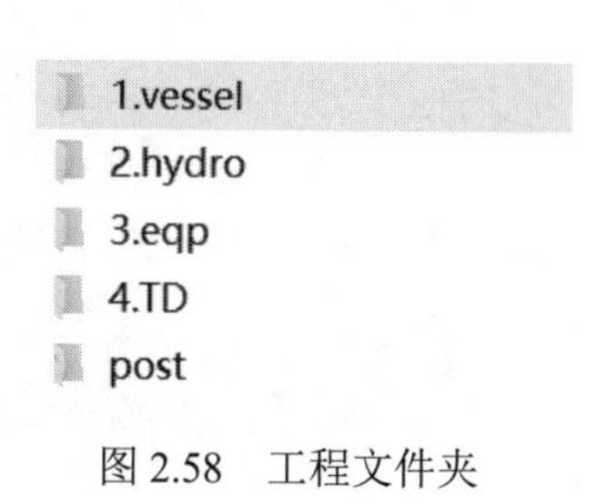

图 2.58　工程文件夹

2.7　Workbench 界面建模与计算

2.7.1　几何模型

在 Workbench 界面拖拽 Hydrodynamic diffraction 至右侧项目管理界面。在 Geometry 上右击选择 DM 来建立几何模型。

打开 DM 后点击 Concept→3D curve，选择编辑好的 FPSO 型线文件。该文件可以参考经典 AQWA 的 lin 文件进行编写但需要对其平底部分进行修改。此时的 Base Plane 选择 XYPlane，如图 2.59 所示。

读入完毕后点击 Generate 生成曲线文件。

点击 Skin/Loft，选择所有曲线，点击 Generate 生成船壳曲面，如图 2.60 所示。

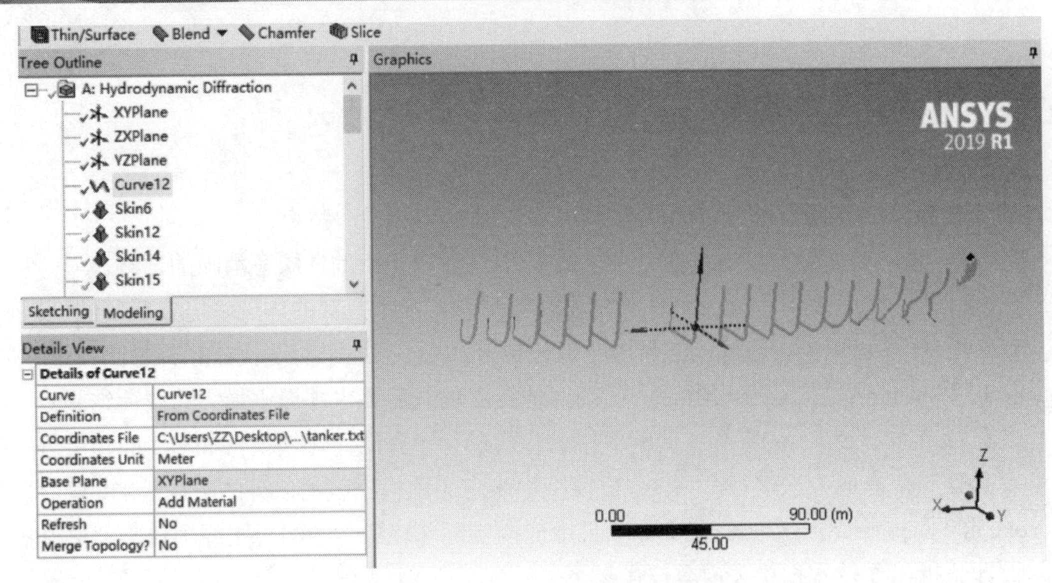

图 2.59　通过 3D curve 读入型线文件

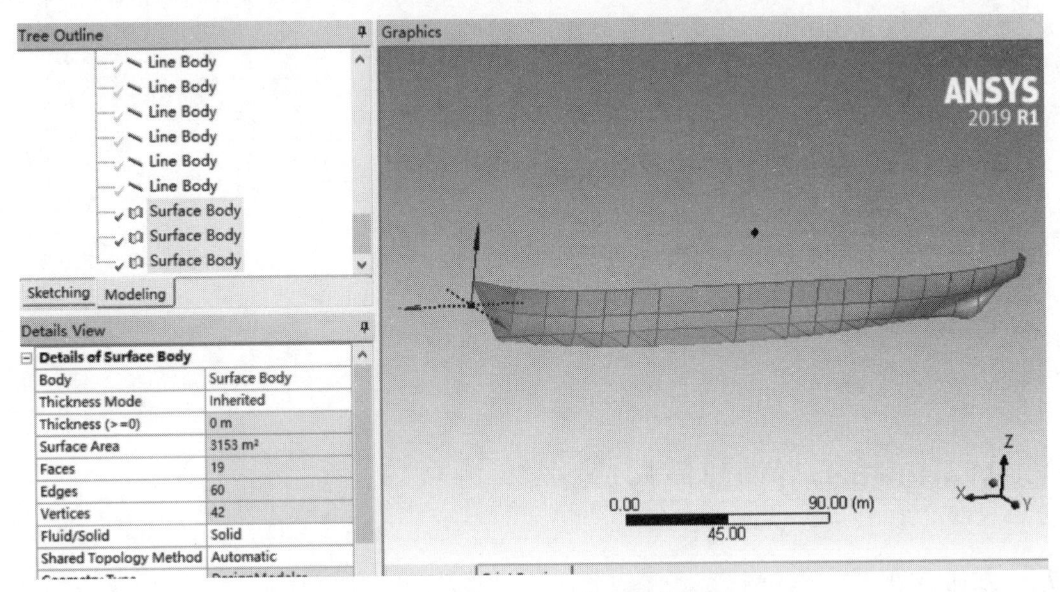

图 2.60　通过 Skin/Loft 生成船体外壳

对船壳进行对称处理，点击 Create→Body transformation→mirror，将建好的船壳沿着 ZXplane 进行对称处理，如图 2.61 所示。

将完整船体模型向后移动 130m，向下移动 14.5m。点击 Create→Body transformation→translate 输入移动数值后点击 Generate。将移动后的模型沿着水线切割。点击 Slice，切割平面选择 XYplane。点击 Generate。选择进行切割后的 Surface Body，右击 Form new part 并重命名为 FPSO，如图 2.62 所示。

参考经典 AQWA 模型，将 Yoke 坐标以及系泊腿节点坐标分别输入到 txt 文件中，点击 Concept→3D curve，点击 Generate，生成对应 Line Body，如图 2.63 所示。

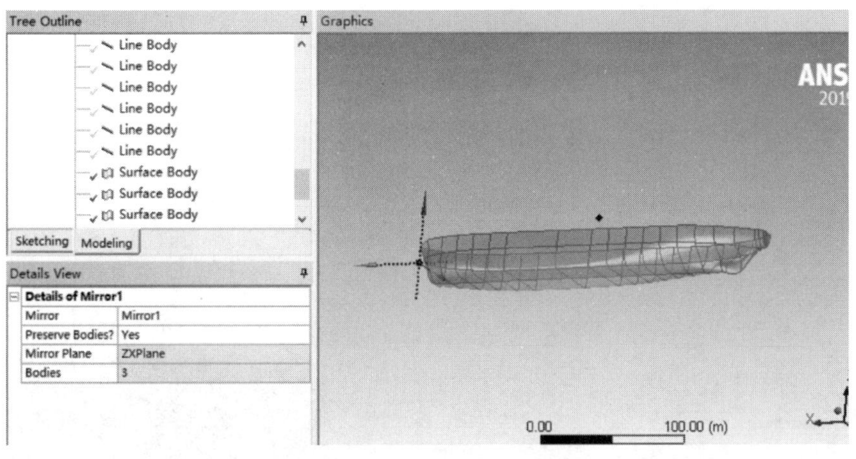

图 2.61　对船体进行对称处理

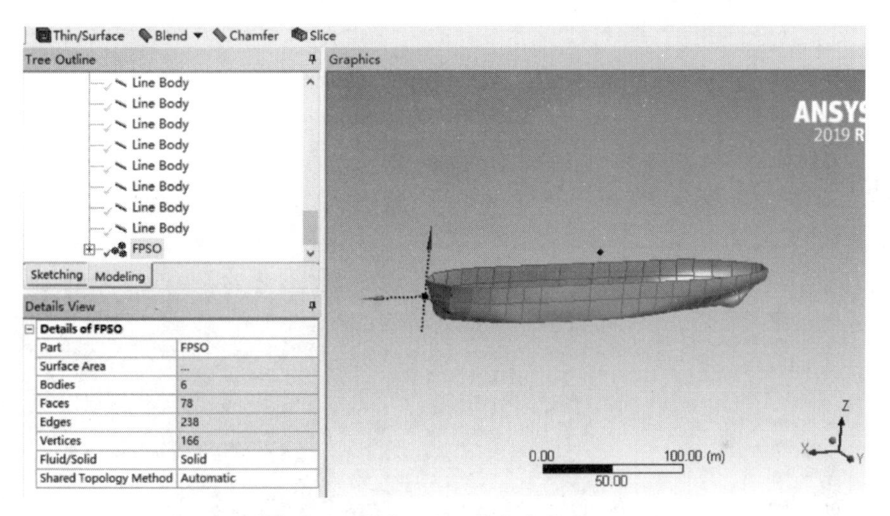

图 2.62　形成 Part，重命名为 FPSO

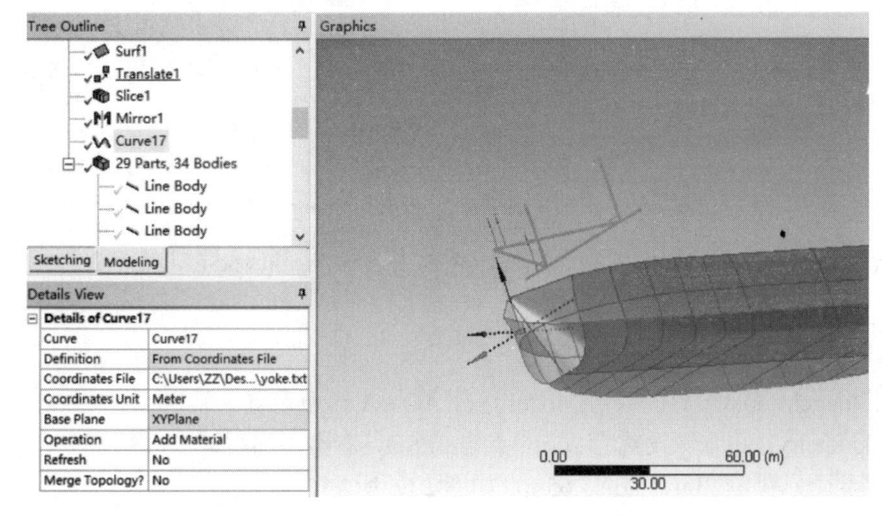

图 2.63　读入系泊腿和 Yoke 节点坐标

选择 Yoke 上的 Line Body，右击 Form new part，重命名为 Yoke。将对应系泊腿的 Line Body 分别重命名为 leg1 和 leg2，如图 2.64 所示。

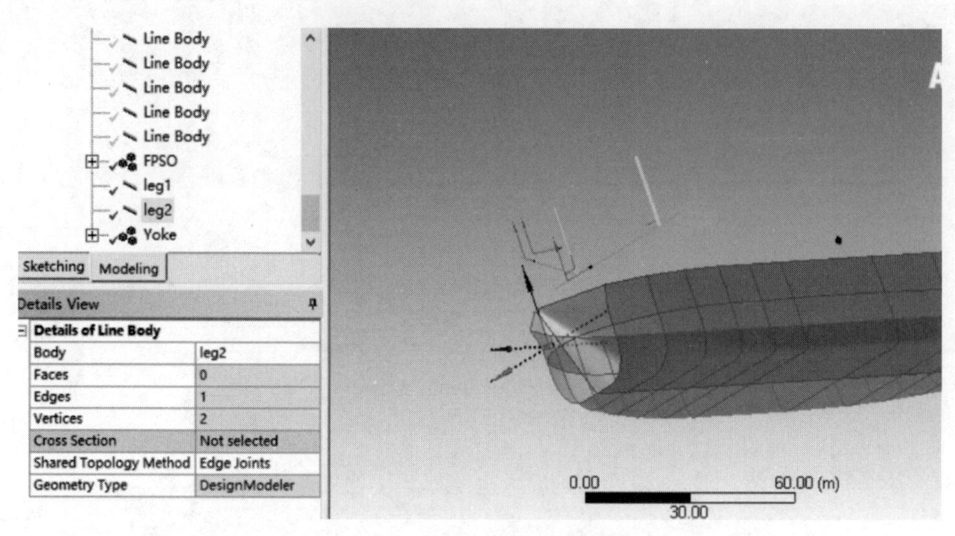

图 2.64 生成 Yoke 和系泊腿 Part

选择其他的无关 Line Body 右击设置为 Suppress Body，如图 2.65 所示。修改完毕后关闭 DM。

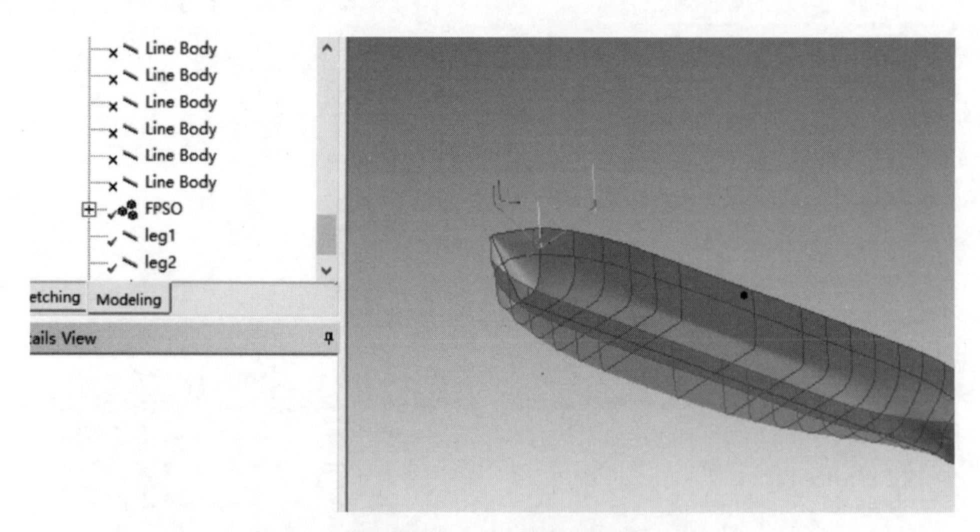

图 2.65 将无关 Line Body 设置为 Suppress Body

这里不对 Yoke 和系泊腿设置截面属性，相关内容在 Workbench AQWA 中进行设置。

2.7.2 水动力计算设置

在 Workbench AQWA 界面双击 Model 进行 AQWA 模型设置。

点击 Geometry，将水深设置为 20m。点击 FPSO，右击添加质量点，重心位于静水面以上 0.2m，回转半径分别为 13m、65m、65m，如图 2.66 所示。

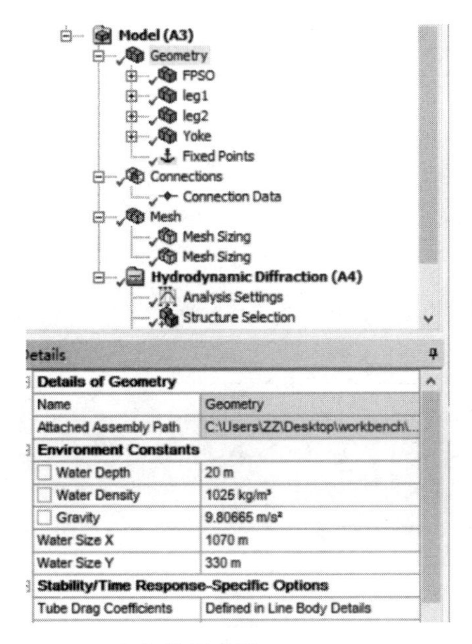

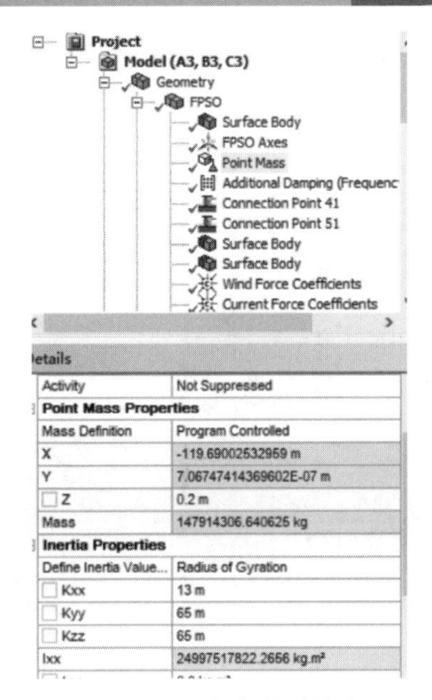

（a）设置水深　　　　（b）添加船体质量点

图 2.66　设置水深和添加船体质量点

点击 leg1，将杆件直径设置为 0.966m，壁厚 0.05m。点击 leg2，将杆件直径设置为 0.966m，壁厚 0.05m。点击 Yoke，将支撑杆件直径设置为 1.76m，壁厚 0.05m，压载舱直径 5.867m，壁厚 0.1m。杆件重量以集中质量点的形式来考虑，所有杆件密度由 7850kg/m³改为 0.01 kg/m³。分别在 leg1、leg2、Yoke 上右击添加 Point Mass 并输入相关质量、惯性半径以及重心数据，如图 2.67 所示。

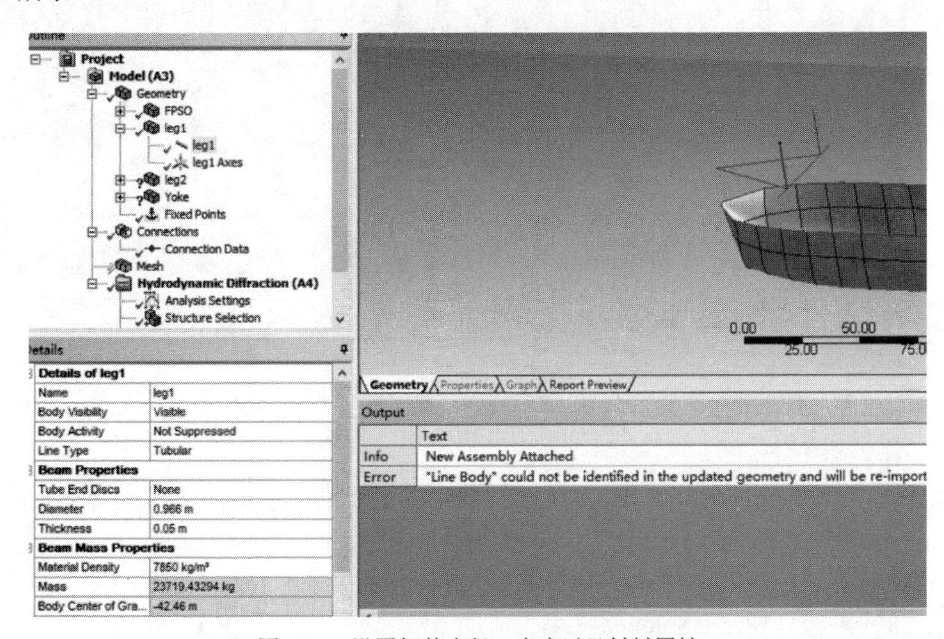

图 2.67　设置杆件直径、密度以及材料属性

右击 FPSO 添加阻尼矩阵。参考经典模型，在横摇阻尼位置输入 52360000Nm/(°/s)，如图

2.68 所示。注意，这里的阻尼需要进行换算，单位与经典 AQWA 横摇阻尼单位不同，经典 AQWA 的阻尼单位为 Nm/(rad/s)。

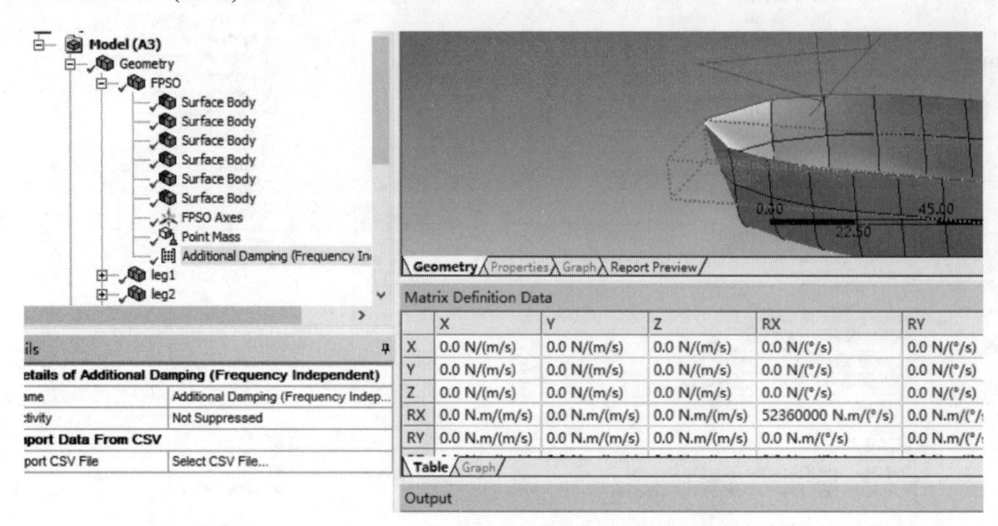

图 2.68　对 FPSO 进行横摇阻尼修正（注意单位制的变化）

在 Mesh 上右击，添加两个 Mesh Sizing，一个针对杆件，一个针对船体。单元大小均为 3m。设置完毕后在 Mesh 上右击生成单元，如图 2.69 所示。

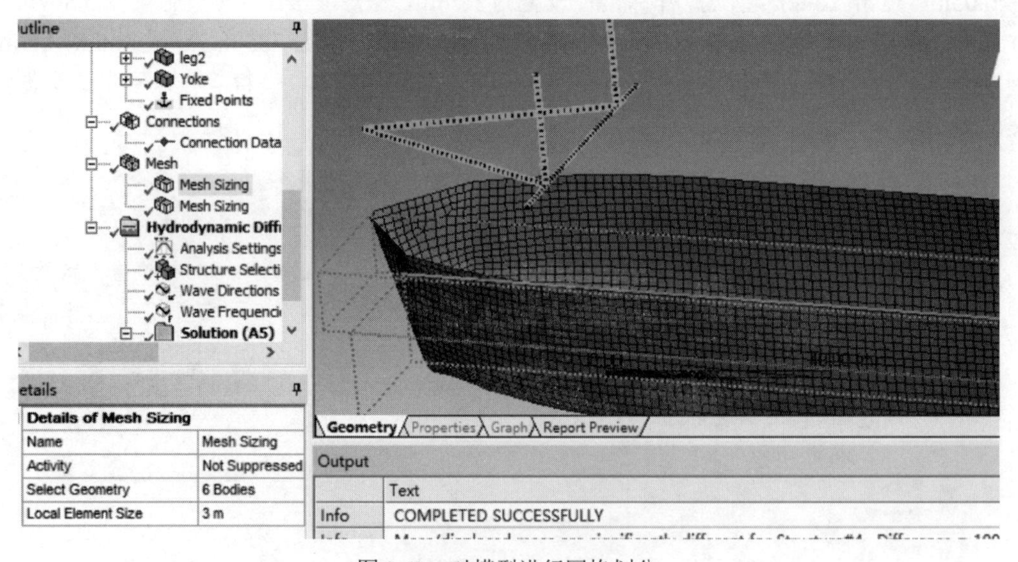

图 2.69　对模型进行网格划分

点击 Analysis Setting，关闭 Wave Gird，忽略建模警告，计算全 QTF 矩阵。点击 Wave Directions，设置计算波浪角度步长为 15°，如图 2.70 所示。

点击 Wave Frequency，将水动力计算的最大周期设置为 31s，最小周期由程序控制。这里一共计算 30 个波浪周期。在 Solution 上右击添加横浪状态下的横摇 RAO 曲线结果，如图 2.71 所示。

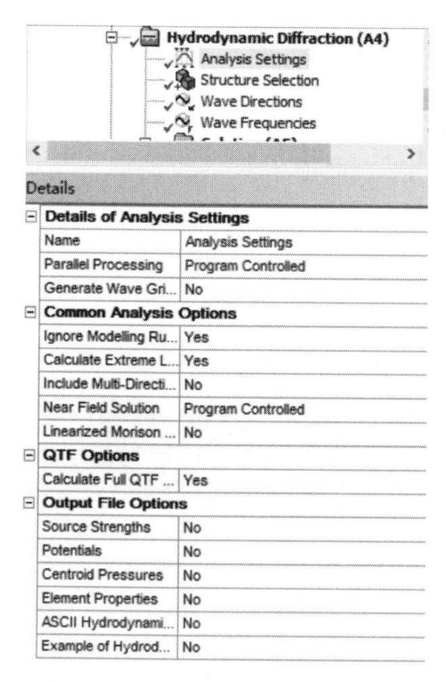

（a）计算设置

leg2
Yoke
Fixed Points
Connections
Connection Data
Mesh
Mesh Sizing
Mesh Sizing
Hydrodynamic Diffrac
Analysis Settings
Structure Selection
Wave Directions
Wave Frequencies
Solution (A5)

Details

Details of Wave Directions	
Name	Wave Directio...
Visibility	Visible
Type	Range of Dire...
Required Wave Input	
Wave Range	-180° to 180°
Interval	15°
Number of Intermediate Di...	23
Optional Wave Directions A	
Additional Range	None
Optional Wave Directions B	
Additional Range	None
Optional Wave Directions C	

（b）波浪方向设置

图 2.70　进行计算设置和波浪方向设置

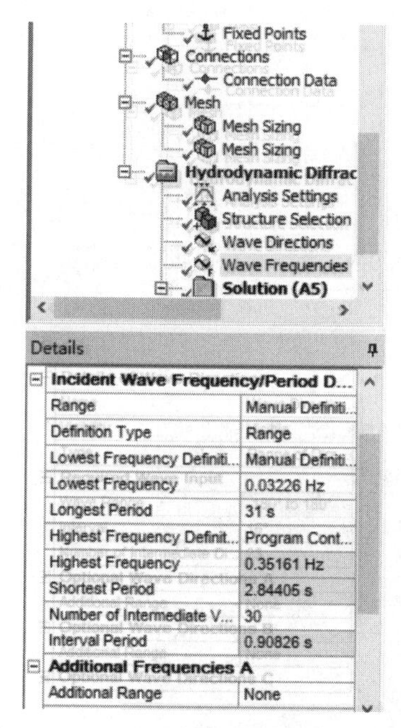

（a）设置计算波浪周期

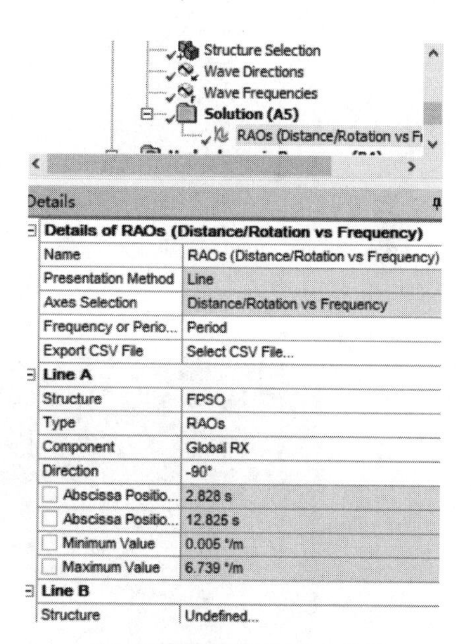

（b）设置横摇运动 RAO 结果

图 2.71　设置计算波浪周期和横摇运动 RAO 结果

设置完毕后在 Solution 上点击 Solve HydroStatic，进行模型检查和静水力计算。计算结果显示 FPSO 排水量为 144306m^3（147914t），稍大于经典 AQWA 模型计算结果（145910t），如图 2.72 所示。

Hydrostatic Results

Structure	FPSO					
Hydrostatic Stiffness						
Center of Gravity (CoG) Position:	X:	-119.69003 m	Y:	7.0675e-7 m	Z:	0.2 m

	Z	RX	RY
Heave (Z):	1.13364e8 N/m	-2.2610974 N/°	16423566 N/°
Roll (RX):	-129.55135 N.m/m	1.9415e8 N.m/°	3.3058791 N.m/°
Pitch (RY):	9.41001e8 N.m/m	3.3058791 N.m/°	8.54322e9 N.m/°

Hydrostatic Displacement Properties	
Actual Volumetric Displacement:	144306.64 m³
Equivalent Volumetric Displacement:	144306.34 m³

Hydrostatic Displacement Properties						
Actual Volumetric Displacement:		144306.64 m³				
Equivalent Volumetric Displacement:		144306.34 m³				
Center of Buoyancy (CoB) Position:	X:	-119.69 m	Y:	-1.2425e-7 m	Z:	-6.8749256 m
Out of Balance Forces/Weight:	FX:	-5.8961e-8	FY:	-1.7563e-8	FZ:	5.4711e-6
Out of Balance Moments/Weight:	MX:	1.0036e-6 m	MY:	4.5156e-7 m	MZ:	9.6378e-7 m

Cut Water Plane Properties				
Cut Water Plane Area:		11277.981 m²		
Center of Floatation:	X:	-127.99072 m	Y:	-4.3604e-7 m
Principal 2nd Moments of Area:	X:	2127622.5 m⁴	Y:	48940592 m⁴
etween Principal X Axis and Global X Axis:		1.54e-7°		

Small Angle Stability Parameters	*with respect to Principal Axes*	
CoG to CoB (BG):	7.0749254 m	
Metacentric Heights (GMX/GMY):	7.6688347 m	332.06812 m
CoB to Metacentre (BMX/BMY):	14.74376 m	339.14304 m
Restoring Moments (MX/MY):	1.9415e8 N.m/°	8.40689e9 N.m/°

图 2.72　静水力计算结果汇总

在 Solution 上右击 Solve，横浪状态下的横摇运动曲线固有周期和峰值情况与经典 AQWA 模型计算结果基本一致，如图 2.73 所示。

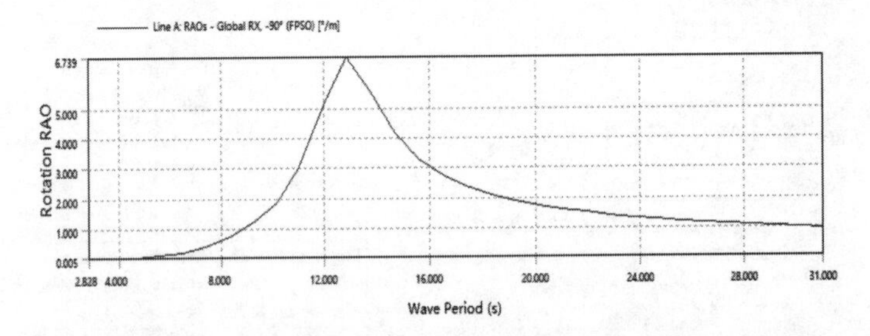

（a）Workbench AQWA 结果

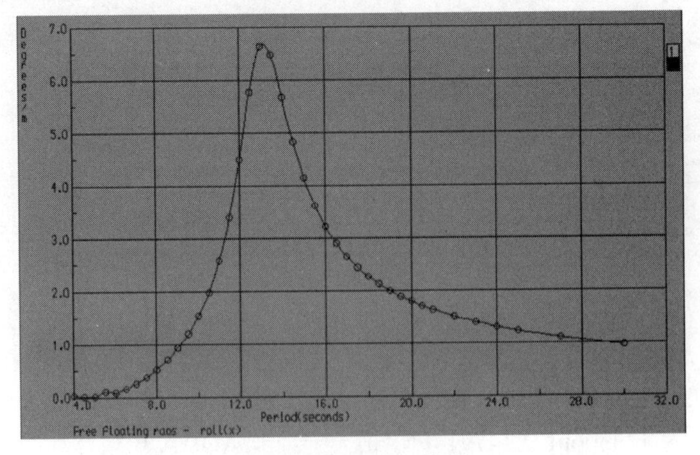

（b）经典 AQWA 结果

图 2.73　横浪状态横摇 RAO 比较

2.7.3 耦合计算模型设置

1. Workbench AQWA 中的支座模型

在 Workbench AQWA 中，建立支座模型通常遵循以下步骤：

（1）建立连接点。如果连接点是固定的，则需要在 Fix Point 中进行添加；如果连接点位于体上，则需要在对应的体上右击添加 Connection Point。

（2）在 Connections 上右击添加 Joint。

（3）设置 Joint，内容包括 Joint 的类型、连接点位置、局部坐标系的方向等。

Joint 的类型同经典 AQWA 一致，包括球铰、万向支座、铰链和固定支座 4 种。在 Workbench 中建立支座比较直观，建立的支座可以在界面中直接显示，各个支座类型的模型表现形式如图 2.74 所示。

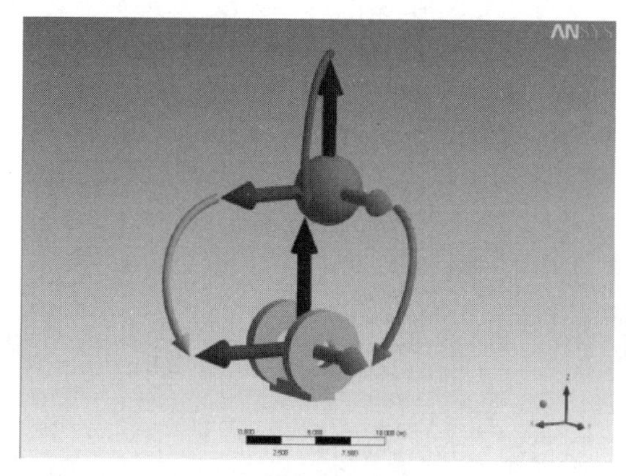

（a）球形支座

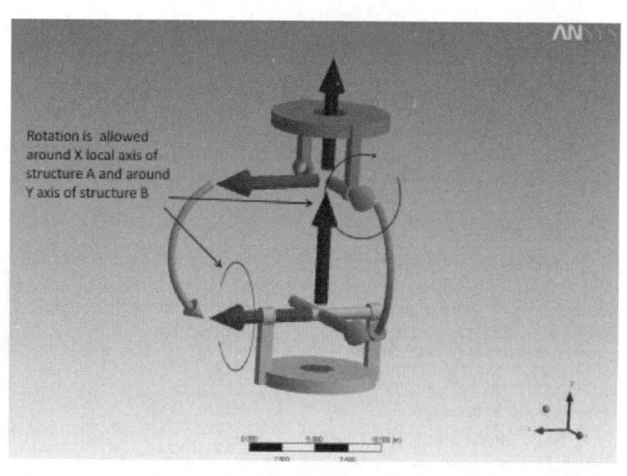

（b）万向节

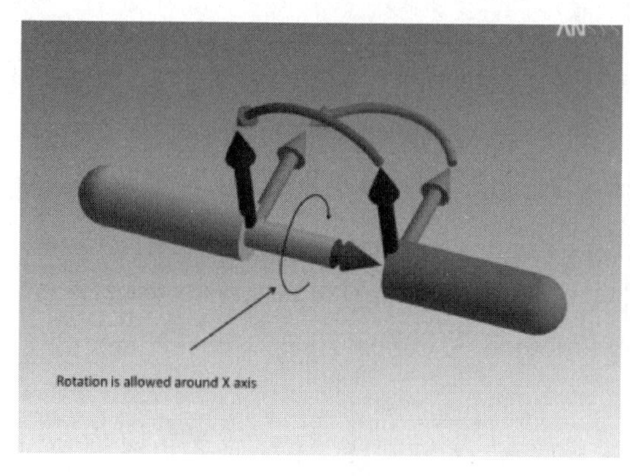

（c）铰链

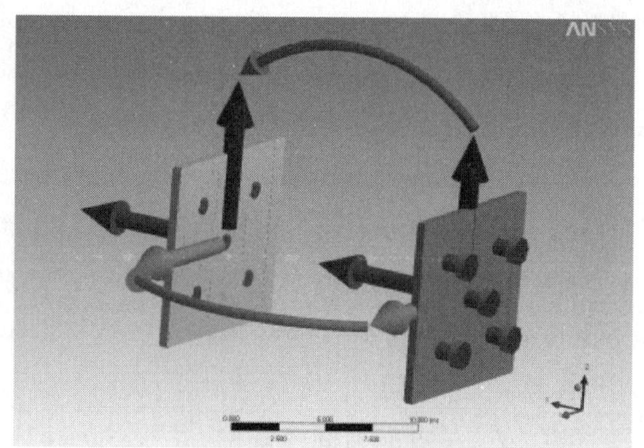

（d）固定支座

图 2.74　Workbench AQWA 中支座类型表达形式

支座的局部坐标系连同支座模型一起显示。在 Joint 中设置 Aligment Method 来定义支座局部坐标系，默认条件下支座局部坐标系同全局坐标系方向一致。

模型中包括 5 个支座，其中 3 个球形支座、2 个万向节，具体组成和描述可参考 2.3 节，在此不再赘述。

以下简要介绍 5 个支座的建模过程。

2. 主轴承球形支座

在 Fixed Point 上右击新建 Fixed Point 10，该点为导管架上的固定点。参考经典 AQWA 模型输入其对应坐标值，如图 2.75 所示。

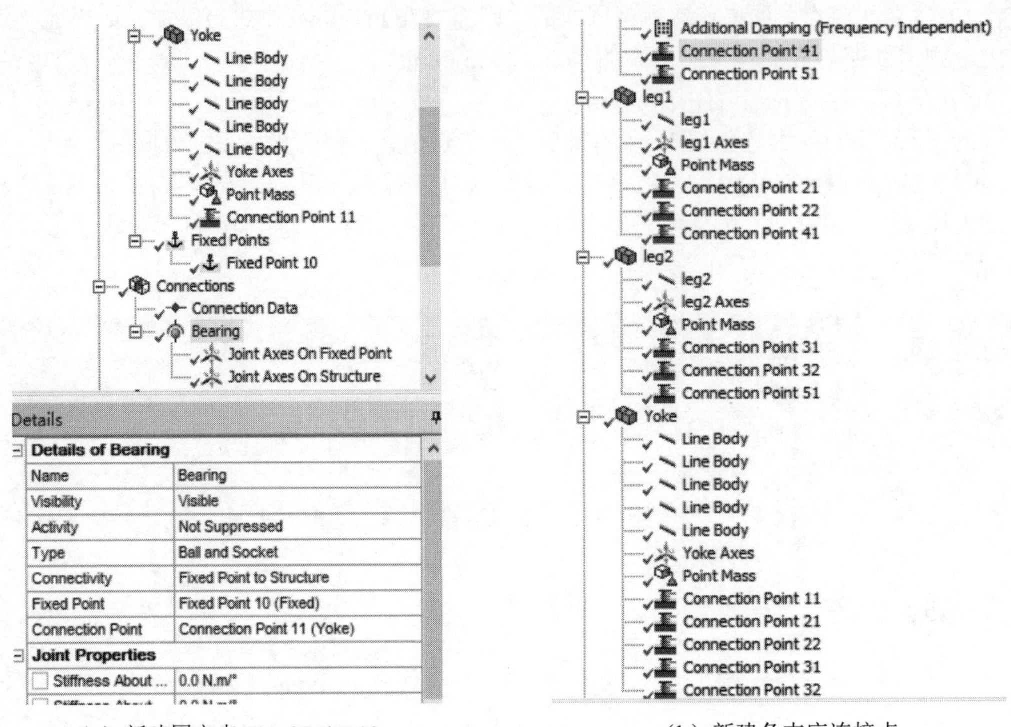

（a）新建固定点 Fixed Point 10　　（b）新建各支座连接点

图 2.75　新建固定点 Fixed Point 10 和各支座连接点

在 Yoke 上右击新建 5 个 Connection Points，其中 Connection Point 11 点为 Yoke 与主轴承连接点，坐标与 Fixed Point 10 一致。

在 Connection 上右击新建 Joint，命名为 Bearing。设置 Type 为 Ball and Socket，Connectivity 为 Fixed Point to Structure。固定点为 Fixed Point10，连接点为 Connection Point 11。

球铰的局部坐标系同全局坐标系一致。分别点击 Joint Axes on Fixed Point 和 Joint Axes on Structure 查看方向并确认坐标轴指定方式 Aligment Method 为 Global Axes，如图 2.76 所示。

3. 系泊腿下节点

系泊腿下节点为万向节支座，在局部坐标系中释放 X、Y 轴旋转，不释放 Z 轴旋转。Yoke 上的 Connection Point 21、Connection Point 31 分别对应两个系泊腿的下节点连接点。在 Leg1、Leg2 上新建连接点，Leg1 上的 Connection Point 21，Leg2 上的 Connection Point 31 为其与 Yoke 相连接的点，如图 2.75（b）所示。

万向节的局部坐标系同全局坐标系一致，分别点击 Joint Axes on Fixed Point 和 Joint Axes on Structure 查看方向并确认 Aligment Method 为 Global Axes。

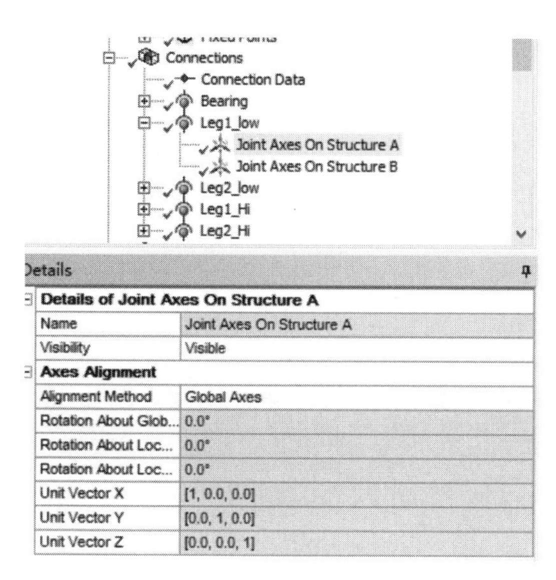

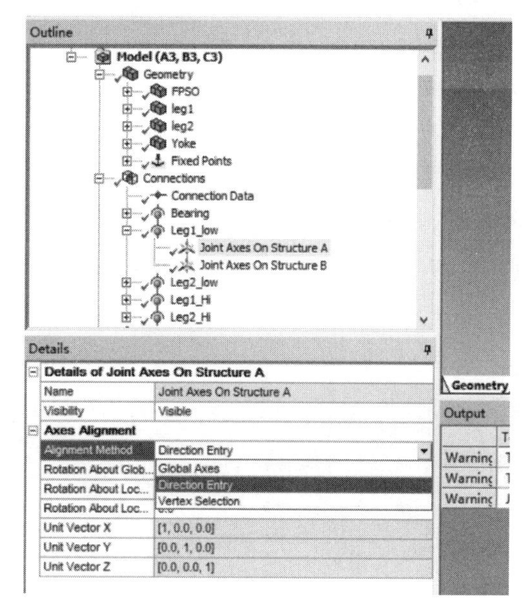

（a）设置支座　　　　（b）检查支座坐标系方向

图 2.76　设置支座（Joint）和检查支座坐标系方向

4. 系泊腿上节点

设置方式与主轴承球形支座类似。连接点位于 Leg1 和 Leg2 的上端，分别与 FPSO 的支撑点相连接。

需要注意的是，Workbench 中的 FPSO 模型是经过切水线处理的，支撑点 Z 向坐标此时相对于静水面；经典 AQWA 中 FPSO 模型是通过 Line Plan 建立的，Z 向坐标相对于船底基线。经典 AQWA 模型中该点相对于基线高度为 51.5m，相应地，在 Workbench AQWA 中其 Z 向坐标应为 51.5-14.5=37（m）（相对于静水面的高度）。

最终建成 5 个支座的连接模型，如图 2.77 所示。

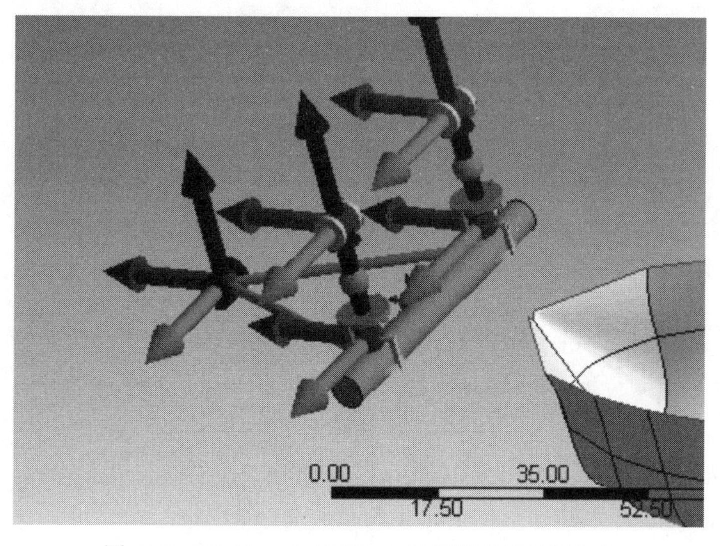

图 2.77　Workbench AQWA 中软钢臂系统支座分布

在 Yoke 上新建关注点 Connection Point Bow，其位于两个系泊腿连接点之间，用于提取 FPSO 艏部相对于固定点的平面相对偏移。

最终完成 5 个支座的建模，5 个支座分别为：主轴承球铰 Bearing，连接 Yoke 头与导管架主轴承；万向节 Leg1_low，连接 Yoke 与系泊腿 1；万向节 Leg2_low，连接 Yoke 与系泊腿 2；球铰 Leg1_Hi，系泊腿 1 与 FPSO 支撑架；球铰 Leg2_Hi，系泊腿 2 与 FPSO 支撑架，如图 2.78（a）所示。

5. 平衡计算

点击 Hydrodynamic Response 中的 Analysis Type，将其设置为 Time Domain，设置计算时长为 400s，时间步长为 0.1s，如图 2.78（b）所示。

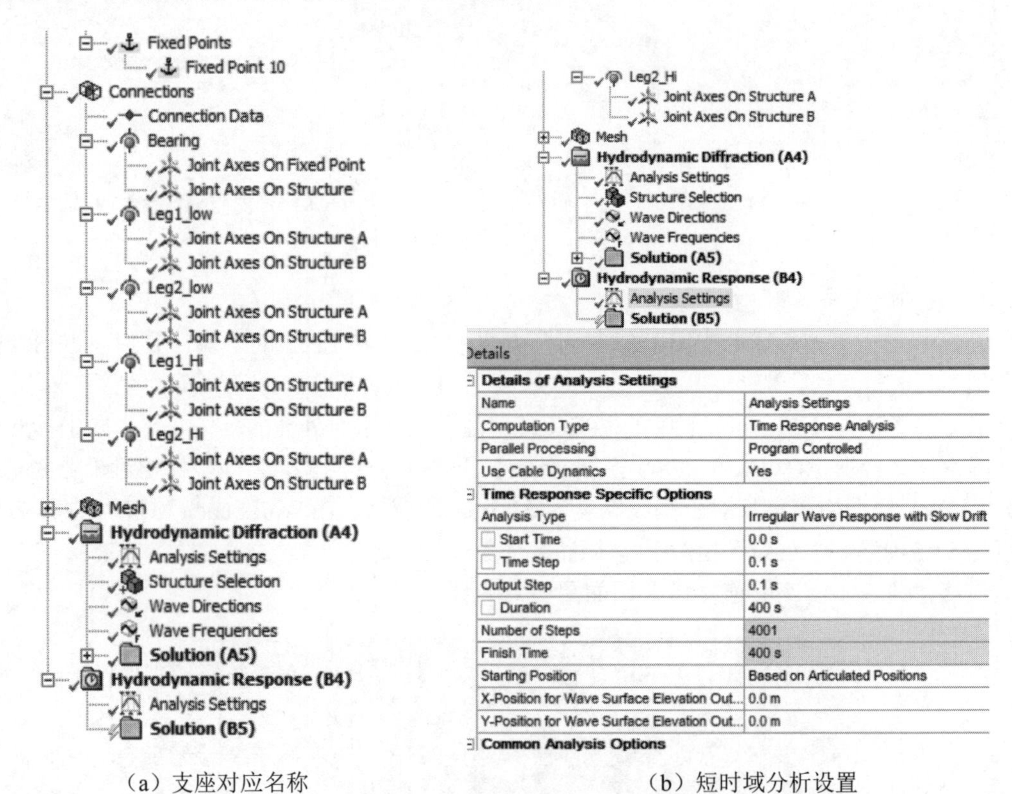

（a）支座对应名称　　　　（b）短时域分析设置

图 2.78　支座对应名称和短时域分析设置

在 Solution 上右击添加动画 Animation；添加 Structure Position、Actual Response 用于显示 Yoke 的纵摇时历曲线。在 Solution 上右击添加 Structure Position、Actual Response，显示 FPSO 关注点的 Global X 方向位移曲线，如图 2.79 所示。

在 Solution 上右击 Solve。计算完毕后，查看计算结果。

Yoke 在平衡状态的纵倾角为-22.3°，如图 2.80 所示。

平衡状态 FPSO 关注点距离主轴承 40.08m，如图 2.81 所示。

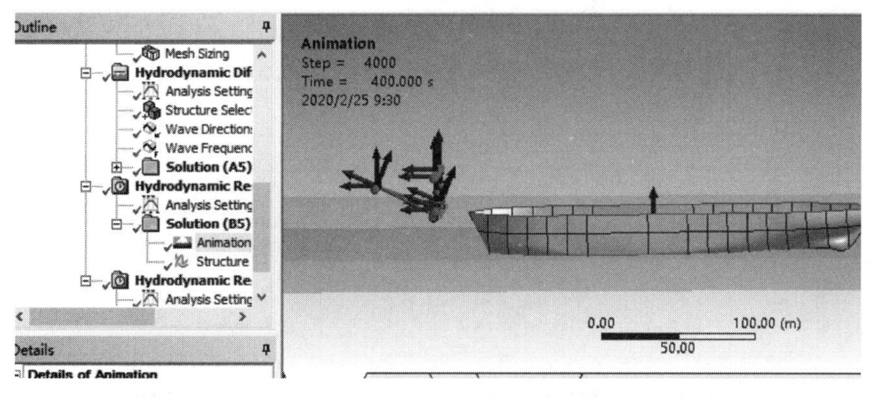

图 2.79　短时域分析最终平衡状态

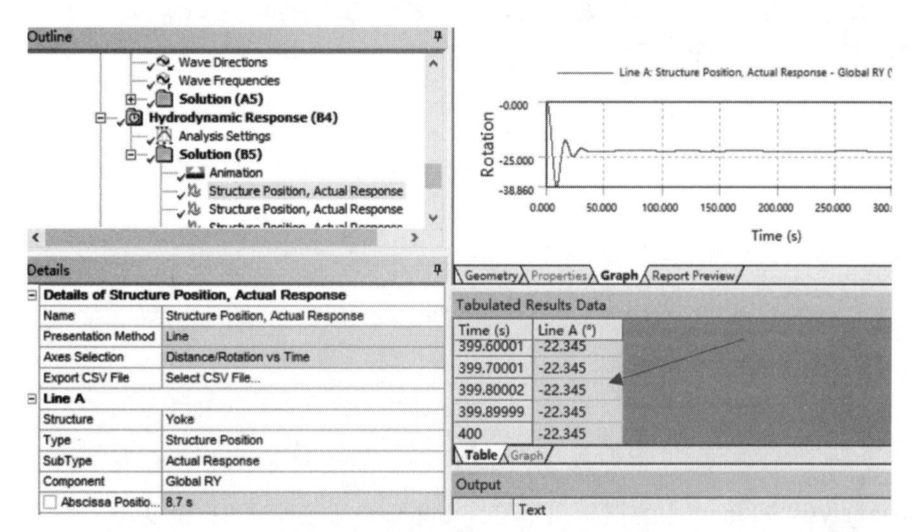

图 2.80　最终平衡状态 Yoke 的倾角

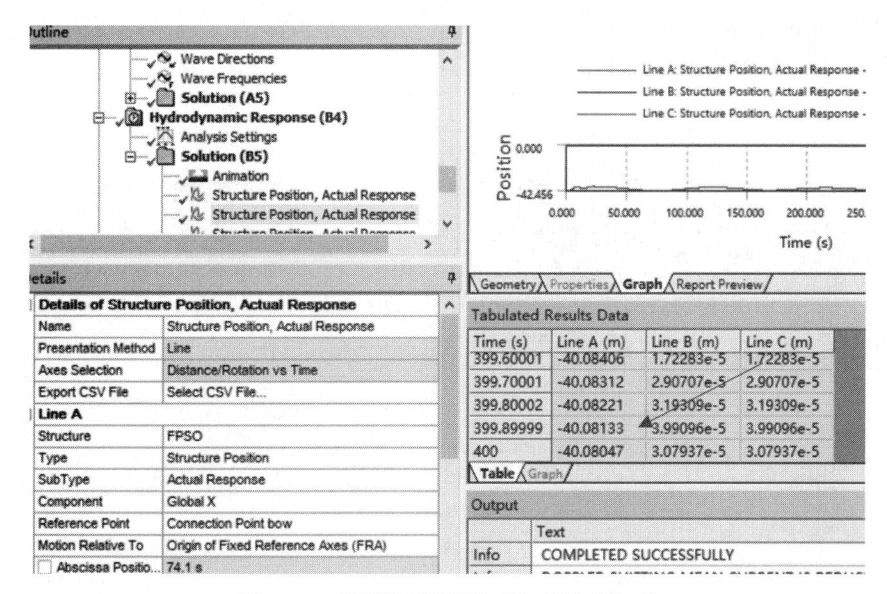

图 2.81　平衡状态下关注点与主轴承距离

6. 耦合时域计算

在 Workbench 界面拖拽 Hydrodynamic Response 至平衡计算模块右侧，双击 Setup 对参数进行设置，如图 2.82 所示。

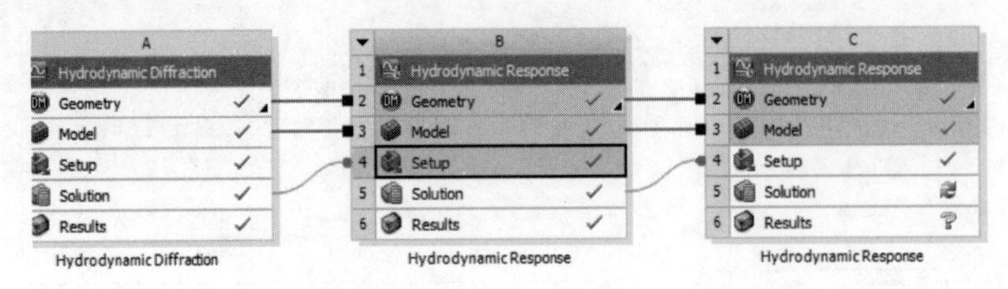

图 2.82　拖拽 Hydrodynamic Response 至平衡计算模块右侧

在 FPSO 上右击添加风力系数和流力系数。参考经典 AQWA 模型的风流力系数数据编写 CSV 文件并读入，如图 2.83 所示。

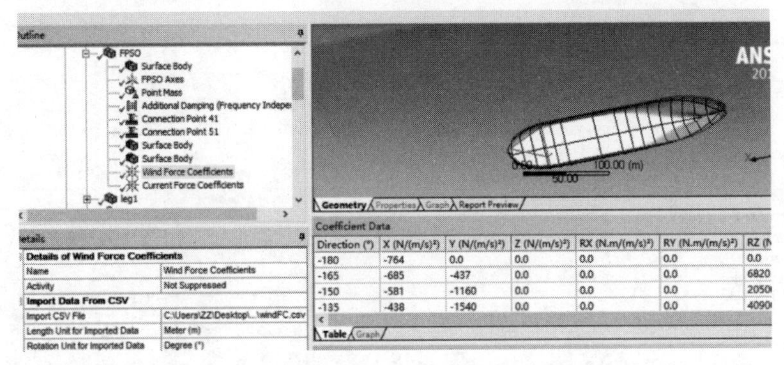

图 2.83　对 FPSO 船体添加风流力系数

点击 Analysis Setting，设置时域模拟时长 10800s，忽略前 400s，总共模拟 11200s。

在 Hydrodynamic Respons2 上右击添加不规则波（Jonswap Hs）、风谱（NPD）和流（Vary with Depth Dimensional）。点击 Irregular Wave1，设置有义波高为 5.4m，谱峰周期 10.3s，方向 180°，γ=1.8。点击 Wind1，设置 1 小时平均风速为 28m/s，方向 210°，如图 2.84 所示。

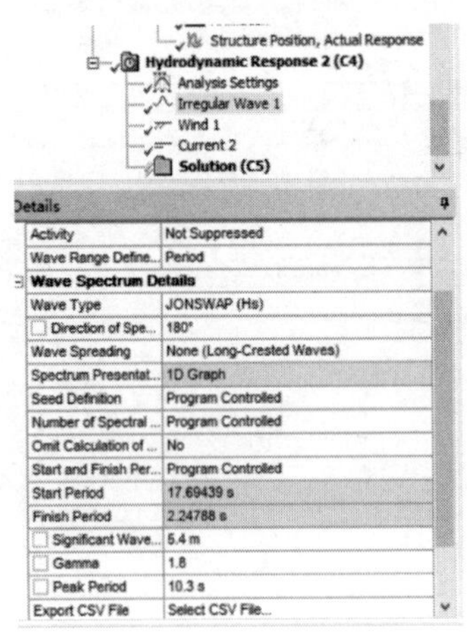

（a）定义海况

Hydrodynamic Response 2 (C4)
Analysis Settings
Irregular Wave 1
Wind 1
Current 2
Solution (C5)

Details

Details of Wind 1	
Name	Wind 1
Visibility	Visible
Activity	Not Suppressed
Wind Spectral Definition	
Spectrum	NPD
Seed Definition	Program Controlled
Reference Height	10 m
Speed	28 m/s
Direction	210°

（b）建立风环境条件

图 2.84　定义海况和建立风环境条件

点击 Current1，设置表面流速 1.0m/s，中层流速 0.98m/s，底层流速 0.8m/s，方向为 270°，如图 2.85 所示。

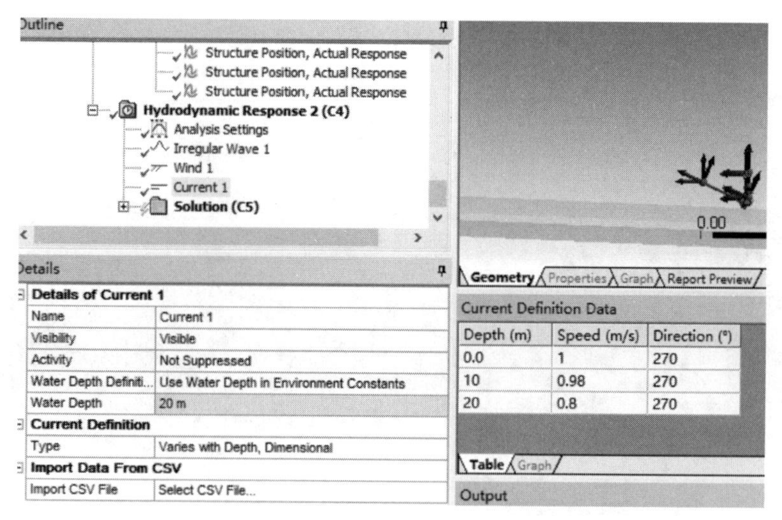

图 2.85　设置流速条件

在 Solution 上右击添加 Joint Force，输出 Global X、Global Y、Global Z 三个方向的载荷分量。在 Solution 上右击添加动画 Animation。在 Solution 上右击添加 Structure Position，输出关注点 X 方向、Y 方向（Global X、Global Y）的时域曲线，如图 2.86 所示。

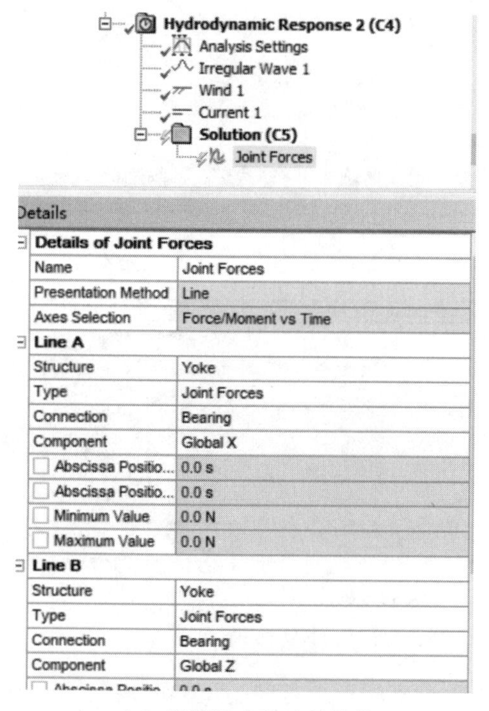

（a）设置输出主轴承载荷

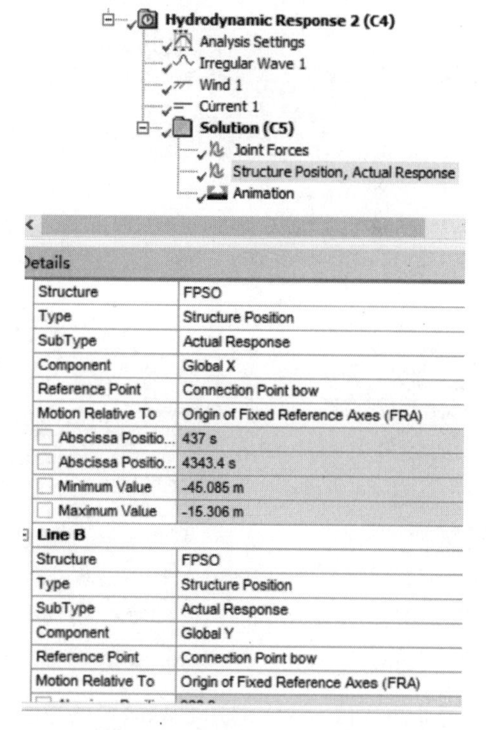

（b）设置输出关注点位移

图 2.86　设置输出主轴承载荷和输出关注点位移

右击 Solution 点击 Solve。计算完毕后点击 Animation，可查看 FPSO 及软钢臂系统的运动模拟动画，平衡状态如图 2.87 所示。

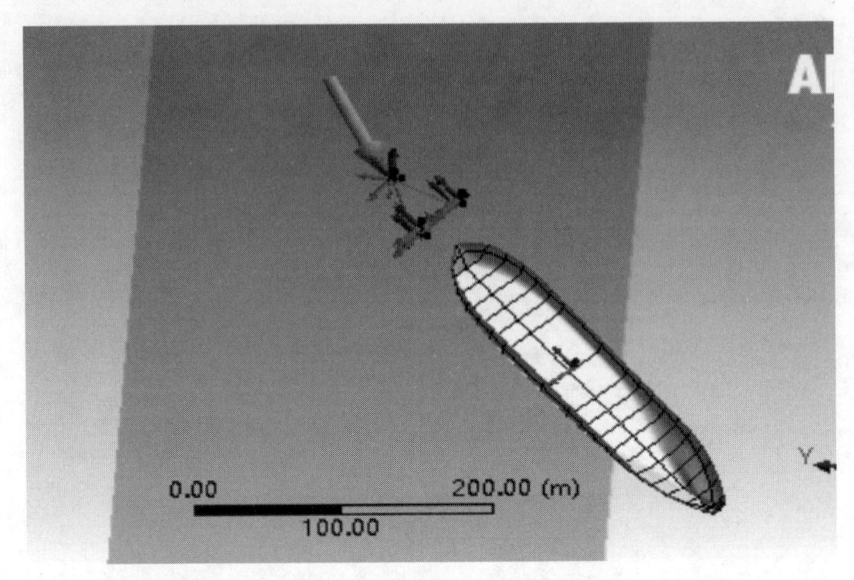

图 2.87　Workbench AQWA 中软钢臂 FPSO 在环境条件作用下的平衡状态示意

点击 Structure Position，选择 Export CSV File，将关注点 X、Y 两个方向的位移曲线分别输出为 CSV 文件，如图 2.88 所示。

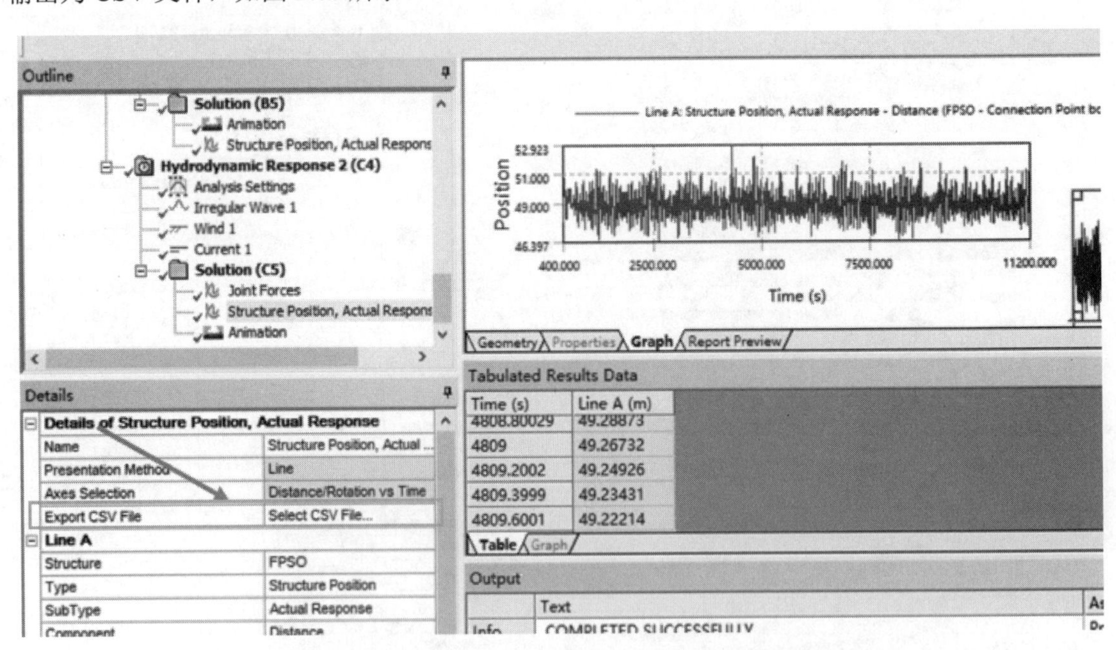

图 2.88　查看关注点平面位移曲线并输出为 CSV 格式

点击 Joint Force，选择 Export CSV File，将主轴承支座三个方向的反力曲线分别输出并保存为 CSV 文件，如图 2.89 所示。

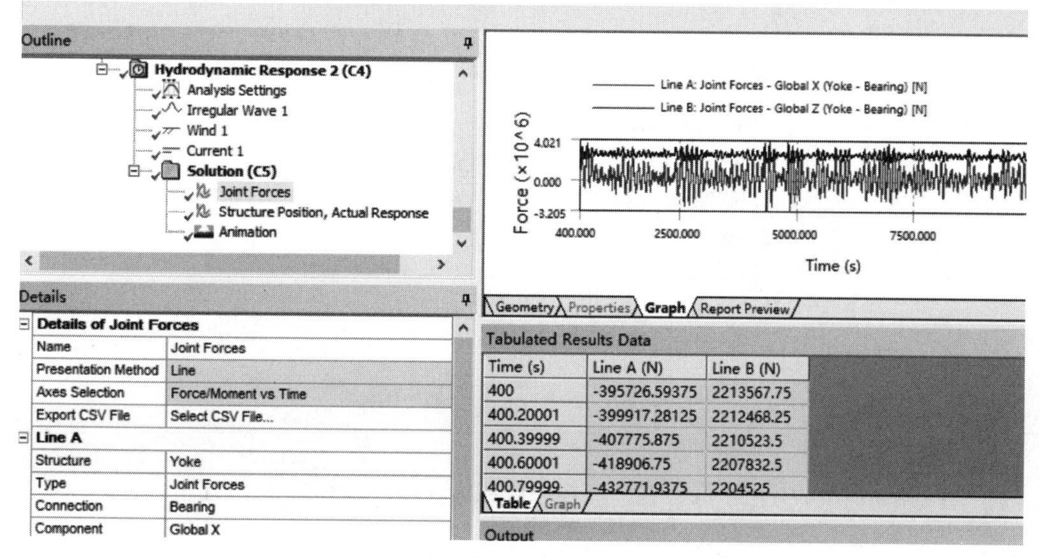

图 2.89 查看主轴承载荷曲线

整理轴承反力结果和船艏关注点平面运动结果，见表 2.16 和表 2.17。

表 2.16 Cro2 工况主轴承载荷（单个波浪种子结果）

Main Bearing Load				
Items	Max F_r	Min F_r	Max F_a	Min F_a
F_r /kN	4749	16	1335	3236
F_a /kN	2691	2332	3690	1776

表 2.17 Cro2 工况船艏参考点平面位移（单个波浪种子结果）

Offset @ bow		
Mean Offset /m	Max Offset /m	Min Offset /m
2.01	6.97	-0.63

其他计算结果的提取不再进行介绍。

2.8 Workbench AQWA 小结

相比于经典 AQWA，Workbench 界面更适合于建立复杂的、需要实时查看和调试的模型建模工作。使用 Workbench 建立支座部件能够实现可视化，方便用户进行调试，减少错误发生概率从而提高建模工作效率。

虽然 Workbench 界面友好，可视化程度高，但很多计算结果还是需要人工提取来进行组合，这需要用户对于计算结果的形式、组成与组合方法有直观的理解。

本章 Workbench AQWA 的工程文件夹如图 2.90 所示。

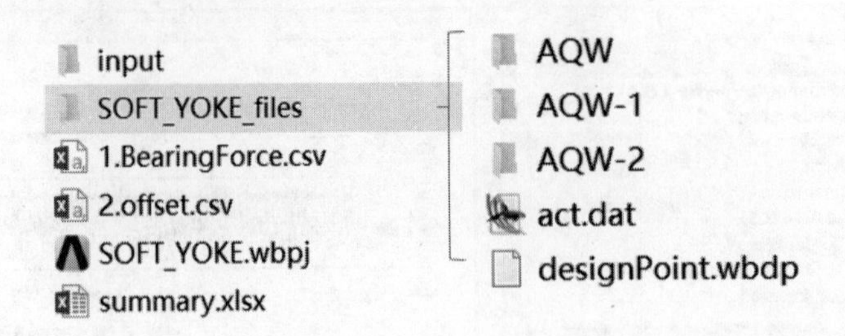

图 2.90　工程文件夹

练习

1．在经典 AQWA 中计算另外 3 个环境条件组合工况（COLL、CRO1 和 CRO3），比较载荷变化趋势以及运动变化趋势。

2．在 Workbench AQWA 中将波浪种子数设置为变参数（具体方法参考 1.9.4 节），进行 5 个不同波浪种子的时域模拟并提取相关结果。

3．在经典 AQWA 中通过 Line Plan 功能建立平均吃水 8m 的 FPSO 模型，重心位于浮心上方，相对于船底基线 12m，回转半径分别为：R_{xx}=19.8m，R_{yy}=68m，R_{zz}=70m，横摇阻尼修正为 7%横摇运动临界阻尼，对该吃水状态进行水动力计算。

第3章 张力腿平台整体运动性能分析

3.1 基本分析内容和分析流程

对于张力腿平台（Tension Leg Platform，TLP）的整体运动性能分析可以包括但不限于以下内容。

1. 确认输入条件

TLP 平台尺度信息、重量信息、风力系数、流力系数等。张力腿信息包括各段张力腿的长度、材质以及材料属性、预张力等。立管信息包括数量、布置、材质以及具体材料属性等。环境条件包括波浪、风、流的输入参数以及水深、水位等输入条件。

2. 确定分析工况

不同遭遇周期下的完整工况和破损工况。破损工况包括 TLP 船体破舱、张力腿破损、张力腿缺失，对应平台采取压载补偿/不采取补偿措施。

3. 平台水动力建模与分析

考虑张力腿系统和立管系统影响的：平台一阶波浪载荷、附加质量及辐射阻尼、平台二阶波浪载荷、平台运动 RAO、张力腿顶端受力 RAO、平台运动固有周期等。

4. 耦合分析建模与分析

静态计算内容，包括考虑张力腿系统和立管系统影响的：静态平衡状态下的张力腿预张力检查、静态平面偏移对应的平台重心下沉（Set-down）以及系泊系统整体恢复力。

动态分析内容，考虑不同环境条件作用下的、不同工况下的：平台平面位移（Offset）、重心下沉、倾角、平台运动加速度；张力腿顶端张力最大值、最小值、标准差；张力腿顶部倾角、张力腿底部倾角；张力腿疲劳分析、立管强度分析与疲劳分析；张力腿及立管的干涉分析；平台甲板气隙等。

5. 船体设计波计算

根据真实的船体重量分布、组块重量分布、其他结构载荷分布计算船体设计波以用于船体结构强度评估。

6. 模型试验校准

根据模型试验结果对分析结果进行校核校准。

参照规范主要为 API PR 2T 及其他船级社相关规范。简要分析流程如图 3.1 所示。

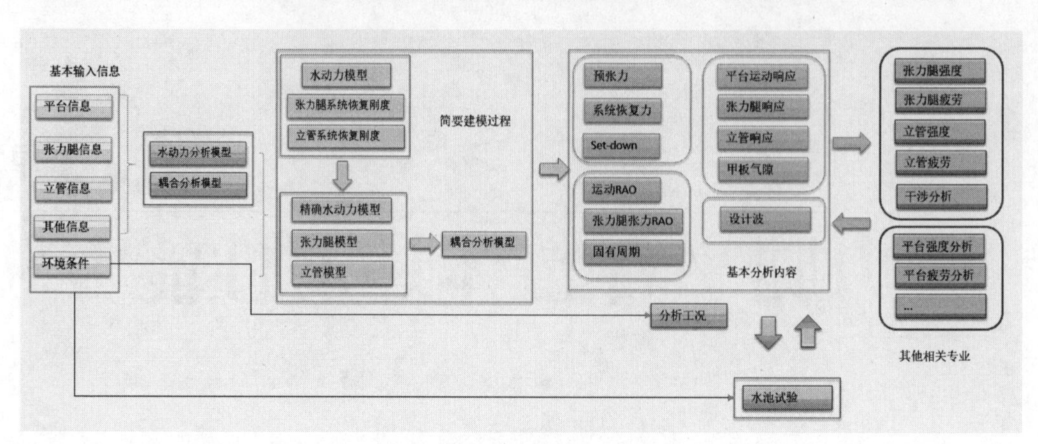

图 3.1　简要分析流程示意

本章简要介绍使用 AQWA 进行张力腿平台分析的基本流程、建模过程、Tether 的使用、基本结果的归纳等。

3.2　输入数据和假设条件

目标 TLP 平台具体参数见表 3.1。该平台为经典 TLP 平台，形式为 4 立柱 4 浮箱结构，排水量为 4.3 万 t，操作吃水 28.5m。

平台张力腿共有 8 根，预张力为 1300t。张紧式立管（TTR）共 11 根，钻井立管 1 根，张力腿及 TTR 信息见表 3.2。

表 3.1　TLP 平台主尺度信息

参数	数值
排水量/t	43000
操作吃水/m	28.5
立柱直径/m	19.0
浮箱高/m	7.3
浮箱宽/m	9.5
立柱间距/m	55.0
最下层甲板高/m	51.0
重心高度（距离船底基线）/m	9.75
回转半径 R_{xx}/m	32.3
回转半径 R_{yy}/m	32.3
回转半径 R_{zz}/m	29.2

表 3.2　张力腿及 TTR 基本信息

名称	外径 OD/mm	轴向刚度 EA/N	弯曲刚度 EI/(N/m^2)	预张力/t
张力腿	960	2.03E+10	2.20E+09	1300
生产立管	375	3.22E+09	5.20E+07	\
钻井立管	535	6.55E+09	2.16E+08	

张力腿上下端连接点位置坐标见表 3.3。

表 3.3　张力腿上下端连接点位置（相对于整体坐标系），z 向相对于静水面

名称	X/m	Y/m	Z/m	名称	X/m	Y/m	Z/m
Tendon1 上端	37.33	29.16	-21.35	Tendon1 下端	37.33	29.16	-330
Tendon2 上端	29.16	37.33	-21.35	Tendon2 下端	29.16	37.33	-330
Tendon3 上端	-37.33	29.16	-21.35	Tendon3 下端	-37.33	29.16	-330
Tendon4 上端	-29.16	37.33	-21.35	Tendon4 下端	-29.16	37.33	-330
Tendon5 上端	-37.33	-29.16	-21.35	Tendon5 下端	-37.33	-29.16	-330
Tendon6 上端	-29.16	-37.33	-21.35	Tendon6 下端	-29.16	-37.33	-330
Tendon7 上端	37.33	-29.16	-21.35	Tendon7 下端	37.33	-29.16	-330
Tendon8 上端	29.16	-37.33	-21.35	Tendon8 下端	29.16	-37.33	-330

这里仅考虑生存环境条件，具体参数见表 3.4，目标海域水深 330m。

表 3.4　生存环境条件

参数	千年一遇台风环境	水深/m	对应剖面流速/（m/s）
水深/m	330	0	2.62
波浪谱	Jonswap	23	2.46
γ	2.4	68	2.16
有义波高/m	16.5	200	0.99
谱峰周期/s	17.2	270	0.97
风谱	NPD	330	0.68
风速（1 小时平均）/（m/s）	50.9	\	

风力、流力参数见表 3.5 和表 3.6。忽略艏摇方向的风力矩和流力矩，考虑风力、流力在横倾、纵倾方向的力矩贡献。

表 3.5　风面积及系数

重心基线高度/m	38.25			
风力作用点基线高度/m	53			
方向/（°）	Fx/[N/(m/s)^2]	Fy/[N/(m/s)^2]	Mx/[Nm/(m/s)^2]	My/[Nm/(m/s)^2]
0	1.85E+03	0.00E+00	2.72E+04	0.00E+00

续表

22.5	2.18E+03	9.04E+02	3.22E+04	-1.33E+04
45	1.80E+03	1.80E+03	2.66E+04	-2.66E+04
67.5	9.04E+02	2.18E+03	1.33E+04	-3.22E+04
90	0.00E+00	1.85E+03	0.00E+00	-2.72E+04

表 3.6　流面积及系数

重心基线高度/m	38.25			
流力作用点基线高度/m	11.4			
方向/（°）	Fx/[N/(m/s)^2]	Fy/]N/(m/s)^2]	Mx/]Nm/(m/s)^2]	My/[Nm/(m/s)^2]
0	1.25E+06	0.00E+00	-3.36E+07	0.00E+00
22.5	1.39E+06	5.74E+05	-3.73E+07	1.54E+07
45	1.02E+06	1.02E+06	-2.74E+07	2.74E+07
67.5	5.74E+05	1.39E+06	-1.54E+07	3.73E+07
90	0.00E+00	1.25E+06	0.00E+00	3.36E+07

出于简化考虑，模型不考虑立管系统并认为张力腿为单一材质管，张力腿预张力为 1300t。

3.3　船体模型的建立与张力腿系统等效刚度

张力腿平台在作业吃水状态下其总排水量=平台自重+张力腿预张力。平台依靠张力腿系统维持平衡状态，此时张力腿的整体刚度贡献较大，不可忽略。

张力腿系统的刚度贡献主要体现在：

（1）张力腿的整体刚度加上静水刚度可以将平台升沉、横摇、纵摇的固有周期降低到波浪主要能量范围以外（小于 5s）。如果不在水动力计算中考虑张力腿系统的刚度贡献，平台的一阶运动的频域求解是失真的。

（2）张力腿平台对于二阶波浪载荷，尤其是二阶和频载荷敏感。二阶载荷的求解一定程度上依赖于一阶运动项，一阶运动的失真会导致二阶载荷的失真进而导致时域分析结果的失真。

在正式开始耦合分析之前，需要通过一些等效的方法求出张力腿系统的整体等效刚度。在 AQWA 中，直接建立 Tether 单元来通过 librium 计算平衡状态并不能给出张力腿等效刚度矩阵，我们通过间接方法来求等效刚度。

基本步骤包括：

（1）通过 ANSYS APDL 建立 TLP 平台的几何模型。

（2）输出一个网格较粗、计算较快的水动力模型。

（3）修改该模型的重量、水深等参数，添加张力腿的连接点。

（4）建立静平衡计算文件，计算平衡状态下的张力腿系统等效刚度矩阵。张力腿通过等刚度、等质量的系泊缆模拟。

1. 建立张力腿平台几何模型

通过 ANSYS APDL 建立船体模型如图 3.2 所示。为了降低计算耗费时间，模型关于 XOZ 和 YOZ 对称，即该模型为 1/4 模型，坐标原点位于静水面，船底 Z 向距离静水面 28.5m。

模型文件名称为 tlp1.db。

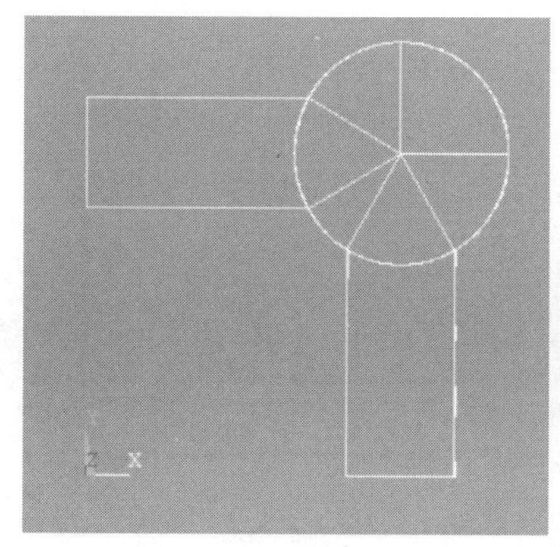

（a）俯视图

（b）侧视图

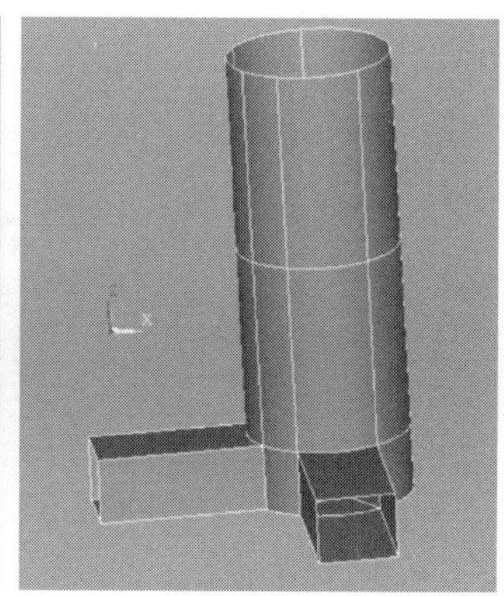

（c）三维视图

图 3.2　ANSYS APDL TLP 模型

将水面以上的立柱部分也建出来，防止静水力计算的时候平台下沉造成浮力缺失。

对模型划分网格，此时需要通过一个计算较快的模型来先进行张力腿系统等效刚度的计算，因而网格可以划分得大一些，这里设置网格大小为 5m，如图 3.3 所示。

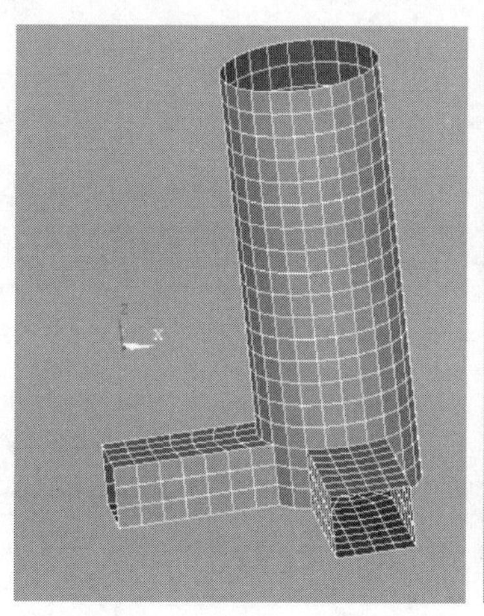

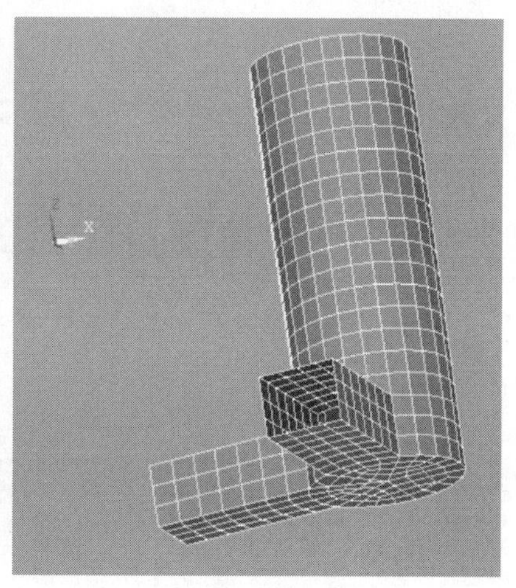

图 3.3　ANSYS APDL TLP 模型，网格大小为 5m

将模型通过输入 ANSTOAQWA 命令输出，勾选 Use SYMX 和 Use SYMY 点击 OK 保存，模型文件名为 TLP1.aqwa，如图 3.4（a）所示。

2. 修改张力腿平台水动力模型

将 TLP1.aqwa 重命名为 TLP1.dat 并打开，在 OPTION 位置添加 GOON 选项，将 RESTART 改为 1　3，添加张力腿上端点（10001～10008）坐标和下端连接点（20001～20008）坐标。

将重心高度改为 9.75（相对于静水面），如图 3.4（b）所示。

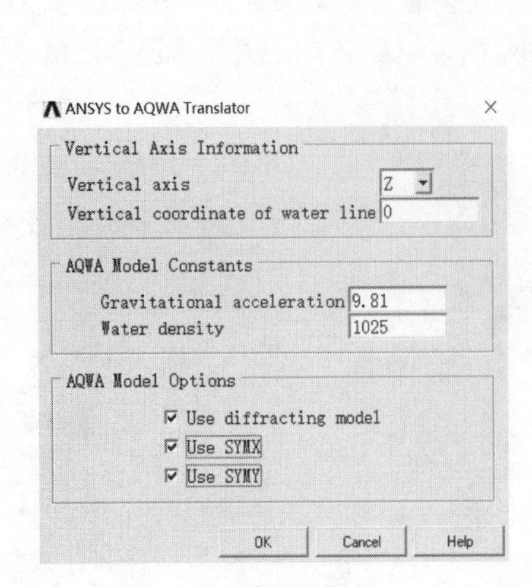

（a）输出设置

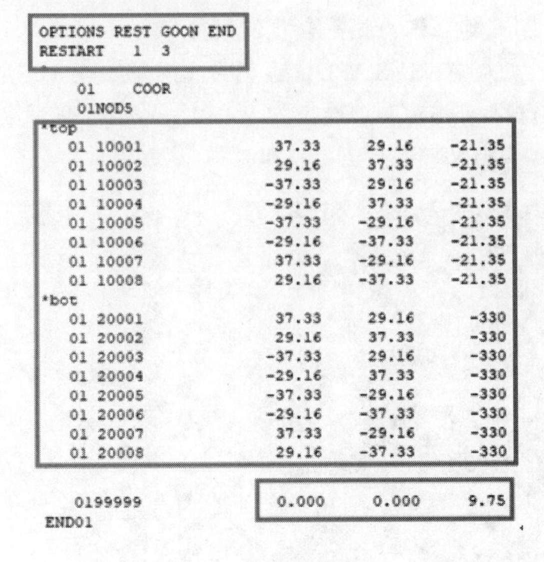

```
OPTIONS REST GOON END
RESTART   1  3
     01     COOR
     01NODS
*top
    01 10001          37.33      29.16     -21.35
    01 10002          29.16      37.33     -21.35
    01 10003         -37.33      29.16     -21.35
    01 10004         -29.16      37.33     -21.35
    01 10005         -37.33     -29.16     -21.35
    01 10006         -29.16     -37.33     -21.35
    01 10007          37.33     -29.16     -21.35
    01 10008          29.16     -37.33     -21.35
*bot
    01 20001          37.33      29.16       -330
    01 20002          29.16      37.33       -330
    01 20003         -37.33      29.16       -330
    01 20004         -29.16      37.33       -330
    01 20005         -37.33     -29.16       -330
    01 20006         -29.16     -37.33       -330
    01 20007          37.33     -29.16       -330
    01 20008          29.16     -37.33       -330

     0199999          0.000      0.000       9.75
END01
```

（b）输出文件修改

图 3.4　anstoaqwa 输出设置并对输出的模型文件进行修改

张力腿系统总预张力为 1300×8=10400t。程序自动计算的排水量为 43210t，将 Category3 的平台排水量修改为 43210-10400=32810t（3.281E7kg），修改 Category4 的转动惯量数据。

将水深改为 330m。该模型的目的是用于计算张力腿系统的等效刚度，计算周期 4.5～40s，浪向 0°和 90°，如图 3.5 所示。

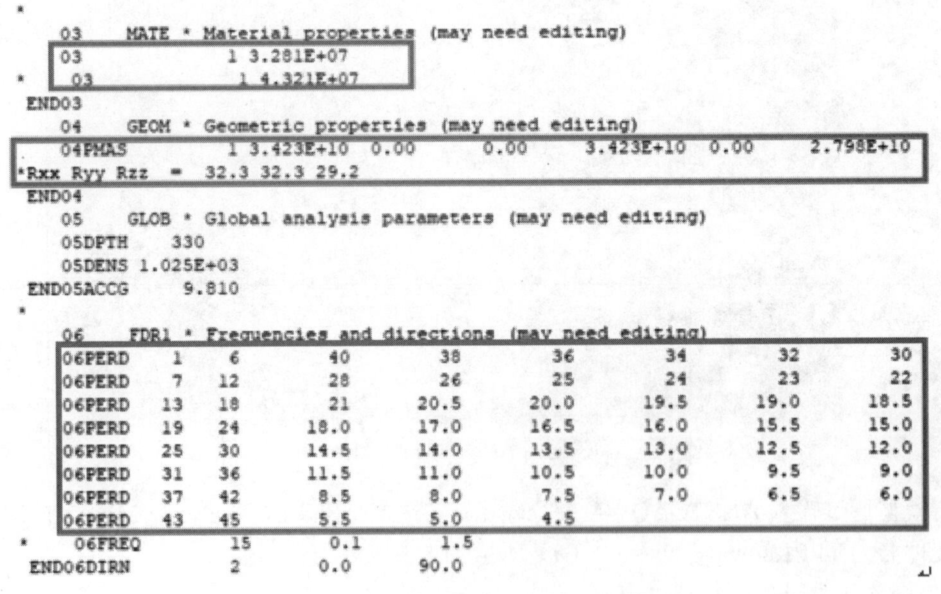

```
*
     03     MATE * Material properties (may need editing)
     03              1 3.281E+07
*    03              1 4.321E+07
  END03
     04     GEOM * Geometric properties (may need editing)
     04PMAS          1 3.423E+10  0.00        0.00      3.423E+10  0.00       2.798E+10
*Rxx Ryy Rzz  =   32.3 32.3 29.2
  END04
     05     GLOB * Global analysis parameters (may need editing)
     05DPTH      330
     05DENS 1.025E+03
  END05ACCG      9.810
*
     06     FDR1 * Frequencies and directions (may need editing)
     06PERD     1    6        40        38        36        34        32        30
     06PERD     7   12        28        26        25        24        23        22
     06PERD    13   18        21      20.5      20.0      19.5      19.0      18.5
     06PERD    19   24      18.0      17.0      16.5      16.0      15.5      15.0
     06PERD    25   30      14.5      14.0      13.5      13.0      12.5      12.0
     06PERD    31   36      11.5      11.0      10.5      10.0       9.5       9.0
     06PERD    37   42       8.5       8.0       7.5       7.0       6.5       6.0
     06PERD    43   45       5.5       5.0       4.5
*     06FREQ        15       0.1       1.5
  END06DIRN          2       0.0      90.0
```

图 3.5　修改排水量、转动惯量以及计算周期

修改完毕后保存 TLP1.dat 文件。新建 1.eqp 文件夹，将 TLP1.dat 文件放入该文件夹中并运行该文件。

3. 建立静平衡文件

张力腿的具体参数为：外径 OD=0.9652m，壁厚 t=0.035m，杨氏模量 E=2.10E+11Pa，轴向刚度为 EA=2.15E+10N，预张力 T=12753kN（1300t），干重 W=792kg/m，张力腿长度约为 L=330-21.35=308.65m。

忽略张力腿的轴向伸长，近似估算6个自由度张力腿系统的整体等效刚度为：

（1）单根张力腿和整体张力腿的垂向等效刚度为：

$K_{Z1}=EA/L$=2.15E+10/308.65=6.97E+07N/m

$K_Z=K_{Z1}\times n$=6.97E+07×8=5.57E+08N/m。

（2）单根张力腿和整体张力腿的水平方向等效刚度为：

$K_{X1}=(T-0.5\times W\times L)/L$=(12753×1000-0.5×792×308.65×9.81)/308.65=37,434N/m

$K_X=K_{X1}\times n$=37,434×8=3.0E+05N/m

（3）整体张力腿的横倾/纵倾方向等效刚度为：

$K_\theta=EI/L=E\times(I_{xx}+A\times d^2)/L$=6.25E+11Nm/rad

式中：I 为张力腿平面总惯性矩；I_{xx} 为张力腿截面惯性矩；A 为张力腿截面面积；d 为张力腿距离平面几何中心的距离。

（4）单根张力腿和整体张力腿的艏摇方向等效贡献为：

$K_{r1}=r^2\times T/L$=47.4×12753×1000/308.65=9.27E+07Nm/rad

$K_r=K_{r1}\times n$=9.27E+07×8=7.42E+08Nm/rad

估算的张力腿系统在6个自由度刚度矩阵中主对角线位置的等效回复刚度分别为：

K_{11}=3.00E+05N/m

K_{22}=3.00E+05N/m

K_{33}=5.57E+08N/m

K_{44}=6.25E+11Nm/rad

K_{55}=6.25E+11Nm/rad

K_{66}=7.42E+08Nm/rad

以上手算数据可用来协助检查AQWA计算结果是否正确。

在1.eqp文件夹中新建eqp.dat文件。eqp.dat文件用于建立等效的平台——张力腿模型来计算张力腿系统等效刚度。

在eqp.dat文件中输入以下内容（图3.6）：

1）RESTART引用TLP1的计算数据。

2）定义一个很小的波浪条件用于平衡计算（Category13）。

3）定义等效张力腿系统（Category14）。这里的张力腿采用一般的单材质缆绳来模拟，输入缆绳的干重、等效截面积、轴向刚度 EA、破断力以及初始长度。初始长度需要多次调整以达到目标预张力。在ECAB中输入缆绳的弯曲刚度 EI。

4）将平台初始位置设置为重心位置，即$(x, y, z)=(0, 0, 9.75)$。

5）设置迭代计算步数为1000。

```
JOB TLP1  LIBR
TITLE                       TLP
OPTIONS REST END
RESTART   4  5      TLP1
    09     NONE
    10     NONE
    11     NONE
    12     NONE
    13     SPEC
    13SPDN                   0
 END13JONH                  0.300    2.0000       1.7    0.010    1.2566
    14     MOOR
    14COMP   20   30         1        305         307
    14ECAT                          792.0    0.10228   2.14E10    5.70E7    308.45
    14ECAH                            1.0                  1.2     0.965       0.4
    14ECAB                        2.32E09
    14NLID    110001    020001
    14NLID    110002    020002
    14NLID    110003    020003
    14NLID    110004    020004
    14NLID    110005    020005
    14NLID    110006    020006
    14NLID    110007    020007
 END14NLID    110008    020008
    15     STRT
END15POS1                  0.000       0.00       9.75     0.000      0.000      0.000
    16     LMTS
END16MXNI        1000
    17     NONE
    18     PROP
    18PPRV 1
END18PTEN    1
    19     NONE
    20     NONE
```

图 3.6　修改 eqp.dat 文件内容

张力腿编号及对应位置如图 3.7 所示。

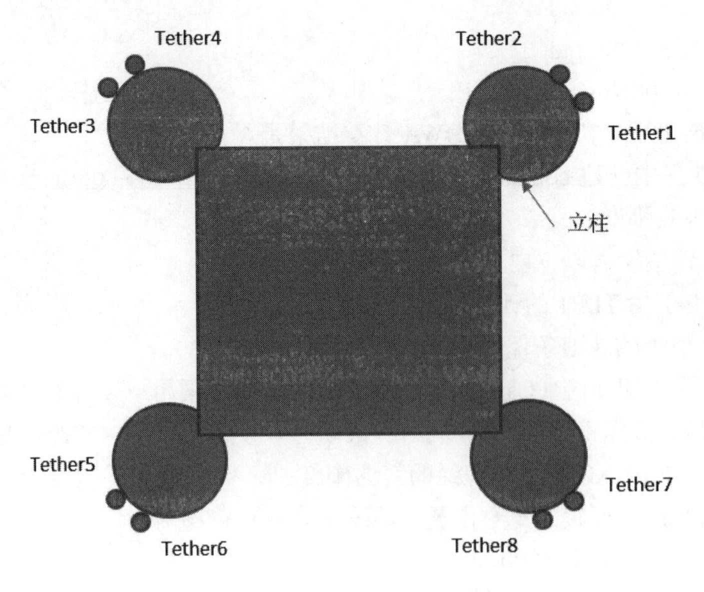

图 3.7　张力腿编号及对应位置

设置完毕后运行 eqp.dat 文件。计算完毕后打开 eqp.lis 文件查看最终静平衡位置，最终平台垂向静平衡位置为 9.72m，如图 3.8 所示。

```
****HYDROSTATICS OF STRUCTURE 1 AT EQUILIBRIUM****

SPECTRAL GROUP NO.  1      MOORING COMBINATION  1      (NO. OF CABLES =  8)

EQUILIBRIUM POSITION WITH RESPECT TO FRA

CENTRE OF GRAVITY          ORIENTATION(DEGREES)     DIRECTION COSINES OF BODY AXES

X  =   0.000               RX  =  -0.000            X-AXIS   1.000  -0.000   0.000
Y  =   0.000               RY  =  -0.000            Y-AXIS   0.000   1.000  -0.000
Z  =   9.720               RZ  =  -0.000            Z-AXIS  -0.000   0.000   1.000
```

图 3.8　eqp.dat 计算的平衡位置

平衡状态下的静水刚度如图 3.9 所示。

****HYDROSTATIC STIFFNESS OF STRUCTURE 1 ****

	X	Y	Z	RX	RY	RZ
X	0.000E+00	0.000E+00	0.000E+00	0.000E+00	0.000E+00	0.000E+00
Y	0.000E+00	0.000E+00	0.000E+00	0.000E+00	0.000E+00	0.000E+00
Z	0.000E+00	0.000E+00	1.126E+07	6.200E+00	6.665E+01	0.000E+00
RX	0.000E+00	0.000E+00	6.200E+00	-2.509E+09	-2.613E+02	2.006E+03
RY	0.000E+00	0.000E+00	6.665E+01	-2.613E+02	-2.509E+09	-6.337E+02

图 3.9　平衡状态静水刚度

AQWA 给出的张力腿系统在刚度矩阵（图 3.10）中的主对角线值分别为:

K_{11}=3.04E+05N/m

K_{22}=3.04E+05N/m

K_{33}=5.55E+08N/m

K_{44}=6.26E+11Nm/rad

K_{55}=6.26E+11Nm/rad

K_{66}=6.82E+08Nm/rad

与之前手算结果基本一致。

****MOORING STIFFNESS FOR STRUCTURE 1****

SPECTRAL GROUP NUMBER 1 MOORING COMBINATION 1 (NUMBER OF LINES= 8)

	X	Y	Z	RX	RY	RZ
X	3.0412E+05	-1.0742E-02	8.4205E+01	5.2104E+02	-9.4581E+06	3.2125E+01
Y	-4.8828E-03	3.0412E+05	7.3894E+01	9.4581E+06	5.2153E+02	8.9750E+01
Z	8.4205E+01	7.3894E+01	5.5503E+08	1.2800E+03	-2.8160E+03	-1.0424E+03
RX	5.2104E+02	9.4581E+06	1.2800E+03	6.2618E+11	2.4576E+04	-6.4700E+04
RY	-9.4581E+06	5.2153E+02	-2.8160E+03	-1.6384E+04	6.2618E+11	-9.3332E+04
RZ	3.2125E+01	8.9750E+01	-1.0424E+03	-9.2604E+04	-8.3808E+04	6.8239E+08

图 3.10 平衡位置张力腿系统刚度矩阵

张力腿的预张力为 1.28E+07N（图 3.11），与要求值 1300t（1.2753E+07N）接近。

****MOORING FORCES AND STIFFNESS FOR STRUCTURE 1****

SPECTRAL GROUP NUMBER 1 MOORING COMBINATION 1 (NUMBER OF LINES= 8) NOTE - STRUCTURE 0 IS FIXED

LINE	TYPE	LENGTH	RANGE-LENGTH	NODE	TENSION VERT ANGLE	FORCE X Y Z	POSN X Y Z	AT STRUC Z-OFFSET	NODE	TENSION VERT ANGLE LAID LN	FORCE X Y Z	POSN X Y Z	STIFFNESS X	STIFFNESS Y	STIFFNESS Z
1	COMP	308.45	0.17	10001	1.28E+07	2.03E+00	37.33	0	20001	1.07E+07	2.03E+00	37.33	3.80E+04	9.77E-04	1.20E+01
					90.0	1.16E+00	29.16			-90.00	1.16E+00	29.16	9.77E-04	3.80E+04	6.87E+00
						1.28E+07	-21.38	0.00		0.56	1.07E+07	-330.00	1.20E+01	6.87E+00	6.94E+07
2	COMP	308.45	0.17	10002	1.28E+07	2.18E+00	29.16	0	20002	1.07E+07	2.18E+00	29.16	3.80E+04	0.00E+00	1.29E+01
					90.0	1.31E+00	37.33			-90.00	1.31E+00	37.33	0.00E+00	3.80E+04	7.73E+00
						1.28E+07	-21.38	0.00		0.56	1.07E+07	-330.00	1.29E+01	7.73E+00	6.94E+07
3	COMP	308.45	0.17	10003	1.28E+07	2.03E+00	-37.33	0	20003	1.07E+07	2.03E+00	-37.33	3.80E+04	0.00E+00	1.20E+01
					90.0	1.89E+00	29.16			-90.00	1.89E+00	29.16	0.00E+00	3.80E+04	1.12E+01
						1.28E+07	-21.38	0.00		0.56	1.07E+07	-330.00	1.20E+01	1.12E+01	6.94E+07
4	COMP	308.45	0.17	10004	1.28E+07	2.18E+00	-29.16	0	20004	1.07E+07	2.18E+00	-29.16	3.80E+04	-3.91E-03	1.29E+01
					90.0	1.89E+00	37.33			-90.00	1.89E+00	37.33	-3.91E-03	3.80E+04	1.12E+01
						1.28E+07	-21.38	0.00		0.56	1.07E+07	-330.00	1.29E+01	1.12E+01	6.94E+07

图 3.11 平衡位置张力腿预张力结果

系统固有周期如图 3.12 所示。升沉、纵摇、横摇固有周期为 2s 左右，纵荡、横荡固有周期为 94s 左右，艏摇固有周期为 63s。

	MODE 1	MODE 2	MODE 3	MODE 4	MODE 5	MODE 6
FREQUENCY(RADIANS/SEC)	0.0667	0.0667	0.0998	3.0363	3.2576	3.2576
PERIOD (SECONDS)	94.2400	94.2380	62.9844	2.0694	1.9288	1.9288
DAMPING(PER CENT CRIT)	0.2273	0.2271	0.3289	0.0111	0.0073	0.0074
STABILITY	STABLE	STABLE	STABLE	STABLE	STABLE	STABLE
TYPE OF MOTION	SWAY	SURGE	YAW	HEAVE	ROLL-SWAY	PITCH-SURGE

图 3.12 平衡位置系统固有周期结果

4．计算附加阻尼

在正式开始水动力计算之前对附加阻尼进行估算，这里对应 6 个自由度添加的附加阻尼相对于对应自由度临界阻尼百分比分别为：纵荡、横荡、横摇、纵摇、艏摇 5%临界阻尼，升沉为 2%临界阻尼。

打开 AGS 查看 6 个自由度固有周期附近的附加质量（图 3.13）分别为：

$\Delta\, mass_{surge}$=3.5E+07kg=$\Delta\, mass_{sway}$

$\Delta\, mass_{heave}$=2.6E+07kg

$\Delta\, mass_{roll}$=$\Delta\, mass_{pitch}$=2.7E+10kg·m^2

$\Delta\, mass_{yaw}$=3.9E+10kg·m^2

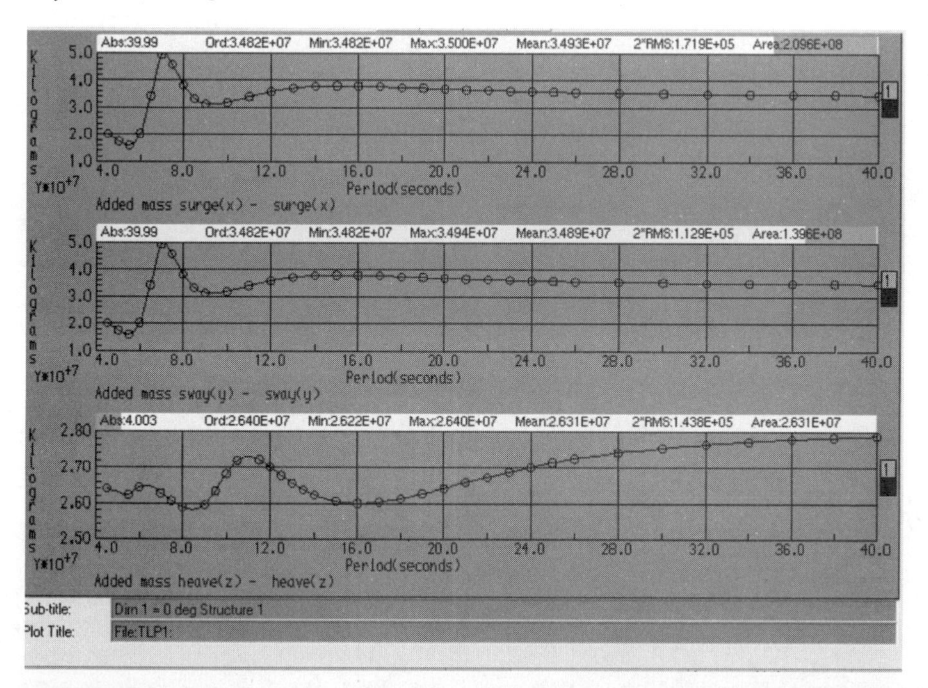

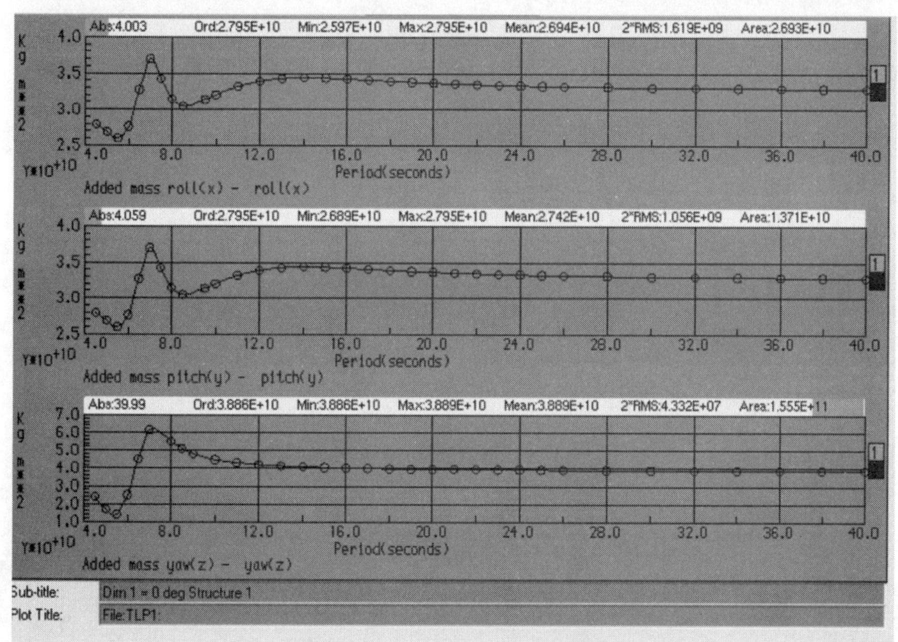

图 3.13　通过 AGS 读取 6 个自由度附加质量结果

已知整体刚度矩阵、质量矩阵主对角线元素和对应固有周期附近附加质量，计算临界阻尼和添加的附加阻尼如图 3.14 所示。

Total stiffness						
	1	2	3	4	5	6
1	3.04E+05	-1.07E-02	8.42E+01	5.21E+02	-9.46E+06	3.21E+01
2	-4.88E-03	3.04E+05	7.39E+01	9.46E+06	5.22E+02	8.98E+01
3	8.42E+01	7.39E+01	5.66E+08	1.25E+03	-2.84E+03	-1.04E+03
4	5.21E+02	9.46E+06	1.25E+03	6.24E+11	2.42E+04	-6.25E+04
5	-9.46E+06	5.22E+02	-2.84E+03	-1.67E+04	6.24E+11	-9.27E+04
6	3.21E+01	8.98E+01	-1.04E+03	-9.26E+04	-8.38E+04	6.82E+08

Damping added						
	m	k	△m	critical damping	added damping %	value
1	3.28E+07	3.04E+05	3.50E+07	9.08E+06	5%	4.54E+05
2	3.28E+07	3.04E+05	3.50E+07	9.08E+06	5%	4.54E+05
3	3.28E+07	5.66E+08	2.60E+07	3.65E+08	2%	7.30E+06
4	3.42E+10	6.24E+11	2.70E+10	3.91E+11	5%	1.95E+10
5	3.42E+10	6.24E+11	2.70E+10	3.91E+11	5%	1.95E+10
6	2.80E+10	6.82E+08	3.90E+10	1.35E+10	5%	6.76E+08

图 3.14　临界阻尼及计算的附加阻尼

3.4　水动力计算

水动力计算包括以下 4 个步骤：

（1）通过 APDL 建立网格足够小的面元模型。

（2）修改模型部分参数并运行。

（3）添加 Tether 单元相关信息、甲板位置信息。

（4）通过 AQWA Flow 读取甲板对应点波面升高系数。

3.4.1　建立面元模型

通过 APDL 打开 TLP1.db 文件并重命名为 TLP2.db。删除之前的网格划分，重新定义单元边长为 0.8m，选择所有面（除了底部的三角面）通过 Mapped 划分单元。

最终网格情况如图 3.15 所示。

AQWA 是以网格模型中最大的网格来估算可计算的最高频率。想要捕捉到升沉、纵摇、横摇 2s 固有周期附近的水动力特性，模型的网格必须足够小。0.8m 的网格基本可以计算到 1.9s 附近。

APDL 默认的网格划分工具有些情况下并不能完全满足要求，一般情况下应该避免使用三角形单元。

关于 ANSYS APDL 划分网格的方法可以参考其他专业书籍。

输入 ANSTOAQWA 命令，将模型设置为关于 X 轴、Y 轴对称后输出模型，模型名称为 TLP2.aqwa。

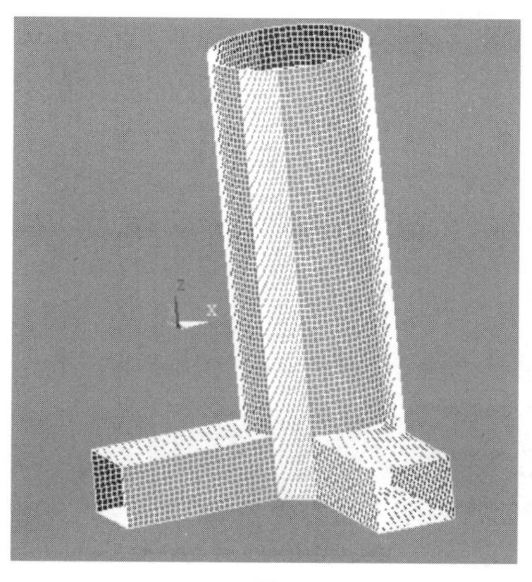

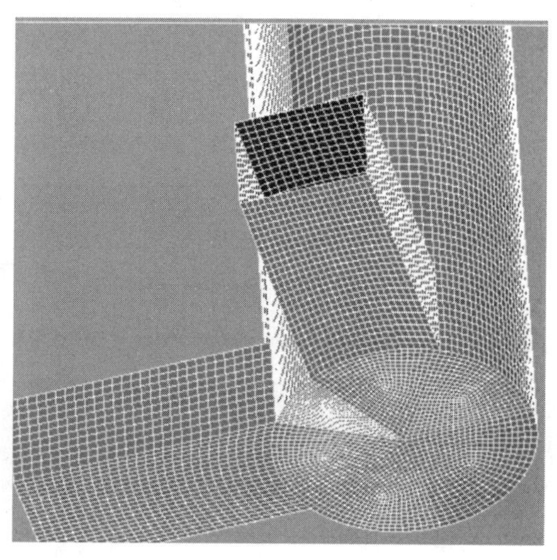

图 3.15 ANSYS APDL TLP 模型（网格大小为 0.8m）

将 TLP2.aqwa 重命名为 TLP2.dat 并打开，添加 NUM_CORE 行，这里调用 6 个线程并行计算。修改 OPTION 行，添加 NQTF、CQTF、AQTF，计算全 QTF 矩阵文件：

```
JOB AQWA  LINE
TITLE
NUM_CORES        6
OPTIONS REST NQTF AQTF CQTF GOON END
RESTART   1  3
*
      01     COOR
      01NOD5
```

将重心位置设置为 9.75（相对于静水面）：

```
      0199999                  0.000      0.000      9.75
```

修改重量、转动惯量以及水深：

```
      03     MATE * Material properties (may need editing)
      03                1 3.281E+07
*     03                1 4.358E+07
 END03
*
      04     GEOM * Geometric properties (may need editing)
      04PMAS            1 3.423E+10  0.00       0.00      3.423E+10  0.00      2.798E+10
*Rxx Ryy Rzz  =  32.3 32.3 29.2
 END04
*
      05     GLOB * Global analysis parameters (may need editing)
      05DPTH     330
      05DENS 1.025E+03
 END05ACCG      9.810
*
```

修改计算周期为 1.8～40s，计算角度为 0～90°，间隔 22.5°。添加附加阻尼和张力腿系统 6 个自由度主对角线的等效刚度，如图 3.16 所示。

```
   06     FDR1 * Frequencies and directions (may need editing)
   06PERD     1    6       40        38        36        34        32        30
   06PERD     7   12       28        26        25        24        23        22
   06PERD    13   18       21      20.5      20.0      19.5      19.0      18.5
   06PERD    19   24     18.0      17.0      16.5      16.0      15.5      15.0
   06PERD    25   30     14.5      14.0      13.5      13.0      12.5      12.0
   06PERD    31   36     11.5      11.0      10.5      10.0       9.5       9.0
   06PERD    37   42      8.5       8.0       7.5       7.0       6.5       6.0
   06PERD    43   48      5.5       5.0       4.5       4.0       3.5       3.0
   06PERD    49   54      2.8       2.6       2.5       2.4       2.3       2.2
   06PERD    55   58      2.1       2.0       1.9       1.8
*    06FREQ        28      0.1       3.6
 END06DIRN    1    5      0.0      22.5      45.0      67.5      90.0
   07     WFS1
* surge sway heave roll picth yaw 5% 5% 2% 5% 5% 5%
   07FIDD          4.54E+05  4.54E+05  7.30E+06  1.95E+10  1.95E+10  6.76E+08
* Tendon system stiffness added
   07ASTF          1 3.04E+05
   07ASTF          2           3.04E+05
   07ASTF          3                     5.55E+08
   07ASTF          4                               6.26E+11
   07ASTF          5                                         6.26E+11
 END07ASTF         6                                                   6.82E+08
   08     NONE
```

图 3.16　TLP2.dat 文件修改计算周期，添加附加阻尼和张力腿系统等效刚度

保存文件并运行。

3.4.2　新建模型并重新读取水动力文件

在 2.hydroDy 文件夹下新建 WIF 文件夹，将 TLP2.dat 拷贝至该文件夹并重命名为 TLP2_3.dat。

TLP2_3.dat 文件的作用如下：

（1）添加张力腿 Tether 的节点信息、力学信息和材料信息。

（2）添加张力腿上端、下端连接点。

（3）添加甲板关注点用于甲板气隙计算。

（4）引用 TLP2.dat 计算的水动力文件，节省计算时间。

（5）替换阻尼和附加刚度，保证刚度矩阵正确。TLP2.dat 模型计算的刚度数据中包括张力腿系统附加刚度和静水刚度，这个数据需要替换为原静水刚度，否则会造成后续耦合计算重复考虑张力腿系统的影响。

1. 添加 Tether 单元相关内容

打开 TLP2_3.dat 文件，将 OPTION 位置的 NQTF、CQTF、AQTF 删掉。将 TLP2.qtf 拷贝至该文件夹并命名为 TLP2_3.qtf。

在该文件节点定义位置定义节点名称 60001～60017，这 17 个点为 Tether 的节点，Tether 总长度为 308.3m。

Tether 的详细定义方法见 3.5 节。

```
*tether
    0160001              0.000      0.000        0
    0160002              0.000      0.000       20
    0160003              0.000      0.000       40
    0160004              0.000      0.000       60
    0160005              0.000      0.000       80
    0160006              0.000      0.000      100
    0160007              0.000      0.000      120
    0160008              0.000      0.000      140
    0160009              0.000      0.000      160
    0160010              0.000      0.000      180
    0160011              0.000      0.000      200
    0160012              0.000      0.000      220
    0160013              0.000      0.000      240
    0160014              0.000      0.000      260
    0160015              0.000      0.000      280
    0160016              0.000      0.000      300
    0160017              0.000      0.000   308.45
```

在 Tether 节点之后输入 16 个点，前 8 个点为张力腿上端点，后 8 个点为下端点。

```
*tether top
    0170001             37.33      29.16    -21.35
    0170002             29.16      37.33    -21.35
    0170003            -37.33      29.16    -21.35
    0170004            -29.16      37.33    -21.35
    0170005            -37.33     -29.16    -21.35
    0170006            -29.16     -37.33    -21.35
    0170007             37.33     -29.16    -21.35
    0170008             29.16     -37.33    -21.35
*tether bot
    0180001             37.33      29.16      -330
    0180002             29.16      37.33      -330
    0180003            -37.33      29.16      -330
    0180004            -29.16      37.33      -330
    0180005            -37.33     -29.16      -330
    0180006            -29.16     -37.33      -330
    0180007             37.33     -29.16      -330
    0180008             29.16     -37.33      -330
```

在 Category3 中添加 Tether 的材料属性，这里假设张力腿均为同一管径同一材质。杆件密度 7850kg/m^3，弹性模量 E=2.14E+11Pa。

在 Category4 中添加几何参数，单元类别为 TUBE，外径 0.965m，壁厚 0.035m。拖曳力系数 0.8，附加质量系数 1.0。

2. 读入 TLP2.dat 计算的水动力文件

在 Category6 中删除计算周期、浪向、附加刚度、附加阻尼，添加 FILE 行，读取 TLP2.HYD 水动力文件，添加 CSTR 和 CPDB，引用 TLP2 的水动力计算结果（图 3.17）。

3. 甲板关注点

在 TLP2_3.dat 添加甲板关注点用于气隙分析，具体位置如图 3.18 所示。着重标记的 9 个点将添加到 TLP2_3.dat 文件中。

这些关注点距离水面 22.5m，相对于船底基线 51m。

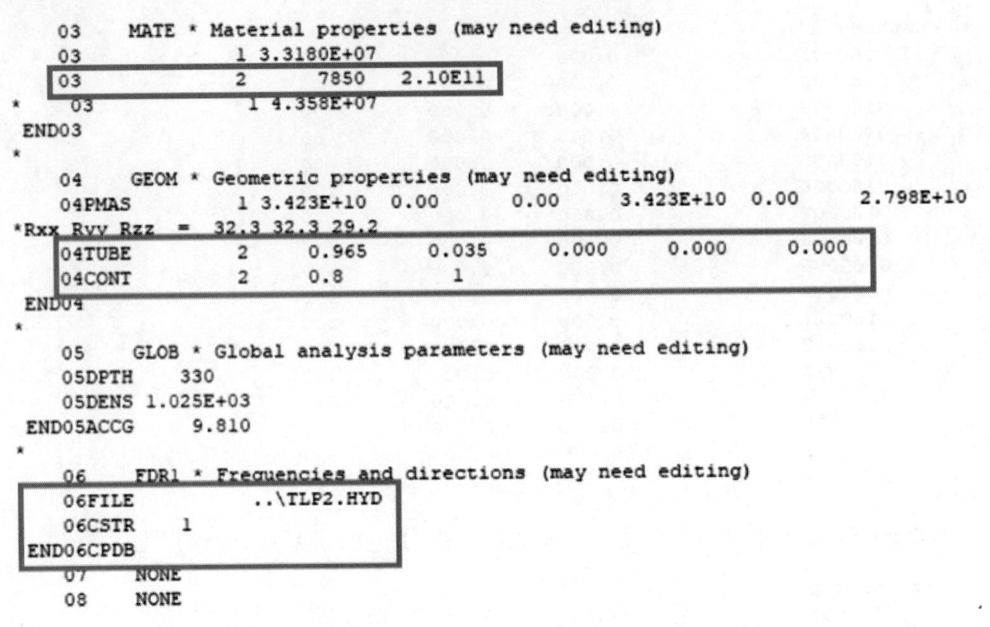

```
     03     MATE * Material properties (may need editing)
     03              1 3.3180E+07
     03              2       7850   2.10E11
*     03              1 4.358E+07
 END03
*
     04     GEOM * Geometric properties (may need editing)
     04PMAS          1 3.423E+10  0.00      0.00      3.423E+10  0.00      2.798E+10
*Rxx Ryy Rzz  =   32.3 32.3 29.2
     04TUBE          2      0.965      0.035      0.000      0.000      0.000
     04CONT          2      0.8             1
 END04
*
     05     GLOB * Global analysis parameters (may need editing)
     05DPTH     330
     05DENS 1.025E+03
 END05ACCG      9.810
*
     06     FDR1 * Frequencies and directions (may need editing)
     06FILE          ..\TLP2.HYD
     06CSTR     1
 END06CPDB
     07     NONE
     08     NONE
```

图 3.17　TLP2_3.dat 文件，定义张力腿材质并读入 TLP2 水动力文件

Location				
Node	No	X	Y	Z
80011	1	27.5	-18	22.5
80012	2	27.5	-9	22.5
80013	3	27.5	0	22.5
80014	4	27.5	9	22.5
80015	5	27.5	18	22.5
80021	6	13.75	-27.5	22.5
80022	7	13.75	-18	22.5
80023	8	13.75	-9	22.5
80024	9	13.75	0	22.5
80025	10	13.75	9	22.5
80026	11	13.75	18	22.5
80027	12	13.75	27.5	22.5
80031	13	0	-27.5	22.5
80032	14	0	-18	22.5
80033	15	0	-9	22.5
80034	16	0	0	22.5
80035	17	0	9	22.5
80036	18	0	18	22.5
80037	19	0	27.5	22.5
80041	20	-13.75	-27.5	22.5
80042	21	-13.75	-18	22.5
80043	22	-13.75	-9	22.5
80044	23	-13.75	0	22.5
80045	24	-13.75	9	22.5
80046	25	-13.75	18	22.5
80047	26	-13.75	27.5	22.5
80051	27	-26.75	-18	22.5
80052	28	-26.75	-9	22.5
80053	29	-26.75	0	22.5
80054	30	-26.75	9	22.5
80055	31	-26.75	18	22.5

图 3.18　甲板关注点坐标及其对应位置

将图 3.18 标记的点代号及其坐标值添加到 TLP2_3.dat 文件的 Category1 中，如图 3.19 所示。

```
*
*deck point
*
    0180013                    27.5          0        22.5
*
    0180022                   13.75        -18        22.5
    0180026                   13.75         18        22.5
*
    0180031                       0      -27.5        22.5
    0180034                       0          0        22.5
    0180037                       0       27.5        22.5
*
    0180042                  -13.75        -18        22.5
    0180046                  -13.75         18        22.5
*
    0180053                  -26.75          0        22.5
*
```

图 3.19　TLP2_3.dat 文件添加甲板关注点

3.4.3　流场波面关注点

在 WIF 文件夹下新建 TLP2_3.cor 文本文件并打开，将图 3.20 中的坐标按照编号顺序输入，.cor 文件中的 31 个点对应图 3.18 的所有甲板关注点，只不过将其 Z 向坐标设置为 0（平均水面位置）。

Water surface for .cor file

No	X m	Y m	Z m	No	X m	Y m	Z m	No	X m	Y m	Z m
1	27.5	-18	0	12	13.75	27.5	0	23	-13.75	0	0
2	27.5	-9	0	13	0	-27.5	0	24	-13.75	9	0
3	27.5	0	0	14	0	-18	0	25	-13.75	18	0
4	27.5	9	0	15	0	-9	0	26	-13.75	27.5	0
5	27.5	18	0	16	0	0	0	27	-26.75	-18	0
6	13.75	-27.5	0	17	0	9	0	28	-26.75	-9	0
7	13.75	-18	0	18	0	18	0	29	-26.75	0	0
8	13.75	-9	0	19	0	27.5	0	30	-26.75	9	0
9	13.75	0	0	20	-13.75	-27.5	0	31	-26.75	18	0
10	13.75	9	0	21	-13.75	-18	0				
11	13.75	18	0	22	-13.75	-9	0				

图 3.20　波面关注点

TLP2_3.cor 文件将用于计算单位波幅作用下，考虑船体绕射作用时甲板下方波面的升高情况，用于计算波高升高因子（WIF）。

```
1   27.5   -18   0
2   27.5   -9   0
3   27.5   0   0
4   27.5   9   0
5   27.5   18   0
6   13.75   -27.5   0
7   13.75   -18   0
8   13.75   -9   0
9   13.75   0   0
10   13.75   9   0
11   13.75   18   0
12   13.75   27.5   0
13   0   -27.5   0
14   0   -18   0
15   0   -9   0
16   0   0   0
17   0   9   0
18   0   18   0
19   0   27.5   0
20   -13.75   -27.5   0
21   -13.75   -18   0
22   -13.75   -9   0
23   -13.75   0   0
24   -13.75   9   0
25   -13.75   18   0
26   -13.75   27.5   0
27   -26.75   -18   0
28   -26.75   -9   0
29   -26.75   0   0
30   -26.75   9   0
31   -26.75   18   0
```

图 3.21　TLP2_3.cor 文件内容

3.5　水动力分析结果

3.5.1　运动 RAO

通过 AGS 打开 TLP2_3.plt，选择 0°浪向的升沉运动 RAO 和纵摇运动 RAO 并显示在图形框中，如图 3.22 和图 3.23 所示。放大 1～4s 区域可以发现计算结果在 1.9s 附近的计算结果稍显不规则，如图 3.24 和图 3.25 所示。

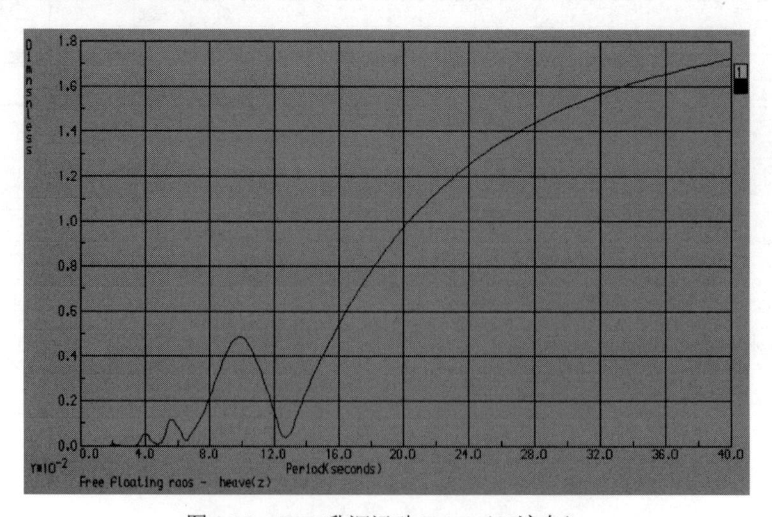

图 3.22　TLP 升沉运动 RAO（0°浪向）

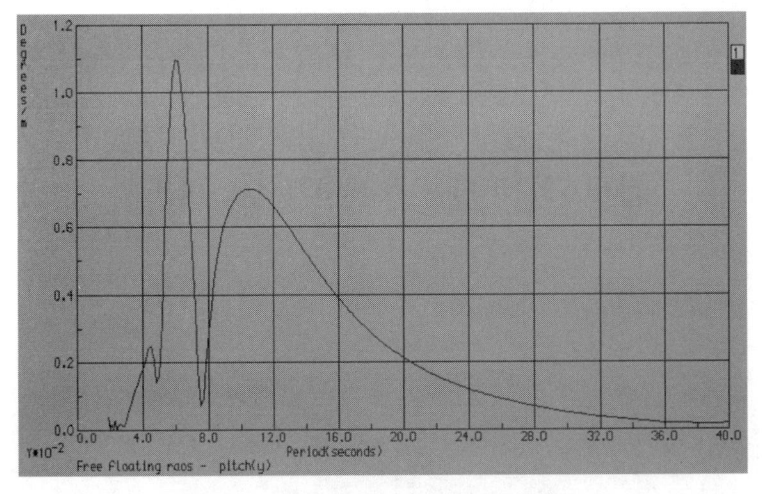

图 3.23　TLP 纵摇运动 RAO（0°浪向）

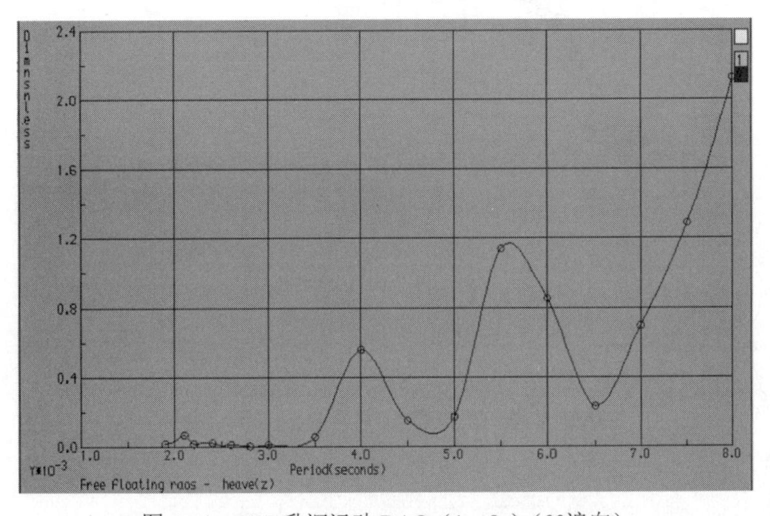

图 3.24　TLP 升沉运动 RAO（1～8s）（0°浪向）

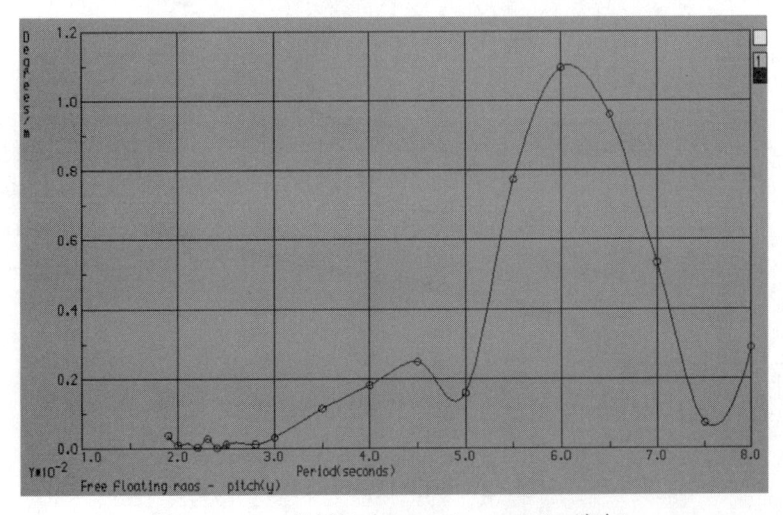

图 3.25　TLP 纵摇运动 RAO（1～8s）（0°浪向）

通过 AQL 将 6 个自由度运动 RAO 输出如图 3.26～图 3.31 所示。关于 AQL 可参考第 6 章相关内容。

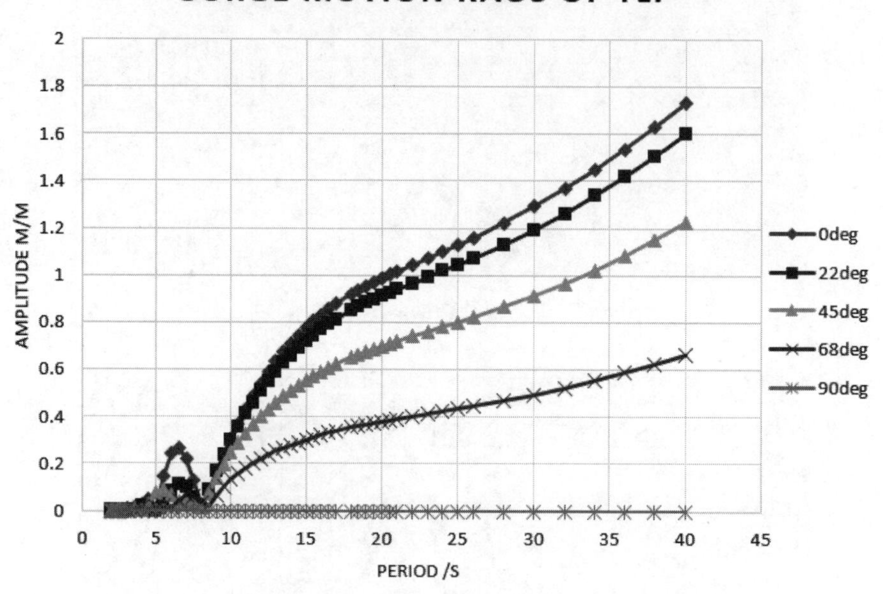

图 3.26　TLP 纵荡运动 RAO

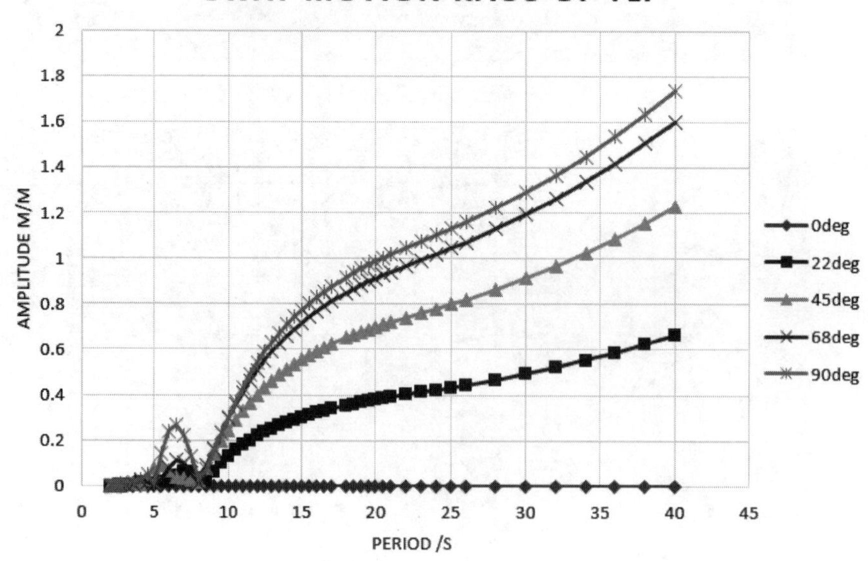

图 3.27　TLP 横荡运动 RAO

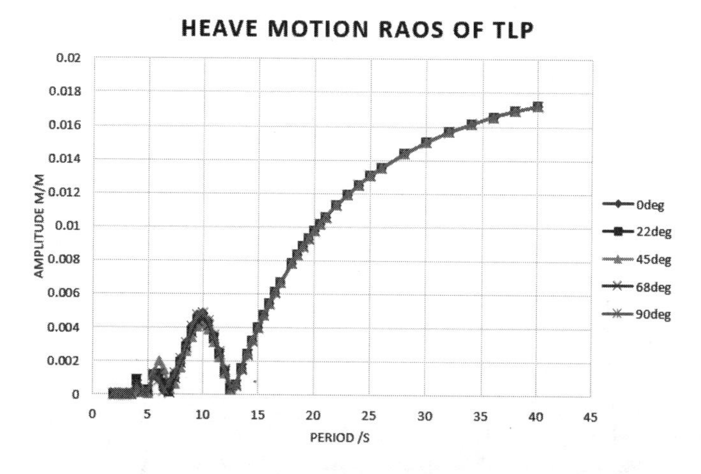

图 3.28 TLP 升沉运动 RAO

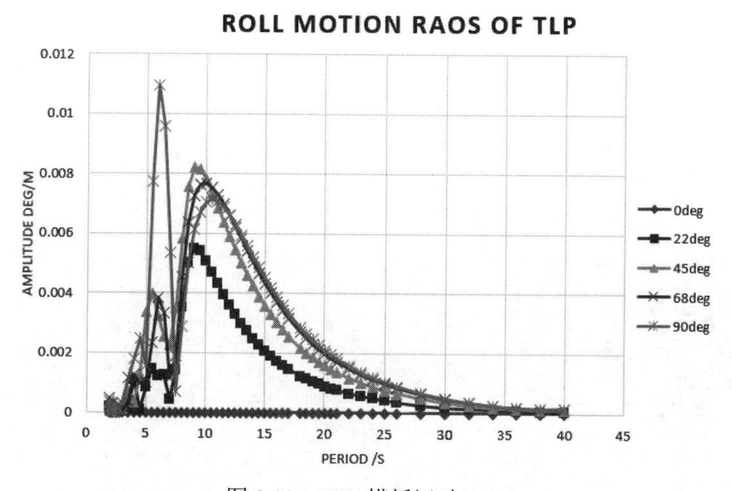

图 3.29 TLP 横摇运动 RAO

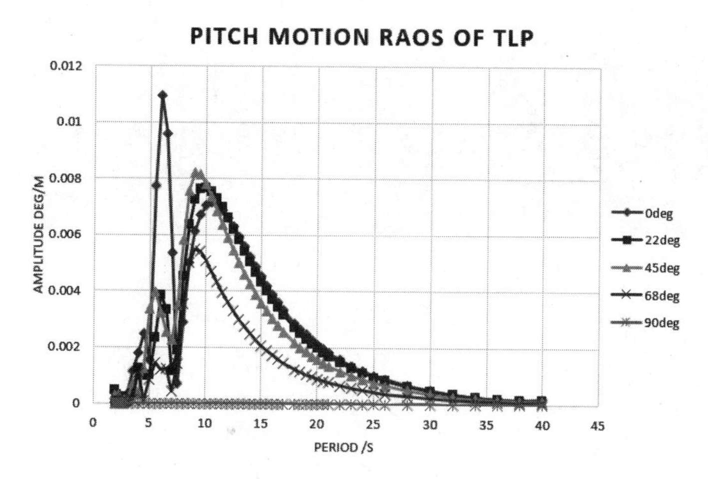

图 3.30 TLP 纵摇运动 RAO

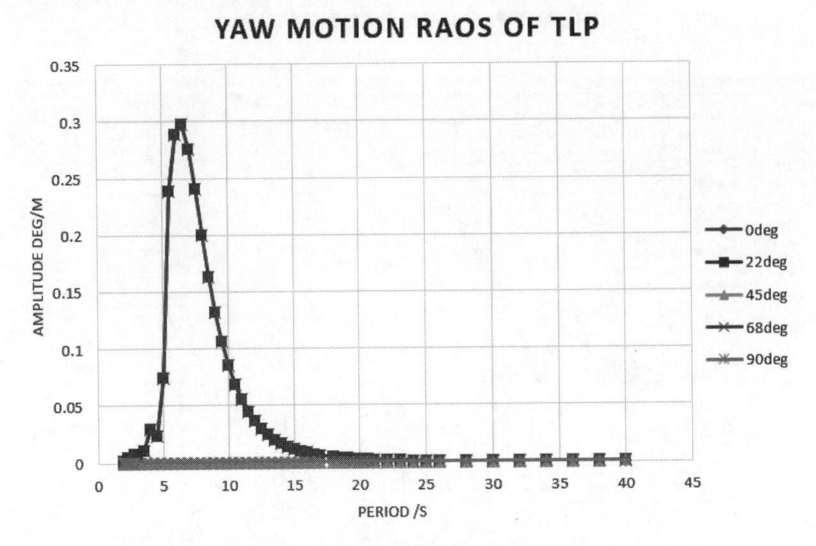

图 3.31　TLP 艏摇运动 RAO

3.5.2　平均漂移力

通过 AGS 打开 TLP2_3.plt，选择 0°方向的纵荡方向近场计算结果和远场结果，merge 两个图如图 3.32 所示。

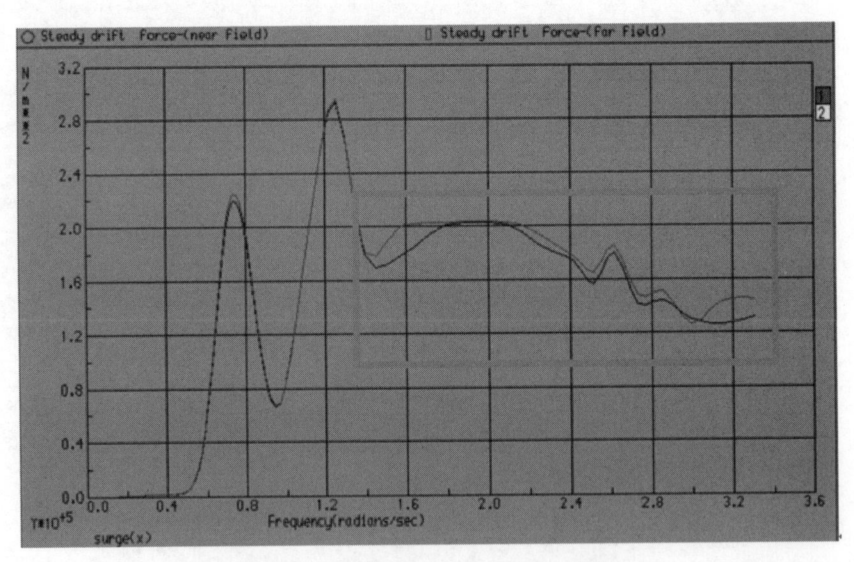

图 3.32　TLP 纵荡漂移力对比（0°浪向）

曲线在大于 1.4rad/s（小于 4s）的高频区域出现了一些差异。

选择 22.5°浪向近场和远场计算的艏摇漂移力，对比如图 3.33 所示。

远场法的漂移力一般计算精度较高，通过比较远场法结果和压力积分近场法结果可以间接地考查模型网格的计算精度。

目前模型的计算精度只能算是勉强过得去，说不上有多好也谈不上有多坏。如有可能可以在模型中添加 ILID 来去除不规则频率的影响，但计算时间会显著增加，这里出于简便考虑没有对水动力计算模型进行加盖处理。

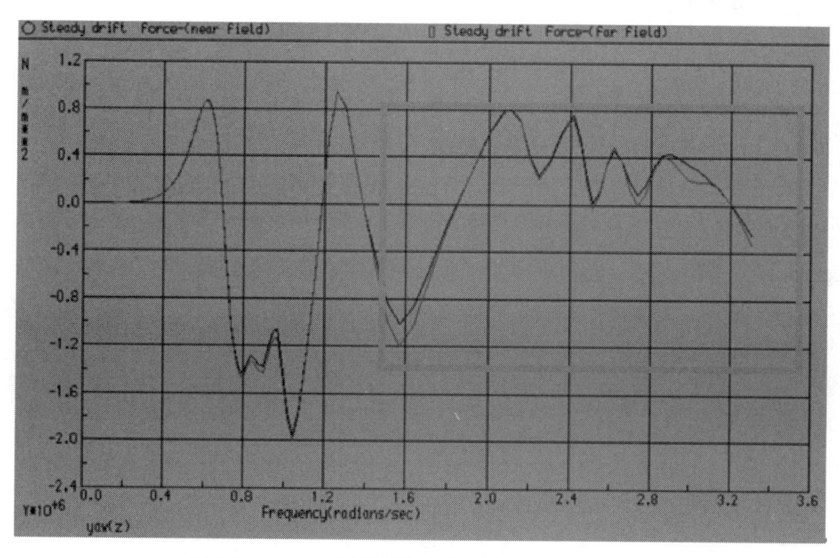

图 3.33　TLP 艏摇漂移力矩对比（22.5°浪向）

3.6　Tether 单元命令解释

3.6.1　Tether 单元的坐标系

用于 Tether 拖航分析时，Tether 的坐标系 TEA 的 X 轴方向沿着 Tether 的轴向方向，由第一节点指向下一节点。Z 轴正向指向水面上方，Y 轴与 X、Z 轴遵循右手定则。当用于在位状态分析时，Tether 的坐标系 TEA 的 X 轴方向沿着 Tether 的轴向方向，由海底连接点位置的第一节点向上指向下一节点，YOZ 平面与 X 轴垂直，平行于整体坐标系的 XOY 平面，如图 3.34 所示。

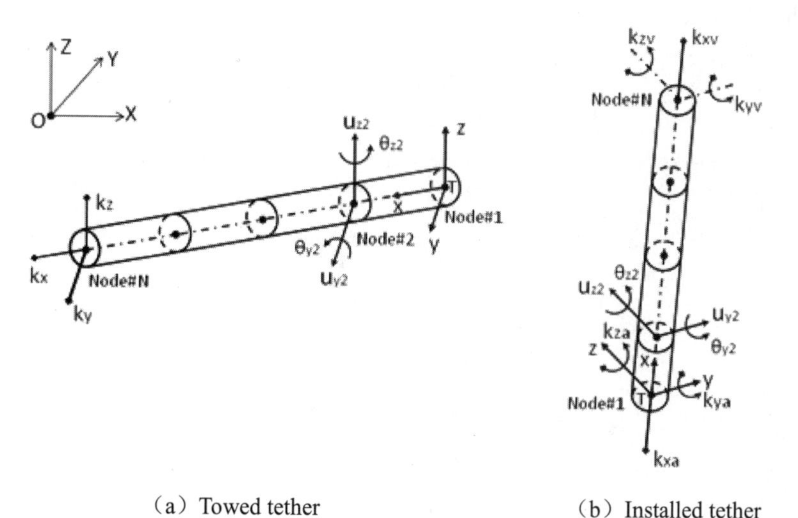

（a）Towed tether　　（b）Installed tether

图 3.34　Tether 单元的坐标系

3.6.2 Tether 单元定义命令

Tether 单元的定义包括以下几个步骤：

（1）在水动力计算模型的 Category1 中添加节点，单根 Tether 最多 24 个节点。

（2）在 Category3 中定义 Tether 密度和弹性模量。

（3）在 Category4 中定义管径、壁厚、拖曳力系数和附加质量系数。

（4）在耦合模型中的 Category14 中定义 Tether 的连接、连接点刚度、悬挂位置等。

在 Category14 中输入 Tether 的定义命令，具体命令解释如下：

TEIG：定义 Tether 单元的固有阵型计算数量（阵型数要小于 60）。阵型数输入在 TEIG 行的第 11 字符位后，占用 5 个字符位（图 3.35）。

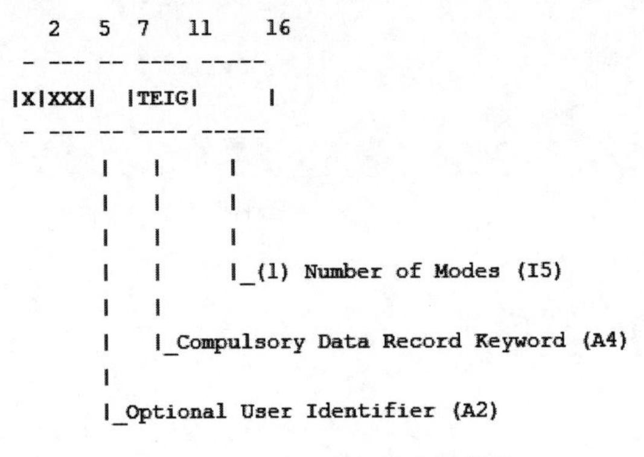

图 3.35　TEIG 固有阵型计算数

TSPA/TSPV：定义底部连接点/上部与船体连接点的刚度。真实情况下张力腿的上下端分别通过连接机构与船体和低端锚固结构连接，这些连接机构会提供一定程度的刚度，尤其是垂向刚度。

在 TSPA/TSPV 行第 11～16 字符位置输入 Tether 的类型，1 表示 Tether 为拖航状态，不输入值则表示 Tether 是安装完毕状态。31～61 每十个字符位输入绕 X 轴方向、绕 Y 轴方向、绕 Z 轴方向三个方向的刚度值（图 3.36）。

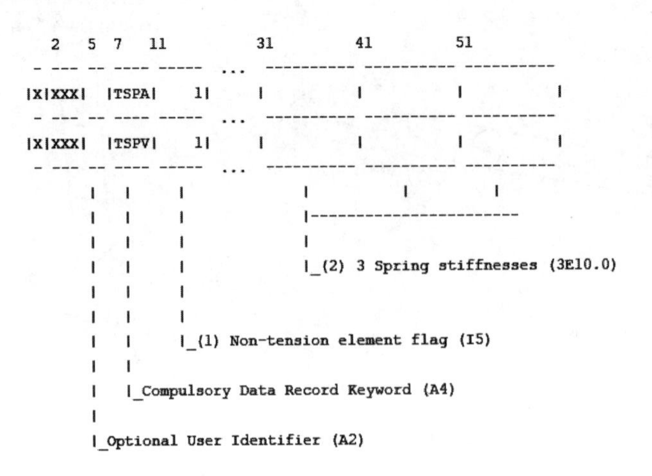

图 3.36　TSPA/TSPV 定义连接点刚度

默认情况下轴向刚度为 1.0E+15N/m，另两个方向刚度值为 0。

TELM：定义张力腿单元连接和属性。共 4 个输入数据，自 TELM 行 11 字符位后每隔 5 个字符位输入，包括单元开始节点、结束节点、材料属性代号和几何属性代号。节点需要在 Category1 中定义，材料属性和几何属性需要在 Category3 和 4 中预先定义好（图 3.37）。

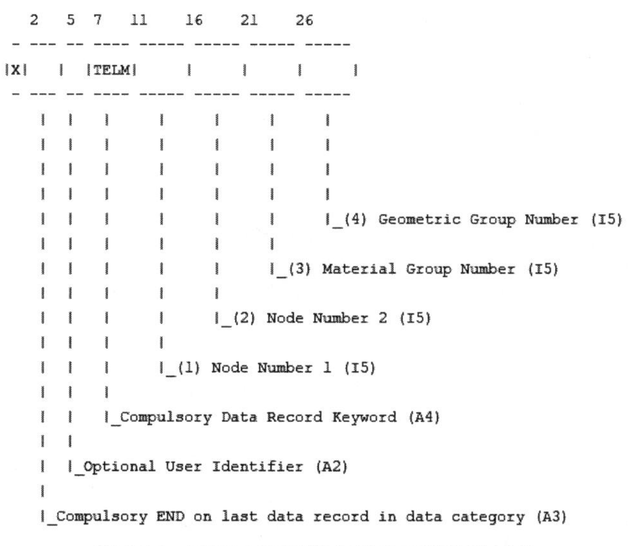

图 3.37 TELM 定义张力腿单元连接及属性

TSLK：在 lis 文件中，如果出现张力腿松弛受压状态则输出指定时间的张力腿响应结果。在 31 字符位后输入时间长度，当计算结果出现张力腿松弛时，程序会输出指定时间长度的结果。比如输入 20，则 Tether 出现松弛后程序会输出松弛时刻后 20s 的 Tether 运动、受力和应力结果直到 Tether 再次出现松弛（图 3.38）。

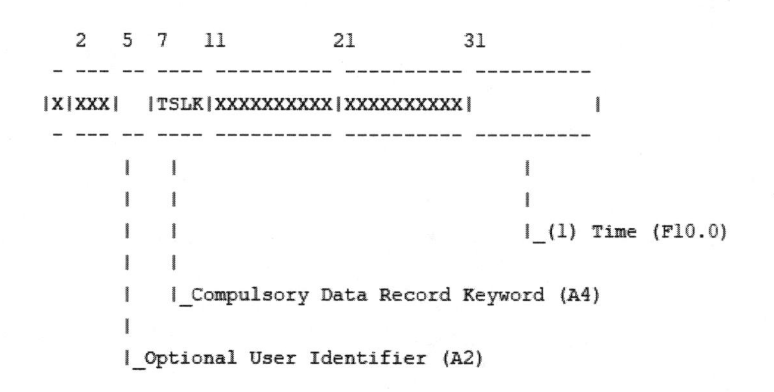

图 3.38 TSLK 输出张力腿松弛时刻状态

该命令只用于服役状态的 Tether 单元，不可用于拖航状态分析。

TCAP：服役状态的 Tether 上下两端不受外界载荷影响的面积，对计算 Tether 的有效张力有影响（图 3.39）。

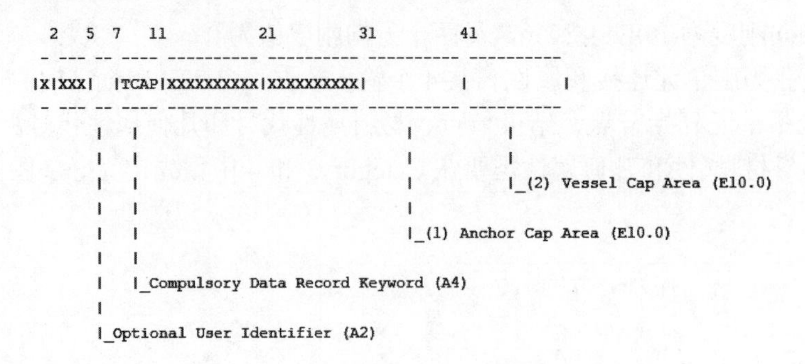

图 3.39　TCAP 定义张力腿上下端 CAP

TIFL：定义 Tether 受到的内压和流体密度（图 3.40）。

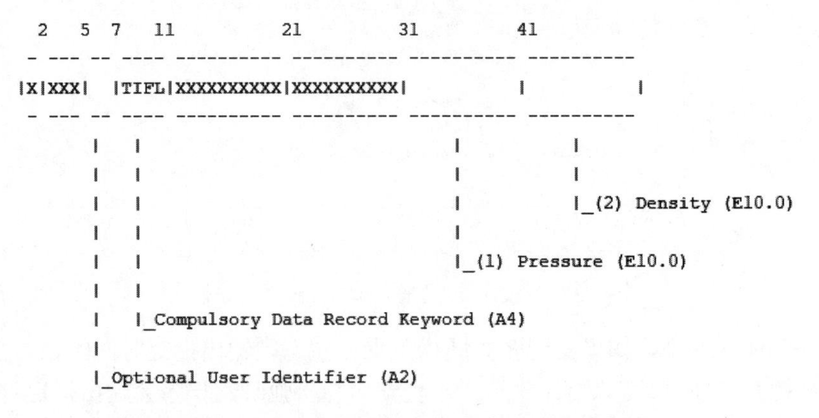

图 3.40　TIEL 定义张力腿受到的内压和流体密度

TLOW：服役状态的 Tether 下端连接点向下延伸的位置。如果 TELM 定义的下端点低于该点，程序会出现警告（图 3.41）。

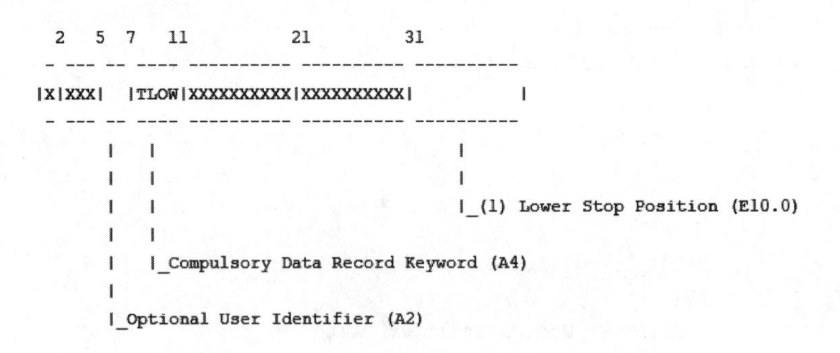

图 3.41　TLOW 定义张力腿下端延伸范围

TPSH：计算极值应力的时间，默认是 3 小时（图 3.42）。

认为应力分布符合瑞利分布，极值应力为：

$$Max\_Stress = Abs(Mean\ Stress) + RMS\ Stress \times \ln\left(\frac{\sqrt{Cycles}}{2}\right) \tag{3.1}$$

```
  2   5  7   11    16
 - --- -- ---- -----
|X|XXX|  |TPSH|     |
 - --- -- ---- -----
      |   |     |
      |   |     |
      |   |     |
      |   |     |_(1) Number of Hours (I5)
      |   |
      |   |_Compulsory Data Record Keyword (A4)
      |
      |_Optional User Identifier (A2)
```

图 3.42　TPSH 定义张力腿极值应力预报时间

TIFL：考虑 Tether 碰撞干涉影响，31～41 字符位输入碰撞影响系数，41 字符位后输入碰撞半衰时间，假定衰减为指数衰减，如果此处输入 t_2，则 t 时刻立管干涉对于轴向应力的影响为（图 3.43）：

$$Axial\ Stress = Initial\ Axial\ Stress \times \mathrm{e}^{(-0.069315\frac{t}{t_2})} \tag{3.2}$$

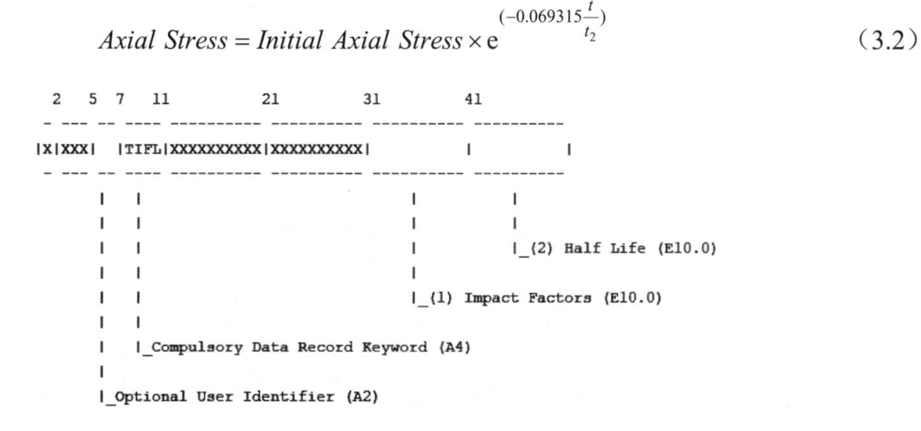

图 3.43　TIEL 定义张力腿碰撞干涉影响参数

TETH：该命令用于多个 Tether 的上下端连接定义，用于 TELM 命令之后，只需指定所属结构、上下端连接点即可（图 3.44）。

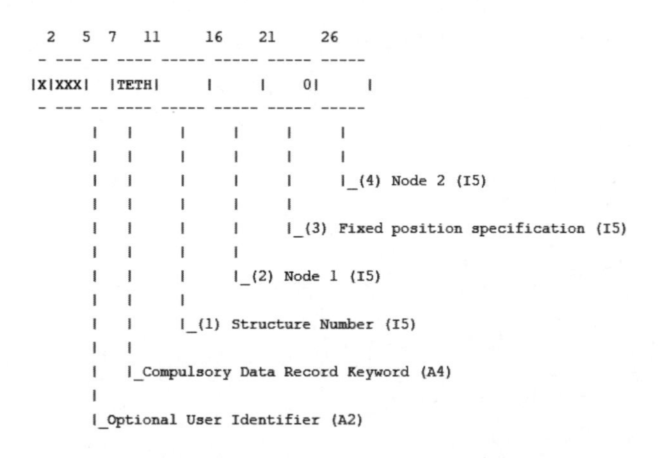

图 3.44　TETH 定义张力腿的连接

TECP/TSEG/TROV：这三个命令是 ANSYS 19R1 中新添加的功能。

典型的张力腿及底部连接如图 3.45 所示。

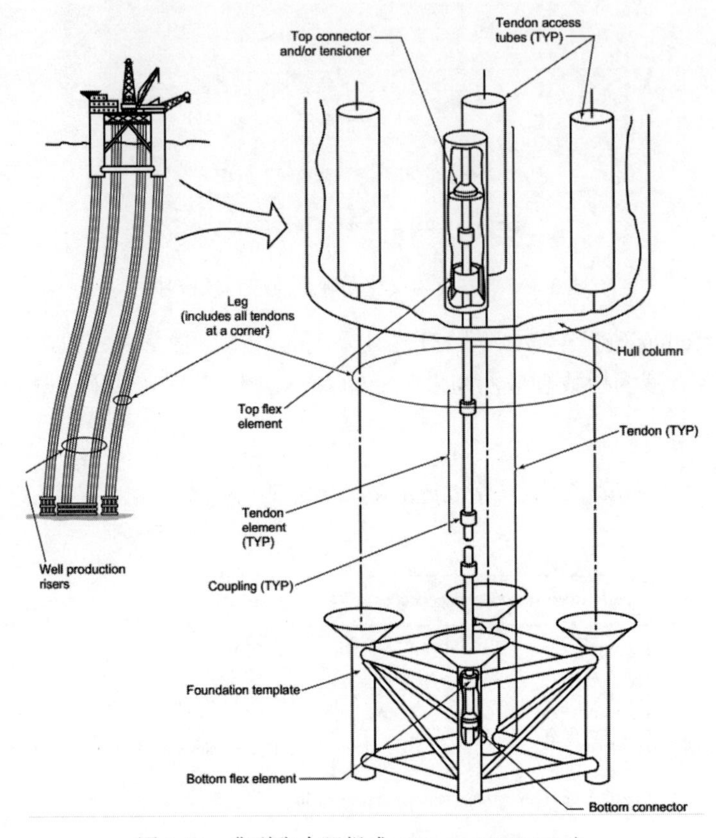

图 3.45　典型张力腿组成（From API RP 2T）

过去用户需要在 Category1 中输入构成 Tether 的节点，在 Category3、Category4 中输入 Tether 的材料属性和几何属性。

TECP/TSEG/TROV 这三个命令可以实现简化操作。

TECP 的作用是定义单根 Tether 的组成段以及每段划分单元数（图 3.46）。单根 Tether 最多 24 段，整根 Tether 的单元数不超过 250 个（默认 50 个）。

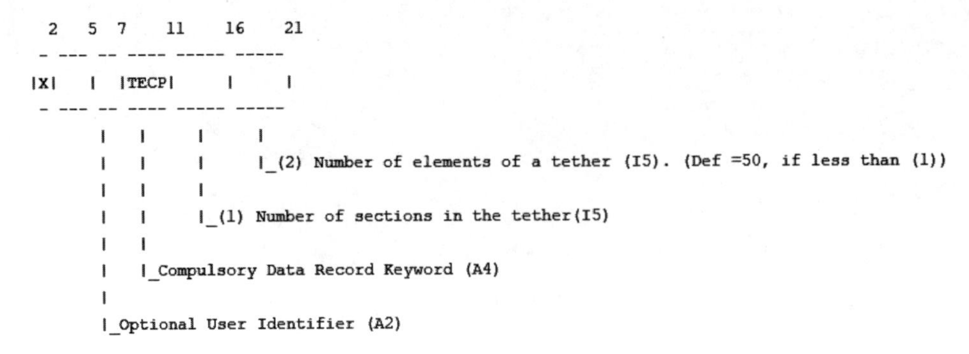

```
 2   5  7    11    16    21
 - --- -- ---- ----- -----
|X|   |  |TECP|     |     |
 - --- -- ---- ----- -----
      |   |     |     |
      |   |     |     |_(2) Number of elements of a tether (I5). (Def =50, if less than (1))
      |   |     |
      |   |     |_(1) Number of sections in the tether(I5)
      |   |
      |   |_Compulsory Data Record Keyword (A4)
      |
      |_Optional User Identifier (A2)
```

图 3.46　TECP 定义张力腿单元数

TSEG 的作用是在 TECP 命令之后定义组成 Tether 的各段截面材料属性、长度、外径以及壁厚（图 3.47）。

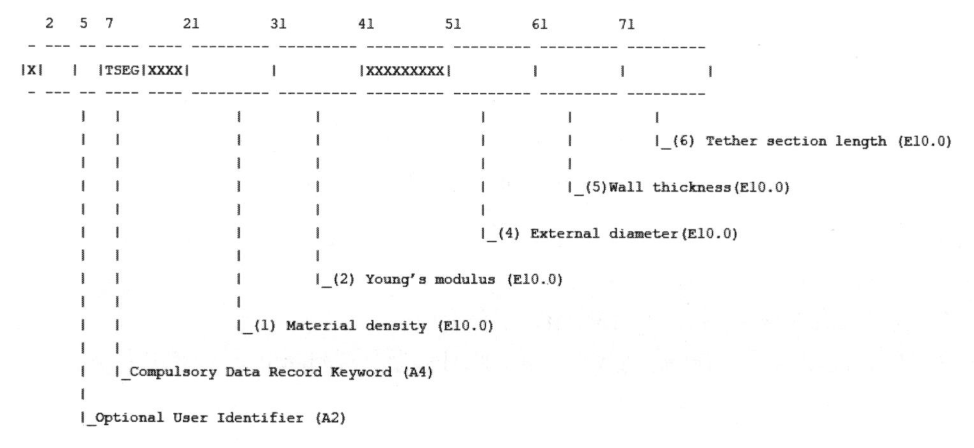

图 3.47　TSEG 定义张力腿各段截面属性

TSGH 的作用是定义组成 Tether 各段水动力系数，包括拖曳力系数和附加质量系数（图 3.48）。

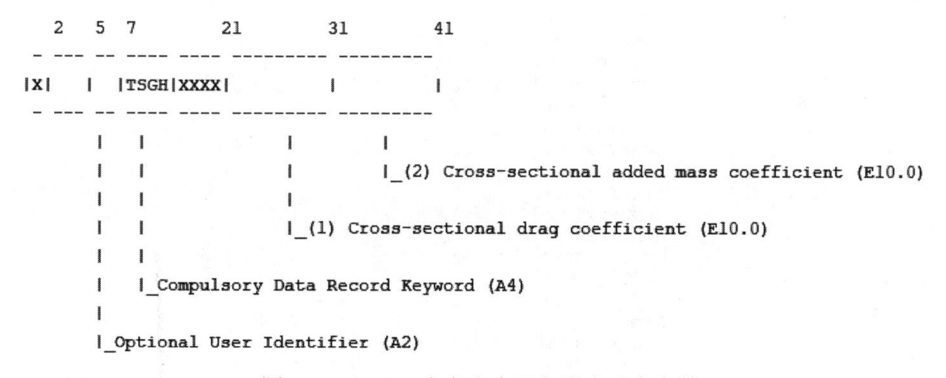

图 3.48　TSGH 定义张力腿各段水动力参数

当用户通过这三个命令完成 Tether 的组成段、材料属性和几何属性定义后可以直接通过 TETH 命令来实现连接。TETH 引用的节点仍然需要在 Category1 中输入。

相比于传统定义方式，新版 AQWA 通过这种方式来将 Tether 定义的绝大部分输入内容放到 Category14 中，既简化了操作，又节省了程序运行时间。

3.7　静态分析

3.7.1　预张力平衡计算文件

新建 3.eqp_Tether 文件夹，新建 eqp.dat，输入以下内容（图 3.49）：

（1）将 RESTART 设置为 4　5，引用 TLP2_3 的计算数据文件。

（2）在 Category13 中输入一个很小的海况用于平衡计算。

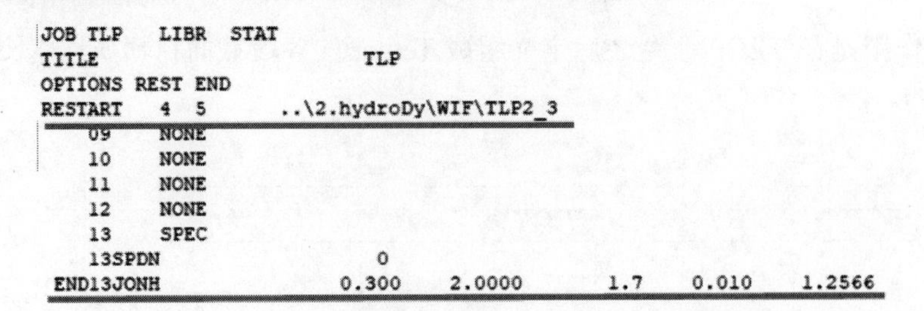

```
JOB TLP   LIBR  STAT
TITLE                       TLP
OPTIONS REST END
RESTART   4  5       ..\2.hydroDy\WIF\TLP2_3
    09     NONE
    10     NONE
    11     NONE
    12     NONE
    13     SPEC
    13SPDN                  0
 END13JONH                0.300    2.0000       1.7    0.010    1.2566
```

图 3.49　eqp.dat 文件读取水动力文件及等效微幅海况

在 Category14 中定义 Tether 单元。这里采用传统的定义方式来定义 Tether（图 3.50）：

（1）TEIG 定义计算 Tether 十阶模态。

（2）上下端轴向刚度为 1.5E+15N/m。

（3）通过 TELM 进行 Tether 连接，注意，此时需要从 Tether 的最低点向最高点进行连接。

（4）TETH 定义 8 个 Tether 的上下端。

```
   14    MOOR
   14TEIG   10
   14TSPA                        1.0E15
   14TSPV                        1.0E15
   14TELM6001760016    2    2
   14TELM6001660015    2    2
   14TELM6001560014    2    2
   14TELM6001460013    2    2
   14TELM6001360012    2    2
   14TELM6001260011    2    2
   14TELM6001160010    2    2
   14TELM6001060009    2    2
   14TELM6000960008    2    2
   14TELM6000860007    2    2
   14TELM6000760006    2    2
   14TELM6000660005    2    2
   14TELM6000560004    2    2
   14TELM6000460003    2    2
   14TELM6000360002    2    2
   14TELM6000260001    2    2
*
   14TETH     170001    080001
   14TETH     170002    080002
   14TETH     170003    080003
   14TETH     170004    080004
   14TETH     170005    080005
   14TETH     170006    080006
   14TETH     170007    080007
END14TETH     170008    080008
```

图 3.50　定义张力腿连接

（5）在 Category15 定义平衡计算起始位置。

（6）在 Category16 定义静态计算迭代次数为 1000 步（图 3.51）。

```
   15     STRT
END15POS1             0.000     0.00     9.75    0.000    0.000    0.000
   16     LMTS
END16MXNI       1000
```

图 3.51　定义计算起始位置

运行 eqp.dat 文件，打开 eqp.lis 文件查看 Tether 的预张力为 1.28E+07N 与要求值 1.2753E+07N 接近，与之前的等效计算结果一致，如图 3.52 所示。

****MEAN POSITION OF TETHER NUMBER 1****

(IN TETHER LOCAL AXES)

NODE	HEIGHT ABOVE ANCHOR	EFFECTIVE TENSION	WALL TENSION	NODAL SHEAR FORCES X	NODAL SHEAR FORCES Y	NODAL BENDING MOMENTS RX	NODAL BENDING MOMENTS RY	STATIC LATERAL DISPLACMENT X	STATIC LATERAL DISPLACMENT Y	STATIC ANGULAR ROTATION(DEG) RX	STATIC ANGULAR ROTATION(DEG) RY
24	308.61	1.280E+07		6.668E-03	1.004E-01	2.632E-05	-1.928E-06	0.000	0.000	0.000	-0.000
			1.265E+07								
			1.264E+07								
23	307.61	1.280E+07		1.738E-05	2.238E-04	-1.907E-05	-9.537E-07	0.000	0.000	0.000	-0.000
			1.264E+07								
			1.263E+07								
22	306.61	1.280E+07		1.796E-05	3.090E-04	3.318E-05	-5.306E-06	0.000	0.000	0.000	-0.000
			1.263E+07								
			1.261E+07								

图 3.52　预张力计算结果

此时平台重心位置为 9.714m，与要求值 9.75m 接近，与之前的等效计算结果一致，如图 3.53 所示。

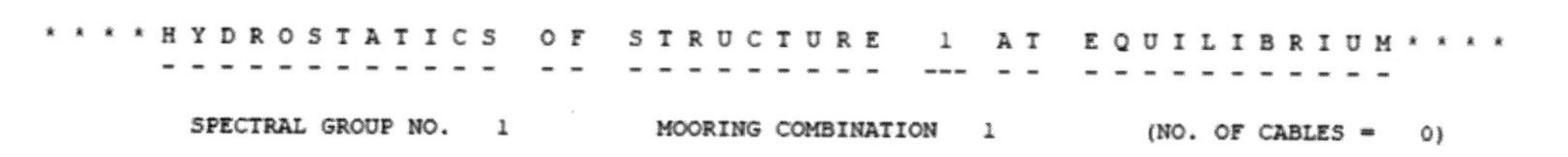
****HYDROSTATICS OF STRUCTURE 1 AT EQUILIBRIUM****

SPECTRAL GROUP NO. 1　　MOORING COMBINATION 1　　(NO. OF CABLES = 0)

EQUILIBRIUM POSITION WITH RESPECT TO FRA

CENTRE OF GRAVITY		ORIENTATION(DEGREES)		DIRECTION COSINES OF BODY AXES			
X =	0.000	RX =	0.000	X-AXIS	1.000	0.000	0.000
Y =	0.001	RY =	0.000	Y-AXIS	0.000	1.000	0.000
Z =	9.714	RZ =	0.000	Z-AXIS	0.000	-0.000	1.000

图 3.53　平衡位置计算结果

查看.lis 文件可以发现程序并不给出 Tether 模拟的张力腿系统在平衡位置的等效线性刚度矩阵。

3.7.2　环境条件作用下的平衡位置

在 3.eqp_Tether 文件夹下建立 eqp000.dat 和 eqp045.dat 两个文件用于计算环境条件作用下平台的静平衡位置。这两个文件与 eqp.dat 文件基本一致，但增加了风流力系数和环境条件。

打开 eqp000.dat 在 Category10 中输入 3.2 节的风力、流力系数，指定流速计算参考深度为-17.1m（距离平均水面），如图 3.54 所示。

在 Category11 中定义剖面流分布，排序方式是自海底延伸到海面。表面流速 2.62m/s，方向为 0°。

在 Category13 中定义风谱为 NPD，平均风速 50.9m/s，参考高度为水面以上 10m，方向为 0°。波浪方向 0°，频率范围 0.1～2.9rad/s，谱峰因子 2.4，有义波高 16.5m，谱峰频率 0.3653rad/s（17.2s），如图 3.55 所示。

```
 10     HLD1
 10SYMX
 10SYMY
 10DIRN     1     5       0.0       22.5       45.0       67.5       90.0
*
 10WIFX     1     5 1.846E+03 2.182E+03 1.801E+03 9.038E+02 0.000E+00
 10WIFY     1     5 0.000E+00 9.038E+02 1.801E+03 2.182E+03 1.846E+03
 10WIRX     1     5 2.723E+04 3.218E+04 2.657E+04 1.333E+04 0.000E+00
 10WIRY     1     5 0.000E+00-1.333E+04-2.657E+04-3.218E+04-2.723E+04
*
 10CUFX     1     5 1.252E+06 1.390E+06 1.022E+06 5.743E+05 0.000E+00
 10CUFY     1     5 0.000E+00 5.743E+05 1.022E+06 1.390E+06 1.252E+06
 10CURX     1     5-3.361E+07-3.731E+07-2.745E+07-1.542E+07 0.000E+00
 10CURY     1     5 0.000E+00 1.542E+07 2.745E+07 3.731E+07 3.361E+07
END10DDEP              -17.1
```

图 3.54　定义风、流力系数

```
    11     ENVR
 *
 *****************************
 *        current
 *****************************
 *
    11CPRF       -330       0.68
    11CPRF       -270       0.97
    11CPRF       -200       0.99
    11CPRF        -68       2.16
    11CPRF        -23       2.46
    11CPRF          0       2.62
 END11CDRN          0
    12     NONE
    13     SPEC
 *
 *****************************
 *          wind spectrum
 *****************************
 *
    13NPDW
    13WIND                50.9          0        10
    13SPDN                   0
 END13JONH                0.100     2.9000       2.4      16.5     0.3653
```

图 3.55　定义环境条件

除了风、浪、流改为 45°以外，eqp045.dat 文件与 eqp000.dat 一致。

运行这两个文件，查看计算结果。风、浪、流均为 0°时平台的平衡位置如图 3.56 所示。

```
 20     1        36.29     0.12      7.62     -0.14      0.04     -1.05
```

图 3.56　eqp000.dat 计算的平台平衡位置

风、浪、流均为 45°时平台的平衡位置如图 3.57 所示。

```
 17     1        28.84    28.84      7.07     -0.04      0.04      0.00
```

图 3.57　eqp045.dat 计算的平台平衡位置

3.7.3　静态重心下沉与张力腿平面回复力曲线

新建 4.set_down 文件夹，将 3.eqp_Tether 文件夹下的 eqp000.dat、eqp045.dat 两个文件拷

贝至该文件夹并分别重命名为 set_down_000.dat 和 set_down_045.dat。

将 Category11、Category13 的流和风数据删掉，将波浪环境条件改为一个很小的值，如图 3.58 所示。

```
      13      SPEC
      13SPDN                        0
  END13JONH                     0.300     2.0000        1.7     0.010     1.2566
```

图 3.58　定义微幅波浪

打开 set_down_000.dat，修改 Category15 为如图 3.59 所示内容。

```
      15      STRT
  END15POS1              100.00      0.00      9.75      0.000      0.000      0.000
```

图 3.59　修改 0°方向静态计算起始位置

打开 set_down_045.dat，修改 Category15 为如图 3.60 所示内容。

```
      15      STRT
  END15POS1              100.00    100.00      9.75      0.000      0.000      0.000
```

图 3.60　修改 45°静态计算起始位置

这里通过一种间接方式来计算静态重心下沉和回复力曲线。将平台设置在远离平衡位置的点，在静平衡计算中程序自动迭代计算到无环境条件状态下的平衡位置从而得到重心下沉与恢复力曲线。

运行 set_down_000.dat 文件，计算完毕后用 AGS 打开.plt 文件，选择 X 方向（纵荡方向）和 Z 方向（升沉方向）显示出来，如图 3.61 和图 3.62 所示。

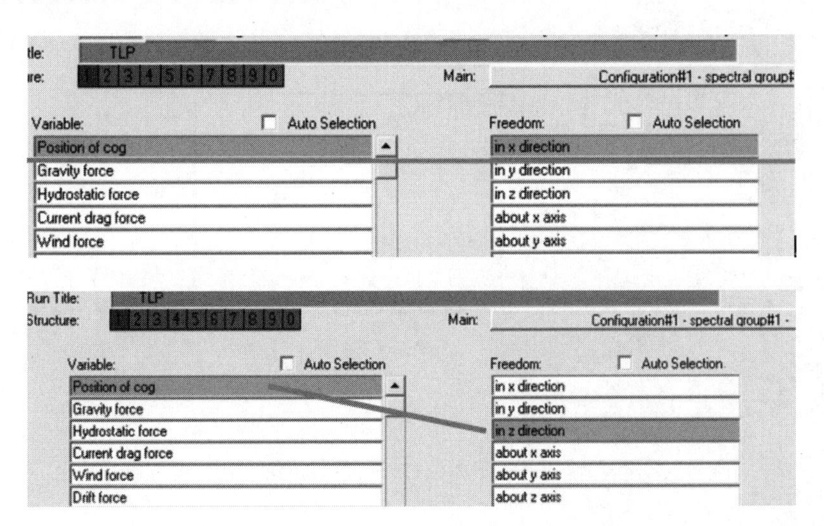

图 3.61　选择平台 X 方向位移和 Z 方向位移

鼠标选中两个图，点击 Hardcopy→*.PTA 文件保存为文本格式文件 AQWA001.PTA。

使用文本编辑器打开 AQWA001.PTA 将 X 方向位移和 Z 方向位移提取出来放到 Excel 中进行编辑。

0°方向迭代结果如图 3.62 所示。平台的初始位置为(x,y,z)=(100,0,9.75)，此时重心垂向高度偏离实际，船体受到很大的张力腿拉力。随着船体平衡位置进行迭代计算，重心会移动到合理的位置并最终平衡在垂向偏移 0m 附近。0°方向位移与重心下沉趋势即为图 3.63 方框中的曲线，这个趋势是正确的。

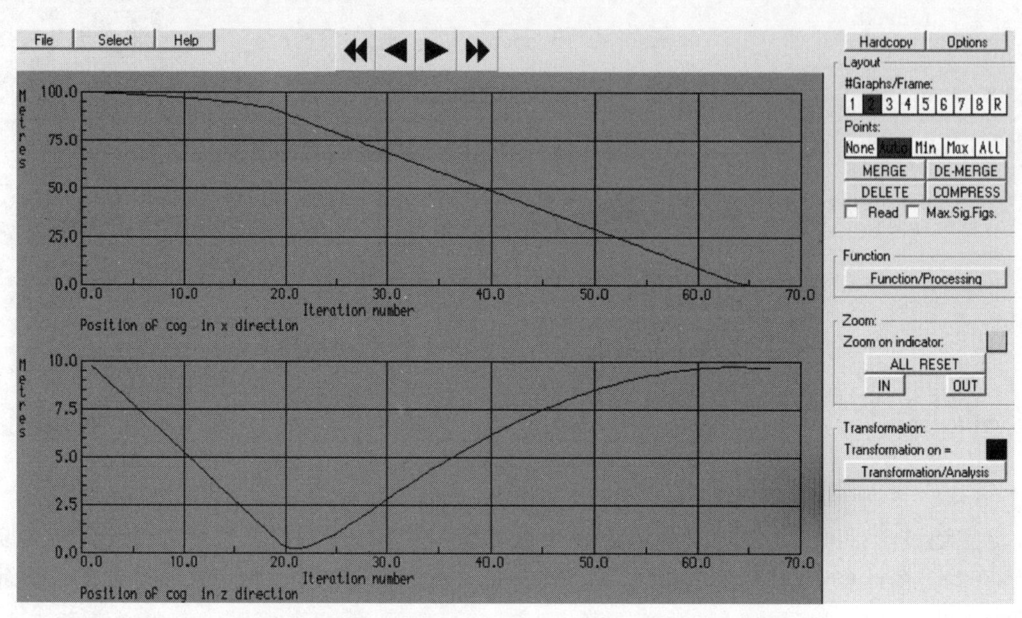

图 3.62　静态平衡迭代计算中重心 X、Z 方向位置变化趋势

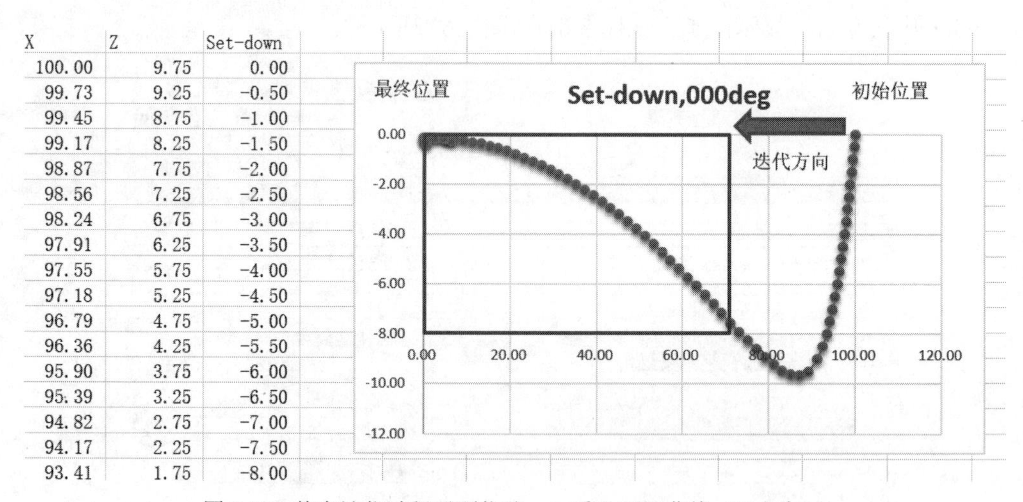

X	Z	Set-down
100.00	9.75	0.00
99.73	9.25	-0.50
99.45	8.75	-1.00
99.17	8.25	-1.50
98.87	7.75	-2.00
98.56	7.25	-2.50
98.24	6.75	-3.00
97.91	6.25	-3.50
97.55	5.75	-4.00
97.18	5.25	-4.50
96.79	4.75	-5.00
96.36	4.25	-5.50
95.90	3.75	-6.00
95.39	3.25	-6.50
94.82	2.75	-7.00
94.17	2.25	-7.50
93.41	1.75	-8.00

图 3.63　静态迭代过程平面位移——重心下沉曲线（0°方向）

同理，45°方向的平台初始位置为(x,y,z)=(100,100,9.75)。随着船体迭代，重心会移动到合理的位置最终平衡在垂向偏移 0m 附近，如图 3.64 所示。

最终，0°与 45°方向的静态重心下沉结果如图 3.65 所示。

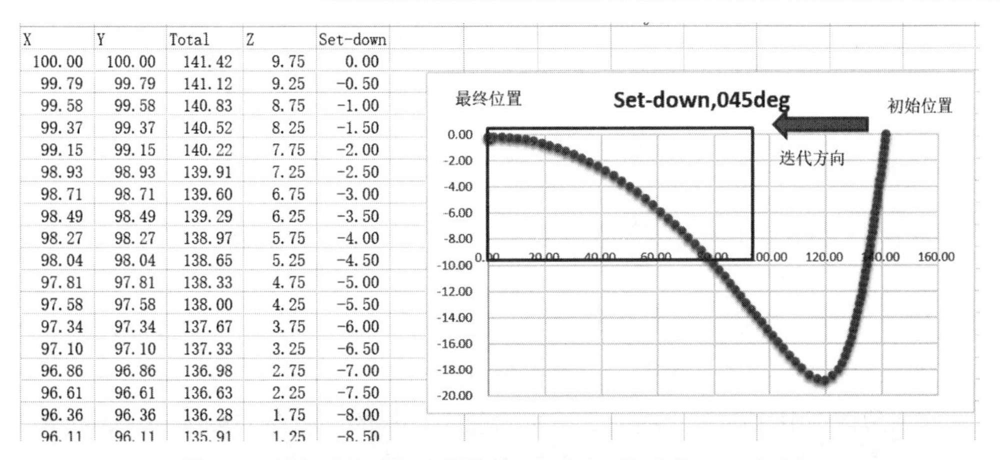

X	Y	Total	Z	Set-down
100.00	100.00	141.42	9.75	0.00
99.79	99.79	141.12	9.25	-0.50
99.58	99.58	140.83	8.75	-1.00
99.37	99.37	140.52	8.25	-1.50
99.15	99.15	140.22	7.75	-2.00
98.93	98.93	139.91	7.25	-2.50
98.71	98.71	139.60	6.75	-3.00
98.49	98.49	139.29	6.25	-3.50
98.27	98.27	138.97	5.75	-4.00
98.04	98.04	138.65	5.25	-4.50
97.81	97.81	138.33	4.75	-5.00
97.58	97.58	138.00	4.25	-5.50
97.34	97.34	137.67	3.75	-6.00
97.10	97.10	137.33	3.25	-6.50
96.86	96.86	136.98	2.75	-7.00
96.61	96.61	136.63	2.25	-7.50
96.36	96.36	136.28	1.75	-8.00
96.11	96.11	135.91	1.25	-8.50

图 3.64　静态迭代过程平面位移——重心下沉曲线（45°方向）

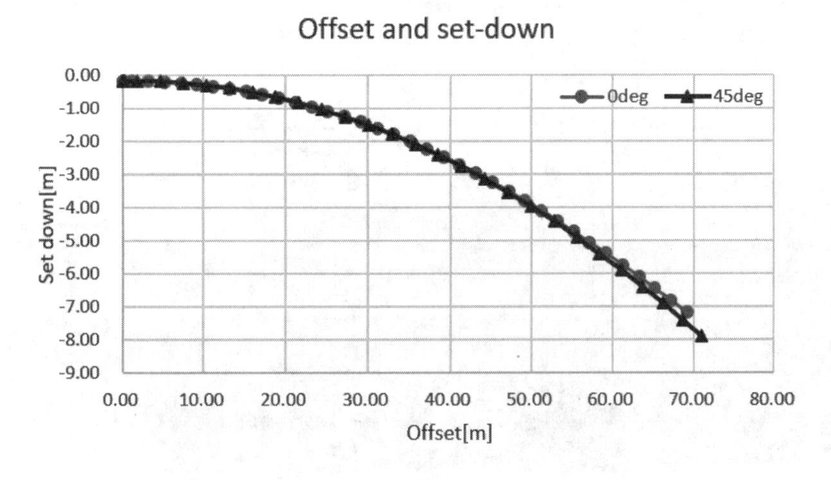

图 3.65　静态平面位移——重心下沉曲线（0°与 45°方向）

张力腿系统的恢复力曲线，同样通过 AGS 来进行数据输出。

打开 set_down_000.plt 选择 X 方向位移曲线，如图 3.66 所示。

tle: TLP
ure: 2 3 4 5 6 7 8 9 0　Main: Configuration#1 - spectral group#
Variable: Auto Selection　Freedom: Auto Selection
Position of cog　in x direction
Gravity force　in y direction
Hydrostatic force　in z direction
Current drag force　about x axis
Wind force　about y axis

图 3.66　选择平台 X 方向的位移迭代结果

选择 X 方向对应的 Mooring force、Mooring force 是张力腿系统的合力，如图 3.67 所示。

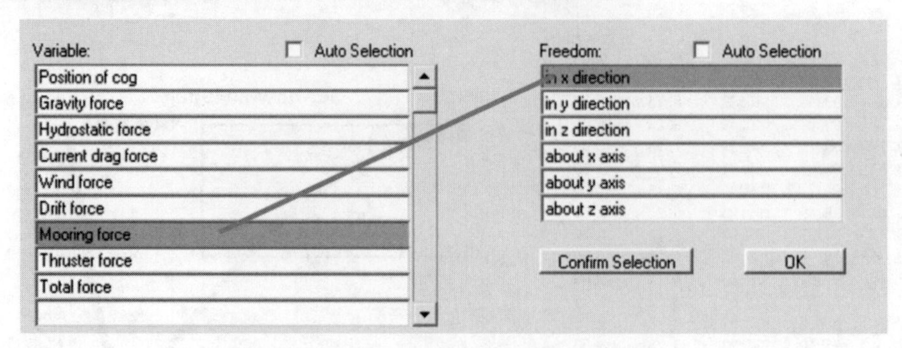

图 3.67 选择平台受到的 X 方向系泊合力

将两个曲线图选中并输出为 PTA 文件进行处理。同样的方法将 45°方向的平面偏移与恢复力输出，如图 3.68 所示。

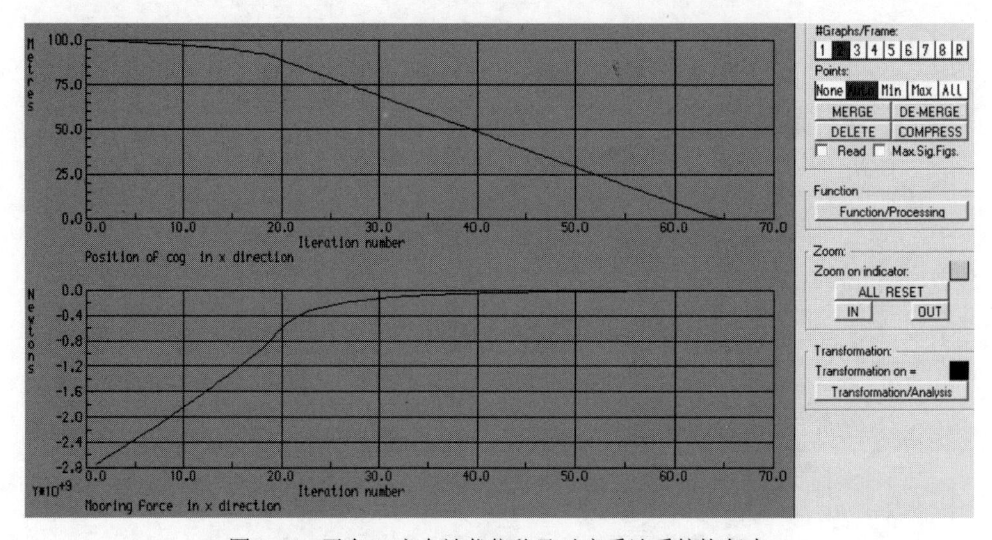

图 3.68 平台 X 方向迭代位移及对应系泊系统恢复力

这里只提取 0～70m 偏移范围内的平面恢复力，如图 3.69 所示。

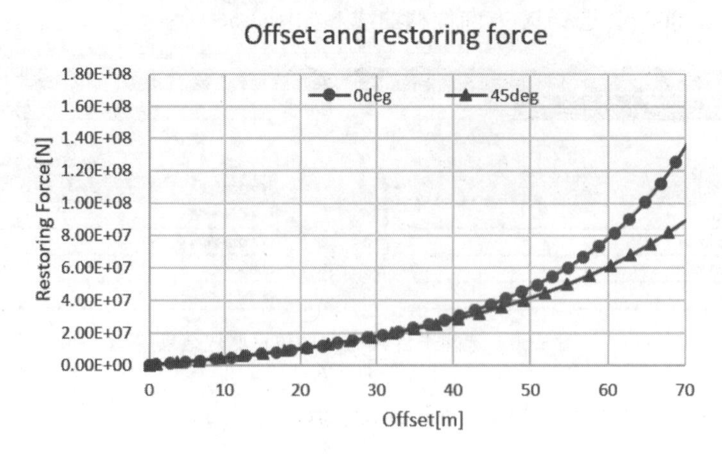

图 3.69 静态平面位移——张力腿系统恢复力曲线（0°与 45°方向）

3.8 时域耦合分析与分析结果

3.8.1 时域耦合分析模型文件

新建 5.TD_run 文件夹，将 3.eqp_Tether 文件夹下的 eqp000.dat 和 eqp045.dat 拷贝至该文件夹并重命名为 ad000.dat 和 ad045.dat。

修改 JOB 为 DRIF 和 WFRQ，用 DRIFT 模块进行时域分析，考虑波频、低频载荷影响。在 OPTION 中添加 FQTF 和 SQTF，采用全 QTF 矩阵法进行二阶力计算，考虑和频二阶载荷。输入 RDEP 表明读取静平衡计算文件结果。

在 RESTART 后输入对应的静平衡文件名称和路径。ad000.dat 计算风浪流均为 0°方向，对应读入静平衡文件为 EQP000。ad045.dat 计算风浪流均为 45°方向，对应读入静平衡文件为 EQP045。

```
JOB TLP1  DRIF  WFRQ
TITLE                        TLP test
OPTIONS REST FQTF SQTF RDEP END
RESTART   4  5      ..\3.eqp_tether\EQP000
```

修改 Category16，模拟时间步为 54000，时间步长为 0.2s，总模拟时间为 10800s（3 小时）。

```
    16     TINT
END16TIME       54000   0.2
```

修改 Category18 的输出设置。GREV、PREV、TPRV、TGRV 都起到缩减结果文件大小的作用，其中 GREV 和 TGRV 表示多少个时间步在 PLT 文件中保存一次数据。之前设置的是 54000 步，这里输入 10 则 PLT 文件中会保留 5400 步的结果，间距 0.2×10=2（s）。

PTEN 表示输出缆索计算结果。

```
18      PROP
18PTEN     1
18PREV999999
18GREV    10
18TPRV999999
18TGRV    10
18PTRT     1
18PTRT     2
18PTRT     3
18PTRT     4
18PTRT     5
18PTRT     6
18PTRT     7
18PTRT     8
18PTST     1
18PTST     2
18PTST     3
18PTST     4
18PTST     5
18PTST     6
18PTST     7
18PTST     8
```

PTRT 输出指定 Tether 的张力曲线结果；PTST 输出指定 Tether 的张力曲线结果。这两个命令出现在 ANSYS 2019 中，老版本中 Tether 计算结果会自动进行输出。

老版本的计算结果输出和保存花费时间较多，通过这几个命令可以挑选想要的结果进行输出，可以节省时间。

WPON 表示输出对应点的波面时间历程结果，NODE 命令输出对应甲板关注点的运动结果。在 WPON 后输入 NODE 表示输出具体对应点的波面时间历程结果。这些结果后续会用到。

WPOF 表示关闭对应点波面时间历程输出。

```
*      wave surface
     18WPON
     18NODE     180013
     18NODE     180022
     18NODE     180026
     18NODE     180031
     18NODE     180034
     18NODE     180037
     18NODE     180042
     18NODE     180046
     18NODE     180053
  END18WPOF
```

修改完毕后运行 ad000.dat 和 ad045.dat 文件。

3.8.2 基本计算结果

1. 运动统计结果

打开 ad000.lis 文件，平台重心位置的最大纵荡偏移 57.5m，相当于水深的 17.4%。升沉均值-7m，最大升沉 8.18m，最小升沉 4.42m，最大幅值-2.58m。原重心位置 9.72m，最大重心下沉为 4.42-9.72=-5.3（m）。最大纵摇为 0.7°，如图 3.70 所示。

```
                    * * * * S T A T I S T I C S   R E S U L T S * * * *
                            -------------------

                            STRUCTURE    1  POSITION OF COG
                            ----------------------------------
```

		SURGE(X)	SWAY(Y)	HEAVE(Z)	ROLL(RX)	PITCH(Y)
MEAN VALUE		40.8874	0.0040	7.0213	-0.0121	0.0513
2 x R.M.S		7.4577	1.0493	1.0028	0.4349	0.0617
MEAN HIGHEST	+	6.8659	0.8423	0.7389	0.2879	0.0604
1/3 PEAKS	-	-5.8713	-0.8507	-0.9544	-0.2700	-0.0495
MAXIMUM PEAKS	+	57.4754	3.1150	8.1813	0.5921	0.4331
		56.7198	2.2572	8.1742	0.5243	0.2671
		56.4385	1.9753	8.1721	0.5117	0.2596
MINIMUM PEAKS	-	31.0724	-1.9511	4.4266	-0.7433	-0.0367
		31.0742	-1.9146	4.5952	-0.7395	-0.0350
		31.4339	-1.7175	4.5970	-0.7062	-0.0342

图 3.70　0°方向平台重心 6 个自由度运动时域统计结果

重心位置平面加速度最大 1.88m/s^2（0.192g），垂向最大加速度 0.32m/s^2（0.03g）。图 3.71 中显示加速度结果有两个最大值偏差较大，需要通过查看时间历程曲线结果来进一步检查。

****STATISTICS RESULTS****

STRUCTURE 1 ACCELERATION OF COG

		SURGE(X)	SWAY(Y)	HEAVE(Z)	ROLL(RX)	PITCH(Y)
MEAN VALUE		0.0008	-0.0001	0.0005	0.0003	-0.0006
2 x R.M.S		0.9774	0.0365	0.1714	0.1595	0.0929
MEAN HIGHEST	+	0.8788	0.0283	0.1357	0.1095	0.0399
1/3 PEAKS	-	-0.9033	-0.0282	-0.1285	-0.1090	-0.0401
MAXIMUM PEAKS	+	1.8861	0.2383	0.8734	0.9159	0.5257
		1.7015	0.2151	0.3170	0.7725	0.2379
		1.5871	0.1680	0.2792	0.7087	0.0897
MINIMUM PEAKS	-	-1.7223	-0.1574	-3.3761	-1.2755	-2.0052
		-1.6377	-0.1454	-0.2769	-1.1126	-1.2838

图 3.71 0°方向平台重心 6 个自由度加速度时域统计结果

打开 ad045.lis 文件查看运动统计结果，平台重心位置的最大纵荡/横荡偏移 43.4m。升沉均值-6.45m，最大升沉 7.75m，最小升沉 3.68m，最大幅值-2.77m。原重心位置 9.72m，最大重心下沉为 3.68-9.72=-6（m）。最大横纵摇为 0.5°，如图 3.12 所示。

****STATISTICS RESULTS****

STRUCTURE 1 POSITION OF COG

		SURGE(X)	SWAY(Y)	HEAVE(Z)	ROLL(RX)	PITCH(Y)
MEAN VALUE		31.8781	31.8782	6.4502	-0.0588	0.0588
2 x R.M.S		5.0993	5.0993	1.0636	0.0804	0.0804
MEAN HIGHEST	+	4.8028	4.8028	0.7977	0.0560	0.0879
1/3 PEAKS	-	-4.0602	-4.0603	-1.0340	-0.0879	-0.0560
MAXIMUM PEAKS	+	43.4262	43.4262	7.7577	0.0876	0.5951
		42.9117	42.9119	7.6898	0.0569	0.3939
		42.8432	42.8433	7.6647	0.0423	0.3805
MINIMUM PEAKS	-	24.9557	24.9557	3.6862	-0.5951	-0.0877
		25.1714	25.1715	3.8162	-0.3938	-0.0569
		25.2855	25.2856	3.8326	-0.3805	-0.0423

图 3.72 45°方向平台重心 6 个自由度运动时域统计结果

重心位置平面纵荡/横荡加速度最大 1.4m/s^2（0.192g），垂向最大加速度 0.58m/s^2（0.059g），最大值偏差较大（图 3.73），需要通过查看时间历程曲线结果来进一步检查。

2. Tether 统计结果

Tether 的响应统计结果可以在 lis 文件找到，如图 3.74 所示。部分极值结果偏离较大，次大值较为合理，可进一步通过时域曲线来检查。

* * * * S T A T I S T I C S   R E S U L T S * * * *

STRUCTURE 1 ACCELERATION OF COG

		SURGE(X)	SWAY(Y)	HEAVE(Z)	ROLL(RX)	PITCH(Y)
MEAN VALUE		0.0006	0.0006	-0.0003	0.0009	-0.0009
2 x R.M.S		0.6972	0.6972	0.1918	0.0838	0.0839
MEAN HIGHEST	+	0.6353	0.6353	0.1414	0.0412	0.0407
1/3 PEAKS	-	-0.6232	-0.6232	-0.1424	-0.0407	-0.0412
MAXIMUM PEAKS	+	1.4054	1.4053	0.9510	1.3134	1.0336
		1.1910	1.1908	0.3594	0.4233	0.6706
		1.1398	1.1398	0.3447	0.4037	0.4275
MINIMUM PEAKS	-	-1.2277	-1.2277	-3.4731	-1.0324	-1.3138
		-1.2004	-1.2004	-1.0337	-0.6705	-0.4235
		-1.1038	-1.1038	-0.5861	-0.4273	-0.4042

图 3.73　45°方向平台重心 6 个自由度加速度时域统计结果

* * * * S T A T I S T I C S   R E S U L T S * * * *

STRUCTURE 1 TETHER FORCE (IN TLA) - LINE 1

		Tension	X Shear FRC	Y Shear FRC	X Bending M	Y Bending M
MEAN VALUE		1.4717E+07	2.3413E+05	-1.2464E+02	-8.2584E-06	5.5687E-05
2 x R.M.S		5.0898E+06	3.2582E+05	1.8862E+04	1.1030E-03	3.6051E-03
MEAN HIGHEST	+	4.3294E+06	2.9441E+05	1.4736E+04	6.0090E-04	3.1310E-03
1/3 PEAKS	-	-4.7152E+06	-3.1372E+05	-1.4808E+04	-6.2269E-04	-3.0609E-03
MAXIMUM PEAKS	+	3.9243E+07	8.6219E+05	6.0518E+04	1.6602E-02	1.1719E-02
		2.3118E+07	8.4592E+05	5.3722E+04	8.7891E-03	1.1230E-02
		2.2182E+07	7.7237E+05	4.9369E+04	5.8594E-03	9.7656E-03
MINIMUM PEAKS	-	4.6479E+06	-3.6802E+05	-5.4005E+04	-6.8359E-03	-1.5625E-02
		4.6560E+06	-3.4010E+05	-5.1448E+04	-6.8359E-03	-1.0742E-02
		5.5328E+06	-3.1399E+05	-4.0709E+04	-6.8359E-03	-9.7656E-03

图 3.74　0°方向张力腿 1 载荷统计结果

这里将张力腿张力统计结果总结见表 3.7。0°方向最大张力为 2.7625E+07N，45°方向最大张力 3.8874E+07N。

表 3.7　张力统计结果

环境条件	张力腿编号	最大张力/N	张力腿编号	最大张力/N
风浪流方向 0°	1	2.3118E+07	5	**2.7625E+07**
	2	2.3157E+07	6	2.6727E+07
	3	2.7637E+07	7	2.4219E+07
	4	2.6951E+07	8	2.4578E+07
风浪流方向 45°	1	2.9505E+07	5	**3.8874E+07**
	2	2.9503E+07	6	**3.8874E+07**
	3	2.5767E+07	7	2.4945E+07
	4	2.4947E+07	8	2.5767E+07

各个 Tether 对应节点位置相对于 Tether 坐标系的运动、速度、加速度统计结果以及各个节点位置的有效张力、剪力、弯矩等统计结果在此不再赘述。这些结果都可以在 lis 文件中找到。

3. 查看运动时历曲线结果

通过 AGS 打开 ad000.plt，选择重心位置的纵荡、升沉、纵摇运动，重心位置纵荡、升沉加速度结果，如图 3.75 所示。

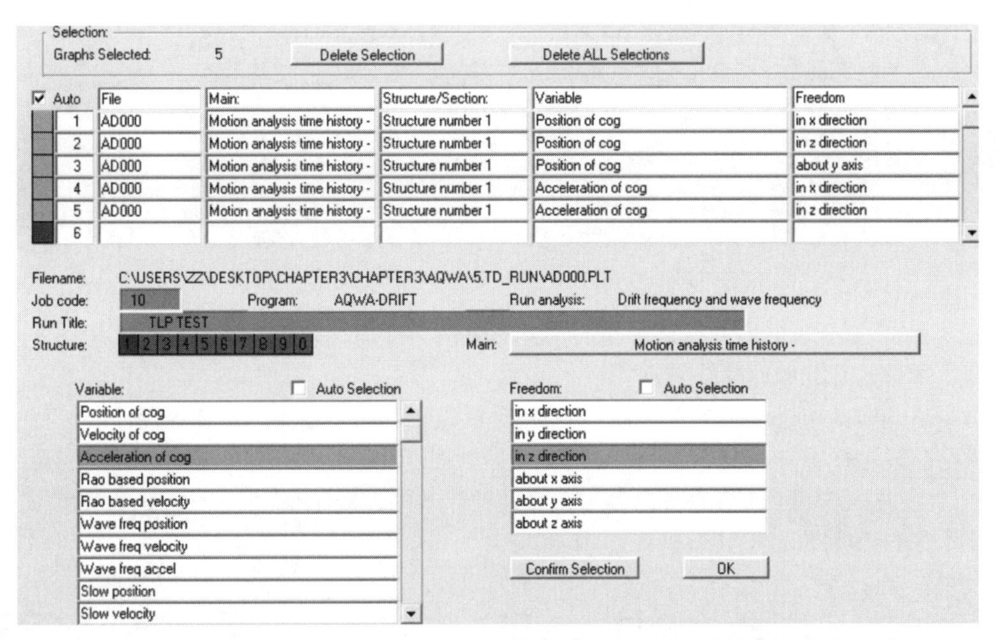

图 3.75 选择 0°方向重心位置的运动和加速度时历曲线

读取以上结果，纵荡最大值 57.48m；升沉最大值 8.18m，最小值 3.34m，均值 7.01m。纵摇最大值 0.27°，如图 3.76 所示。以上结果与 lis 文件一致。

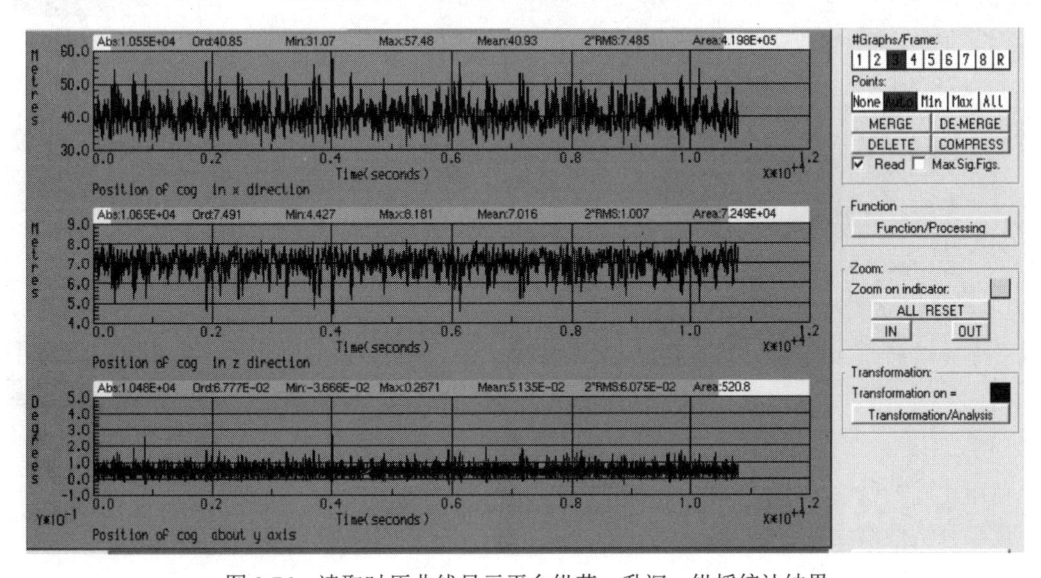

图 3.76 读取时历曲线显示平台纵荡、升沉、纵摇统计结果

纵荡加速度最大值 1.886m/s^2，升沉加速度最大值 0.317m/s^2，如图 3.77 所示。

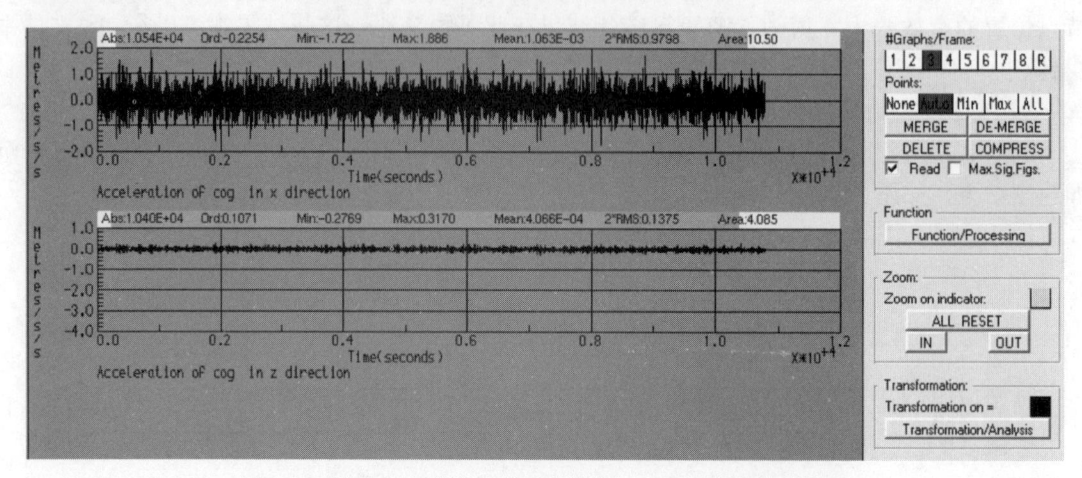

图 3.77 读取时历曲线显示平台纵荡、升沉加速度统计结果

通过 AGS 打开 ad045.plt，选择重心位置的纵荡、横荡、升沉、横摇、纵摇运动，重心位置纵荡、横荡、升沉加速度结果。

对纵荡、横荡结果进行组合，给出平面和位移（Offset）结果。选择纵荡曲线进行平方，选择横荡曲线进行平方。选择两个曲线进行相加处理，随后进行开方处理（如图 3.78 至图 3.80 所示，具体方法可参考 2.5 节相关内容）。读取处理以后的曲线结果，平台平面最大偏移 61.41m，相当于水深的 19.82%。

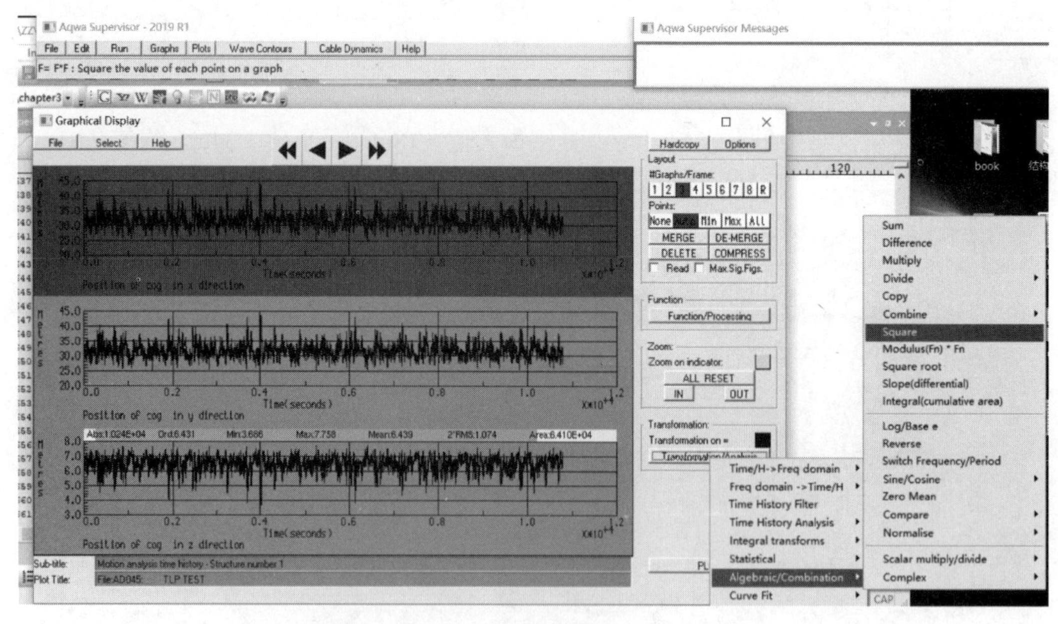

图 3.78 对纵荡、横荡曲线结果进行平方处理

使用相同方法给出纵荡、横荡组合的平面加速度为 0.557m/s^2（0.0568g）。

读取升沉曲线的统计结果，升沉最大值 7.76m，最小值 3.69m，均值 6.44m。

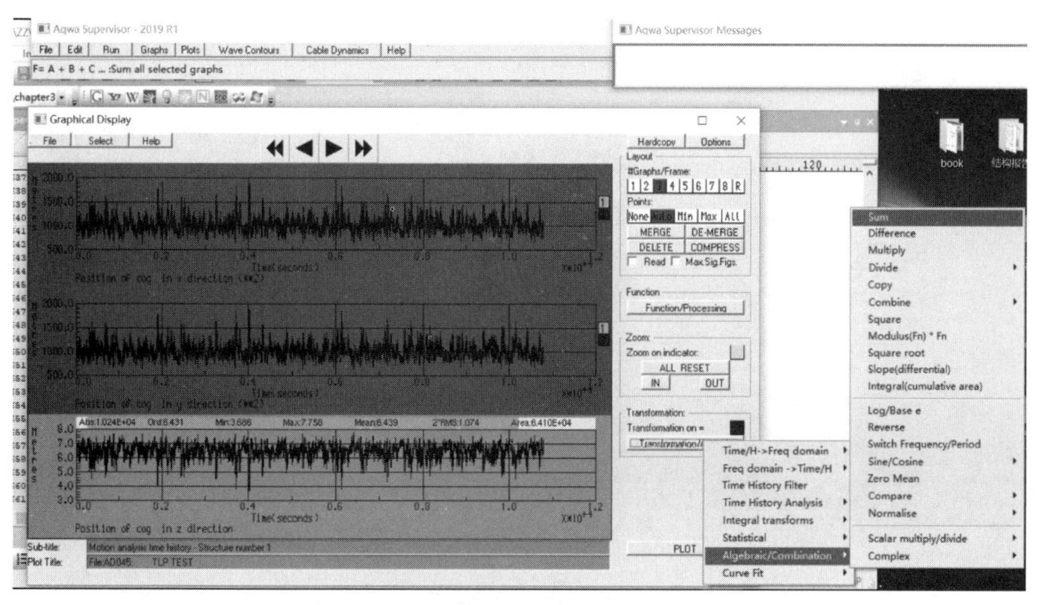

图 3.79　对纵荡、横荡曲线结果进行求和

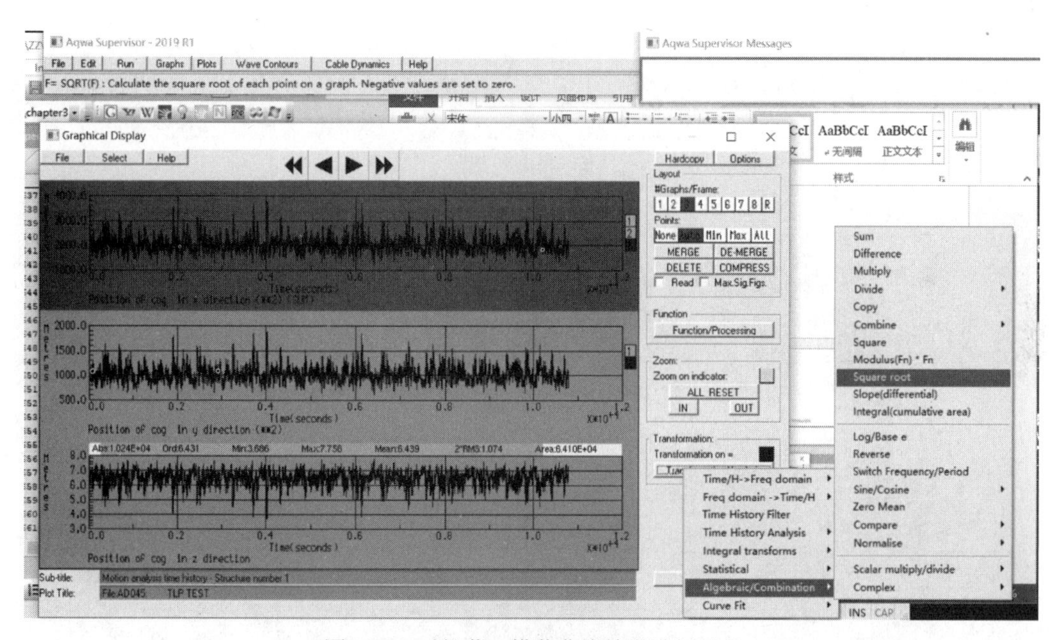

图 3.80　对纵荡、横荡曲线结果进行开方

4. 张力曲线结果

通过 AGS 查看特定时刻沿着 Tether1 长度方向的位移包络线和张力包络线，如图 3.81 和图 3.82 所示。

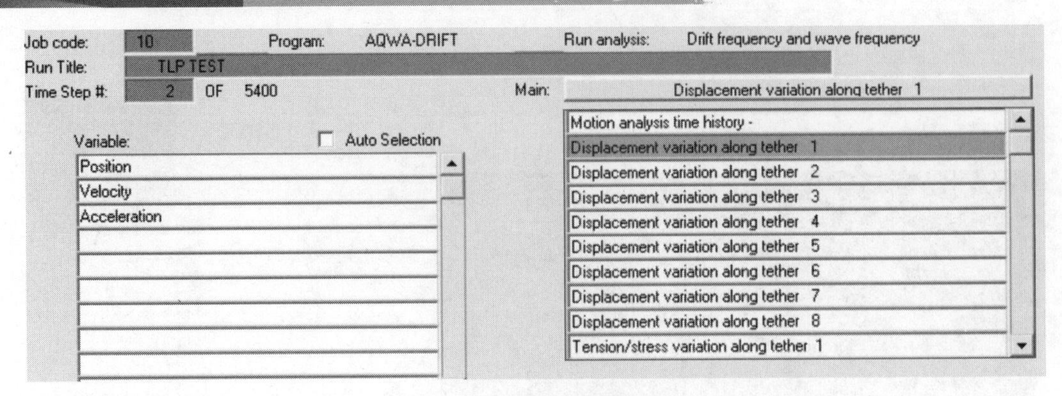

（a）位移包络线

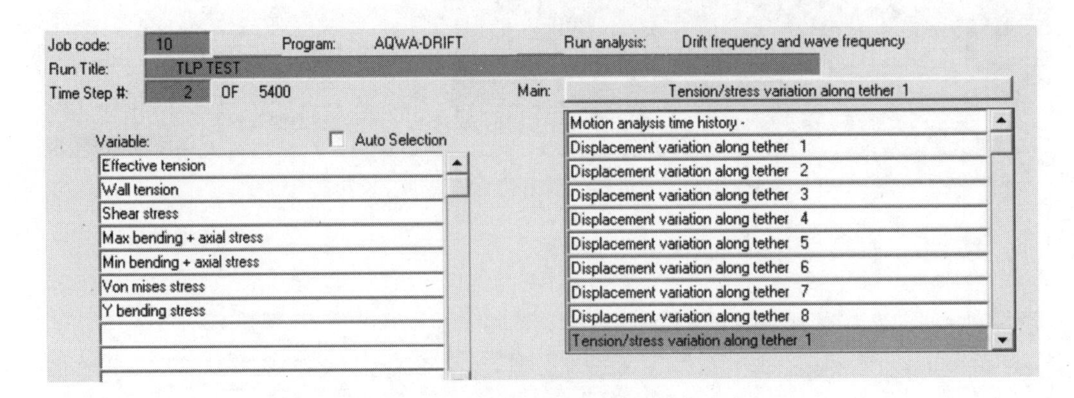

（b）张力包络线

图 3.81　选择 Tether1 的位移和张力包络线结果

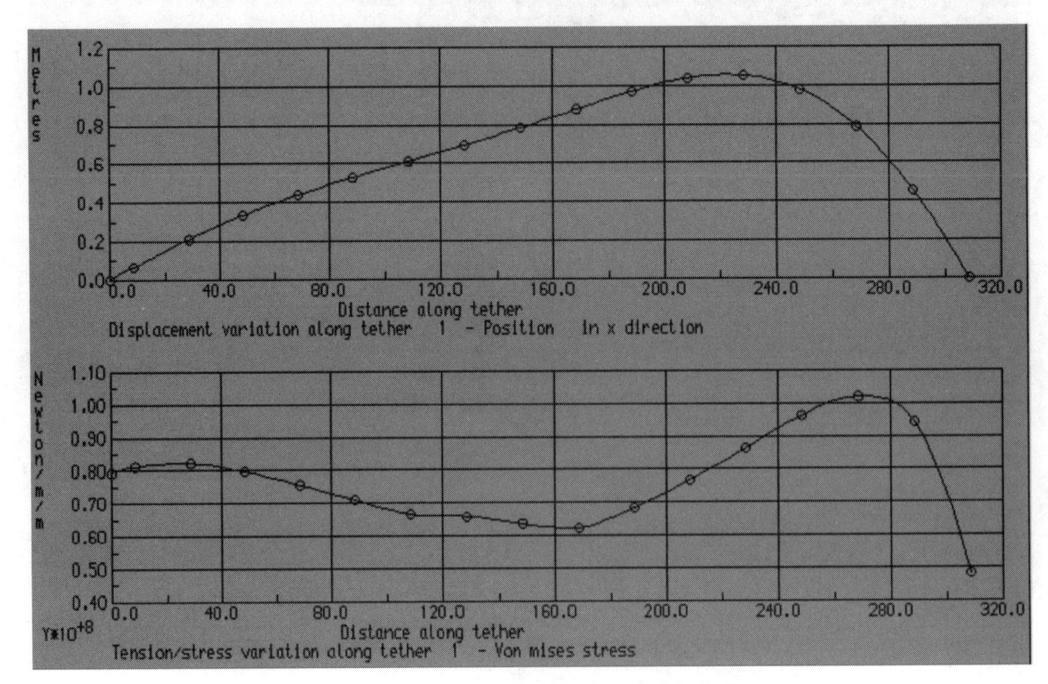

图 3.82　Tether1 位移包络线和应力包络线

3.9 甲板气隙

评估气隙可以参考具体规范要求，本节仅介绍简单评估方法。

（1）定义 31 个甲板关注点，进行频域水动力分析，考虑张力腿系统对平台的刚度影响以及平台的辐射绕射影响，对每个区域对应的波面升高进行计算，给出不同浪向、不同波浪周期对应的波浪升高系数 *WIF*。

（2）提取 9 个典型关注点位置甲板垂向运动 Z_{deck} 与波面 Z_{wave} 的时间历程曲线结果。

（3）考虑波浪升高系数 *WIF*，对波面进行非线性修正，最终给出气隙设计值。

$$AirGap = \min\{Z_{\text{deck}} - WIF \cdot Z_{\text{wave}}\} \tag{3.3}$$

1. 波浪升高系数

回到2.hydroDy文件夹的WIF子文件夹找到TLP2_3.cor。找到AQWA安装目录下的AQWA Flow 程序，将.cor 文件拖拽至 AQWA Flow 程序，输入程序要求的对应参数，这里的波高幅值为 1m，如图 3.83 所示。

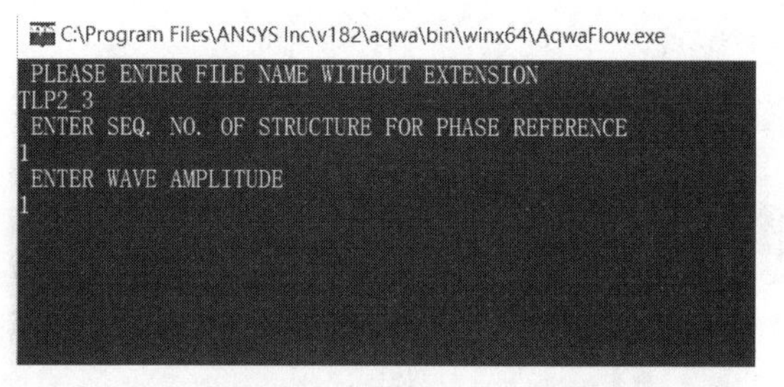
C:\Program Files\ANSYS Inc\v182\aqwa\bin\winx64\AqwaFlow.exe
PLEASE ENTER FILE NAME WITHOUT EXTENSION
TLP2_3
ENTER SEQ. NO. OF STRUCTURE FOR PHASE REFERENCE
1
ENTER WAVE AMPLITUDE
1

图 3.83 按顺序输入 AQWA Flow 需要的参数

运行完毕后程序会输出 31 个关注点的相关信息，这些信息保存在 TLP2_3.txt 文件中（图 3.84）。.txt 文件中的 Wav（Amp.）为对应点（NODE）、波浪方向和周期的波高幅值 RAO。

```
VELOCITY,POTENTIAL,PRESSURE,WAVE ELEVATION AT SPECIFIED POSITIONS
                     DUE TO STRUCTURE# 1

           Pot: Total potential
           Pre: Total pressure (excluding hydrostatic)
           Wav: Total wave surface elevation
           Phases are with reference to COG of Str# 1

           WAVE AMPLITUDE   =     1.00000
=====================================================================

           WAVE DIRECTION =    0.0000
           WAVE FREQUENCY =    0.1571(PERIOD=  40.00SEC)
---------------------------------------------------------------------
NODE NO./COOR              1       27.5000      -18.0000       0.0000
Vx/Vy/Vz (Amp.)                     0.1367        0.0000       0.1564
Vx/Vy/Vz (Phase)                   24.5589      -90.0000     -85.2437
Ax/Ay/Az (Amp.)                     0.0215        0.0000       0.0246
Ax/Ay/Az (Phase)                  -65.4411     -177.4420    -175.2437
Pot/Pre/Wav (Amp.)                 62.1949   10013.7871       0.9959
Pot/Pre/Wav (Phase)               -85.2437        4.7563       4.7563
```

图 3.84 TLP2_3.txt 文件主要内容示意

关于 AQWA Flow 的相关内容请参考本书 6.6 节相关内容。

将 31 个点的波高幅值 RAO 提取出来进行统计。入射波波幅 1m，波浪周期 17s，波浪方向 0°、45°对应的波浪升高系数如图 3.85、图 3.86 所示。0°方向最大 *WIF* 为 1.06，发生在迎浪两个立柱后方。45°方向最大 *WIF* 为 1.08，发生在迎浪立柱后方。

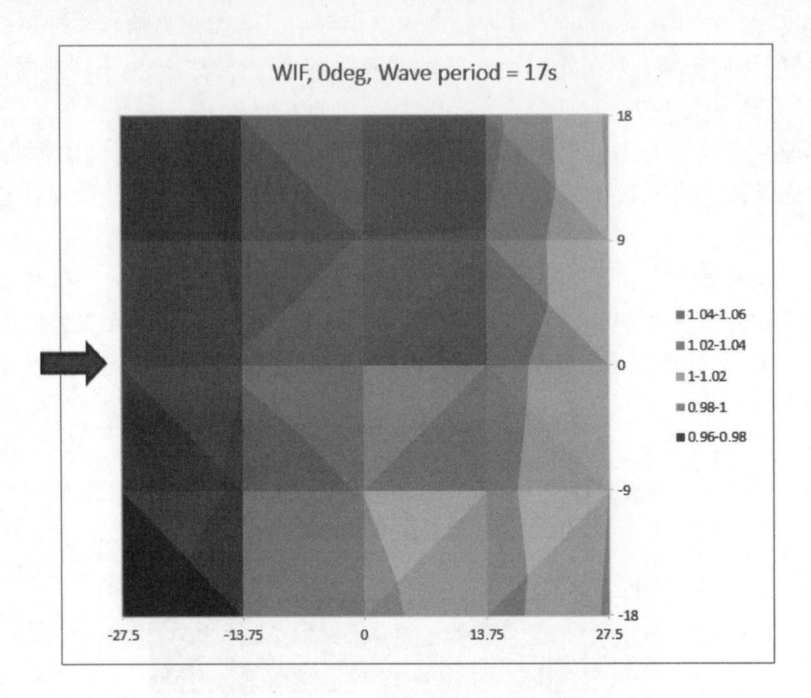

图 3.85　0°浪向 WIF 等高线图（波浪周期 17s）

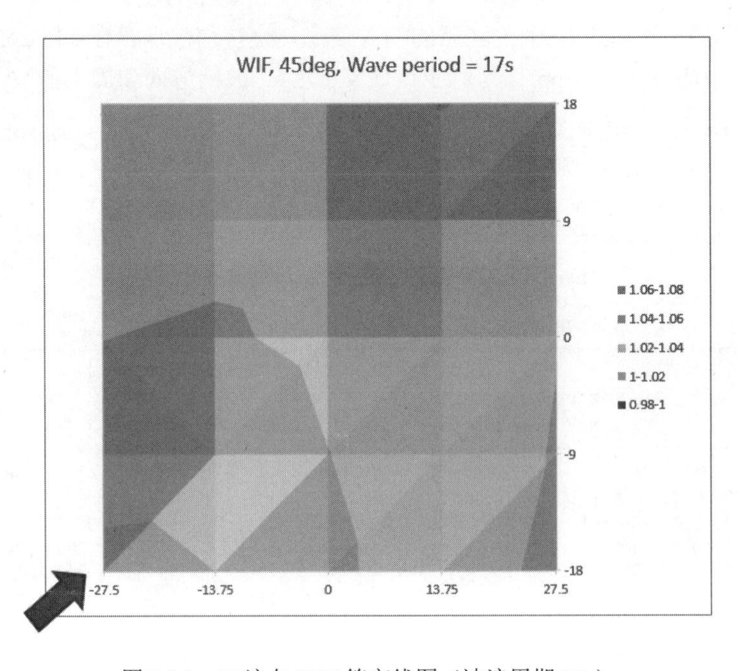

图 3.86　45°浪向 WIF 等高线图（波浪周期 17s）

2. 提取甲板关注点 Z 向运动和对应波面时历

这里以 80022 点为例（图 3.87），提取 80022 点的 Z 向运动曲线和对应的波面时历。

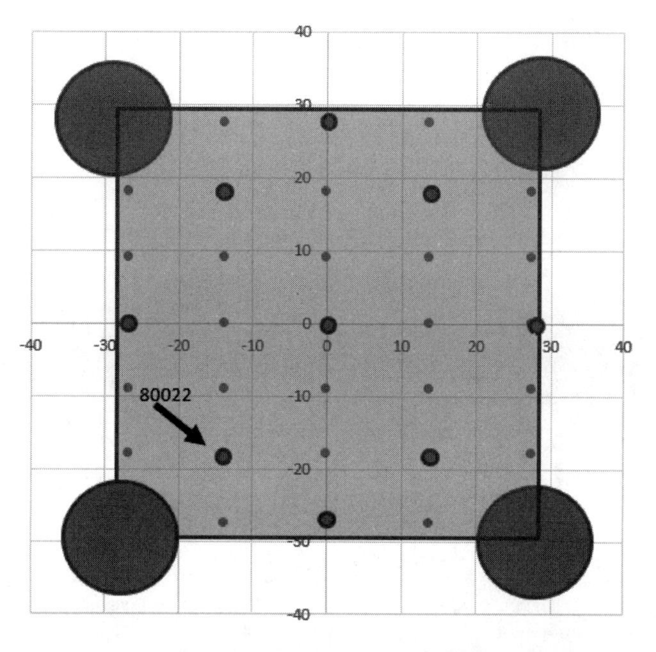

图 3.87　关注点位置（80022）

通过 AGS 打开 ad000.plt，选取 80022 点的 Z 向运动时历曲线和对应波面时历曲线如图 3.88 所示。

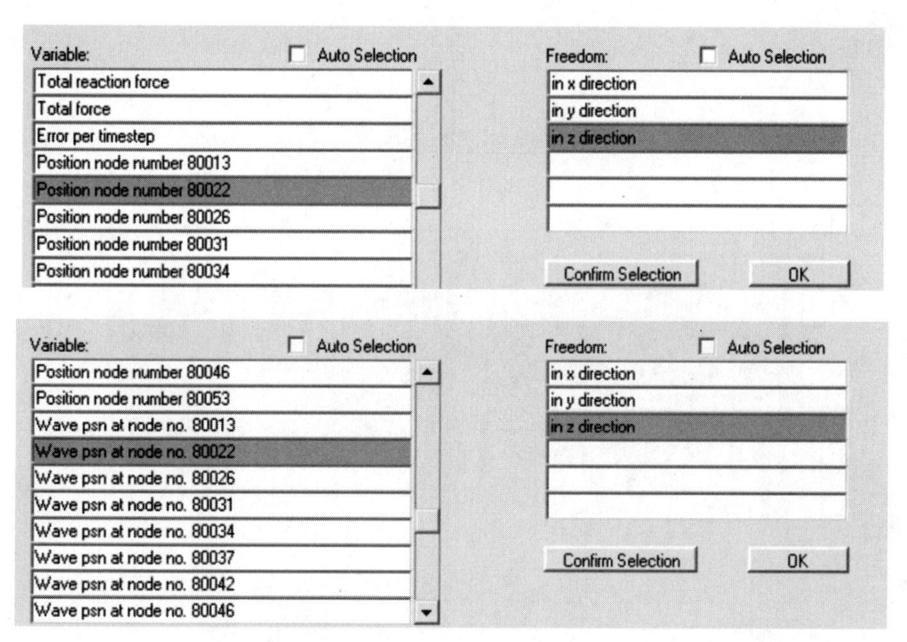

图 3.88　提取 80022 点 Z 向位移时历结果以及该点对应的波面时历结果

近似采用波浪周期 17s 对应的 WIF 来对波面进行修正。

将这两条曲线选中后点击 hardcopy 输出为 PTA 文件，将 PTA 的数据进行处理，将 80022 的甲板时域位移曲线减去考虑 *WIF*=1.06 后的波面数据，最终得到 0°浪向作用下的甲板气隙最小为 2.88m，如图 3.89 所示。

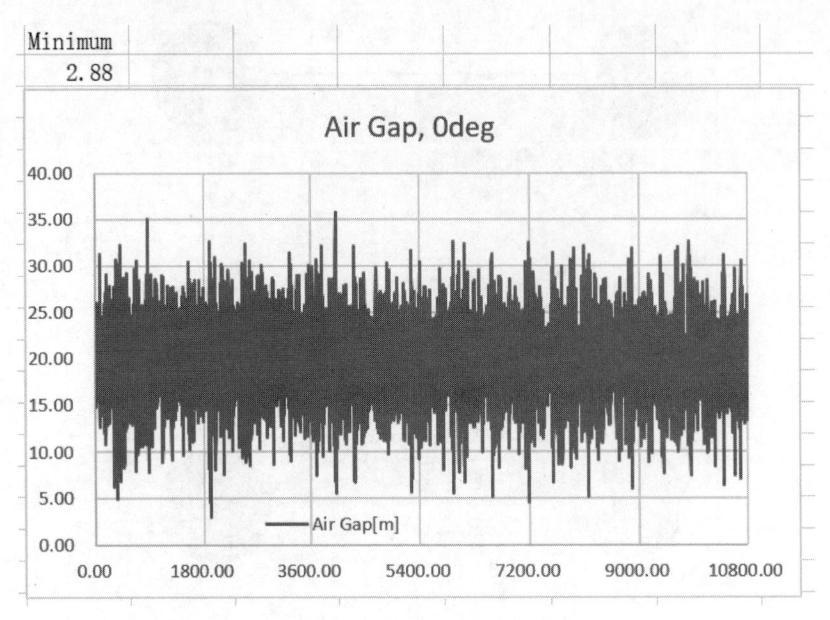

图 3.89　0°浪向 80022 点甲板气隙曲线

同样的方法，经过处理，45°浪向 80022 点考虑 *WIF*=1.08 后的甲板气隙最小为 3.15m，如图 3.90 所示。

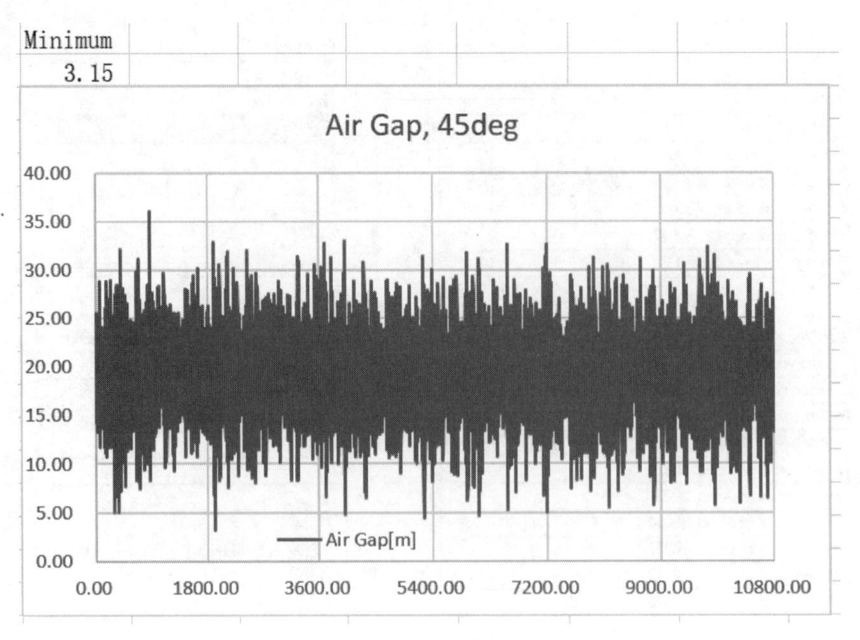

图 3.90　45°浪向 80022 点甲板气隙曲线

以上操作在 AGS 里面也可以实现。

选择 Transformation/Analysis→Algebraic/Combination→Scalar multiply/divided→Specify Factor 来指定时历曲线要加、减、乘、除的定值，如图 3.91 所示。随后在这个菜单中选择 Difference，这两条曲线就求差值，勾选 read 可以读取此时经过处理后的甲板对应点气隙统计值。

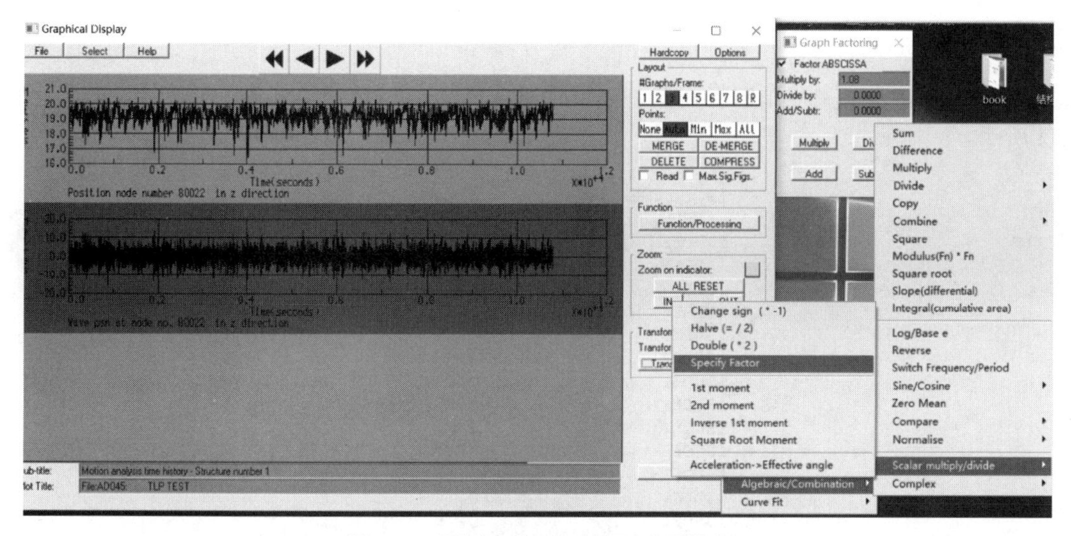

图 3.91　通过 AGS 来对波面时历放大

回到刚才的时历 PTA 文件，可以发现计算结果对应的时间间隔是 2s，这同 Category18 中设置 GREV、TGRV 为 10 有关，而实际模拟时间步长为 0.2s，这使得计算曲线结果的输出间隔为 2s。

如果需要输出更多的时间点对应的结果，可以把 GREV、TGRV 调小，但需要注意的是 AQWA 保存 PLT 文件每条曲线最多保存 1 万个点。

需要特别说明的是，前面介绍的甲板气隙计算方法是非常粗略和近似的，精确的评估甲板气隙需要通过模型试验以及其他手段来进行验证。

3.10　张力腿顶端张力 RAO

Tether 单元可以应用在 librium、drift 和 naut 模块，但不可以在 fer 模块使用，因而想要得到张力腿顶部张力的 RAO 曲线需要通过间接的方法来实现。

一种方法是可以将带有 Tether 的模型在 naut 模块中进行规则波作用下的响应计算，通过运行对应不同的波浪周期的时域分析文件来给出 Tether 上部张力响应幅值，最后给出张力 RAO。

另一种方法是通过频域等效方式来给出张力 RAO。通过 COMP 来定义等效系泊缆来模拟 Tether，在频域下定义白噪声谱来给出频域张力 RAO。

这里介绍定义白噪声谱等效给出张力腿顶端张力 RAO 的方法。

在 3.eqp_Tether 文件夹下新建 aftlp.dat 文件，将 eqp.dat 文件内容拷贝至该文件。修改 JOB

行，添加 FER 和 WFRQ，即在频域分析中仅考虑波频影响。在 OPTION 中输入 RDEP，在 RESTART 中读入 eqp 文件的平衡位置。

```
JOB TLP1  FER   WFRQ
TITLE                        TLP
OPTIONS REST RDEP END
RESTART   4  5       eqp
```

在 Category13 定义一个白噪声谱，波浪频率 0.15～3.0rad/s，谱值为 1，方向为 45°，如图 3.92 所示。

```
     13     SPEC
     13SPDN                45
     13UDEF               0.15          1
     13UDEF               0.2           1
     13UDEF               0.25          1
     13UDEF               0.3           1
     13UDEF               0.35          1
     13UDEF               0.4           1
     13UDEF               0.45          1
     13UDEF               0.5           1
     13UDEF               0.55          1
     13UDEF               0.6           1
     13UDEF               0.65          1
     13UDEF               0.7           1
     13UDEF               0.75          1
     13UDEF               0.8           1
     13UDEF               0.85          1
     13UDEF               0.9           1
     13UDEF               0.95          1
     13UDEF               1             1
     13UDEF               1.05          1
     13UDEF               1.1           1
     13UDEF               1.15          1
     13UDEF               1.2           1
     13UDEF               1.25          1
     13UDEF               1.85          1
     13UDEF               1.9           1
     13UDEF               1.95          1
     13UDEF               2             1
     13UDEF               2.05          1
     13UDEF               2.1           1
     13UDEF               2.15          1
     13UDEF               2.2           1
     13UDEF               2.25          1
     13UDEF               2.3           1
     13UDEF               2.35          1
     13UDEF               2.4           1
     13UDEF               2.45          1
     13UDEF               2.5           1
     13UDEF               2.55          1
     13UDEF               2.6           1
     13UDEF               2.65          1
     13UDEF               2.7           1
     13UDEF               2.75          1
     13UDEF               2.8           1
     13UDEF               2.85          1
     13UDEF               2.9           1
     13UDEF               2.95          1
     13UDEF               3             1
  END13     FINI
```

图 3.92　定义白噪声谱

在 Category14 中输入等效的系泊缆参数，可以将 1.eqp 文件夹的 eqp.dat 文件中的对应内容拷贝过来，如图 3.93 所示。

```
   14     MOOR
   14COMP   20   30        1       305      307
   14ECAT                          792.0  0.10228  2.14E10     5.70E7    308.45
   14ECAH                            1.0               1.2      0.965       0.4
   14ECAB                        2.32E09
   14NLID     170001     080001
   14NLID     170002     080002
   14NLID     170003     080003
   14NLID     170004     080004
   14NLID     170005     080005
   14NLID     170006     080006
   14NLID     170007     080007
END14NLID     170008     080008
```

图 3.93　定义等效张力腿系统

修改其他 Category 内容，如图 3.94 所示。

```
   15     NONE
   16     NONE
   17     NONE
   18     PROP
   18PPRV 1
END18PTEN     1
   19     NONE
   20     NONE
```

图 3.94　进行输出设置

运行 altlp.dat 文件，通过 AGS 打开 altlp.plt 文件，选择 Mooring line 1、3、5、7 张力 RAO 结果，如图 3.95 所示。

Graphs Selected: 4　Delete Selection　Delete ALL Selections

Auto	File	Main:	Structure/Section:	Variable	Freedom
1	AFTLP	Configuration # 1 - spectral g	Mooring line raos (wave (	Mooring line # 1	tension
2	AFTLP	Configuration # 1 - spectral g	Mooring line raos (wave (	Mooring line # 3	tension
3	AFTLP	Configuration # 1 - spectral g	Mooring line raos (wave (	Mooring line # 5	tension
4	AFTLP	Configuration # 1 - spectral g	Mooring line raos (wave (	Mooring line # 7	tension
5					
6					

图 3.95　选择系泊缆 1、3、5、7 的系泊缆张力 RAO

选择这 4 条曲线点击 merge 合并，如图 3.96 所示，这 4 条曲线即为对应系泊缆代号的张力腿顶端张力 RAO。

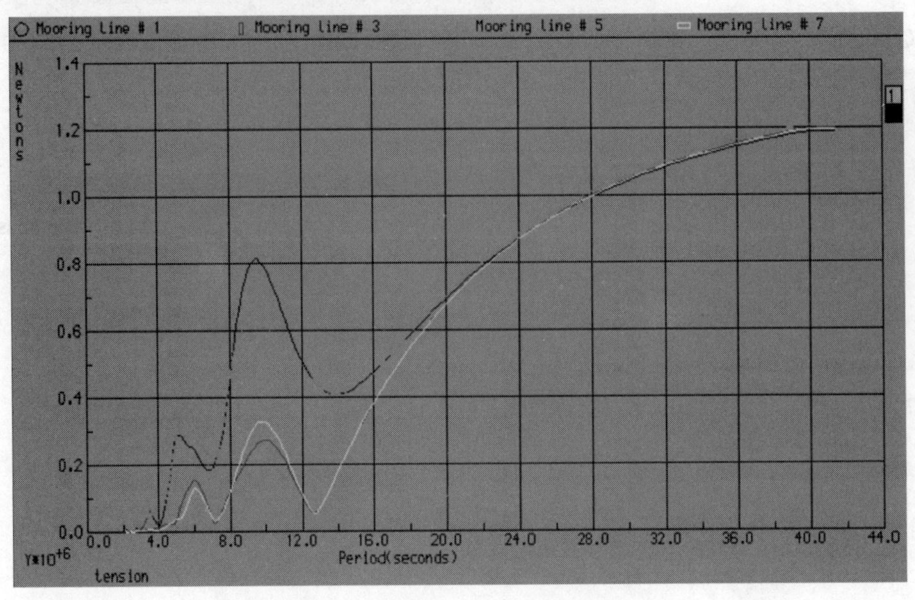

图 3.96　45°浪向张力腿上端张力 RAO

3.11　经典 AQWA 小结

本章简单介绍了用经典 AQWA 进行张力腿平台整体性能分析的流程，包括等效模型的建立、水动力模型的建立和计算、Tether 单元的命令和使用。其中对静态计算重心下沉和张力腿系统恢复力、计算整体运动性能、计算平台甲板气隙以及计算等效模型给出的张力 RAO 进行了介绍。

整个流程以介绍为主，很多地方做出了简化。

水动力计算模型的网格划分质量还有很大的优化空间。张力腿 Tether 简化成单根单材质，忽略上下连接细节。时域分析这里仅进行单个波浪种子计算，实际情况下需要多个种子来进行计算，在此基础上进行进一步的评估。对于甲板气隙，这里只是简单介绍了一下对波面进行修正来近似考虑气隙的过程，真实情况需要参照设计规范和模型试验来进行评估。

最终工程文件夹如图 3.97 所示。其中，0.input 文件夹内是整体输入参数文件；1.eqp 为近似模型以及等效张力腿系统刚度计算文件夹；2.hydroDy 为水动力计算文件夹；3.eqp_tether 为建立 Tether 单元的静平衡计算文件夹；4.set_down 为静态重心下沉和整体恢复力计算文件夹；5.TD_run 为时域耦合计算文件夹。

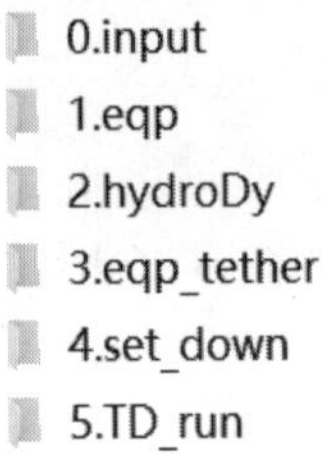

0.input
1.eqp
2.hydroDy
3.eqp_tether
4.set_down
5.TD_run

图 3.97　工程文件夹

3.12 Workbench 界面的建模与计算

目前 Workbench AQWA 不支持 1/2、1/4 对称模型，即在 Workbench 中的水动力模型必须是完整的、没有对称性。

Workbench AQWA 不支持水动力数据的读取，即 Category6 中 FILE、CSTR 等水动力数据传递命令功能不能使用。由于不能实现水动力数据传递，在 Workbench 中进行 TLP 的耦合分析也就失去了意义。

本节仅介绍 TLP 水动力模型建模、Tether 的建模、静平衡计算等相关内容。

3.12.1 建立几何模型

打开 Workbench 界面，拖拽 Hydrodynamic Diffration 至右侧 Project Schematic 界面。在 Geometry 上右击 New DesignModeler Geometry，这里通过 DM 建立 TLP 几何模型。

几何模型的建模基本过程如下：

（1）建立立柱模型并拉伸成 solid。

（2）建立旁通模型并拉伸成 solid。

（3）将模型镜像对称。

（4）选择体的外表面组成 part。

（5）对外表面进行水线切割。

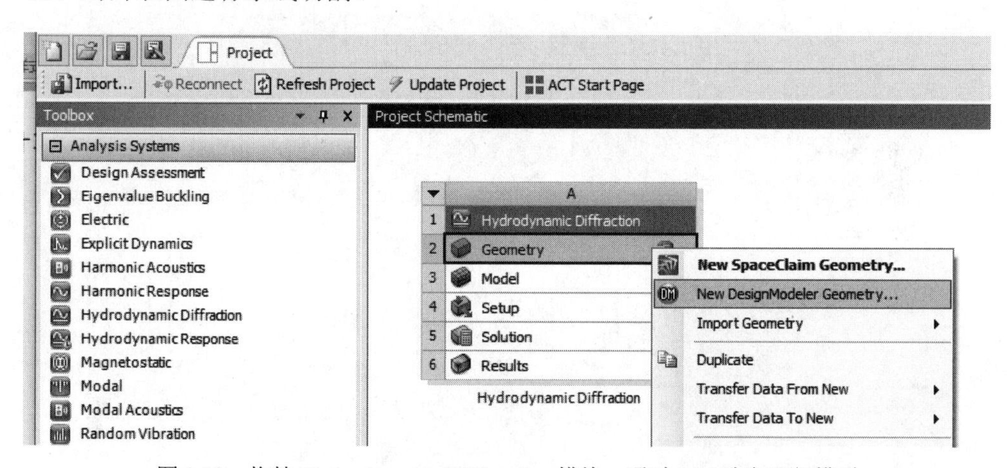

图 3.98　拖拽 Hydrodynamic Diffraction 模块，通过 DM 建立几何模型

在 DM 界面 XYPlane 上右击 Look at 将视角转移到 XY 平面，点击 New Sketch 建立草图。将草图重命名为 collum_line，用于平台立柱的几何建模，如图 3.99 所示。

单击 collum_line，在 Sketching→Draw 中选择 Circle，在右侧 XY 平面一侧画出一个圆。Sketching→Dimensions 中选择 Diameter 量取圆的直径，分别选择 Vertical、Horizontal 量取圆形外边距离两个坐标轴的距离，输入直径 19m，距离两坐标轴距离 18m，如图 3.100 和图 3.101 所示。

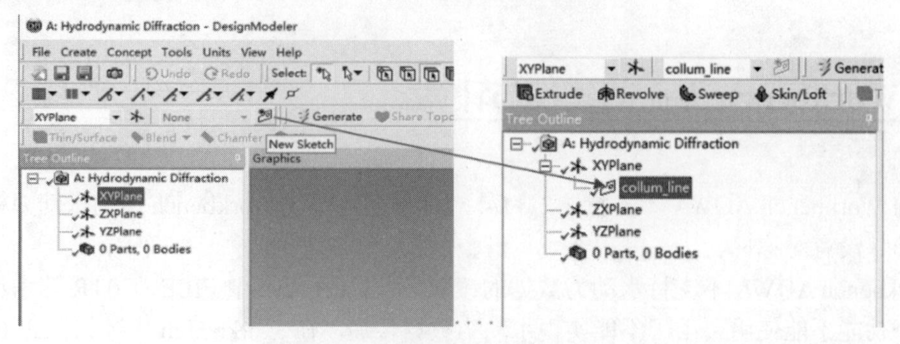

图 3.99　新建草图

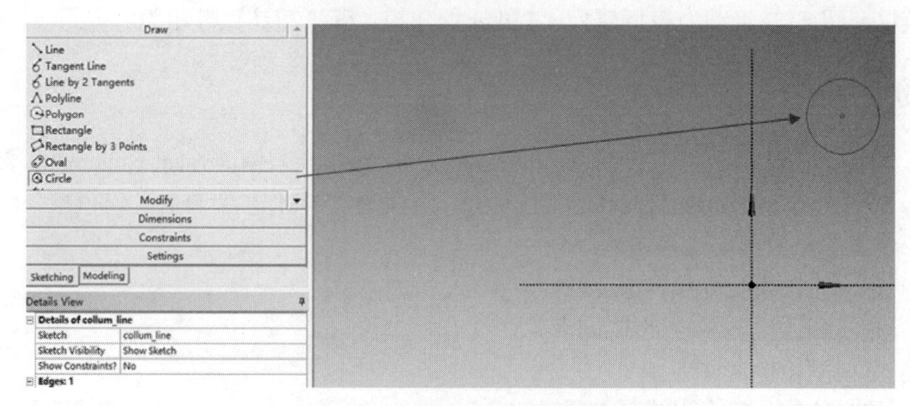

图 3.100　绘制立柱圆形外轮廓

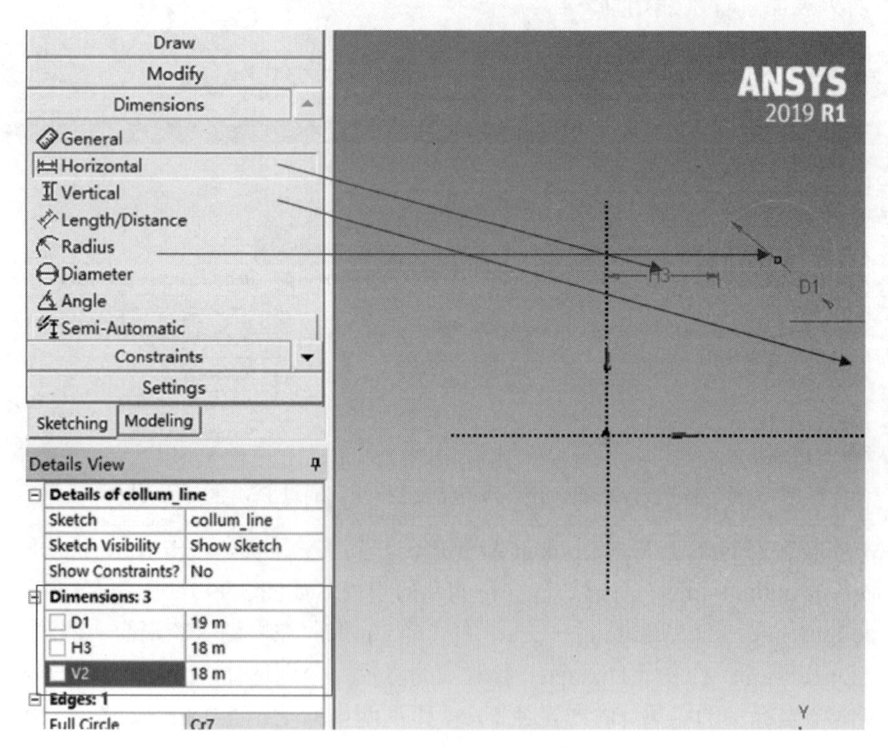

图 3.101　设置立柱位置

点击 Extrude，重命名为 collum。在 Direction 位置选择 Both，在 FD1 中输入 22m，在 FD4 中输入 28.5m，即将位于水线面的圆向上拉伸 22m，向下拉伸 28.5m 成 solid，即立柱水下 28.5m 长，水上 22m 长。点击 Generate 形成立柱，如图 3.102 所示。

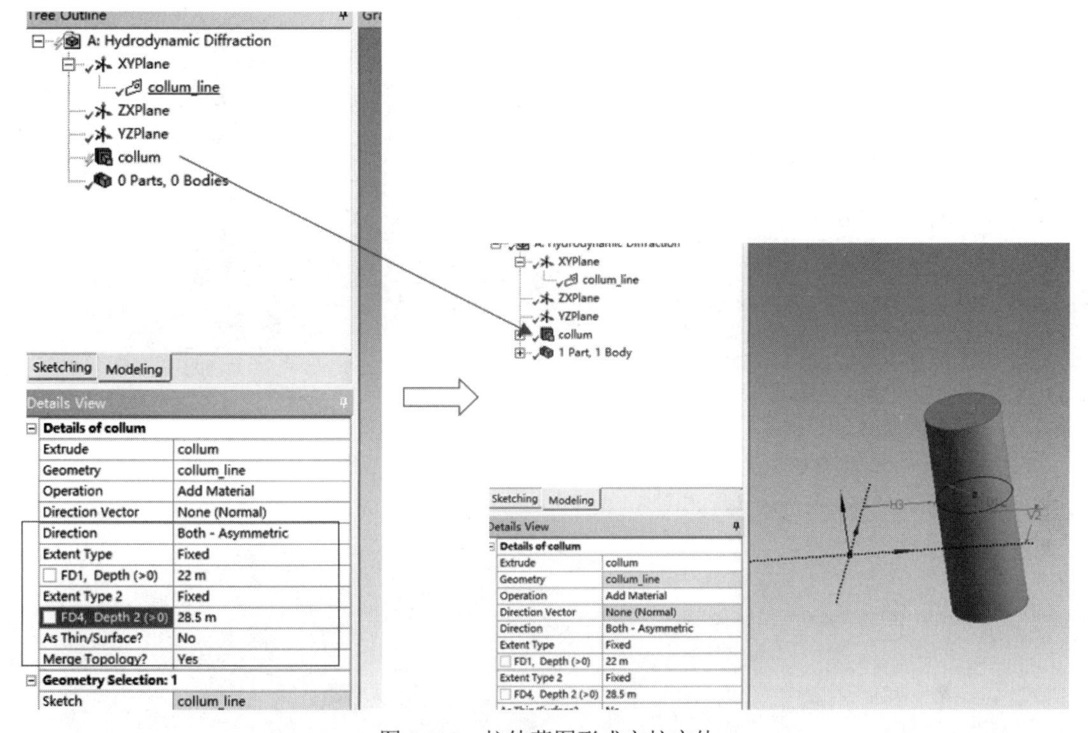

图 3.102　拉伸草图形成立柱实体

点击 New Plane，重命名为 forpontoon，将其偏移至 Z 向-28.5m 位置（Transform→Offset Z），如图 3.103 所示。

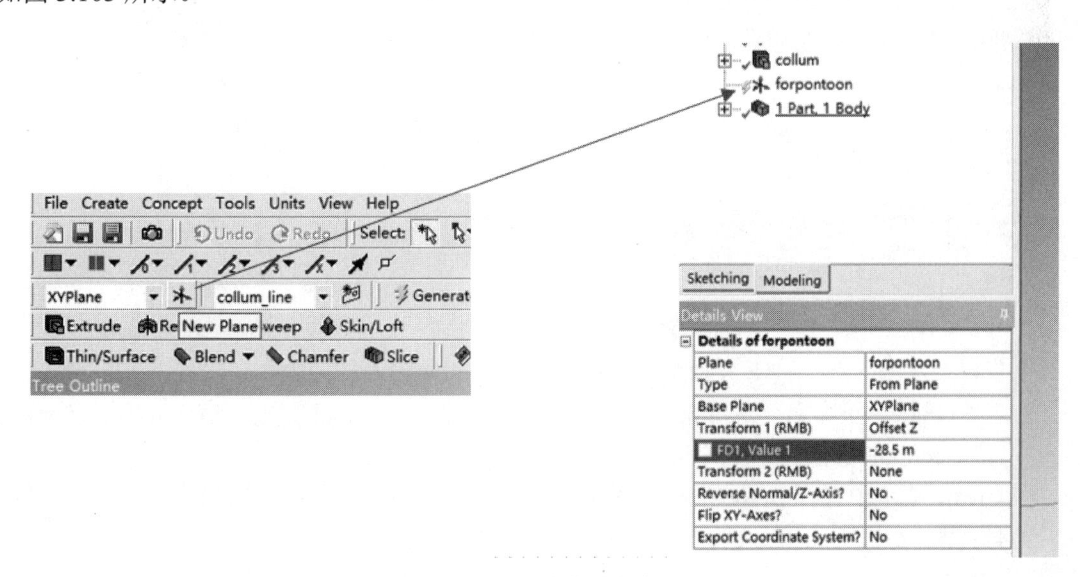

图 3.103　新建草图参考面

在 forpontoon 坐标平面建立草图 sketch，重命名为 pontoon_lines。点击 forpontoon 坐标平面并右击 look at。选择 Sketching→Draw，从 Y 轴画一个矩形至立柱圆内，如图 3.104 所示。

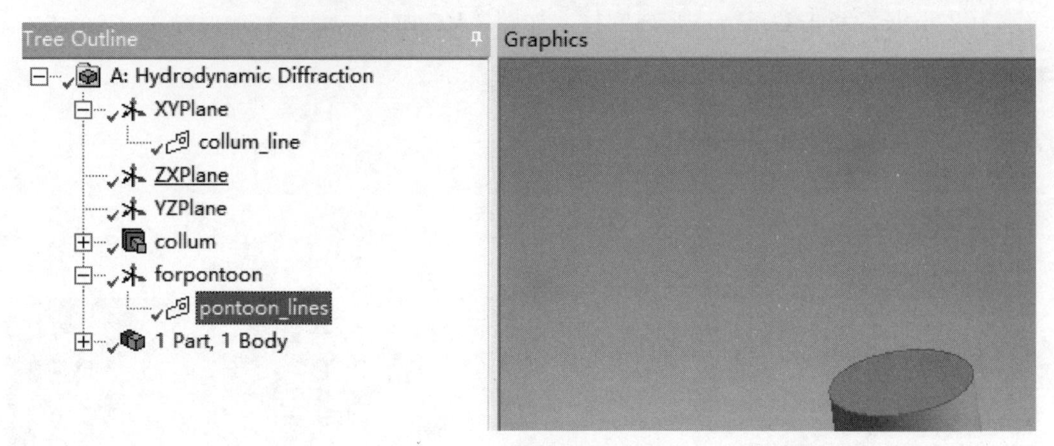

图 3.104　新建旁通草图

点击 Dimensions，分别量取旁通距离坐标轴的距离（22.75m）、旁通宽度（9.5m）、旁通长度（20m，需要伸入立柱内），如图 3.105 所示。

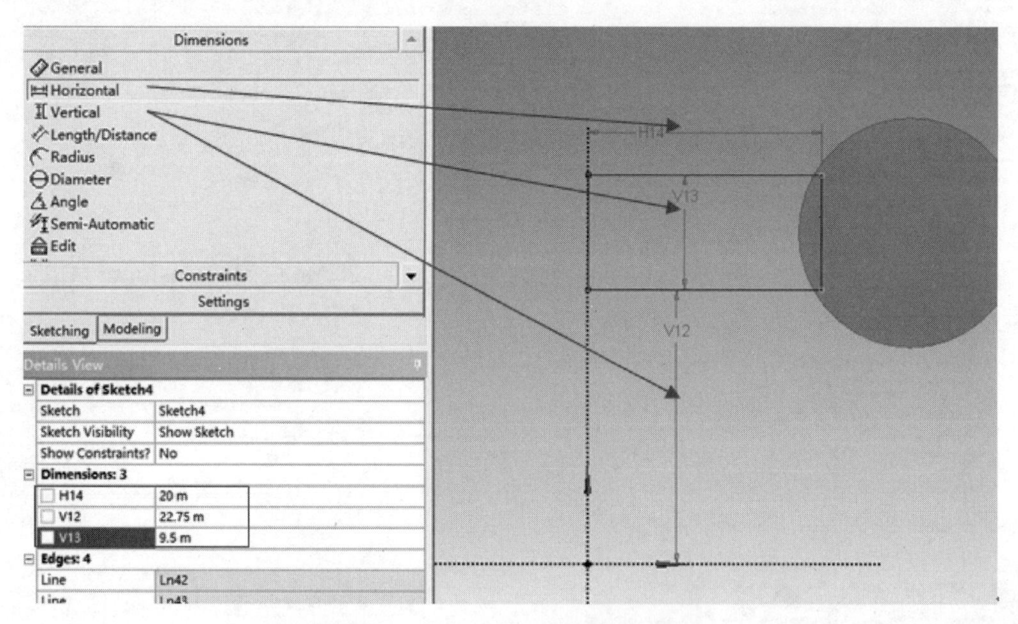

图 3.105　绘制旁通并设置其对应位置

重复以上步骤，在立柱下方画矩形旁通，量取距离并输入相关数据，如图 3.106 所示。

点击 Extrude，重命名为 pontoon，在 Direction 中选择 Normal，输入 FD1=7.3m（旁通高度），点击 Generate 将旁通拉伸成 Solid，如图 3.107 所示。

在 Create 菜单中选择 Body Transformation→Mirror，Mirror Plane 中选择 ZY，选择已经建立的 1/4 模型，点击 Generate 建立 1/2 模型（Mirror1），如图 3.108 所示。

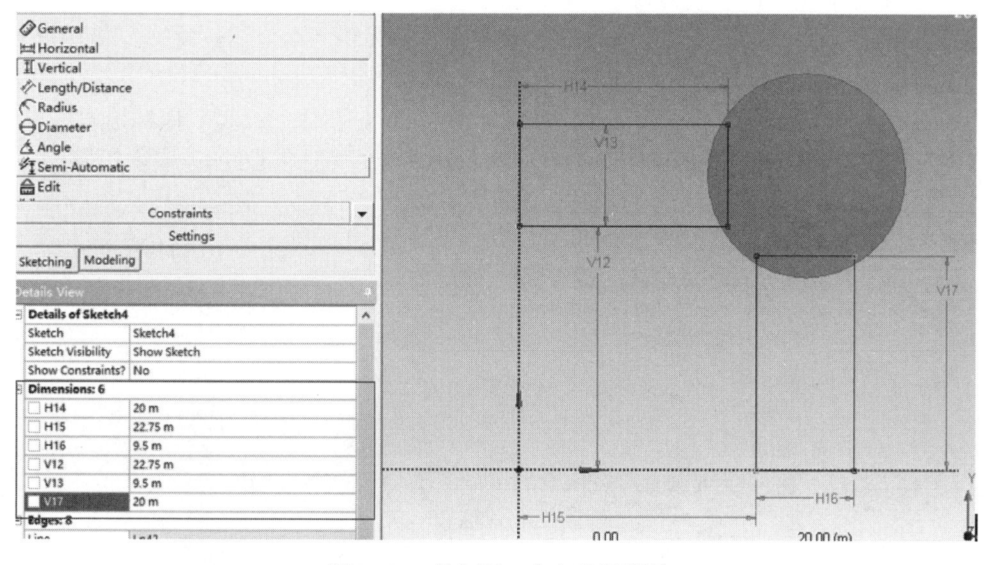

图 3.106　绘制另一方向旁通草图

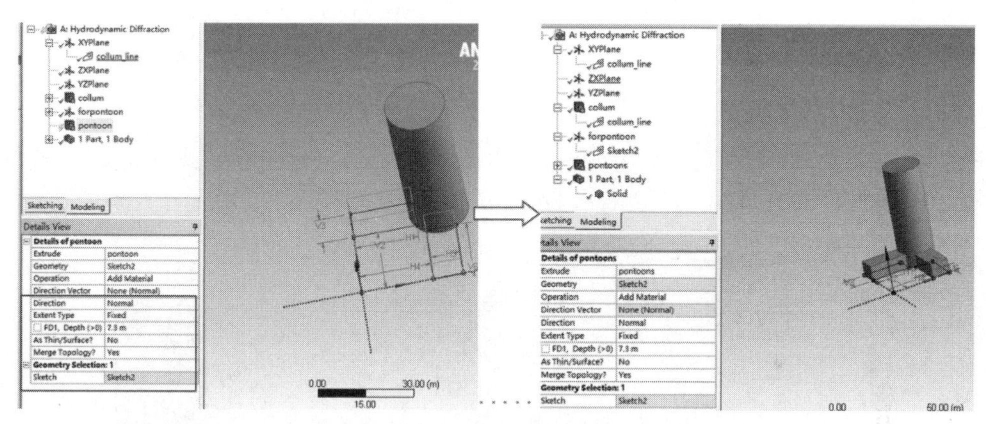

图 3.107　拉伸旁通草图成实体

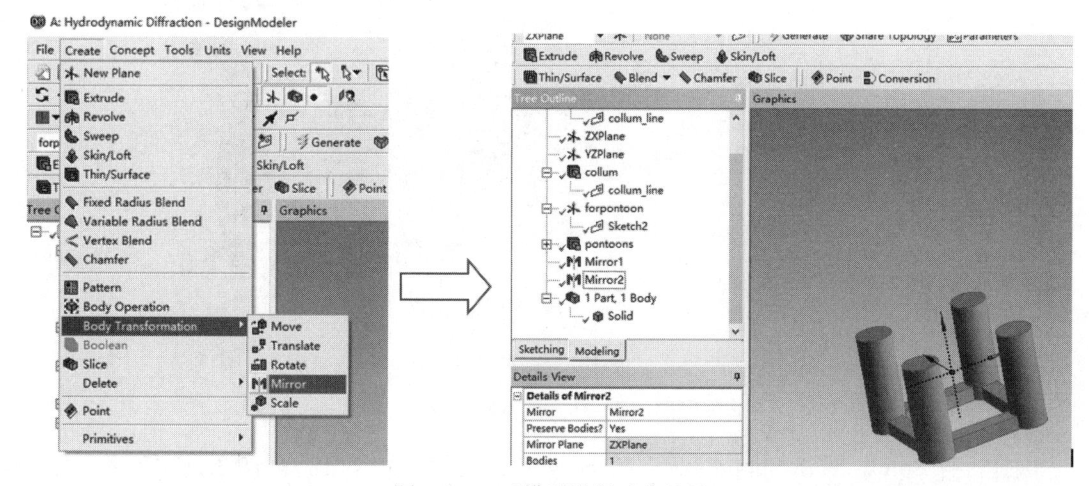

图 3.108　对模型进行对称处理

选择 Body Transformation→Mirror，Mirror Plane 中选择 XZ，选择已经建立的 1/2 模型，点击 Generate 建立完整模型（Mirror2）。

点击 Concept→Surfaces From Faces，如图 3.109 所示。按住 Ctrl 键，鼠标选取 Solid Body 的外表面，选择完毕后右击 surfFromFaces1→Generate。这里把 Solid 的外表面提取出来。

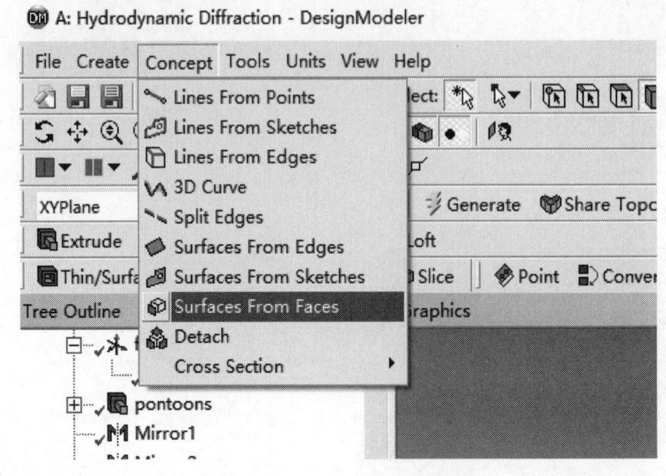

图 3.109 选取实体外表面

进行切水线操作。点击 Slice，将 Surface Body 沿着水线（XY Plane 进行切割）。选择切割生成的 Body，按住 Ctrl 连续选择，右击 Form New Part，如图 3.110 所示。

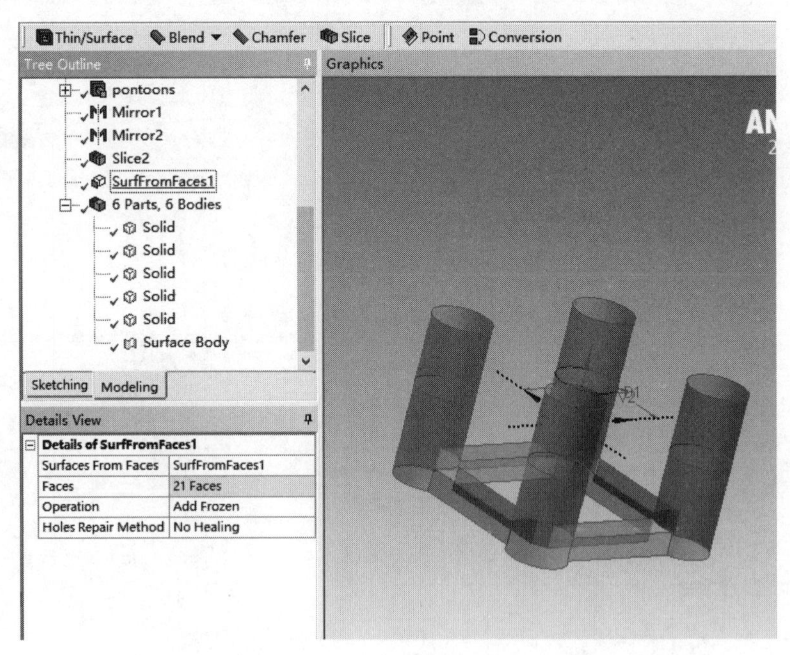

图 3.110 切水线并形成 Part

选择所有 Solid，右击 Suppressed。将 New Part 重命名为 TLP，如图 3.111 所示，保存并关闭 DM。

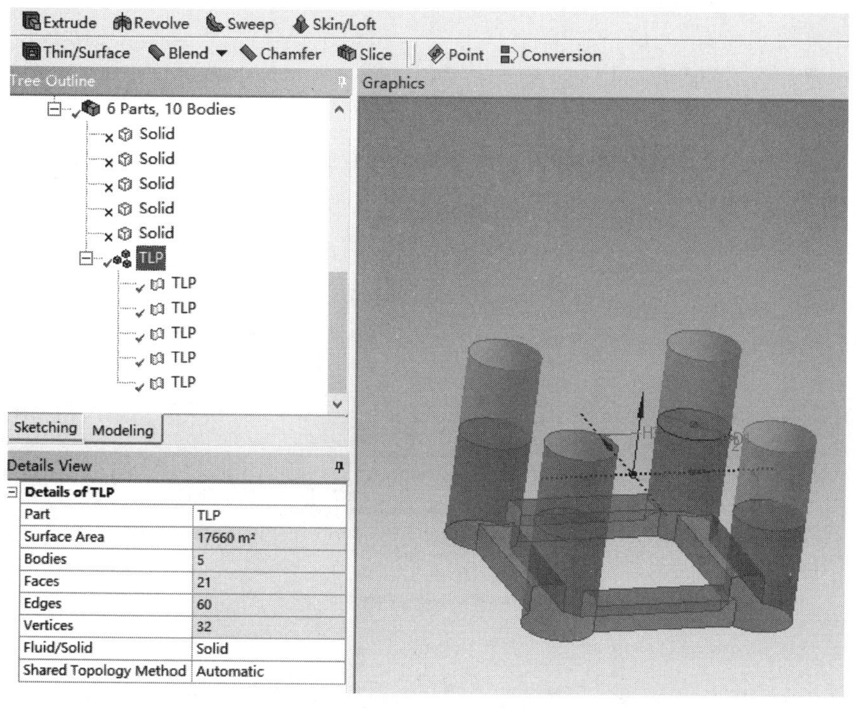

图 3.111 将 Solid 设置为 Suppressed，对 part 重命名为 TLP

在 Workbench 界面双击 Model 可以看到 Workbench AQWA 界面显示了刚才建立的 TLP 模型，如图 3.112 所示。

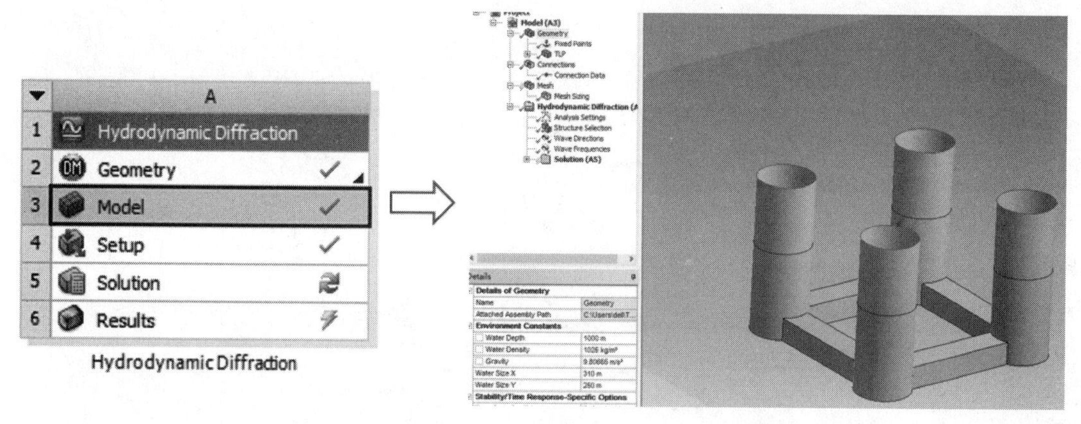

图 3.112 Workbench AQWA 读入 TLP 的几何模型

至此，几何模型建立完毕。

3.12.2 水动力参数设置

在开始进行水动力计算之前，需要进行如下准备工作：

（1）整体参数设置。

（2）重量信息。

（3）划分单元。

（4）计算控制设置。

（5）设置波浪方向、周期。

（6）模型检查。

点击 Geometry，设置水深为 330m，水密度为 1025kg/m^3，重力加速度为 9.806m/s^2，其他内容默认，如图 3.113 所示。

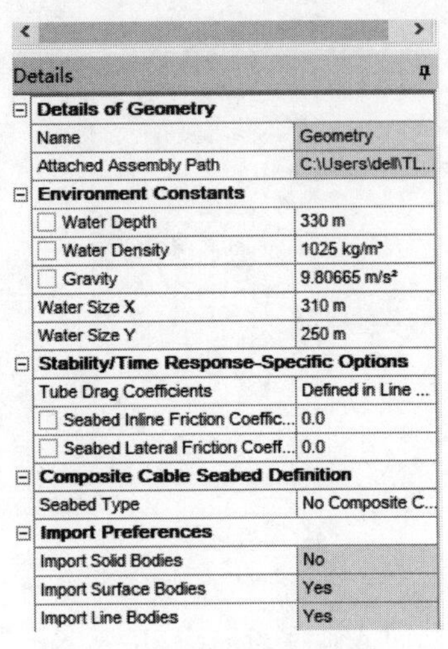

图 3.113　设置全局参数

在 Model→TLP 上右击添加质量点 Point Mass，在质量点信息中输入以下参数（图 3.114）：①重心为 9.75m（相对于静水面），总质量为 32810000kg；②平台回转半径分别为 32.3m、32.3m、29.2m。

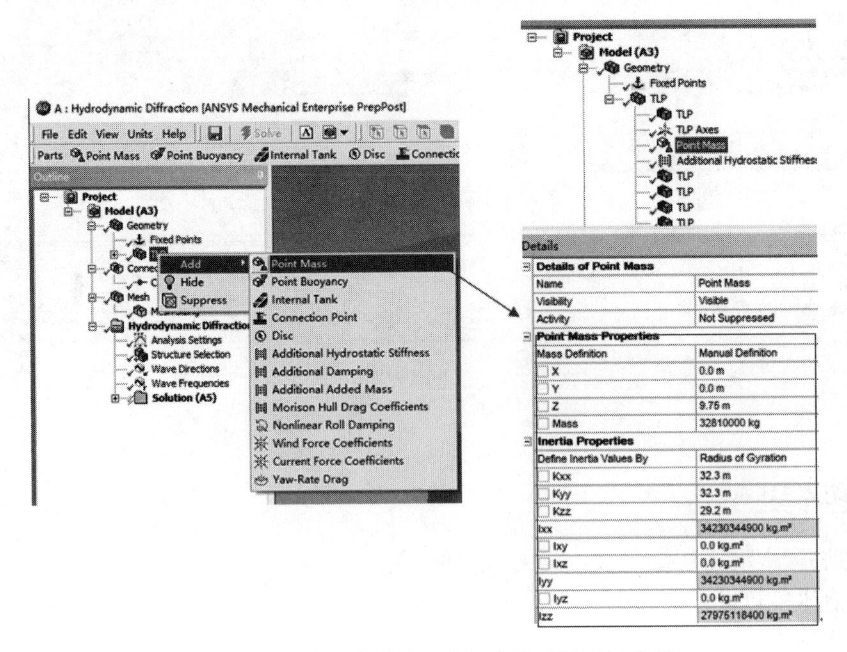

图 3.114　定义平台质量、重心高度以及回转半径

在 Mesh 上右击添加 Mesh Sizing，在右侧窗口选择所有体，点击 apply。设置单元大小为 1m（Local Element Size）。在 mesh 上右击生成网格，如图 3.115 所示。

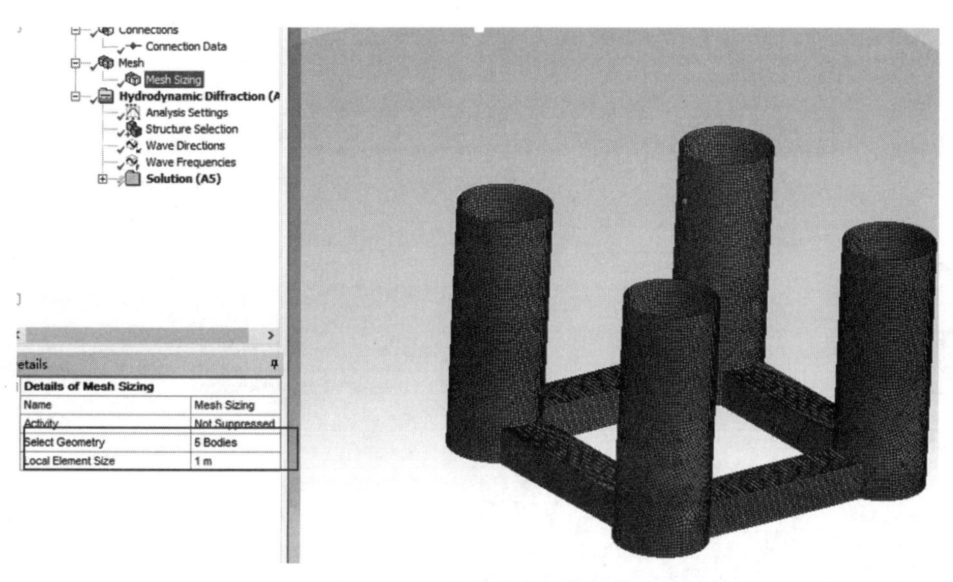

图 3.115　对船体进行网格划分

在 Analysis Settings 中设置不考虑波面（Wave Grid），忽略建模警告，使用近场法计算二阶力，不计算全 QTF 矩阵，如图 3.116（a）所示。

在 Wave Direction 中设置波浪浪向步长 45°如图 3.116（b）所示。在 Wave Frequency 中设置最大计算周期为 32s，最小周期由程序控制，计算周期个数为 50 个，如图 3.117（a）所示。

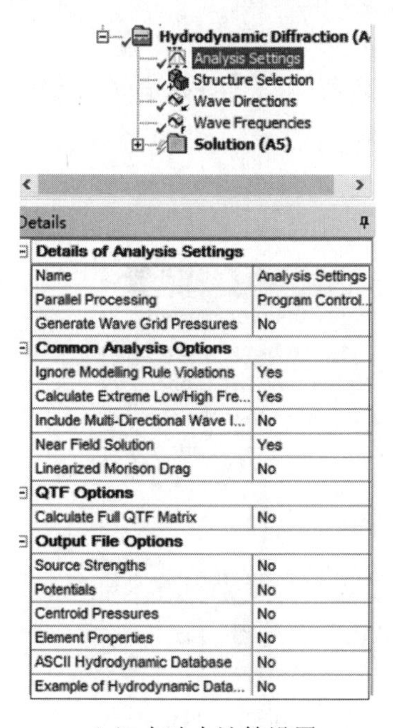

（a）水动力计算设置　　　　（b）波浪方向设置

图 3.116　水动力计算和波浪方向设置

设置完毕后在 Solution 上右击 Insert Result 新建静水力结果，如图 3.117（b）所示。单击 Hydrostatic，选择 Structure 为 TLP。

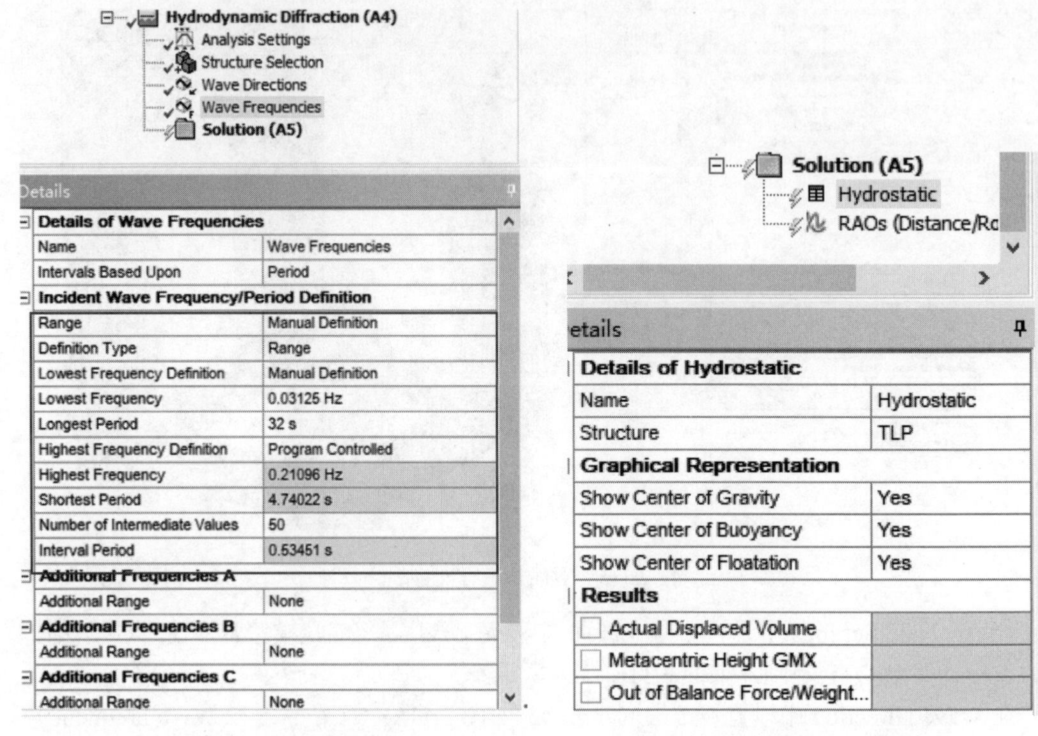

（a）设置水动力计算周期　　（b）添加静水力计算结果

图 3.117　设置水动力计算周期和添加静水力计算结果

右击 Solution→Solve Hydrostatic，程序会报错，显示目前模型网格数超过了限制。目前 AQWA 程序最多允许 4 万个单元，如图 3.118 所示。

	Text	As
Error	Hydrostatic Solve aborted	Pr
Error	The Aqwa Core Solver stopped unexpectedly	Pr
Error	NUMBER OF ELEMENTS EXCEEDED - MAXIMUM= 40000	Pr
Error	The Highest defined Wave Frequency (0.5 Hz) is higher than the maximur	Pr
Error	When sorted by ascending order, the difference between frequencies 1 (	Pr
Error	The Lowest defined Wave Frequency (0.25 Hz) is higher than the Highest	Pr
Error	The Lowest defined Wave Frequency (0.33333 Hz) is higher than the High	Pr
Error	The Lowest defined Wave Frequency (0.5 Hz) is higher than the Highest c	Pr

图 3.118　报错信息显示模型单元数超过程序允许值

由于目前 Workbench 不支持 1/4 模型和 1/2 模型，无法通过设置模型对称来降低单元数量，同时程序对于网格数量限制严格，实际上我们无法像经典 AQWA 那样方便地实现小周期的计算以及实现计算效率的提高。

在 Mesh Sizing 中重新调整网格大小为 2m，重新生成网格，如图 3.119 所示。

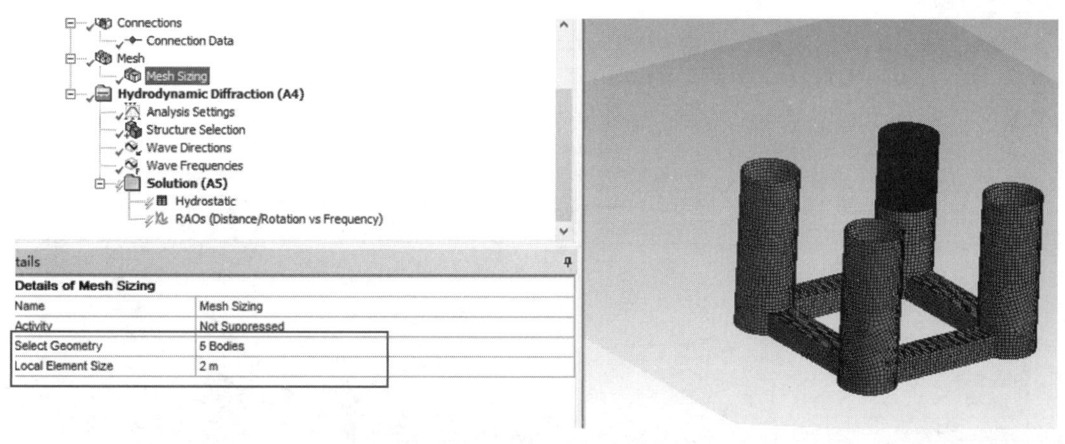

图 3.119　重新生成 2m 大小网格

右击 solution hydrostatic 程序会出现警告，提示重量小于排水量，如图 3.120 所示。

	Text
Info	A full solve needs to be performed to enable evaluation of this result
Info	Mass/displaced mass are significantly different for Structure#1 . Differen
Warninc	108 MODELLING RULE #2 VIOLATIONS IGNORED BY GOON OPTION
Warninc	8 MODELLING RULE #1 VIOLATIONS IGNORED BY GOON OPTION
Info	12 CORES ARE USED FOR PARALLEL CALCULATION
Info	New Assembly Attached

图 3.120　报错信息显示重量小于排水量

打开 Hydrostatic 结果（图 3.121）可以看到排水量为 $42457m^3$，这里指定的排水体积为 $32000m^3$。横摇、纵摇、艏摇刚度在 Workbench 中的单位为 Nm/°，而在经典 AQWA 中为 Nm/rad，这一点需要特别注意。

Hydrostatic Results

Structure		Surface Body				
Hydrostatic Stiffness						
Center of Gravity (CoG) Position:	X:	0. m	Y:	0. m	Z:	9.75 m
		Z		RX		RY
Heave (Z):		11368539 N/m		89.551689 N/°		-368.86206 N/°
Roll (RX):		5130.9341 N.m/m		-43268112 N.m/°		-4038.7947 N.m/°
Pitch (RY):		-21134.24 N.m/m		-4038.7947 N.m/°		-43267232 N.m/°
Hydrostatic Displacement Properties						
Actual Volumetric Displacement:		42457.27 m³				
Equivalent Volumetric Displacement:		32009.756 m³				
Center of Buoyancy (CoB) Position:	X:	1.2813e-3 m	Y:	4.6937e-4 m	Z:	-16.803288 m
Out of Balance Forces/Weight:	FX:	-1.2676e-7	FY:	-3.764e-10	FZ:	0.3263794
Out of Balance Moments/Weight:	MX:	6.367e-4 m	MY:	-1.6723e-3 m	MZ:	-5.983e-6 m
Cut Water Plane Properties						
Cut Water Plane Area:		1130.9935 m²				
Center of Floatation:	X:	1.859e-3 m	Y:	4.5133e-4 m		
Principal 2nd Moments of Area:	X:	880729.5 m⁴	Y:	880775.69 m⁴		
Angle between Principal X Axis and Global X Axis:		-41.900997°				
Small Angle Stability Parameters		*with respect to Principal Axes*				
CoG to CoB (BG):		26.553288 m				
Metacentric Heights (GMX/GMY):		-5.8093834 m		-5.8082962 m		
CoB to Metacentre (BMX/BMY):		20.743904 m		20.744991 m		
Restoring Moments (MX/MY):		-43271704 N.m/°		-43263608 N.m/°		

图 3.121　静水力计算结果汇总

对计算模型添加等效线性刚度和附加阻尼。

在 Geometry 的 TLP 上右击添加附加静水刚度（Additional Hydrostatic Stiffness）。将 3.3 节等效线性刚度主对角线内容换算后填入表格，如图 3.122 所示。

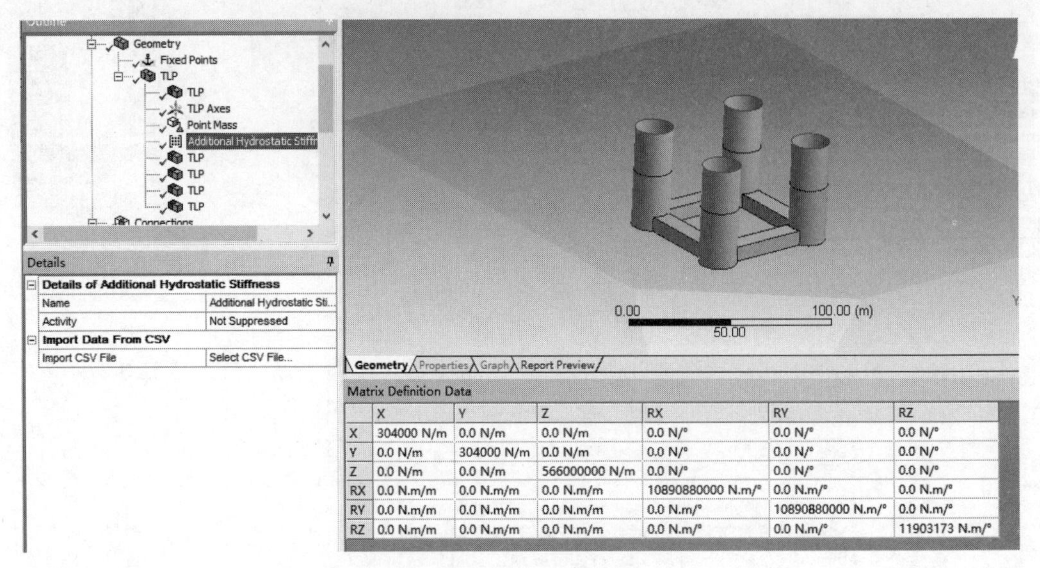

图 3.122　添加附加刚度

在 Geometry 的 TLP 上右击添加附加阻尼（Additional Damping），将 3.3 节附加阻尼主对角线内容换算后填入表格，如图 3.123 所示。

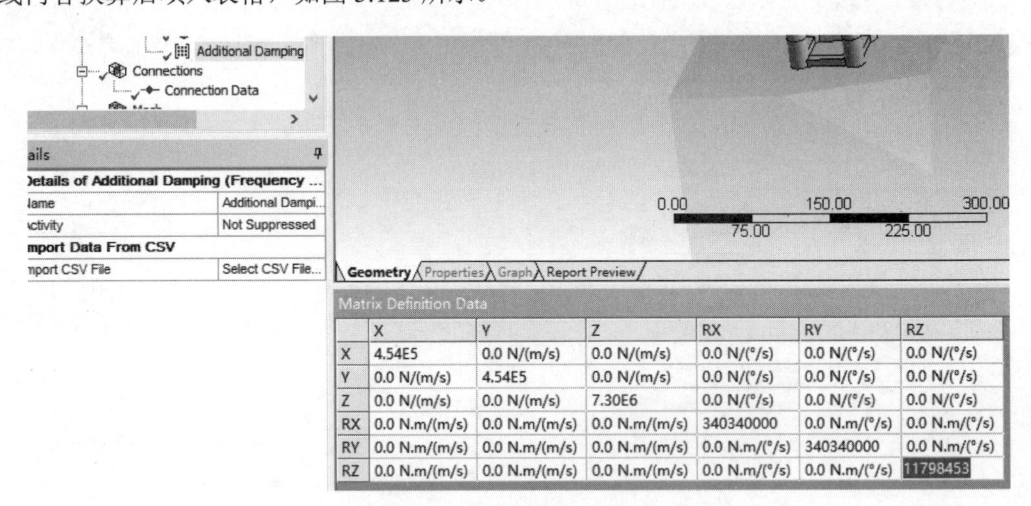

图 3.123　添加附加阻尼

在 Solution 上右击添加运动位移 RAO 曲线结果（Distance/Rotation vs Frequency）。点击 RAOs，定义横坐标为周期（Period），选择 0°浪向的升沉 RAO 和 90°的横摇 RAO 进行显示，如图 3.125（a）所示。

设置完毕后右击 Solution→Solve 进行水动力计算，此时会弹出运行进度条，如图 3.125（b）所示。

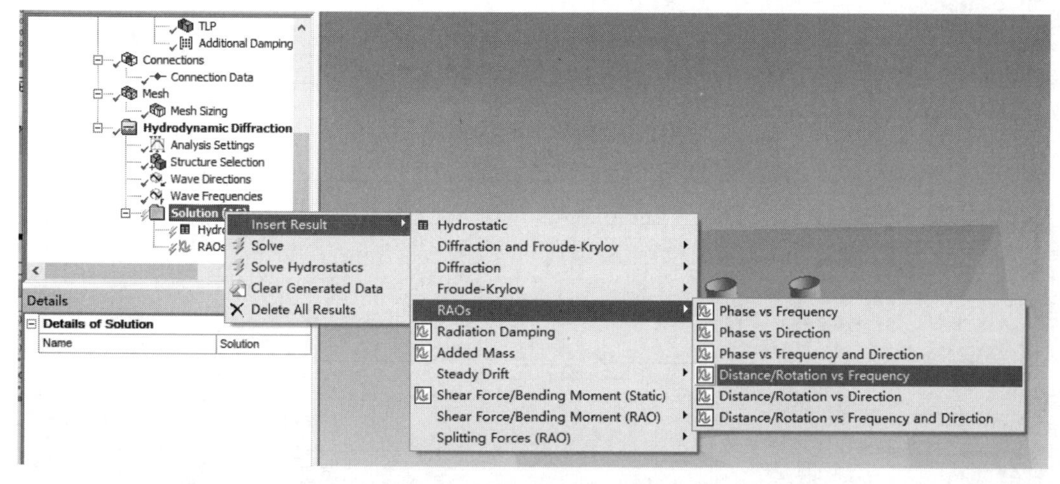

图 3.124　插入横摇 RAO 结果

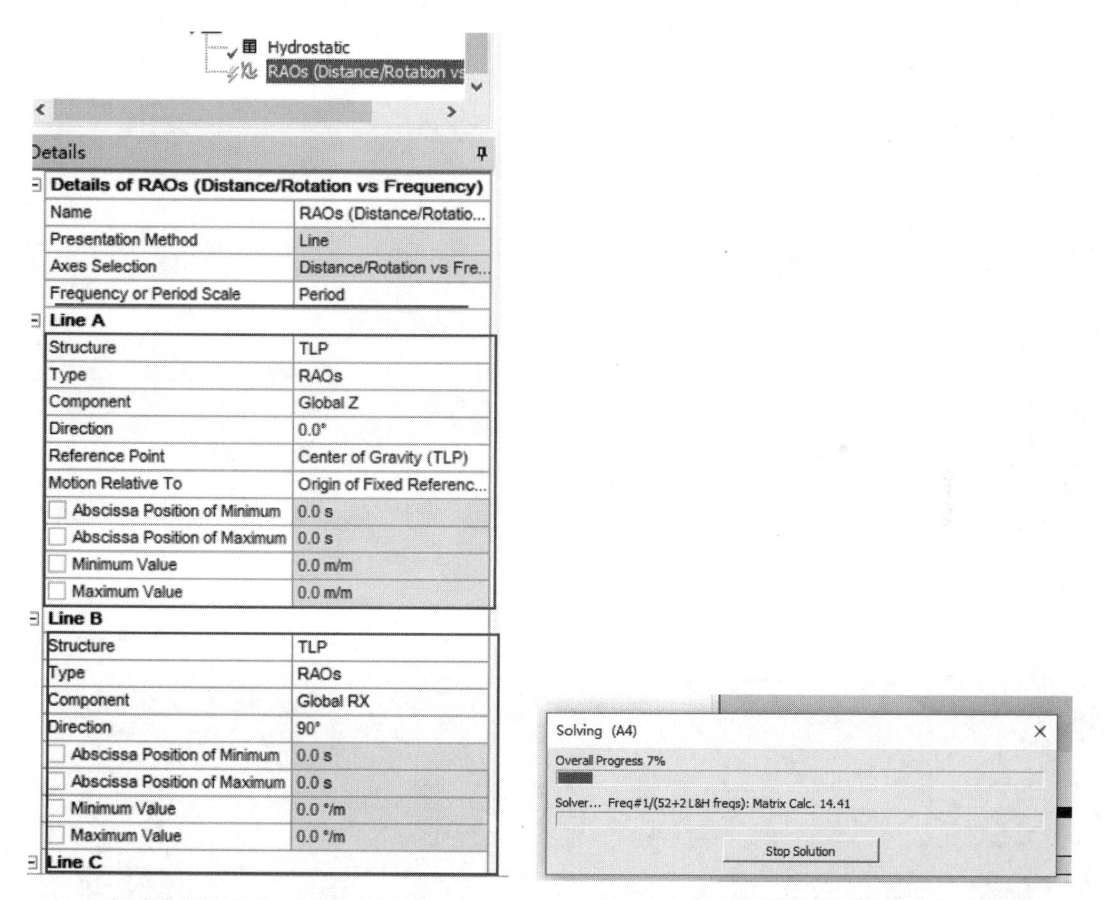

（a）新建升沉运动 RAO 和横摇运动 RAO　　　　（b）水动力分析运行进度条

图 3.125　新建升沉运动 RAO 和横摇运动 RAO 与水动力分析运行进度条

计算完毕后查看运动 RAO 曲线，如图 3.126 所示。将计算结果同 3.5.1 经典 AQWA 结果进行比较如图 3.127 所示，计算结果趋势一致。

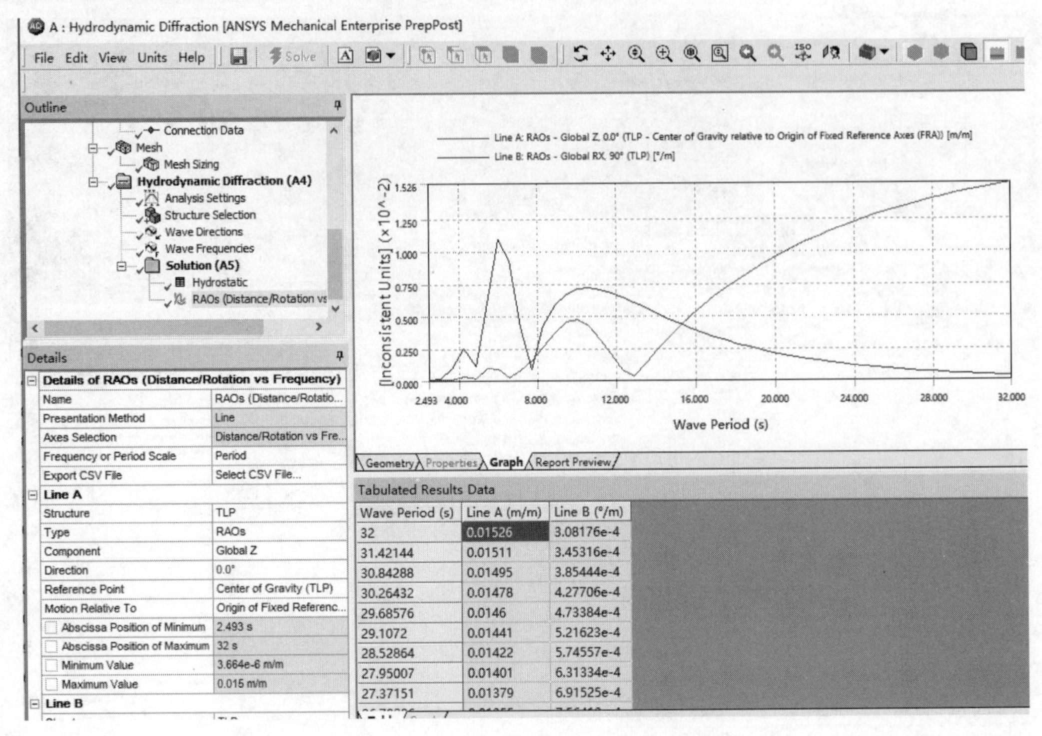

Wave Period (s)	Line A (m/m)	Line B (°/m)
32	0.01526	3.08176e-4
31.42144	0.01511	3.45316e-4
30.84288	0.01495	3.85444e-4
30.26432	0.01478	4.27706e-4
29.68576	0.0146	4.73384e-4
29.1072	0.01441	5.21623e-4
28.52864	0.01422	5.74557e-4
27.95007	0.01401	6.31334e-4
27.37151	0.01379	6.91525e-4

图 3.126　平台升沉与横摇运动 RAO 曲线

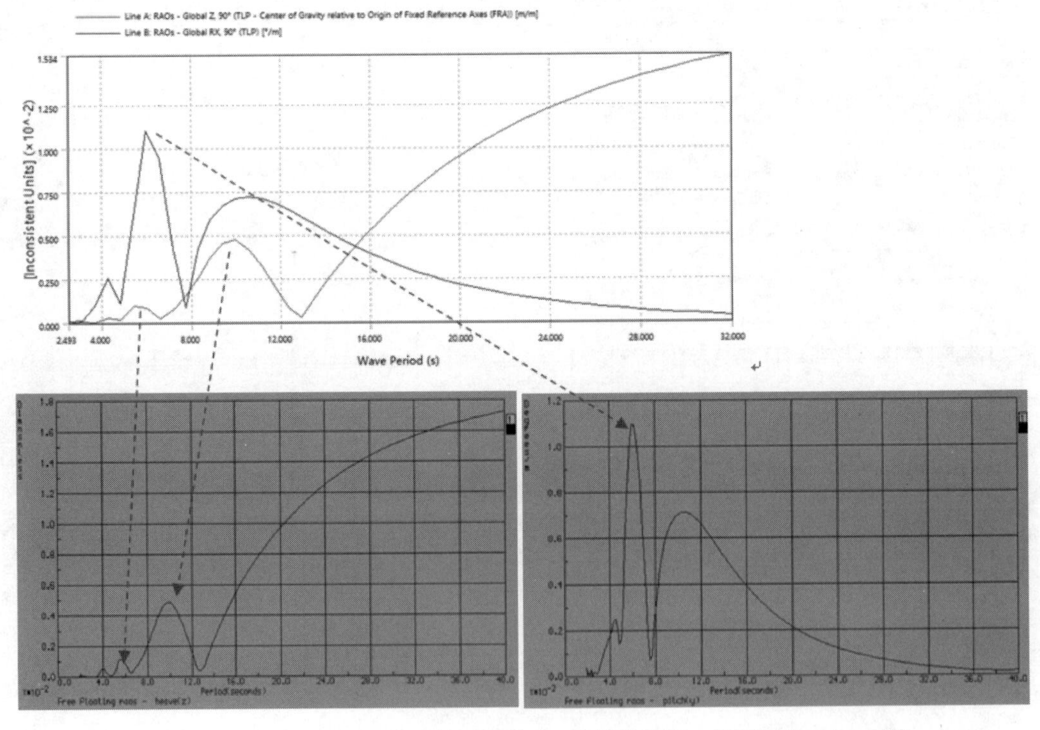

图 3.127　Workbench AQWA 与经典 AQWA 计算的升沉、横摇运动 RAO 对比

3.12.3　耦合分析模型与静平衡计算

拖拽 Hydrodynamic Diffraction 至前一节水动力计算模块下方，如图 3.128 所示。右击 Geometry，打开之前通过 DM 建立的 TLP 几何模型。双击打开 Model，重新设置同样的水动力计算参数，但不添加附加刚度。

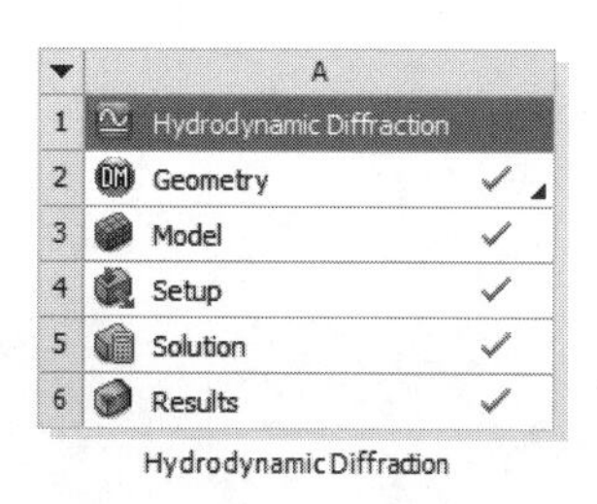

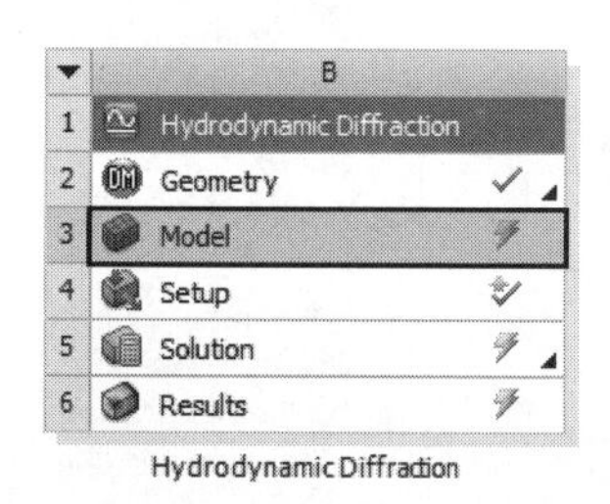

图 3.128　新建水动力分析

参数设置完毕后右击 Solution→Solve。

在 Workbench 界面拖拽 Hydrodynamic Response 至右侧，引用 Geometry、Model 和 Solution，如图 3.129 所示。双击 Setup 打开 AQWA 界面。

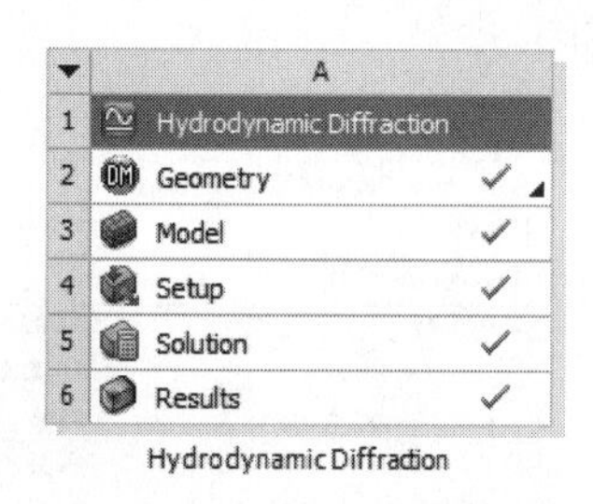

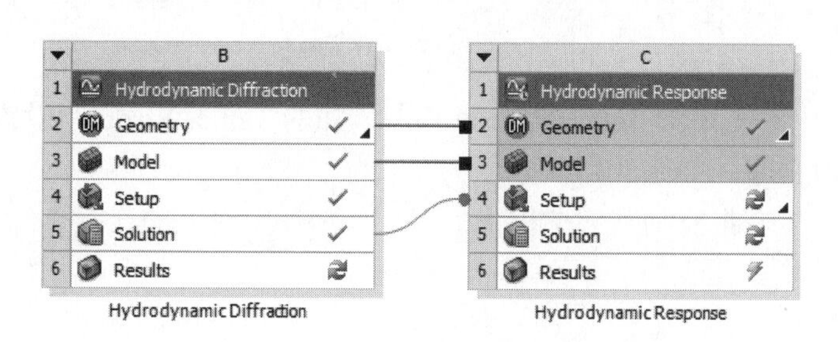

图 3.129　新建 Hydrodynamic Response

在 Fixed Points 上右击添加 8 个固定点，重命名为 bot1～bot8，分别输入表 3.3 的张力腿下端坐标数据。TLP 上右击添加 8 个 Connection Point，重命名为 top1～top8，分别输入表 3.3 的张力腿上端坐标，如图 3.130 所示。

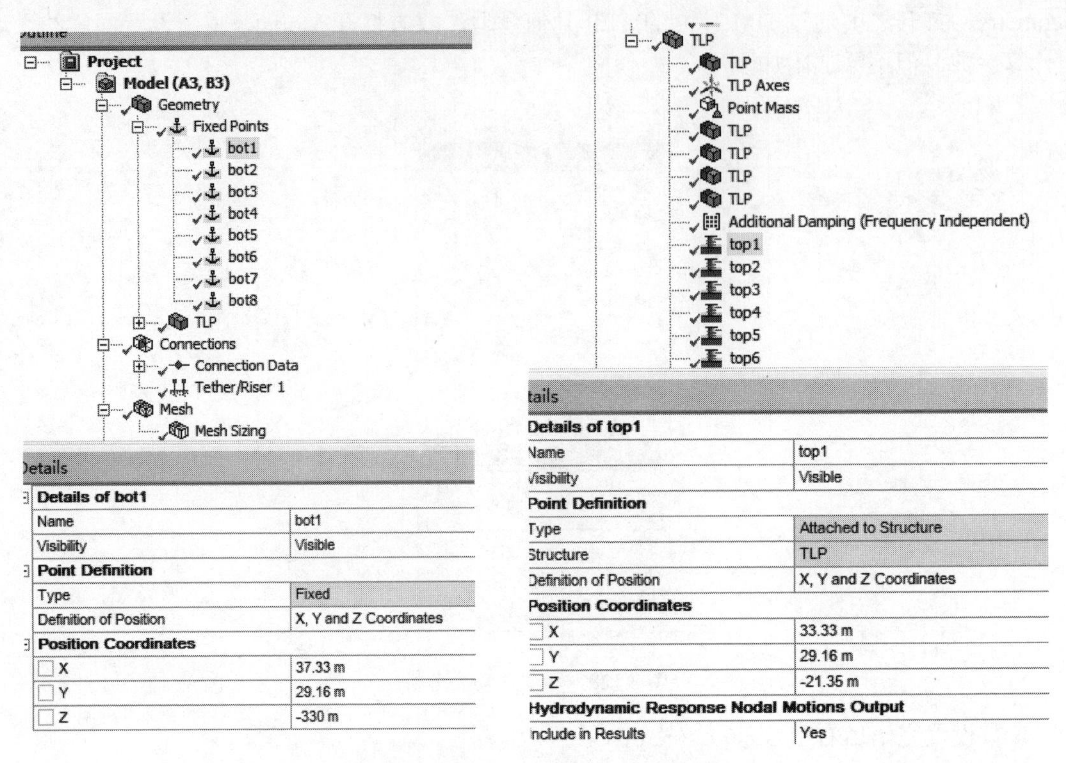

图 3.130　新建张力腿锚点和上端连接点

在 Connections→Connection Data 中新建 Tether/Riser Section1，输入张力腿力学参数，包括密度、杨氏模量、外径和壁厚等，如图 3.131 所示。

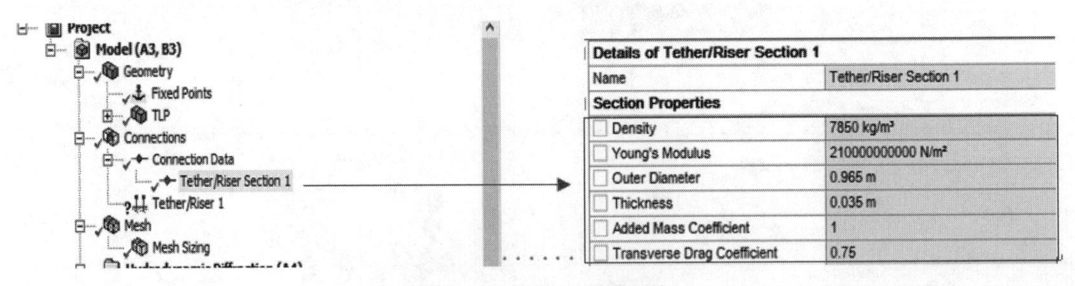

图 3.131　定义张力腿参数

在 Connections 上右击添加 Tether/Riser，点击添加的 Tether/Riser1，设置固定点和船体连接点、长度以及刚度信息，如图 3.132 所示。

在 Tether/Riser1 上右击复制其他 7 根张力腿，分别指定对应的连接点。

定义好的计算模型如图 3.133 所示。

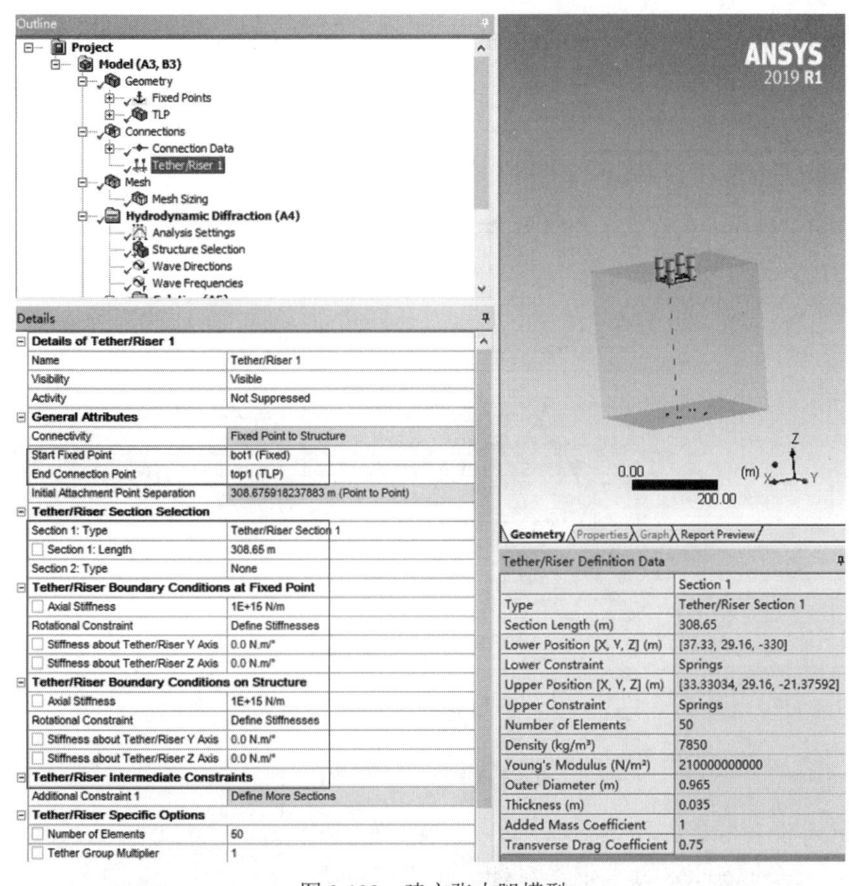

图 3.132　建立张力腿模型

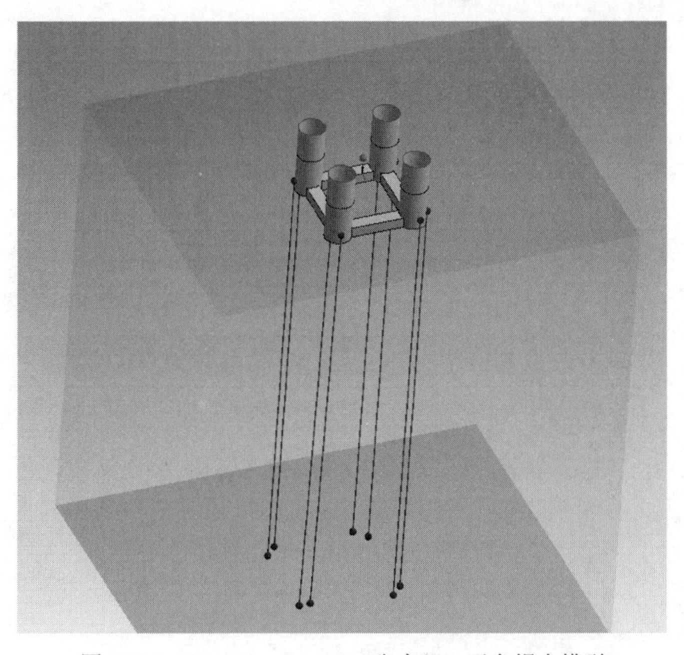

图 3.133　Workbench AQWA 张力腿—平台耦合模型

在 Hydrodynamic Diffraction→Solution 上右击进行水动力计算。

1. 预张力计算

在 Hydrodynamic Response 中的 Analysis Setting 将 Computation Type 切换为 Stability Analysis，其他选项使用默认设置，如图 3.134 所示。

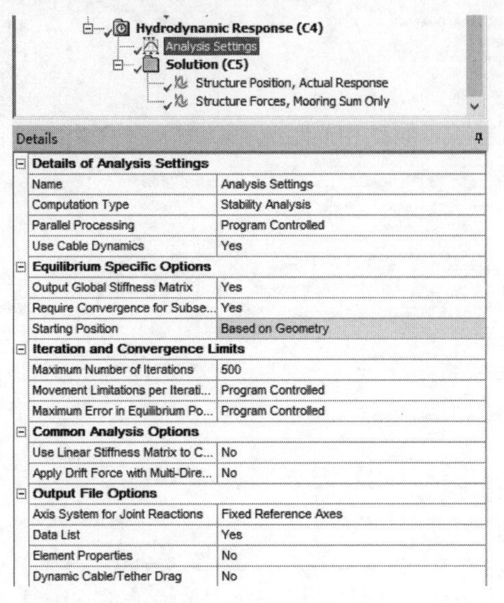

图 3.134　进行分析设置

在 Solution 上右击新建两个结果：曲线结果 1 为 Structure Position, Actual Response，添加两条曲线，对应 Component 分别设置为 Global X 和 Global Z，用于查看静平衡状态下的重心位置；曲线结果 2 为 Structure Forces, Mooring Sum Only，对应 Component 设置为 Global Z，用于查看总预张力，如图 3.135 所示。

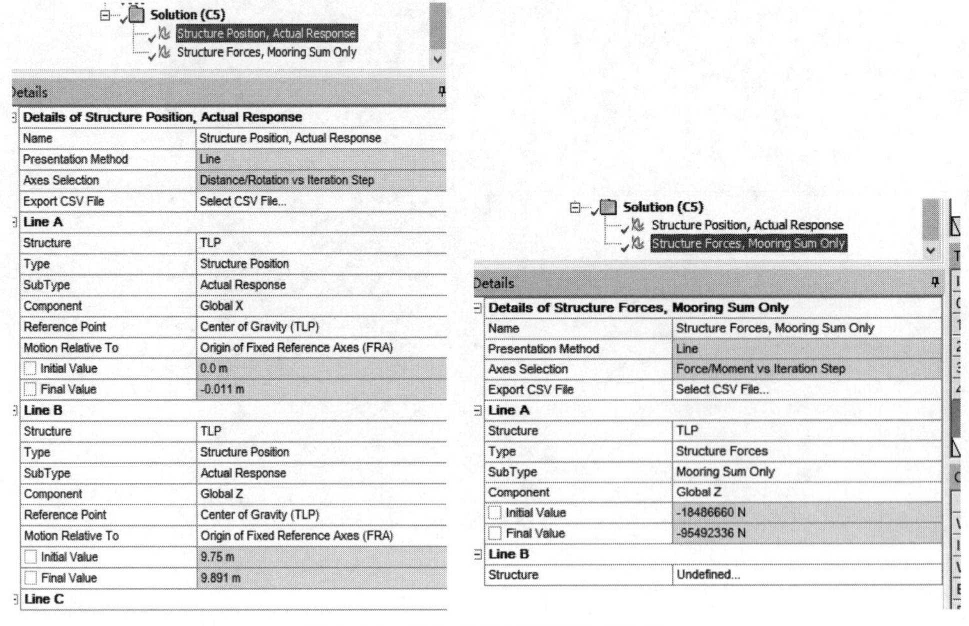

图 3.135　插入位移结果和张力结果

设置完毕后运行程序。计算完毕查看计算结果得知：静平衡状态下Z向重心位置9.89m，总张力为95492.336kN，单根张力腿张力为1216.8t。与要求值重心位置9.75m，预张力1300t有差距，可以通过微调船体重量和张力腿长度来进行调整，这里不再赘述（图3.136）。

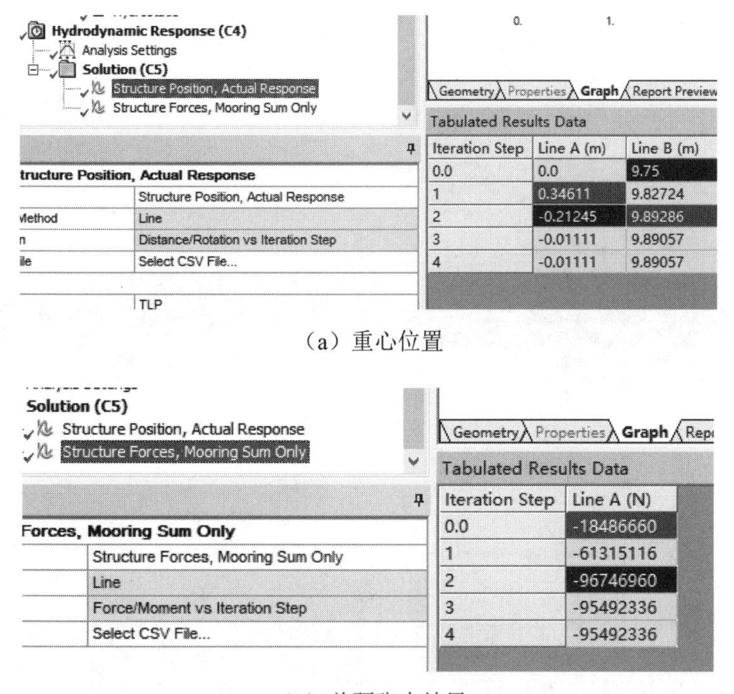

（a）重心位置

（b）总预张力结果

图3.136　平台最终平衡状态重心位置和总预张力结果

2. 重心下沉与平面回复力计算

在Hydrodynamic Response上右击Insert→Starting Position，将Starting Posistion重命名为X+，选定TLP，参考点为top1，设置X坐标为100。这里将平台top1点偏移100m释放来进行静平衡迭代计算，如图3.137所示。

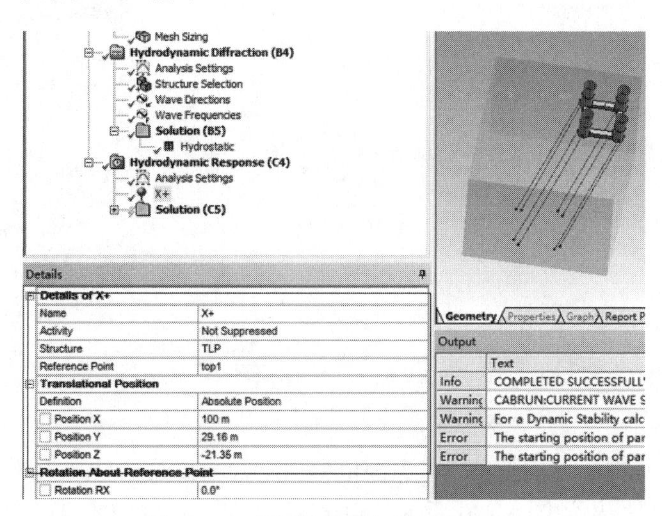

图3.137　设置静平衡初始计算状态

右击 Solution，插入 Structure Position，重命名为 000deg set down，选择输出 Global X 和 Global Z；插入 Structure Force, Mooring Sum Only，重命名为 Restoring Force X，选择输出 Global X 即 X 方向的恢复力曲线，如图 3.138 所示。

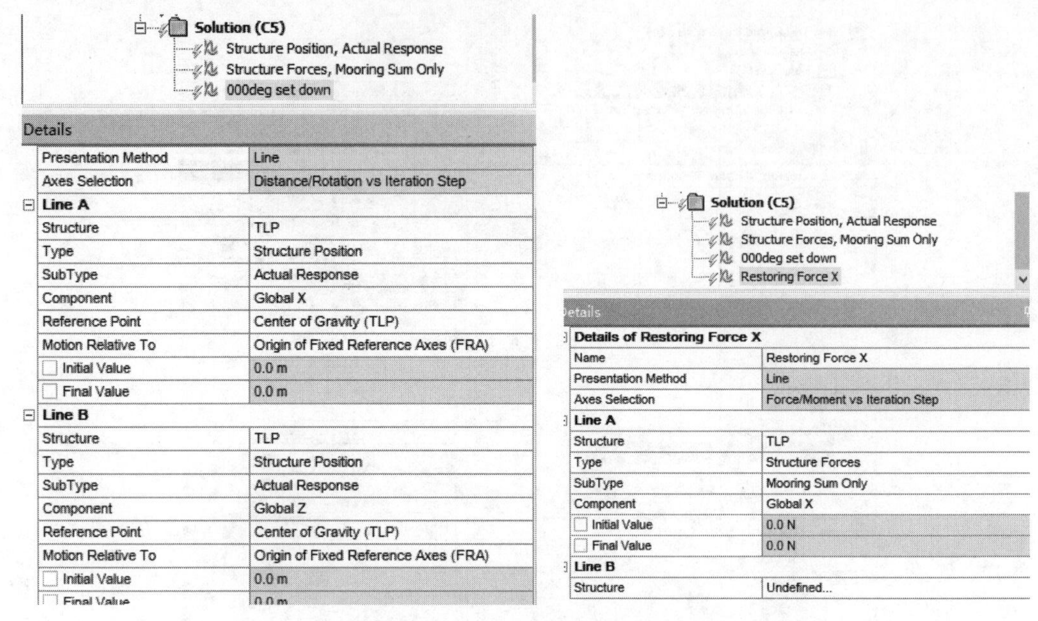

图 3.138　新建重心位置结果与张力腿系统总恢复力结果

右击 Solution→Solve 并查看计算结果，通过设置 Export CSV 将曲线结果输出保存为 CSV 文件，如图 3.139 所示。

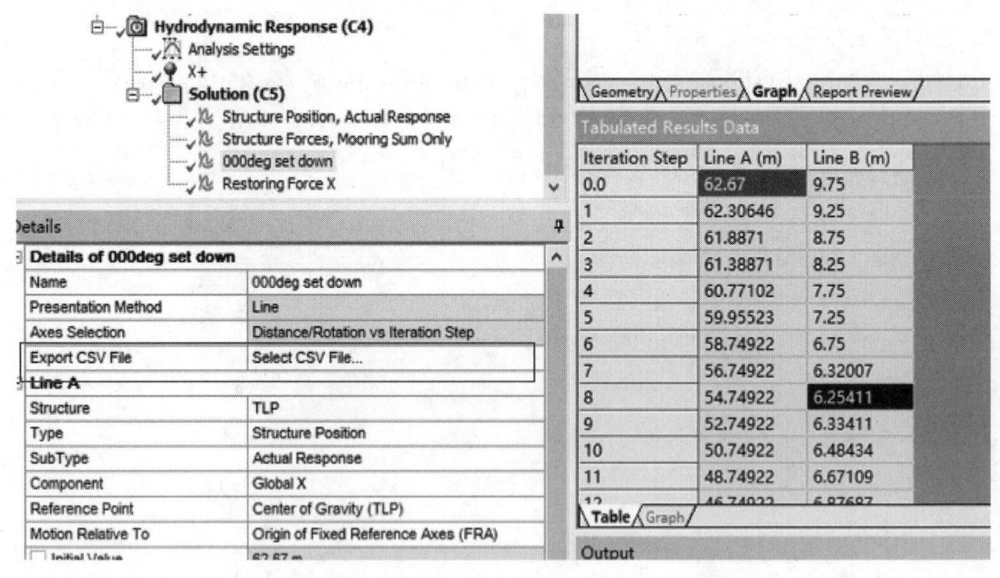

图 3.139　将重心下沉结果输出为 CSV 格式

将静态迭代过程的 X 方向位移、Z 方向位移、X 方向系泊和总张力提取作图，如图 3.140 所示。重心下沉比较结果如图 3.140 所示。由于 Workbench AQWA 张力腿预张力与经典模型有差异，同样偏移情况下的重心下沉结果有差异。

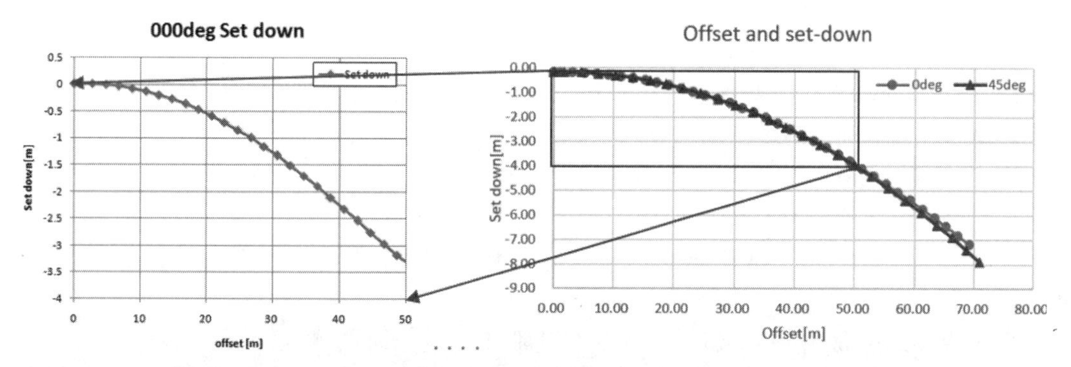

图 3.140 Workbench AQWA（左）与经典 AQWA 重心下沉（右）比较

平面恢复力比较结果如图 3.141 所示。由于 Workbench AQWA 张力腿预张力与经典模型有差异，同样偏移情况下的整体恢复力有差异。

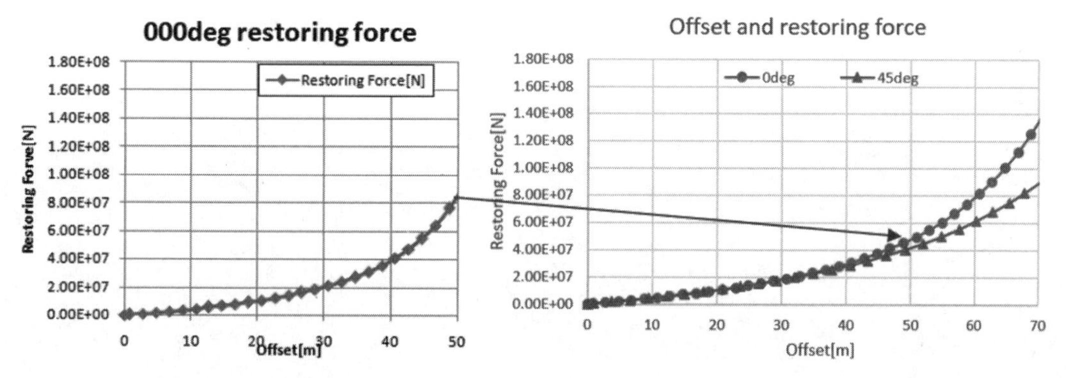

图 3.141 Workbench AQWA（左）与经典 AQWA 平面恢复力（右）比较

3.13 Workbench AQWA 小结

由于 AQWA 对单元数量的限制，一般可采取 1/4 的对称模型进行水动力计算来实现小周期的波浪载荷计算。水动力分析需要考虑张力腿系统的刚度贡献，TLP 的整体水动力计算需要经过多次的数据传递和替换来进行。

Workbench AQWA 不支持对称模型和水动力数据传递，无法实现小周期的水动力计算和水动力数据传递，限制了 Workbench AQWA 的应用范围。

从另一个角度来看，通过 Workbench 可以简化平台水动力模型建模工作和张力腿的建模工作，用户可以考虑使用 Workbench AQWA 来建立前处理模型，随后利用该模型进行一些分析工作。

Workbench AQWA 的工程文件默认保存在用户文件夹下。Dp0 保存了经典 AQWA 模型和对应计算结果，用户可以在这些文件夹下找到相关内容。

练习

1．在经典 AQWA 中对水动力计算模型进行加盖处理，去除掉不规则频率的影响后比较升沉、纵摇方向低周期附近附加质量与辐射阻尼的变化和差异。

2．在经典 AQWA 中计算 22.5°浪向作用下的静平衡位置、时域耦合条件下的张力腿张力响应和平台整体运动响应情况。

3．调整 Workbench 计算模型的排水量，将预张力调整为 1300t，重新计算重心下沉和平面恢复力。

4．在 Workbench 中计算 45°方向平台的重心下沉及平面恢复力。

第4章

User Force

User Force（或者称为 External Force）是 AQWA 调用外部自定义载荷的功能。AQWA 中的 User Force 包含两种类型：

（1）对应每个时刻的时域外部载荷。

（2）通过动态链接库文件或者通过 Python 调用外部载荷。

目前 AQWA 支持调用 Fortran、C 格式动态链接库文件（.dll 文件）和通过 Python 来实现外部载荷的调用。本章介绍如何使用 Fortran 编译动态链接库文件（.dll 文件）和利用 Python 实现外部载荷的定义与调用。

4.1 调用 Fortran 编译的 dll 文件

1. .dll 文件安装位置

供 AQWA 调用的.dll 文件需要放在 ANSYS 安装目录的相应位置。

32 位 Windows 系统，该文件位于以下路径：

/ANSYS Inc\vXXX\aqwa\bin\win32\user_force.dll

64 位 Windows 系统，该文件位于以下路径：

/ANSYS Inc\vXXX\aqwa\bin\winx64\ user_force64.dll

ANSYS19 以后的版本已经不再支持 32 位系统，下面将以 64 位.dll 文件的使用为例介绍 Fortran 动态链接库文件的调用。

2. 调用步骤与方式

（1）通过 Fortran 编译好 user_force64.dll，将该文件放置在对应文件夹位置。

注意：在将 user_force64.dll 拷贝到对应文件夹替换原文件之前，必须对原安装目录下的 user_force64.dll 进行备份。

（2）在时域分析模型文件*.dat 的 OPTION 位置添加 FDLL 选项。

FDLL 作用是调用 user_force64.dll，该选项适用于时域分析（AQWA Drift 或者 Naut）。

（3）时域分析模型文件*.dat 的 Category 10 中添加命令 RUFC/IUFC。

RUFC 用于定义实数型参数。IUFC 用于定义整数型参数。参数必须与 dll 文件中的控制参数相对应。AQWA 最多接受 100 个整型参数和 100 个实数型参数。

RUFC/IUFC 命令后输入参数序号，随后输入控制参数数值，注意要对应 RUFC/IUFC 的类型。

举例：

10RUFC   1   4   20000   120000   5.1   0

这里有 4 个参数，分别为 20000、120000、5.1、0，均为实数型。

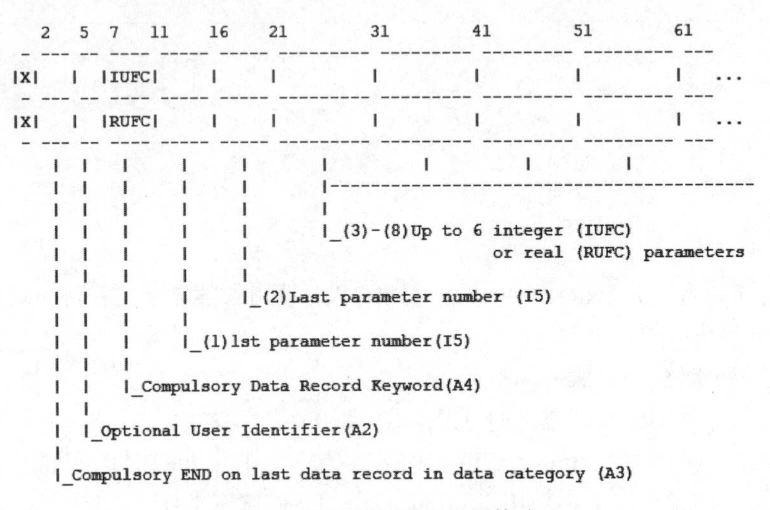

图 4.1　IUFC/RUFC 设置格式

（4）在 Category10 中输入参数后运行模型文件进行调试。

3. 结果输出与查看

在 Category18 中输入以下参数：

18PRNT   1   34

1 对应结构代号 1，34 代表 External Force。成功运行之后 External Force 将输出和保存到 lis 文件和 plt 文件。

4.2　Fortran User Force 代码形式

AQWA 在帮助文件中给出了如何利用 Fortran 编写 User Force 的基本说明，这里对其进行简单的解释。

Fortran 编辑的.dll 文件源代码形式如下：

```
------------------------------------------------------------------------------------------------
SUBROUTINE USER_FORCE(MODE,I_CONTROL,R_CONTROL,NSTRUC,TIME,TIMESTEP,STAGE, &
                      POSITION,VELOCITY,COG, &
                      FORCE,ADDMASS,ERRORFLAG)

!DECLARATION TO MAKE USER_FORCE PUBLIC WITH UN-MANGLED NAME
```

```
!DEC$ attributes dllexport , STDCALL , ALIAS : "USER_FORCE" :: user_force
!DEC$ ATTRIBUTES REFERENCE :: I_CONTROL, R_CONTROL
!DEC$ ATTRIBUTES REFERENCE :: POSITION, VELOCITY, COG, FORCE, ADDMASS
!DEC$ ATTRIBUTES REFERENCE :: MODE, NSTRUC, TIME, TIMESTEP, STAGE
!DEC$ ATTRIBUTES REFERENCE :: ERRORFLAG
```

函数名为 USER_FORCE，包括对应输入变量和输出变量。

!DEC$为编译指导（Compiler Directives），必须保留，其实现的功能是完成 Fortran 与 C 之间的参数传递，这些内容在编辑过程中不可删除。

```
IMPLICIT NONE
!
INTEGER MODE, NSTRUC, STAGE, ERRORFLAG
REAL TIME, TIMESTEP
INTEGER, DIMENSION (100) :: I_CONTROL
REAL, DIMENSION (100) :: R_CONTROL
REAL, DIMENSION (3,NSTRUC) :: COG
REAL, DIMENSION (6,NSTRUC) :: POSITION, VELOCITY, FORCE
REAL, DIMENSION (6,6,NSTRUC) :: ADDMASS
```

输入变量参数包括：

MODE(Int)：mode（运行模式）。

Mode(0)，运行初始化；Mode(1)开始运行；Mode(99)运行结束。

I_CONTROL(100) & R_CONTROL(100)：I_CONTROL、R_CONTROL 为定义的控制参数。

NSTRUC(Int)：NSTRUC 为分析中对应的结构数量。

TIME：时域模拟时间。

TIMESTEP：时域模拟步长。

STAGE(Int)：时域计算阶段。

AQWA 的时域计算基于两阶段 Predictor Corrector 法，两个阶段分别对应 STAGE=1 和 STAGE=2。涉及复杂的时域分析时，对应每个时间步需要调用两次 USER_FORCE，分别对应 STAGE1 和 STAGE2，如：

```
CALL USER_FORCE(.....,TIME=0.0,TIMESTEP=1.0,STAGE=1 ...)
CALL USER_FORCE(.....,TIME=0.0,TIMESTEP=1.0,STAGE=2 ...)
CALL USER_FORCE(.....,TIME=1.0,TIMESTEP=1.0,STAGE=1 ...)
CALL USER_FORCE(.....,TIME=1.0,TIMESTEP=1.0,STAGE=2 ...)
CALL USER_FORCE(.....,TIME=2.0,TIMESTEP=1.0,STAGE=1 ...)
CALL USER_FORCE(.....,TIME=2.0,TIMESTEP=1.0,STAGE=2 ...)
```

COG(3,NSTRUC)：COG 对应结构物代号的重心位置(X,Y,Z)。

POSITION(6,NSTRUC)：POSITION 为对应结构物代号的、在全局坐标系下的位置（6 个自由度），角度单位为弧度。

VELOCITY(6,NSTRUC)：VELOCITY 为对应结构物代号的、在全局坐标系下的速度（6 个自由度），角速度单位为弧度/秒。

输出变量包括：FORCE 对应结构物代号的、在全局坐标系下的载荷；ADDMASS 对应结构物代号的附加质量；ERRORFLAG 为报错标记用于调试使用。一个简单的示例：

```
!------------------------------------------------------------------------
! MODE=0 – 初始化
```

```
        IF (MODE.EQ.0) THEN
  CONTINUE
!-------------------------------------------------------------------
! MODE=1 –运行
!-------------------------------------------------------------------
        ELSEIF (MODE.EQ.1) THEN
            FORCE = (-1.0E6 * POSITION) - (2.0E5 * VELOCITY)
            ADDMASS = 0
            ERRORFLAG = 0
!-------------------------------------------------------------------
! MODE=99 – 运行结束
!-------------------------------------------------------------------
!         ELSEIF (MODE.EQ.99) THEN
!-------------------------------------------------------------------
! MODE# ERROR –输出报错信息
!-------------------------------------------------------------------
        ELSE
        ENDIF
        RETURN
END SUBROUTINE USER_FORCE
```

4.3 Fortran User Force 示例

一个简单的例子介绍经典 AQWA 如何调用 Fortran 编译的.dll 文件。模型实现的功能是为不规则波作用下的驳船添加恢复力（类似于动力定位），使其能够在一定范围内保持位置。

基本公式：

$$F_{xt} = -F_{x-mean} + C_x \Delta x + b_x \Delta x' + \frac{i_{xt}}{T_{\text{int}}} \int \Delta x \text{d}t + F_{x-w} \tag{5.1}$$

$$F_{yt} = -F_{y-mean} + C_y \Delta y + b_y \Delta y' + \frac{i_{yt}}{T_{\text{int}}} \int \Delta y \text{d}t + F_{y-w} \tag{5.2}$$

$$M_{\gamma t} = -M_{\gamma-mean} + C_\gamma \Delta \gamma + b_\gamma \Delta \gamma' + \frac{i_{\gamma t}}{T_{\text{int}}} \int \Delta \gamma \text{d}t + M_{\gamma-w} \tag{5.3}$$

式中，$F_{x\text{-}mean}$、$F_{y\text{-}mean}$、$M_{\gamma\text{-}mean}$为平均环境力（力矩）；C_x、C_y、C_γ为与位移相关的比例增益；b_x、b_y、b_γ为与速度相关的微分增益；i_{xt}、i_{yt}、$i_{\gamma t}$为积分增益。Δx、Δy、$\Delta \gamma$ 为当前位置与定位要求位置的偏差；$\Delta x'$、$\Delta y'$、$\Delta \gamma'$速度的偏差；$F_{x\text{-}w}$、$F_{y\text{-}w}$、$M_{\gamma\text{-}w}$为风前馈的力。

在本例子中仅考虑平均波浪力、比例增益和微分增益，忽略其他项。

1．计算模型

目标计算模型为一艘驳船，驳船主尺度长×宽×深为 100m×24m×12m，吃水 8m。模型原点位于船艏，网格大小为 2m。

使用 ANSYS APDL 建立模型并将模型输出，如图 4.2 所示。将模型重命名为 barge_UF.dat。

新建 User_force 文件夹，在其中新建 fortran_dll 文件夹。新建 aqwa 文件夹，将模型文件放置在该文件夹中。

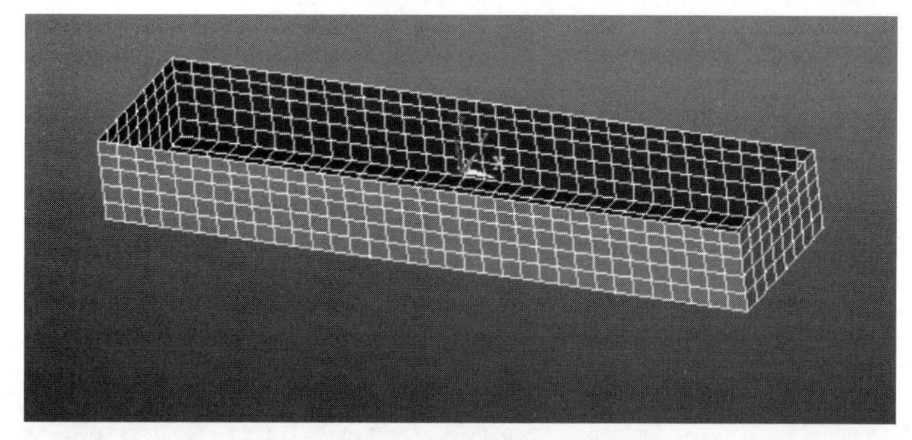

图 4.2　驳船模型

打开模型文件，在 OPTION 位置添加 GOON，将 RESTART　1　2 改为 1　3。

```
JOB AQWA  LINE
TITLE
OPTIONS REST GOON END
RESTART    1   3
```

将 Category6 位置的波浪方向修改步长 90°，如图 4.3 所示。不对文件其他位置进行修改，运行 barge_UF.dat 文件。

```
   03     MATE * Material properties (may need editing)
   03              1 1.968E+07
END03
*
   04     GEOM * Geometric properties (may need editing)
   04PMAS          1 1.310E+09      0.00       0.00 1.230E+10       0.00 1.330E+10
END04
*
   05     GLOB * Global analysis parameters (may need editing)
   05DPTH     1000.0
   05DENS 1.025E+03
END05ACCG      9.810
*
   06     FDR1 * Frequencies and directions (may need editing)
   06FREQ        20        0.2        1.7
END06DIRN     1    5    -180.0       -90          0        90     180.0
   07     NONE
   08     NONE
```

图 4.3　对 barge_UF.dat 进行修改

新建 eqp.dat 文件，用于计算静态载荷。在 OPTION 位置添加 PBIS 用于输出静态载荷迭代过程，在 Category12 锁定驳船的 6 个方向运动，定义环境条件为有义波高 H_s=2.0m，γ=1，T_p=7s，波浪方向为 0°。定义船体的起始位置为原点，如图 4.4 所示。

输入完毕后运行 eqp.dat 文件。

```
JOB TLP1  LIBR
TITLE                          barge
OPTIONS REST PBIS END
RESTART    4  5       barge_UF
    09     NONE
    10     NONE
    11     NONE
    12     CONS
    12DACF     1    1
    12DACF     1    2
    12DACF     1    3
    12DACF     1    4
    12DACF     1    5
 END12DACF     1    6
    13     SPEC
    13SPDN                  0
 END13JONH              0.300     2.0000        1.0      2.00      0.8976
    14     NONE
    15     STRT
 END15POS1              0.000       0.00       0.00     0.000      0.000      0.000
    16     LMTS
 END16MXNI         1000
```

图 4.4　锁定驳船状态，定义静平衡计算环境条件及计算初始位置

打开 eqp.lis 查看静态迭代结果，计算结果显示波浪定常力为 4.2364E+04 N（图 4.5）。

```
2    1    POSITION             0.0000        0.0000        0.0000         0.0000        0.0000        0.0000
          GRAVITY          0.0000E+00    0.0000E+00   -1.9306E+08     0.0000E+00    0.0000E+00    0.0000E+00
          HYDROSTATIC     -1.1719E+00    6.1875E+00    1.9306E+08    -2.4062E+00    6.4000E+01   -2.4500E+01
          CURRENT DRAG     0.0000E+00    0.0000E+00    0.0000E+00     0.0000E+00    0.0000E+00    0.0000E+00
          WIND             0.0000E+00    0.0000E+00    0.0000E+00     0.0000E+00    0.0000E+00    0.0000E+00
          DRIFT            4.2364E+04    4.3121E-04    0.0000E+00     0.0000E+00    0.0000E+00   -1.4714E-02
          MOORING          0.0000E+00    0.0000E+00    0.0000E+00     0.0000E+00    0.0000E+00    0.0000E+00
          THRUSTER         0.0000E+00    0.0000E+00    0.0000E+00     0.0000E+00    0.0000E+00    0.0000E+00
          TOTAL FORCE      4.2363E+04    6.1879E+00    8.0000E+01    -2.4062E+00    6.4000E+01   -2.4515E+01
```

图 4.5　静平衡计算给出的静力载荷

新建 drift.dat，用于时域计算，输入以下内容（图 4.6）。

在 JOB 位置采用默认设置，不输入 WFRQ，此时程序运行仅考虑低频波浪载荷的作用。

在 OPTION 中添加 FDLL，调用 dll 文件。

在 Category10 中添加命令：

```
10RUFC    1    3   4.2364E+4        2E5        1E5
```

这里定义 3 个参数：静态波浪载荷为 4.2364E+04N、比例增益为 2E+05N/m、微分增益为 1E+05N/$(m/s)^2$。在 Category16 中定义时域模拟步数为 40000 步，步长为 0.2s，总的模拟时间 8000s。在 PROP 中添加 PRNT 行，输入：

```
18PRNT    1    34
```

将 External Force 保存到 lis 文件和 plt 文件中。

2. Fortran dll 文件的生成

这里使用 Microsoft Visual Studio 进行 Fortran dll 文件的编译。Fortran 编译器为 IVF11（Intel Visual Fortran）。

在 Visal Studio 中新建 Fortran 动态链接库项目，命名为 User_Force64。

```
JOB TEST  DRIF
TITLE                     barge test
OPTIONS REST GOON FDLL END
RESTART   4  5      barge_UF
    09     NONE
    10     HLD1
    10RUFC     1     3 4.2364E+4       2E5       1E5
 END10
    10     FINI
    11     NONE
    12     NONE
    13     SPEC
    13SPDN                  0
 END13JONH             0.300    2.0000       1.0      2.00      0.8976
    14     NONE
    15     STRT
 END15POS1                  0         0         0
    16     TINT
 END16TIME      40000   0.2
    17     NONE
    18     PROP
    18PRNT     1    34
    18PPRV 1
 END18PREV99999
    19     NONE
    20     NONE
```

图 4.6　定义 drift.dat 文件

（1）配置 64 位编译环境。在项目管理栏中右击 User Force 选择“属性”，点击配置管理器，点击活动解决方案平台，新建×64 的编译环境，单击“确定”按钮，如图 4.7 所示。

将配置设置为活动（Release）（图 4.8）。

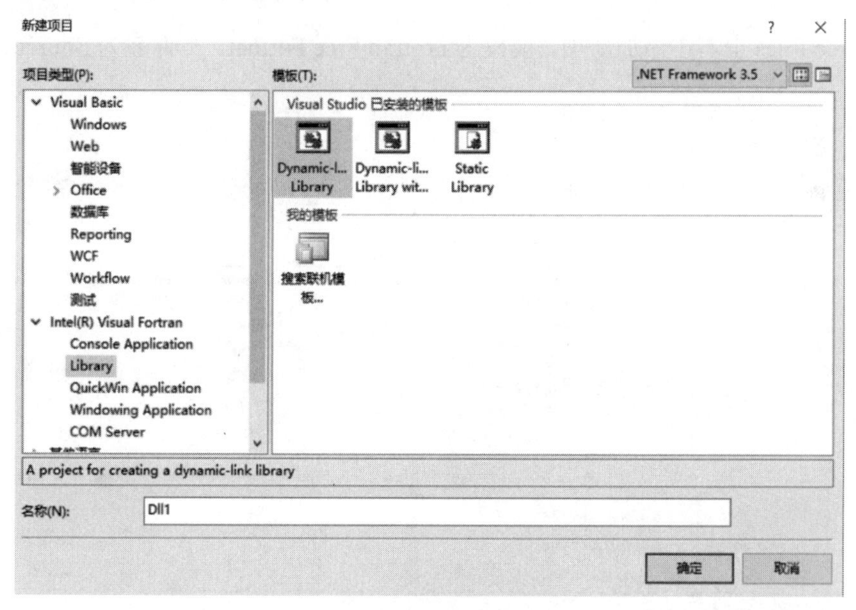

图 4.7　选择动态链接库模板

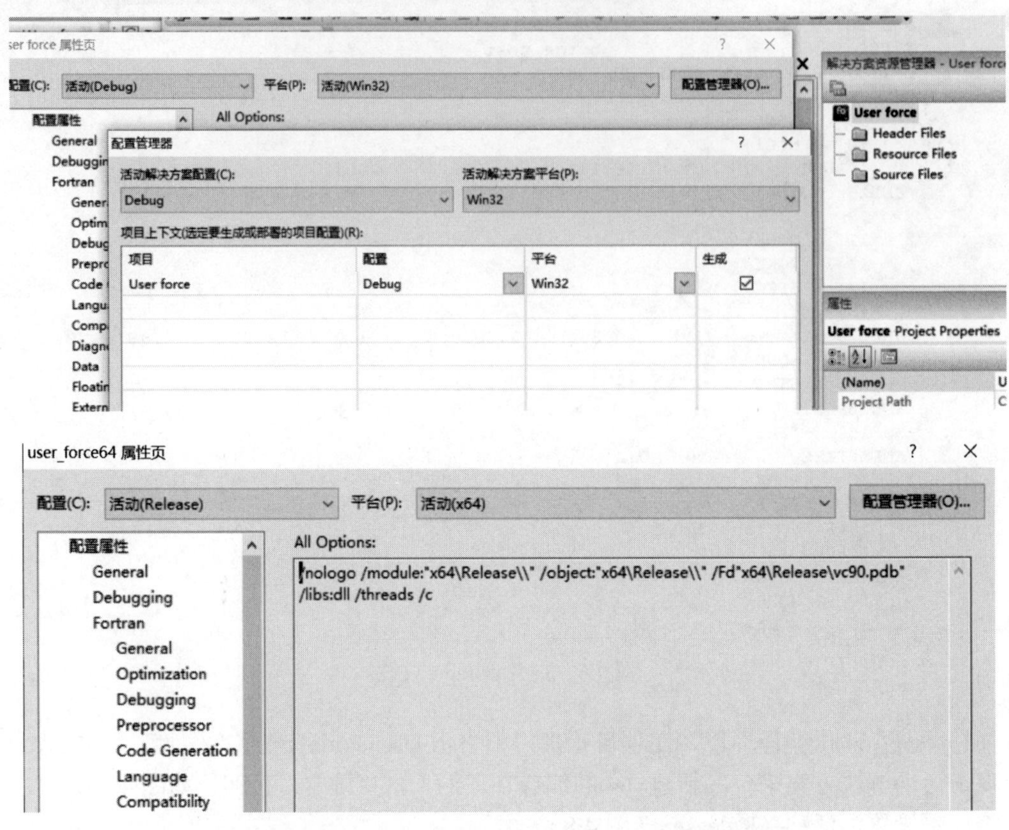

图 4.8　将配置切换为活动（Release），将平台切换为活动（x64）

在 Source Files 上右击添加新项，模板为 Fortran Free Format，文件名为 Source1.f90，如图 4.9 所示。

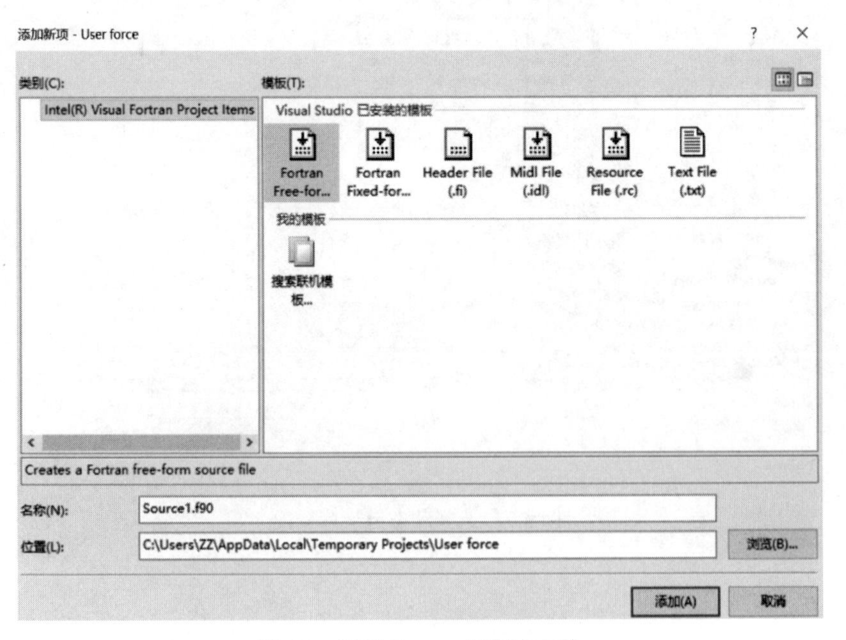

图 4.9　新建 Fortran 源程序文件

（2）编辑 Fortran 代码。在 Source1.f90 中输入以下代码：

```
SUBROUTINE USER_FORCE(MODE,I_CONTROL,R_CONTROL,NSTRUC,TIME,TIMESTEP,STAGE, &
                      POSITION,VELOCITY,COG, &
                      FORCE,ADDMASS,ERRORFLAG)
!
!DECLARATION TO MAKE USER_FORCE PUBLIC WITH UN-MANGLED NAME
!DEC$ attributes dllexport , STDCALL , ALIAS : "USER_FORCE" :: user_force
!DEC$ ATTRIBUTES REFERENCE :: I_CONTROL, R_CONTROL
!DEC$ ATTRIBUTES REFERENCE :: POSITION, VELOCITY, COG, FORCE, ADDMASS
!DEC$ ATTRIBUTES REFERENCE :: MODE, NSTRUC, TIME, TIMESTEP, STAGE
!DEC$ ATTRIBUTES REFERENCE :: ERRORFLAG
!
IMPLICIT NONE
!
INTEGER MODE, NSTRUC, STAGE, ERRORFLAG
!
REAL TIME, TIMESTEP
INTEGER, DIMENSION (100) :: I_CONTROL
REAL, DIMENSION (100) :: R_CONTROL
REAL, DIMENSION (3,NSTRUC) :: COG
REAL, DIMENSION (6,NSTRUC) :: POSITION, VELOCITY, FORCE
REAL, DIMENSION (6,6,NSTRUC) :: ADDMASS
!
IF (MODE.EQ.0) THEN
      CONTINUE
  ELSEIF (MODE.EQ.1) THEN
        FORCE(1,1) = -1*(R_CONTROL(1)+R_CONTROL(2)*POSITION(1,1)+ & R_CONTROL(3)*VELOCITY(1,1))
   ADDMASS= 0.0
   ERRORFLAG = 0
  ELSE
   CONTINUE
ENDIF
RETURN
END SUBROUTINE USER_FORCE
```

FORCE(1,1)为驳船 X（纵荡）方向的受力，R_CONTROL(1)为 X 方向的平均载荷，R_CONTROL(2)为比例增益参数，R_CONTROL(3)为微分增益参数，分别对应 drift.dat 文件中 Category10 中定义的 3 个参数。POSITION(1,1), VELOCITY(1,1)为驳船对应 X 方向在全局坐标系下的位移和速度。

编写完毕后点击生成，重新生成，提示全部重新生成成功，无错误和警告产生，如图 4.10 所示。

找到 AQWA 安装目录的 bin 文件夹下的 user_force64.dll 文件并对其进行备份。

找到工程文件夹下的×64 文件夹下的 Release 文件夹中的 user_force64.dll，将其拷贝至 AQWA 安装目录的 bin 文件夹下替换原有的 user_force64.dll 文件。

保存 VS 工程文件并关闭。

（3）运行模型文件。运行 drift.dat 文件，运行完毕后通过 AGS 打开 drift.plt 文件。

选择 X 方向对应的驳船重心位置位移（Position of COG）、波浪漂移力（Drift Force）和外部载荷（External Force），如图 4.11 所示。

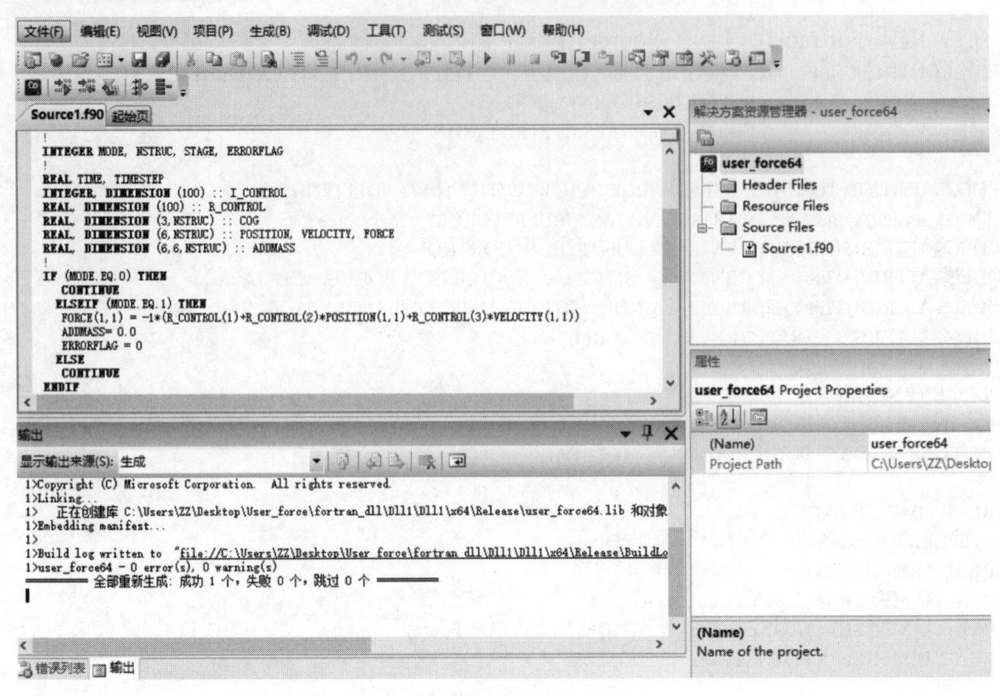

图 4.10 生成动态链接库文件

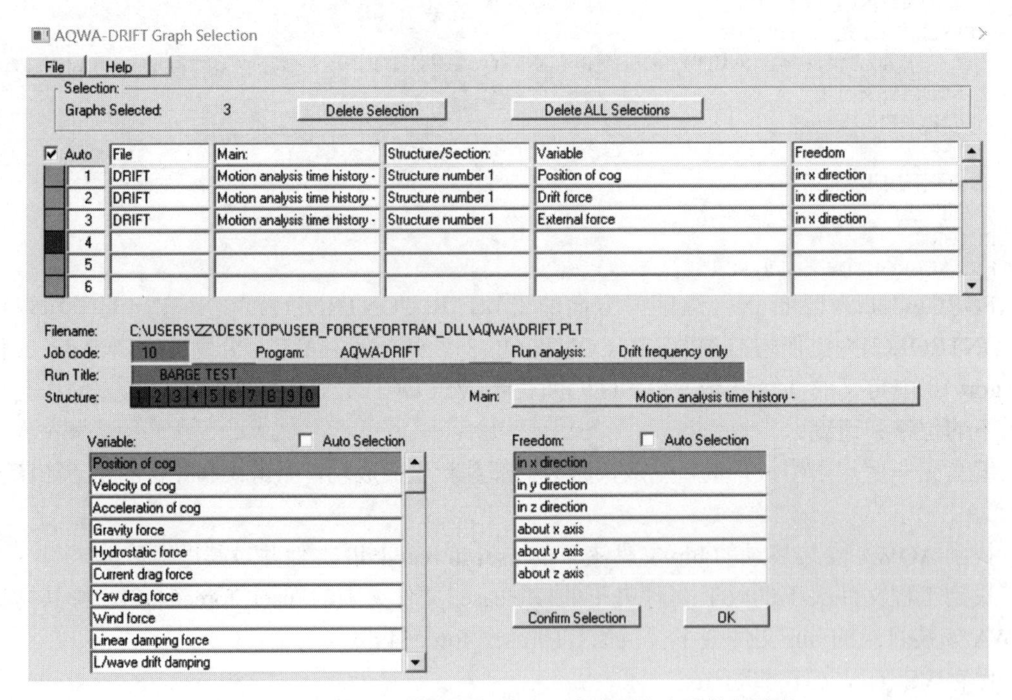

图 4.11 选择 X 方向的驳船位移、波浪漂移力和外部载荷

查看驳船 X 方向位移时域曲线，驳船在波浪载荷和外部回复载荷作用下在平衡位置产生低频运动，幅值范围为±1.2m，如图 4.12 所示。

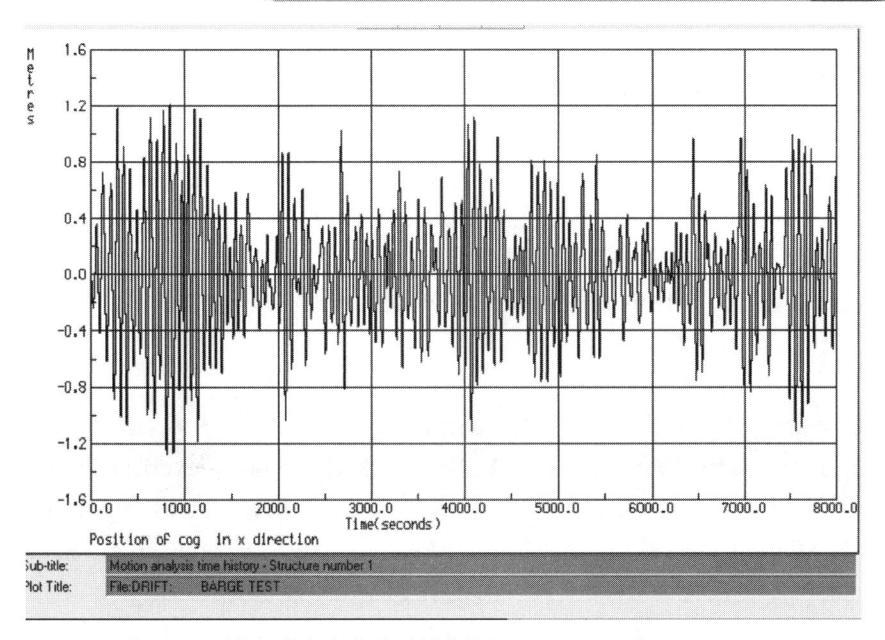

图 4.12 驳船纵荡方向位移时域曲线（by Fortran External Force）

查看驳船 X 方向波浪漂移力曲线和 External Force 曲线，驳船所受到的波浪漂移力载荷基本上与外部载荷平衡，如图 4.13 所示。

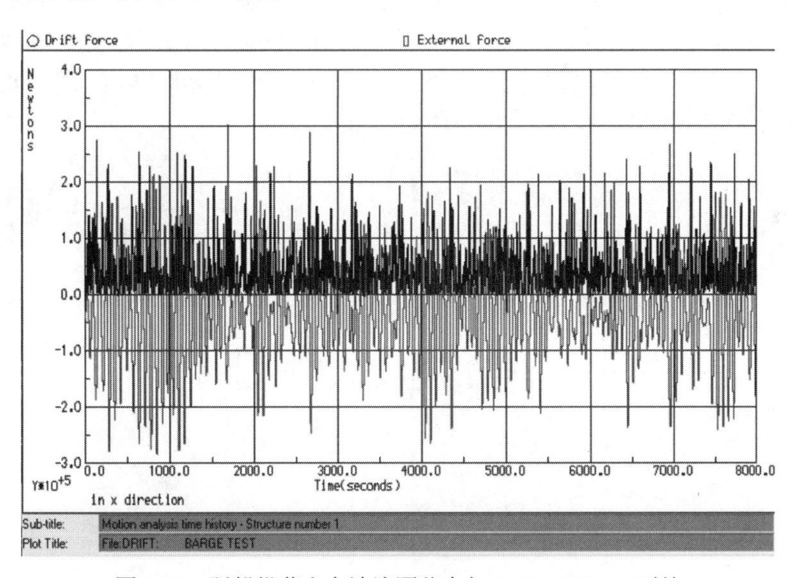

图 4.13 驳船纵荡方向波浪漂移力与 External Force 对比

本节通过一个简单例子介绍了通过 Fortram 编译动态链接库文件实现 AQWA 外部载荷的调用。在实际应用中，用户可以利用 User Force 的编制规则实现更复杂的控制与分析工作。

User Force 的介绍以及欧拉角的换算关系请参考 ANSYS AQWA 帮助，这里不再进行介绍。

另外，AQWA 支持 C 语言的 User Force 文件编写但目前版本中已经不再给出 C 语言版本的 User Force 编写规则，感兴趣的朋友可以找到之前版本的 AQWA 进行进一步研究或参考本书例子中附带的 C 语言 User Force 文件。

4.4 调用 Python 外部函数的流程

相比于 Fortran 这种“古典”的编程语言，Python 的应用范围更广，跨平台性能好，也更易上手。相比于 Fortran 的编译模式（通过 Gfortran、IVF 以及其他），Python 对于开发环境的依赖更小，可以方便进行有针对性的开发工作。

新版 AQWA 添加了对 Python User Force 的支持，相关文件可以在 AQWA 安装目录下的 utils 文件夹中找到。

Python User Force 的调用流程和方式如下：

（1）编写*.py 文件，调用库文件 AqwaServerMgr.py。

（2）运行 AqwaServerMgr.py，生成 AQWA_SocketUserForceServerDetails.cfg 文件。

（3）在计算机系统属性的环境变量中添加环境变量：ANSYS_AQWA_SOCKET_USERFORCE_SERVERINFOFILE，路径指向 AQWA_SocketUserForceServerDetails.cfg。

（4）运行*.py 至挂起状态，随后运行 AQWA 的*.dat 模型文件。

AQWA 安装目录的 utils 文件夹给出了测试例子，这里简单介绍如何运行。

1. 运行 AqwaServerMgr.py 文件

ANSYS 19 中 AQWA 对应 Python 版本为 2.7.15。用户可以完整安装 Python 2.7.15 环境后运行 AqwaServerMgr.py 文件，或者拖拽 AqwaServerMgr.py 到 C:\Program Files\ANSYS Inc\v193\commonfiles\CPython\2_7_15\winx64\Release\Python 目录中的 Python.exe 来运行。

运行 AqwaServerMgr.py 文件后，Python Shell 界面提示“Socket now listening”，同时在文件夹中生成 AQWA_SocketUserForceServerDetails.cfg 文件。

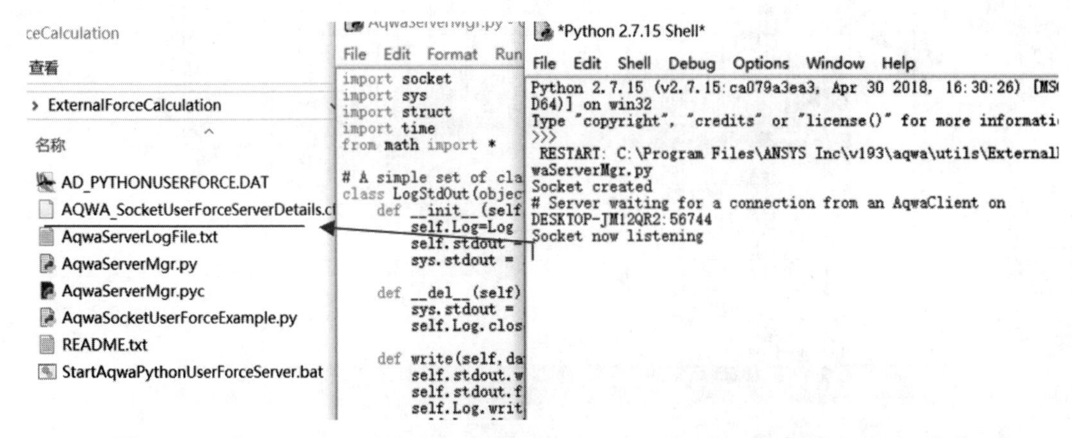

图 4.14 运行 AqwaServerMgr.py，生成 AQWA_SocketUserForceServerDetails.cfg 文件

2. 添加系统环境变量

在桌面的计算机上右击，选择“高级系统设置”，在系统属性中选择“高级”→“环境变量”，在系统变量位置添加变量 ANSYS_AQWA_SOCKET_USERFORCE_SERVERINFOFILE，路径指向刚才生成的 AQWA_SocketUserForceServerDetails.cfg 文件，如图 4.15 所示。

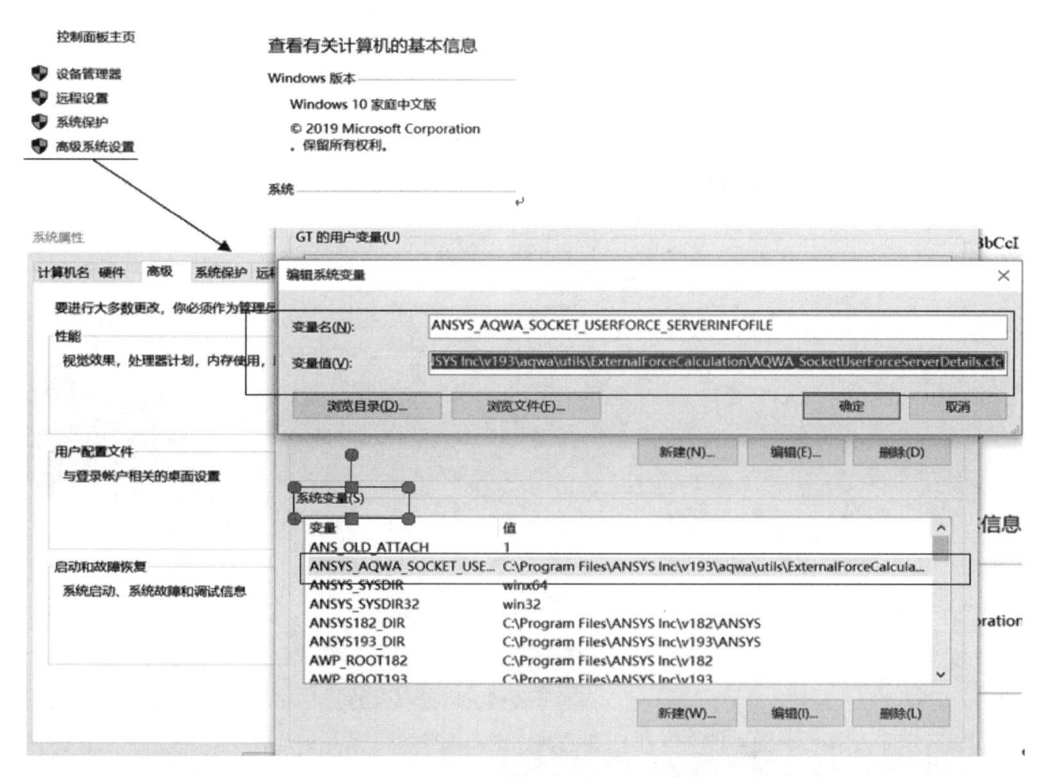

图 4.15　添加 ANSYS_AQWA_SOCKET_USERFORCE_SERVERINFOFILE 系统环境变量

3. 运行 AqwaSocketUserForceExample.py

AqwaSocketUserForceExample.py 文件是官方给的一个例子，这里不关注例子具体功能，仅介绍如何运行。

当添加好系统变量后，将 AqwaSocketUserForceExample.py 拖拽到同一文件夹下的 StartAqwaPythonUserForceServer.bat 上，随后弹出界面显示 Socket now listening，此时外部函数处于等待状态，如图 4.16 所示。AqwaSocketUserForceExample.py 包括 3 个定义函数，分别为 UF1～UF3，此时程序等待 UF1 的输入。

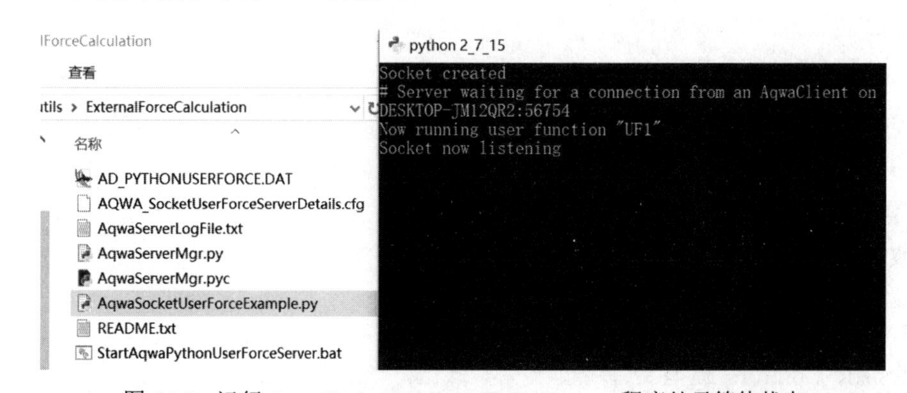

图 4.16　运行 AqwaSocketUserForceExample.py，程序处于等待状态

4. 运行 AD_PYTHONUSERFORCE.DAT

当 Python 外部载荷函数处于等待状态后，拖拽 AD_PYTHONUSERFORCE.DAT 至

aqwa.exe 运行，程序运行过程中会将结果输出在 Python 窗口中。运行完毕后 Python 外部载荷函数处于等待状态，等待第二次运行（UF2）。

重新运行 AD_PYTHONUSERFORCE.DAT，对应外部函数 UF2，如图 4.17 所示。

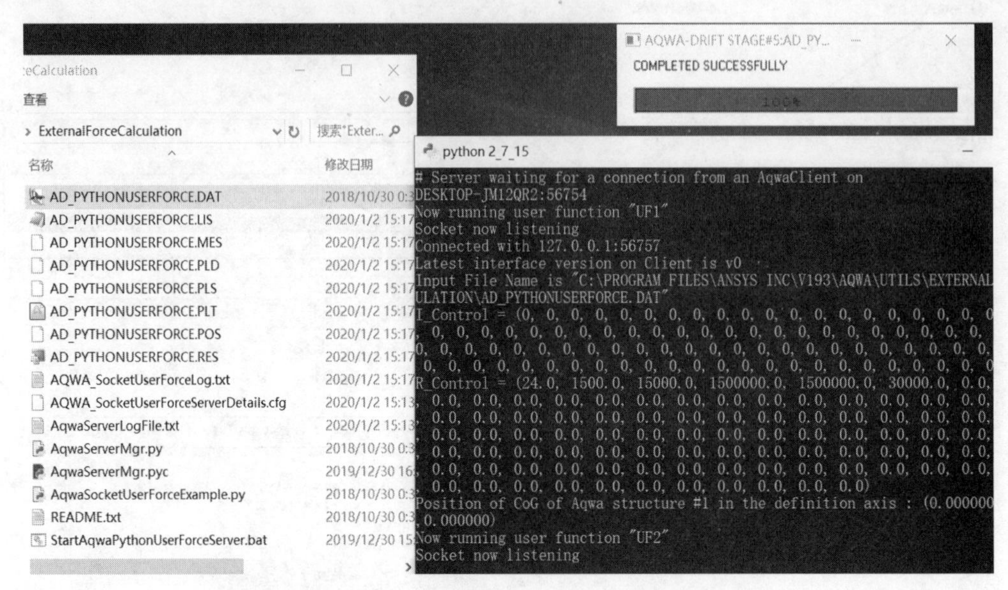

图 4.17　运行 UF2 函数完毕，等待 UF3 函数的运行

再次运行 AD_PYTHONUSERFORCE.DAT，对应外部函数 UF3。

运行完毕后系统会将运行数据保存在 AqwaServerLogFile.txt 中。

4.5　Python 外部函数的主要功能

Python 外部函数文件需要通过 from AqwaServerMgr import *导入库文件。

外部函数格式：

```
def UF1(Analysis,Mode,Stage,Time,TimeStep,Pos,Vel)
```

可以通过以下命令实现函数运行：

```
Server = AqwaUserForceServer()
Server.Run(UF1)
```

AQWA Python 库函数相关描述可在 AqwaServerMgr.py 中找到，库函数的 Server 类包括几个属性，其中 Analysis 是实现计算的属性，通过 Server.Analysis 调用。

Analysis 类主要包括以下属性：

Analysis.InputFileName：模型文件的完整路径（不包括后缀名.dat）。

Analysis.NOfStruct：模型文件中结构体的数目。

Analysis.I_Control：模型文件中的整型参数。

Analysis.R_Control：模型文件中的实型参数。

Analysis.COGs：模型文件中体的重心位置。

Analysis.Pos：模型文件中体的位置。

Analysis.Vel：模型文件中体的速度。

Analysis.Time：当前的分析时间。

Analysis.GetNodeCurrentPosition(Struct,DefAxesX,DefAxesY,DefAxesZ)：模型指定节点对应时间下的位置。

Analysis.ApplyForceOnStructureAtPoint(Struct,FX,FY,FZ,AppPtX,AppPtY,AppPtZ)：返回施加在节点上的力在结构重心位置实现的载荷效果。

BlankAddedMass 和 BlankForce 两个类实现的功能是对外部附加质量和载荷进行初始化。

4.6 Python 外部函数示例

以 4.3 节为例介绍在 Python 下实现外部载荷的定义与计算。

在 User_force 文件夹下新建 Python 文件夹，将 AQWA 安装目录下 utils 文件夹内的 AqwaServerMgr.py 和 StartAqwaPythonUserForceServer.bat 两个文件拷贝到 User_force 的 Python 文件夹中。

打开 AqwaServerMgr.py 并运行，文件夹内生成 AQWA_SocketUserForceServerDetails.cfg 文件。

在计算机上右击，选择“属性”→“高级系统设置”→“高级”→“环境变量”，新建系统变量 ANSYS_AQWA_SOCKET_USERFORCE_SERVERINFOFILE。

点击浏览文件，选中刚才生成的 AQWA_SocketUserForceServerDetails.cfg 文件，点击确定。

在 Python 文件夹中新建 test.py，输入以下代码：

```
#
from AqwaServerMgr import *
#
def UF1(Analysis,Mode,Stage,Time,TimeStep,Pos,Vel):
    Error = 0
    ExpectedFileName = "DRIFT"
    ActualFileName = Analysis.InputFileName.split("\\")[-1]
if (ActualFileName!=ExpectedFileName):
print "Error. Incorrect input file !"
print "Expected : "+ ExpectedFileName
print "Actual : "+ActualFileName
        Error = 1     # Will cause Aqwa to stop
```

以上代码用于判断输入的模型文件名是否正确。

```
AddMass = BlankAddedMass(Analysis.NOfStruct)
Force = BlankForce(Analysis.NOfStruct)
# Position and velocity
CurPos = Pos[0][0]
CurVel = Vel[0][0]
```

将同一时间下驳船的 X 方向坐标和 X 方向速度值分别赋值给 CurPos 和 CurVel。

```
# three   R_control parameters
R=[Analysis.R_Control[0],Analysis.R_Control[1],Analysis.R_Control[2]]
```

将 DRIFT.dat 模型文件中的控制参数赋值给列表 R。

```
# apply force on Barge's X(Surge) direction
Force[0][0] = -1*(R[0]+R[1]*CurPos+R[2]*CurVel)
```

```
return Force,AddMass,Error
Server = AqwaUserForceServer()
print '----------------------------'
print 'Now running user function UF1'
print "Simulating..."
print '----------------------------'
Server.Run(UF1)
```

FORCE[0][0]为驳船 X（纵荡）方向的受力，R(0)为 X 方向的平均载荷，R(1)为比例增益参数，R(2)为微分增益参数，分别对应 drift.dat 文件中 Category10 中定义的 3 个参数。

CurPos、CurVel 为驳船对应 X 方向在全局坐标系下的位移和速度。

注：Python 数组从 0 开始计数，而不是从 1 开始。

文件编写完毕后运行 test.py（或者将其直接拖拽到 StartAqwaPythonUserForceServer.bat 上运行），此时 Socket 处于 listening 状态，如图 4.18 所示。

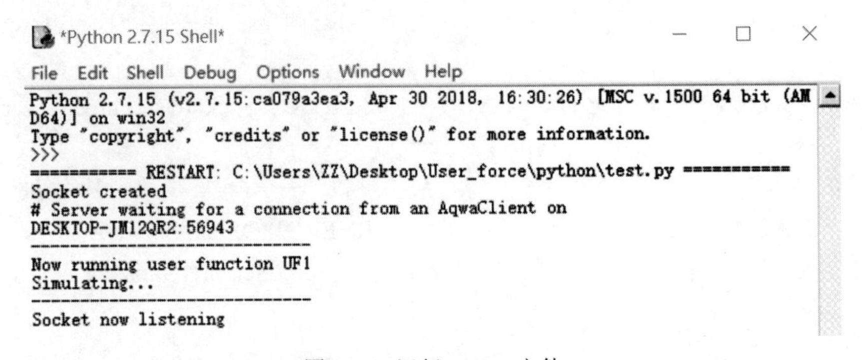

图 4.18　运行 test.py 文件

将 User_force\fortran_dll\aqwa 文件夹下的 barge_uf.dat 和对应计算文件以及 drift.dat 拷贝到 Python 文件夹，将 drift.dat 重命名为 DRIFT.dat。

打开 DRIFT.dat，修改 OPTION 行，删掉 FDLL 选项，添加 SUFC 选项，如图 4.19 所示。

```
JOB TEST  DRIF
TITLE                          barge test
OPTIONS REST GOON SUFC END
RESTART    4  5        barge_UF
```

图 4.19　修改 DRIFT.dat 控制选项

注：Python 通过 TCP Socket 实现外部函数调用，与调用.dll 文件有本质不同，在 OPTION 中必须使用 SUFC 选项。

将 DRIFT.dat 拖拽到 AQWA.exe 运行。运行完毕后，通过 AGS 查看驳船 X 方向运动时历曲线，结果与调用 Fortran 的.dll 文件的计算结果（图 4.12）完全一致，如图 4.20 所示。

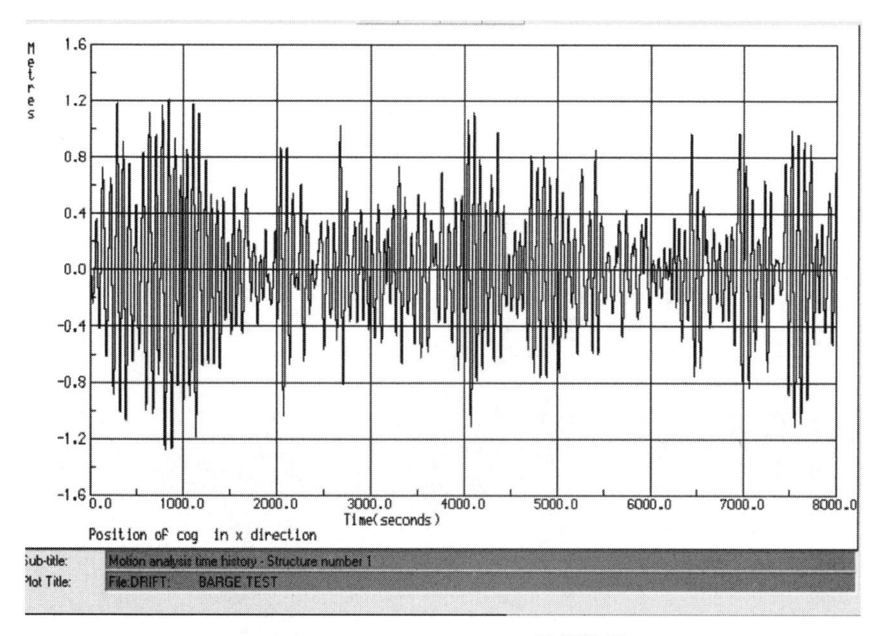

（a）Fortran External Force 计算结果

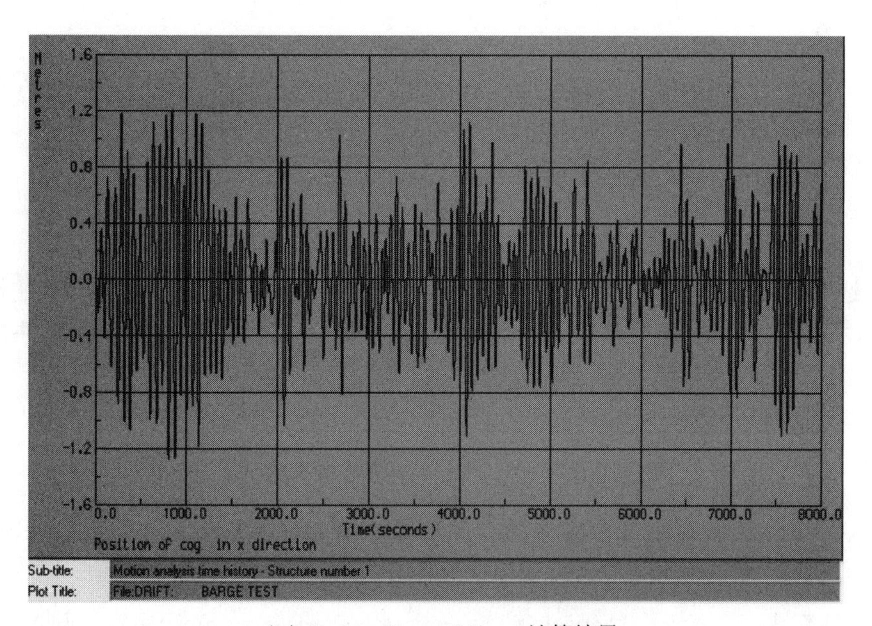

（b）Python External Force 计算结果

图 4.20　驳船纵荡方向位移时域曲线比较

第5章 波浪载荷传递

5.1 AQWA Wave 波浪载荷传递

AQWA Wave 是经典 AQWA 的专用插件，用于读取 AQWA 计算的波浪载荷并与 ANSYS APDL 结构模型进行载荷数据传递。

使用 AQWA Wave 进行载荷传递一般包含以下步骤：

（1）在 ANSYS APDL 中建立船体结构模型。

（2）选择船体的湿表面，将湿表面单元输出并保存为水动力计算模型。

（3）选择整体结构模型，添加单位压力标记湿表面单元，输出为 ASAS 格式的结构模型。

（4）编写 AQWA Wave 运行文件，运行 AQWA Wave，进行波浪载荷提取并生成 ANSYS APDL 载荷文件。

（5）在 ANSYS APDL 中读入载荷文件并施加到结构模型进行计算。

以一个简单的例子介绍如何使用 AQWA Wave 实现波浪载荷的传递。

1. 在 ANSYS APDL 中建立完整模型

在 ANSYS APDL 中建立一个方盒子，长、宽均为 20m，吃水 5m，模型原点位于静水面位置。

定义材料特性：在 Material Models 的 Structural→Linear→Isotropic 中定义弹性模量和泊松比，如图 5.1 所示。

在 Material Models 的 Structural→Density 中定义密度为 7850kg/m^3，如图 5.2 所示。

这里使用 SHELL63 单元进行建模。在命令输入框中输入 et1,1,SHELL63。点击 Real Constants→Add，选择 SHELL63 点击 OK，定义板厚为 0.04m，如图 5.3 所示。随后根据“点－线－面”的原则建立模型。

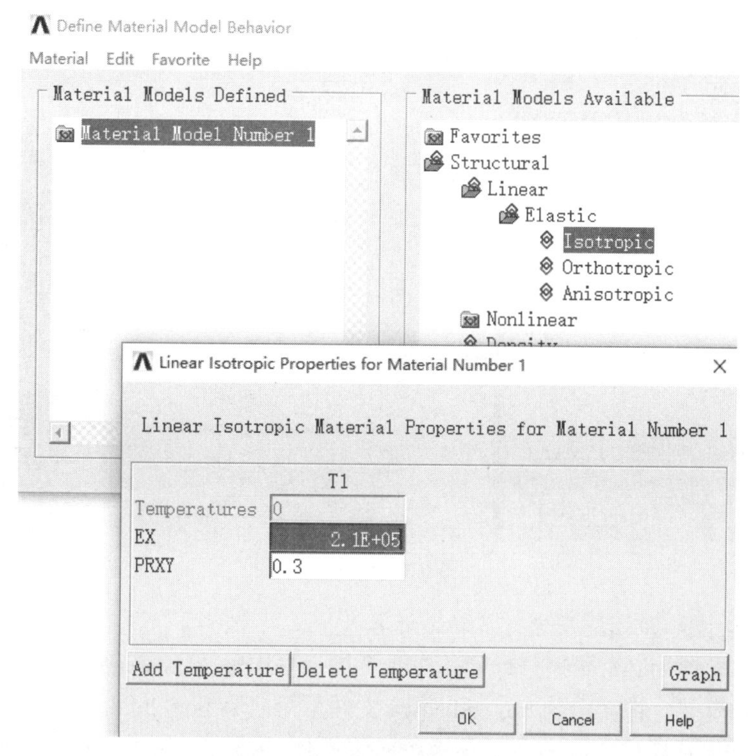

图 5.1　定义弹性模量和泊松比

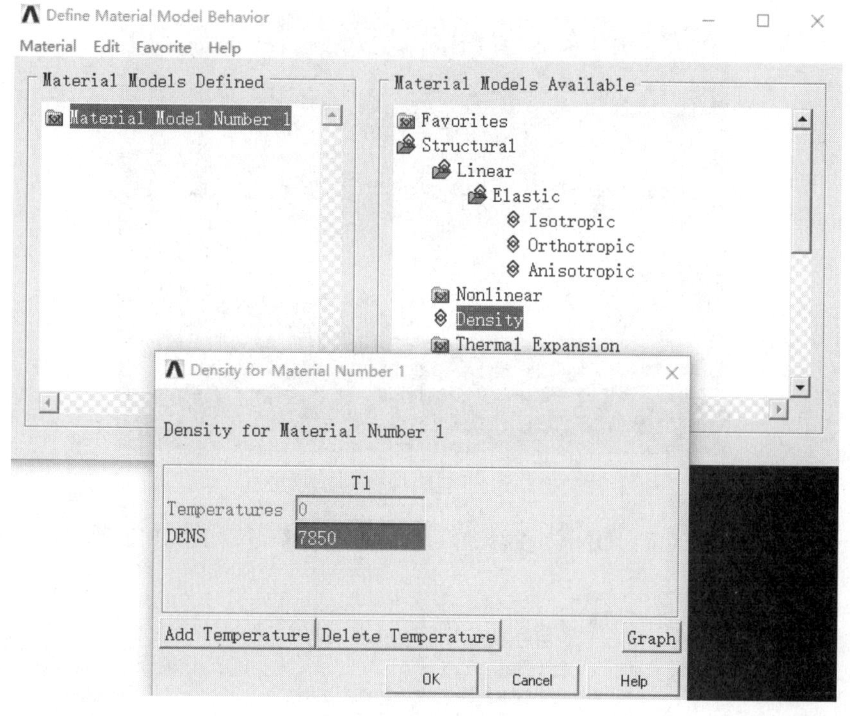

图 5.2　定义材料密度

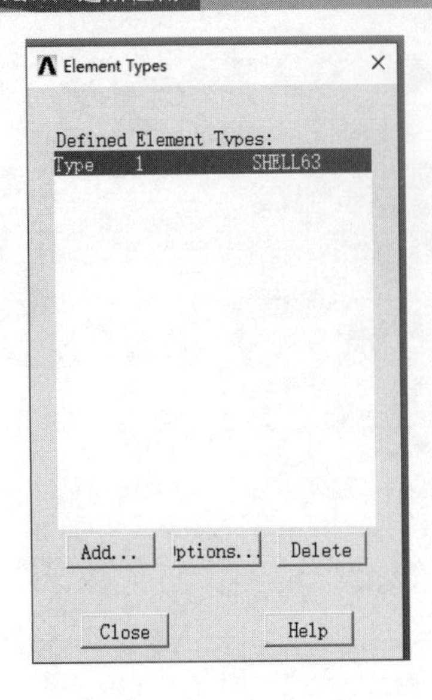

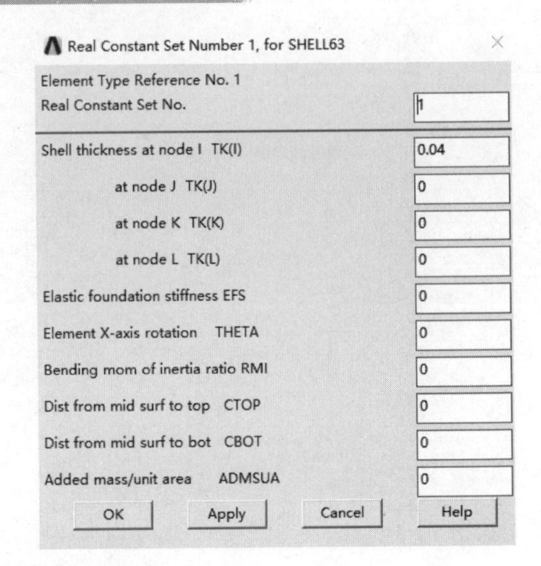

图 5.3 定义板厚

2. 输出水动力计算模型并进行水动力计算

将网格大小设置为 2m 并划分单元，在命令提示框中输入 anstoaqwa,box_hd，输出 2m 大小的水动力计算模型，将输出的 box_hd.aqwa 文件重命名为 box_hd.dat。

注：水动力计算模型可以不与结构模型网格一致，但必须基于同一个几何模型。当载荷传递时程序会自动将水动压力结果按照结构网格分布进行差值计算。

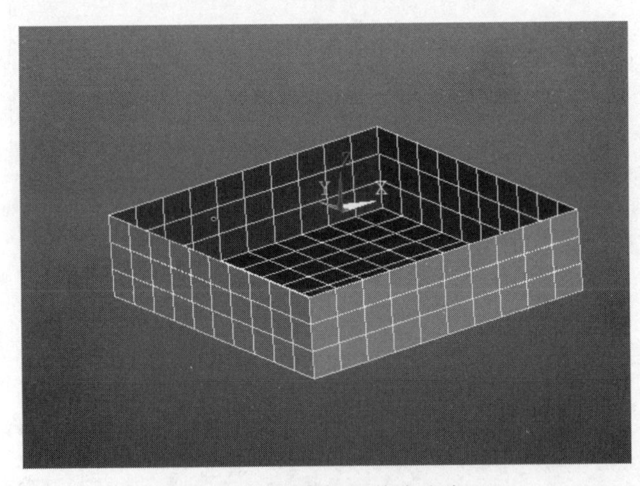

图 5.4 划分网格，网格大小为 2m

打开 box_hd.dat 在 OPTION 位置添加 GOON，将 RESTART 1 2 改为 RESTART 1 3（图 5.5）。

```
JOB AQWA  LINE
TITLE
OPTIONS REST GOON END
RESTART   1  3
```

图 5.5 添加 Goow

出于简化考虑修改计算周期和浪向，计算周期为 3 个：10s、8s、5s，方向为 5 个：-180°、-90°、0°、90°、180°（图 5.6）。

保存文件并运行。

```
    06     FDR1  * Frequencies and directions (may need editing)
    06PERD     1     3         10          8          5
 END06DIRN     1     5    -180.0        -90          0        90      180.0
    07     NONE
    08     NONE
```

图 5.6　修改模型计算周期与波浪方向

3. 输出结构模型

对模型进行网格划分。一般结构分析采用的板格大小可能为 500mm×500mm，这里将网格大小设置为 0.5m，如图 5.7 所示。

划分完网格以后，需要通过将施加水压力的单元进行标记，标记的方法是将这些单元施加大小为 1 的压力。

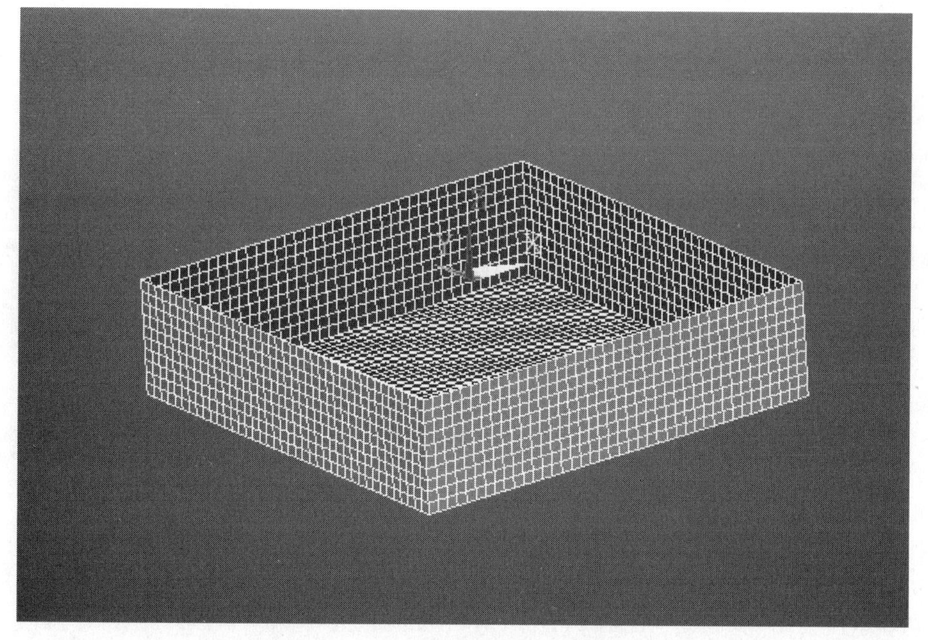

图 5.7　划分网格，网格大小为 0.5m

具体方法：点击 Loads→Define Loads→Apply→Structural→Pressure→On Elements，选择所有水下单元（模型中所有单元均位于水下），施加大小为 1 的压力，如图 5.8 所示。

注：不进行标记，AQWA Wave 不能正确识别承受压力的单元，该步骤必不可少。

在命令输入框中输入命令 anstoasas,box 将模型输出保存为 ASAS 格式，文件名为 box.asas。当然，一个相对完整的结构模型还可能包括诸如舱壁、加强筋等结构，这些结构并不需要特殊处理，在输出 ASAS 模型时可以一并输出，但如果模型规模非常庞大，此时可以考虑仅输出湿表面的结构模型以用于载荷传递。

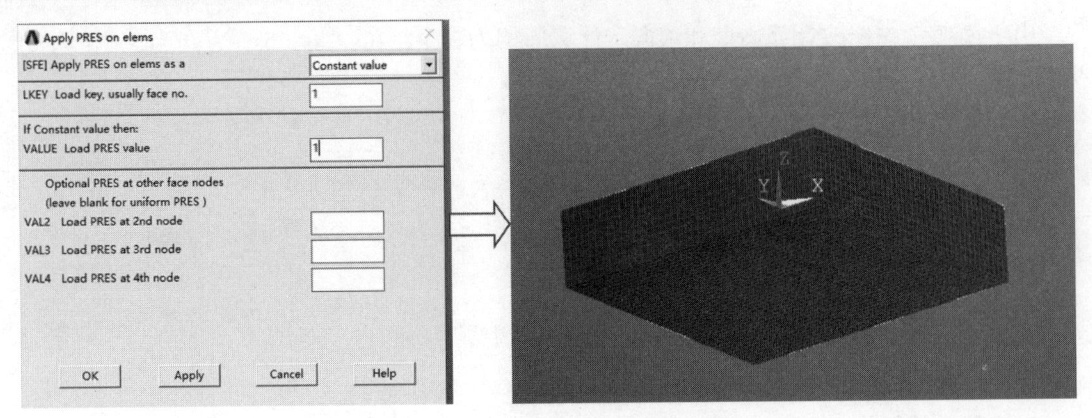

图 5.8　对承受水压力单元进行标记

4. AQWA Wave 基本命令

AQWA Wave 的运行文件同经典 AQWA 类似，也是命令组成的，主要的命令解释如下。

```
SYSTEM DATA AREA 25000000
JOB NEW LINE
```

这两行是固定格式，第一行表明运行内存，运行内存可以设置大一些。第二行表明从 AQWA Line 进行提取计算结果并进行载荷传递。

```
PROJECT ansy
```

表明进行 ANSYS 格式的载荷文件编写。

```
TITLE
```

运行文件名称，可进行设置。

```
ENTENSION lod
END
```

指明运行文件的输出与记录文件对应后缀名，这里用的 lod，也可以是其他文件后缀，但不能与系统和程序后缀名相冲突。在输入 ENTENSION 后要有 END 行标记输入结束。

```
box.asas
END
```

单独一行输入 ASAS 模型文件名，本章例子中模型文件为 box.asas。输入完毕后另起一行输入 END。

```
AQWAID box_hd STAT
```

表示 AQWA 的计算文件名(无后缀名，本章例子模型文件和计算文件名为 box_hd)。STAT 表示考虑静水压力影响。除了 STAT 外还有 FIXD 和 PRDL 选项，FIXD 表示结构固定，PRDL 表示输出参数数据（一般忽略)。

进行载荷传递必须有的文件包括*.res、*.pot、*.uss、*.vac。这几个文件应位于同一文件夹内。

```
CURR
END
```

CURR 为考虑流速影响时需要输入的命令，具体内容可参考 AQWA Wave 的帮助文件，此处不再进行介绍。

```
FELM
FEPG ANSY
END
```

FELM 表示定义有限元结构模型的部分信息。FEPG ANSY 表示将载荷传递为 ANSYS 识别的格式。

其他命令还包括：AXIS 设置结构模型的参考坐标系；SCAL 定义 asas 模型长度同 AQWA 模型的缩尺比；UNIT 定义单位制，如果 ASAS 模型与 AQWA 模型单位一致，则此处不需要进行特别指定。

输入完毕后要有 END 行。

```
LOAD
CASE   0   1   3   0.01     0
LCOF 100
END
```

LOAD 表示进行载荷提取。CASE 进行波浪载荷传递内容编写，包含 5 个参数，分别对应 CURR 行中定义的流速代号、AQWA 计算文件中的波浪频率代号、波浪方向代号、指定波高（注意此处是波高而不是幅值）和对应相位。

具体到本章例子，如输入：

CASE 0 1 3 0.01 0

则表示提取第 1 个计算频率 10s，波浪方向 0°，波高 0.01m，相位为 0°。

LCOF 表明载荷文件的数字编号。LCOF 100 表示对应 CASE 命令输出的载荷文件名为 XXX101.dat。如果有多个 CASE，则其他载荷文件名会按照 100 的步长进行命名。

输入完毕后要有 END 行。

```
ASGN
```

ASGN 用于调整结构模型，通常在没有杆单元需要载荷传递的时候不需要通过 ASGN 来对模型进行调整。更多内容请参考 AQWA Wave 的帮助文件，这里不再进行介绍。

```
STOP
```

表示输入完毕。

5. 编写 AQWA Wave 命令文件并运行

编写一个静水力载荷的传递文件 Box_loads_map_static_water.dat，ASAS 模型和水动力计算模型以及水动力计算结果文件放在同一个文件夹下，结构模型文件为 box.asas，水动力计算文件名为 box_hd，考虑静水压力（STAT），波高为 0，载荷文件名称为 100。

```
SYSTEM DATA AREA 25000000
JOB NEW LINE
PROJECT ansy
TITLE TEST
EXTENSION LOD
END
box.asas
END
AQWAID box_hd STAT
FELM
FEPG ANSY
END
load
CASE     0     1     3        0.00       0
LCOF     100
end
STOP
```

拖拽该文件至 AQWA Wave 的快捷方式运行。当弹出的对话框显示没有 ERRO 时表示运行成功，如图 5.9 所示。运行完毕后文件夹下会有一个 box_aqld101.dat 文件，该文件即为 ANSYS APDL 可以读取的静水力载荷文件。

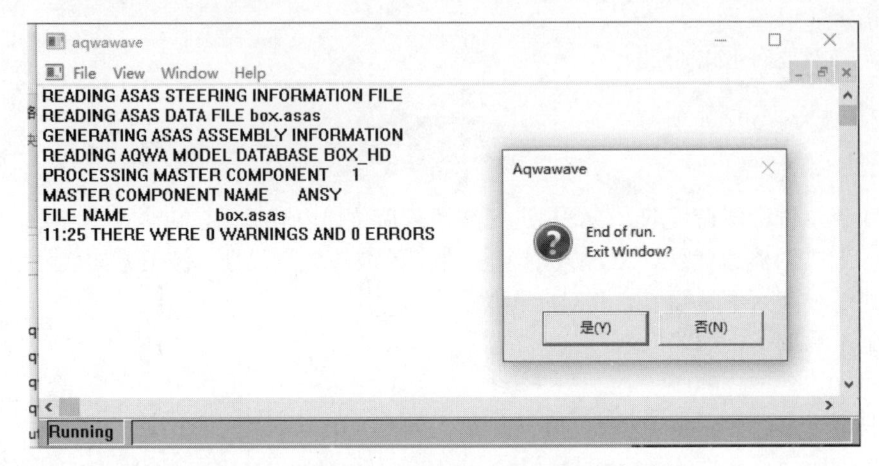

图 5.9 Box_loads_map_static_water.dat 运行完毕

打开 ANSYS APDL 结构模型，点击 File→Read input from，选中 box_aqld101.dat 文件读入，静水压力分布将显示在 APDL 界面中，如图 5.10 所示。

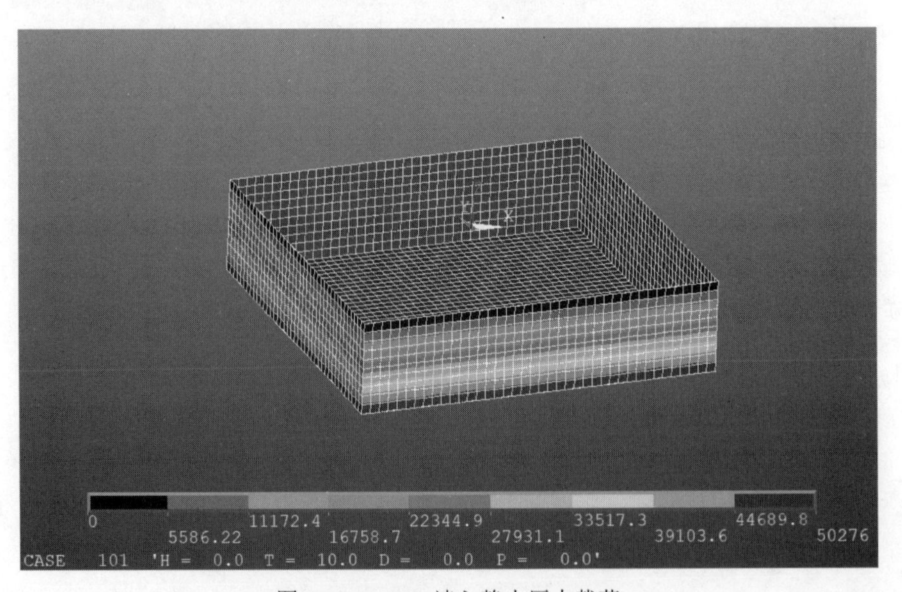

图 5.10 APDL 读入静水压力载荷

此时力的单位为 N，长度单位为 m，压力单位为 Pa。可以简单校核一下压力数值是否正确。该结构的吃水为 5m，船底的压力计算公式 ρgh，其中 ρ 为水密度 1025kg/m^3，g 为重力加速度 9.81kg/s^2，h 为吃水 5m，则船底所受压力应为 50276.25Pa。这与图 5.9 载荷传递显示的结果是一致的，证明静水压力载荷传递正确。

编写一个波浪载荷的传递文件 Box_loads_map.dat，提取波浪载荷对应波浪周期为 5s（对应代号为 3），方向为 0°，波高 4m，相位为 0°～90°，间隔 30°，载荷文件编号为 200。

```
SYSTEM DATA AREA 25000000
JOB NEW LINE
PROJECT ansy
TITLE TEST
EXTENSION LOD
END
box.asas
END
AQWAID box_hd STAT
FELM
FEPG ANSY
UNIT N m
END
load
CASE    0    3    3    4.0    0
CASE    0    3    3    4.0    30
CASE    0    3    3    4.0    60
CASE    0    3    3    4.0    90
LCOF    200
end
STOP
```

编写完毕后运行该文件，生成载荷文件 box_aqld201.dat～box_aqld204.dat。

在 ANSYS APDL 中，点击 File→Read input from，分别选中 box_aqld201.dat～box_aqld204.dat 文件读入，压力分布将显示在 APDL 界面中，可以进一步比较波浪压力随相位不同所发生的变化，如图 5.11～图 5.14 所示。

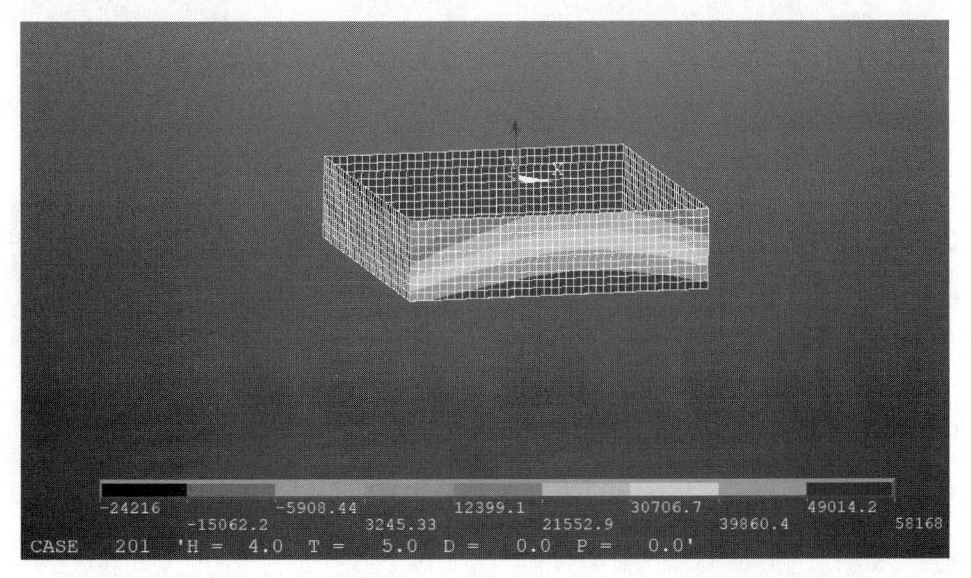

图 5.11　波浪周期 5s、波高 4m、相位 0°的压力分布

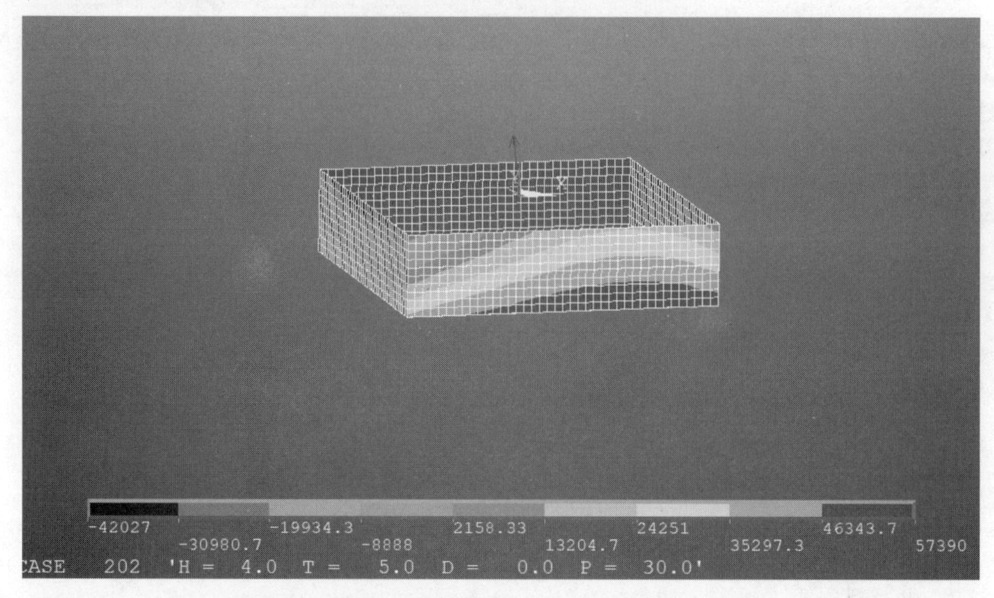

图 5.12　波浪周期 5s、波高 4m、相位 30°的压力分布

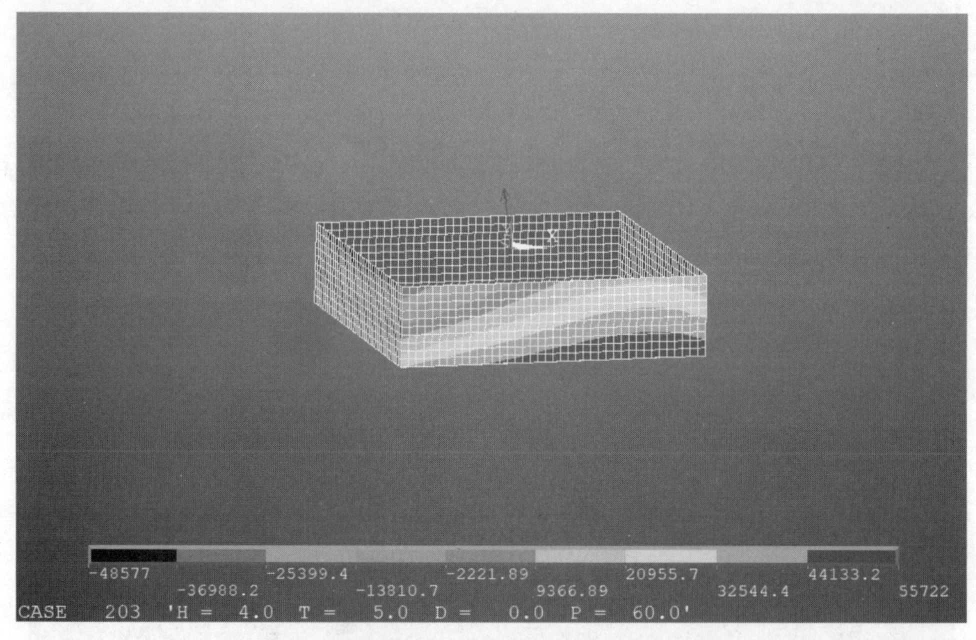

图 5.13　波浪周期 5s、波高 4m、相位 60°的压力分布

AQWA Line 中的动压力分布与波高及相位的关系为：

$$P_\theta = \frac{H}{2}(P_r \cos\theta + P_i \sin\theta) \tag{5.1}$$

式中：P_θ 为对应相位的波浪压力；H 为指定波高；P_r 和 P_i 为压力的实部和虚部；θ 为指定的波浪相位。

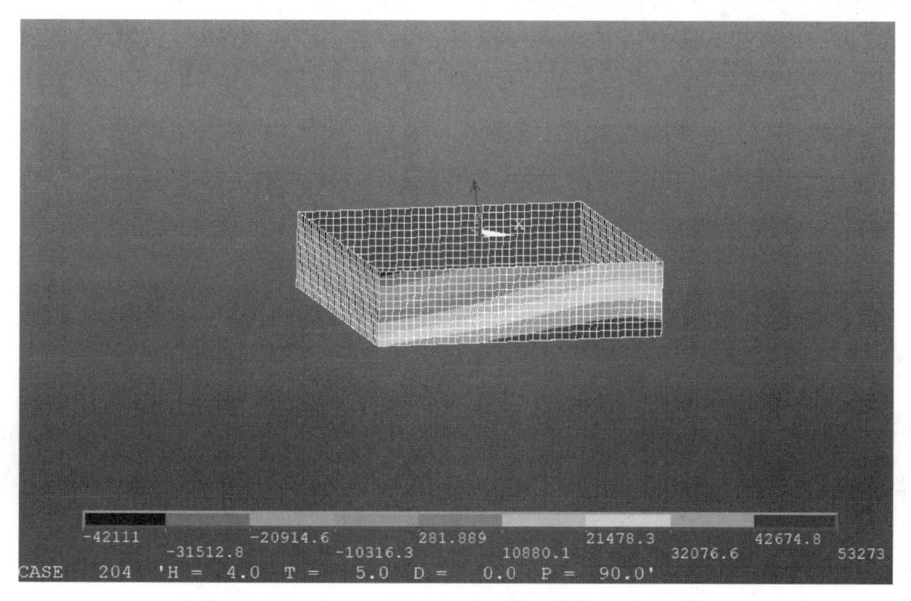

图 5.14　波浪周期 5s、波高 4m、相位 90°的压力分布

总的水压力为：

$$P_{\text{tot}} = P_{\theta} + P_s \tag{5.2}$$

式中：P_s为静水压力。

相位的定义为波峰相对于重心的位置，入射波在重心时相位为 0°，相位为正表示波峰向X正方向进行传播。查看图 3.11～图 3.14 的压力分布随着相位不同所发生的变化可以发现，相位为 0 的时候波峰位于船体重心位置，随着相位增加，波峰逐渐向 X 轴正向传播。

6. 载荷文件

打开载荷文件进行查看，如图 5.15 所示，载荷文件中 SFE 行对应的后 4 个数值为单元 4 个节点的压力值（本例子中单元均为四边形单元）。

```
/TITLE, CASE   201  'H =  4.0  T =   5.0  D =   0.0  P =   0.0'
! COMPONENT   ANSY
SFEDELE,ALL,ALL,PRES
FDELE,ALL
LSCLEAR,INER
SFE,       1,       2,PRES,0,  5.7843E+04,  5.4537E+04,  5.4737E+04,  5.8009E+04
SFE,       2,       2,PRES,0,  5.4537E+04,  5.1294E+04,  5.1492E+04,  5.4737E+04
SFE,       3,       2,PRES,0,  5.1294E+04,  4.8120E+04,  4.8315E+04,  5.1492E+04
SFE,       4,       2,PRES,0,  4.8120E+04,  4.4673E+04,  4.4907E+04,  4.8315E+04
SFE,       5,       2,PRES,0,  4.4673E+04,  4.1132E+04,  4.1374E+04,  4.4907E+04
SFE,       6,       2,PRES,0,  4.1132E+04,  3.7679E+04,  3.7917E+04,  4.1374E+04
SFE,       7,       2,PRES,0,  3.7679E+04,  3.4232E+04,  3.4478E+04,  3.7917E+04
SFE,       8,       2,PRES,0,  3.4232E+04,  3.0712E+04,  3.0972E+04,  3.4478E+04
SFE,       9,       2,PRES,0,  3.0712E+04,  2.7302E+04,  2.7558E+04,  3.0972E+04
```

图 5.15　载荷文件 box_aqld201.dat 单元节点压力

向下翻至文件末尾。ACEL 为重心位置的 X、Y、Z 方向加速度，这个结果可以根据需要进行修改；CGLOC 为结构整体重心位置，可以根据需要进行调整；DCGOMG 为角加速度结果，可以根据需要进行修改，如图 5.16 所示。

```
ACEL, -6.1707E-01,  6.3060E-08,  9.8937E+00
CGLOC,  0.0000E+00,  0.0000E+00,  0.0000E+00
DCGOMG,  1.1935E-07, -1.8022E-02, -2.7546E-08
SOLVE
```

图 5.16 载荷文件 box_aqld201.dat 重心及对应加速度

本节简要介绍了通过 AQWA Wave 进行波浪载荷传递的基本方法，实际工程中，需要结合工程实际需要进行相关文件编写来达到正确传递波浪载荷的目的。

5.2 Workbench 中的波浪载荷传递

在早于 ANSYS 19 的版本中，Workbench 还需要通过 Command 导入 AQWA Wave 运行文件来实现载荷传递，在 ANSYS 19 中，AQWA 的波浪载荷传递集成到了 Workbench 界面，用户可以通过选项勾选来选择需要进行传递的波浪载荷。相比于通过 AQWA Wave 进行波浪载荷传递，通过 Workbench 进行这项工作会更简单直接。

下面通过一个简单的例子介绍具体操作过程。

1. 建模过程

在 Workbench 中拖拽 Hydrodynamic Diffraction 至右侧项目管理界面。在 Geometry 上右击通过 DM 建立与上一节一样的盒子模型，如图 5.17 所示。

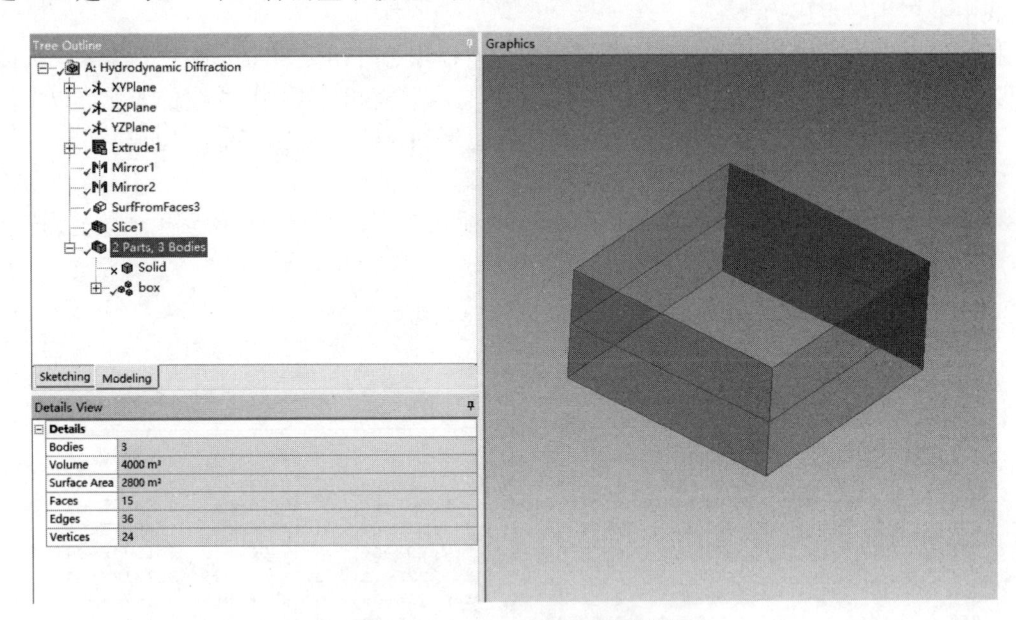

图 5.17 在 DM 中建立几何模型

保存退出，双击 Model 进行水动力计算参数设置。

在 Box 上右击添加质量点，重心位于水面，惯性半径信息与上一节的模型一致。修改 Analysis Setting，关闭 Wave Grid，如图 5.18 所示。修改计算波浪方向及波浪周期如图 5.19 所示。

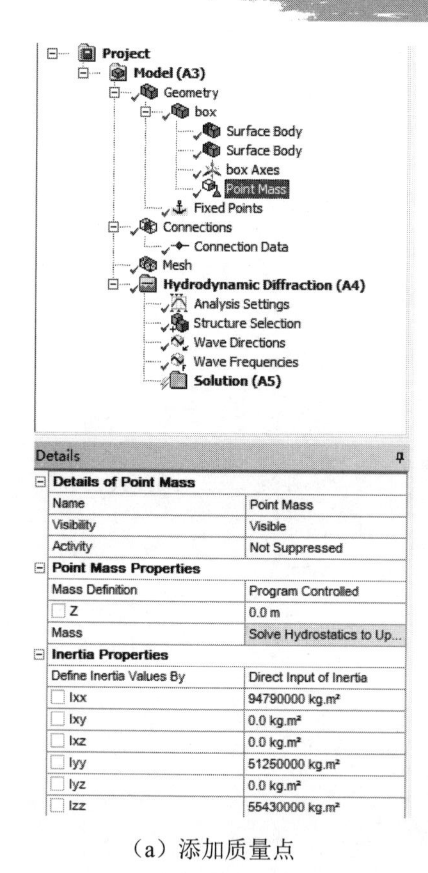

Details of Point Mass	
Name	Point Mass
Visibility	Visible
Activity	Not Suppressed
Point Mass Properties	
Mass Definition	Program Controlled
Z	0.0 m
Mass	Solve Hydrostatics to Up...
Inertia Properties	
Define Inertia Values By	Direct Input of Inertia
Ixx	94790000 kg.m²
Ixy	0.0 kg.m²
Ixz	0.0 kg.m²
Iyy	51250000 kg.m²
Iyz	0.0 kg.m²
Izz	55430000 kg.m²

（a）添加质量点

Hydrodynamic Diffraction (A4)
Analysis Settings
Structure Selection
Wave Directions
Wave Frequencies
Solution (A5)

Details

Name	Analysis Settings
Parallel Processing	Program Controlled
Generate Wave Grid Pressures	No
Common Analysis Options	
Ignore Modelling Rule Violations	Yes
Calculate Extreme Low/High Fre...	Yes
Include Multi-Directional Wave I...	Yes
Near Field Solution	Program Controlled
Linearized Morison Drag	No
QTF Options	
Calculate Full QTF Matrix	Yes
Output File Options	
Source Strengths	No
Potentials	No
Centroid Pressures	No
Element Properties	No
ASCII Hydrodynamic Database	No
Example of Hydrodynamic Data...	No

（b）修改计算设置

图 5.18　添加质量点和修改计算设置

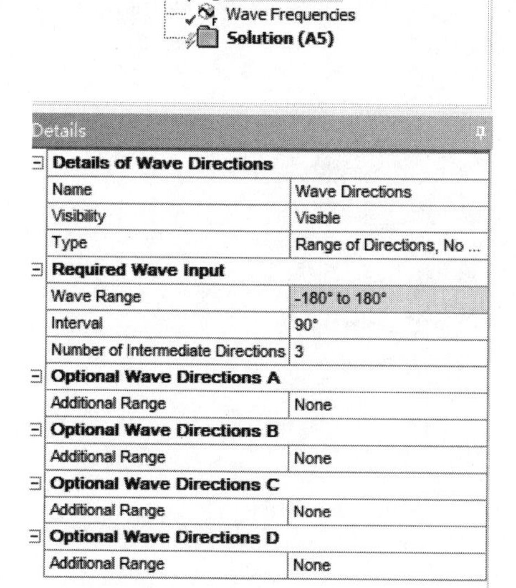

Details of Wave Directions	
Name	Wave Directions
Visibility	Visible
Type	Range of Directions, No ...
Required Wave Input	
Wave Range	-180° to 180°
Interval	90°
Number of Intermediate Directions	3
Optional Wave Directions A	
Additional Range	None
Optional Wave Directions B	
Additional Range	None
Optional Wave Directions C	
Additional Range	None
Optional Wave Directions D	
Additional Range	None

（a）修改波浪方向

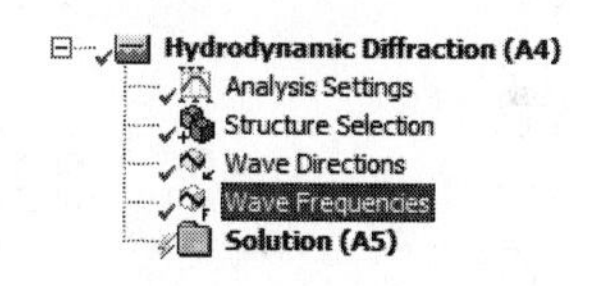

Details

Details of Wave Frequencies	
Name	Wave Frequencies
Intervals Based Upon	Period
Incident Wave Frequency/Period Definition	
Range	Manual Definition
Definition Type	Range
Lowest Frequency Definition	Manual Definition
Lowest Frequency	0.1 Hz
Longest Period	10 s
Highest Frequency Definition	Manual Definition
Highest Frequency	0.2 Hz
Shortest Period	5 s
Number of Intermediate Values	3
Interval Period	1.25 s
Additional Frequencies A	
Additional Range	None
Additional Frequencies B	
Additional Range	None

（b）修改波浪计算周期

图 5.19　修改波浪方向和波浪计算周期

参数修改完毕后进行水动力计算，模型如图 5.20 所示。

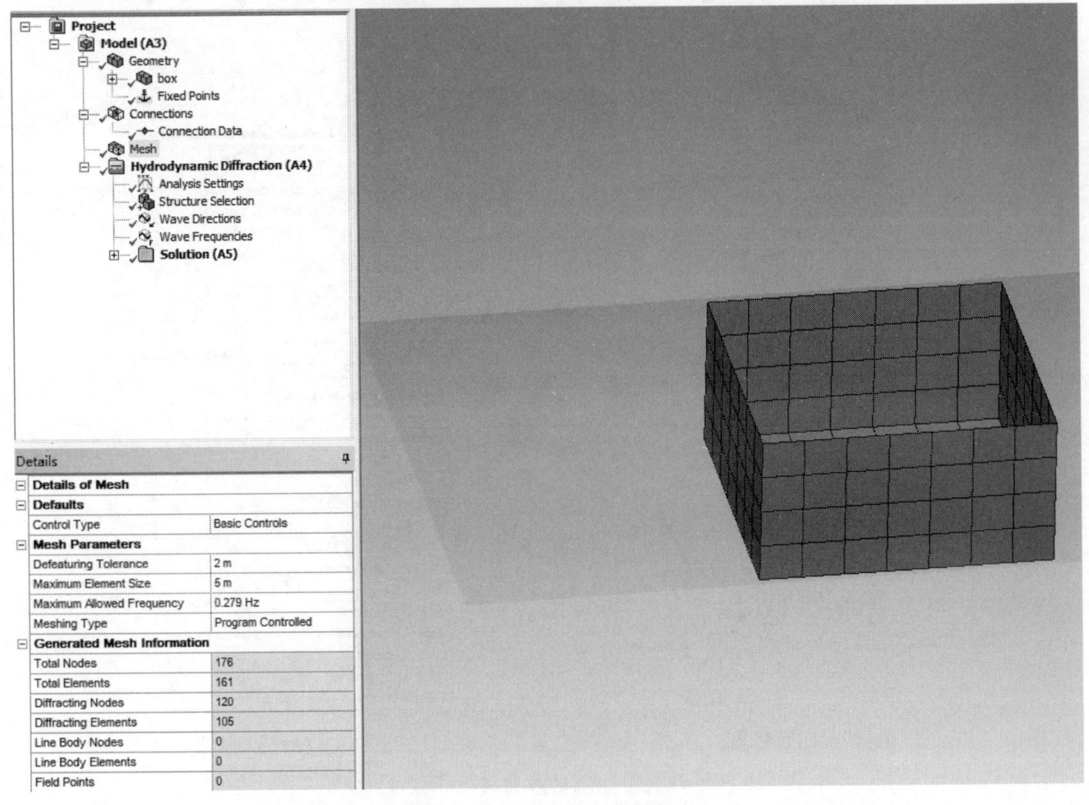

图 5.20　水动力计算模型

计算完毕后保存退出。

拖拽 Static Structural 模块至水动力计算模块右侧，如图 5.21 所示，共享 Geometry 和 Solution 内容，双击 Model 打开结构分析模块。

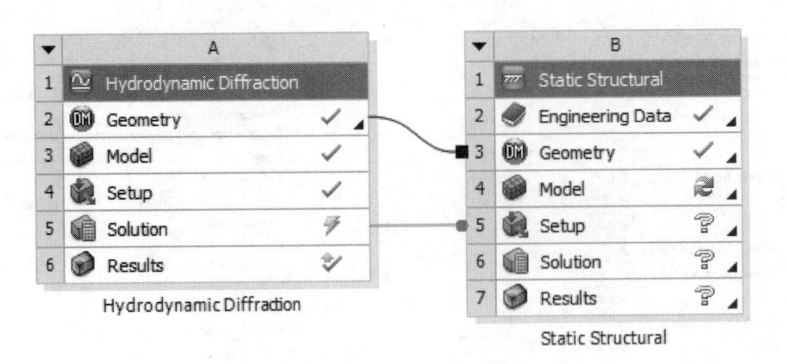

图 5.21　添加 Static Structural 模块

点击 Geometry→Surface Body，将板厚设置为 0.04m，如图 5.22 所示。对模型进行网格划分（这里不对网格进行更进一步的调整），如图 5.23 所示。

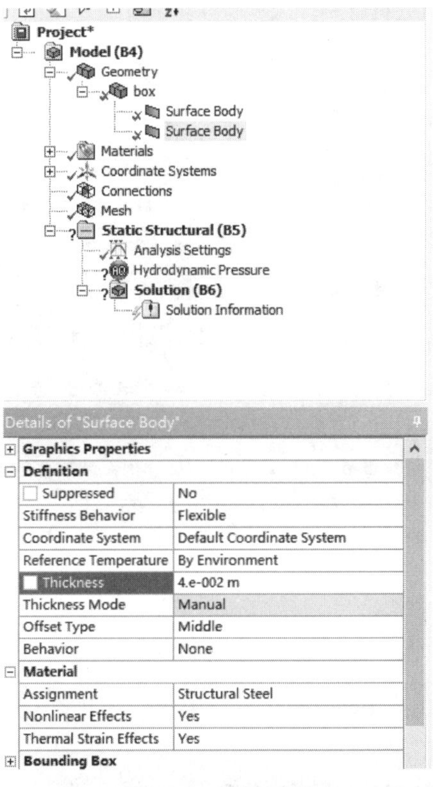

图 5.22　设置板厚

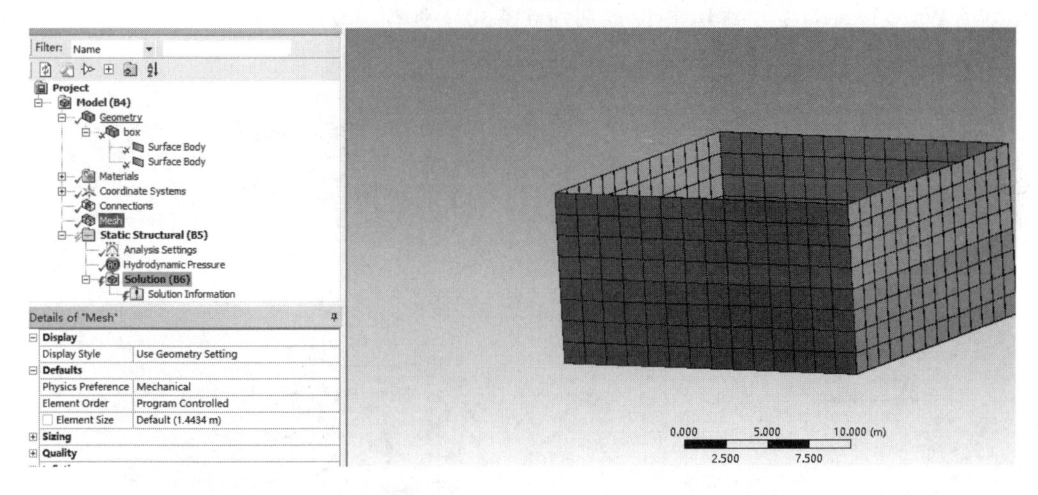

图 5.23　对模型进行网格划分

在 Static Structural 上右击选择 Insert Hydro Dynamic Pressure。

2. 添加静水压力

在模型界面选择承受水压力的面，随后在 Hydrodynamic Pressure 界面 Geometry 位置点击 Apply。在 Wave Direction 位置选择 0deg，周期选择为 5s，波幅设置为 0.001m。在下方的 Mapping Configuration 中将 Include Hydrostatic Pressure 选择为 Yes，如图 5.24 所示。

右击选择 Solution→Solve，显示静水压力分布如图 5.24 所示，静水压力分布结果与上一节 AQWA Wave 给出的结果一致。

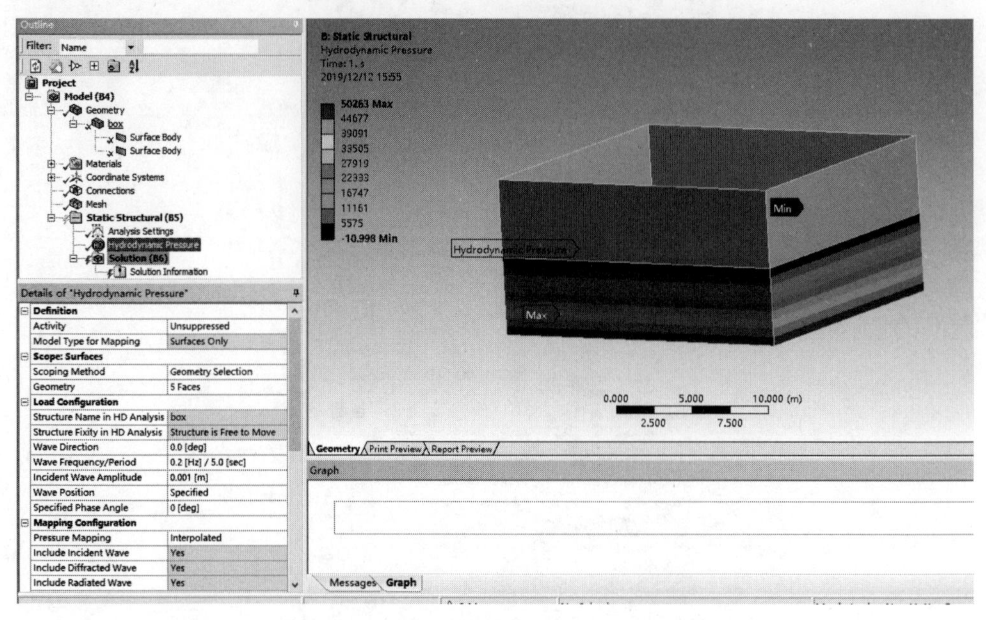

图 5.24　Workbench 界面下的静水压力分布

3．添加水动压力

将 Hydrodynamic Pressure 界面的波幅改为 2m（这里注意，Workbench 中设置的是波幅，而 AQWA Wave 设置的是波高），相位分别为 0°、30°、90°，压力分布如图 5.25～图 5.27 所示。

压力分布与波峰位置同 AQWA Wave 给出的结果完全一致。

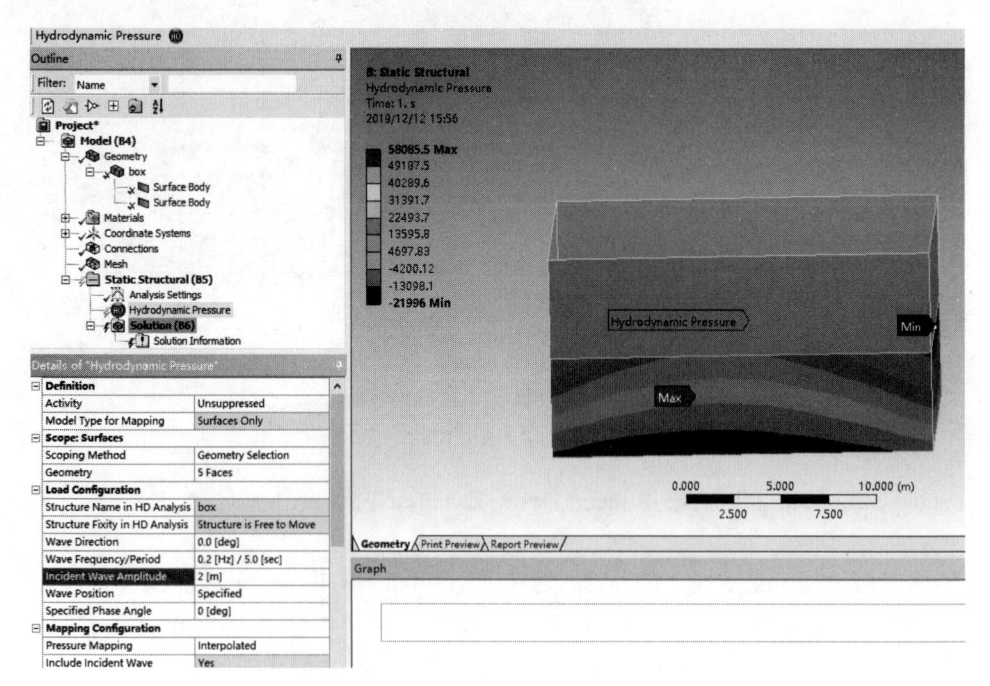

图 5.25　Workbench 界面下的水动压力（波高 4m，周期 5s，相位 0°）

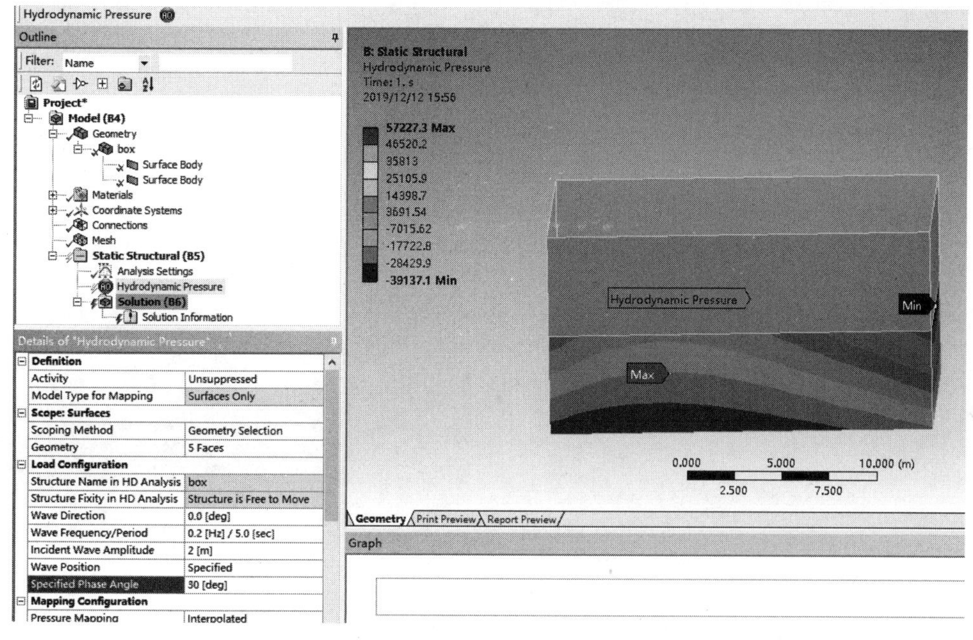

图 5.26 Workbench 界面下的水动压力（波高 4m，周期 5s，相位 30°）

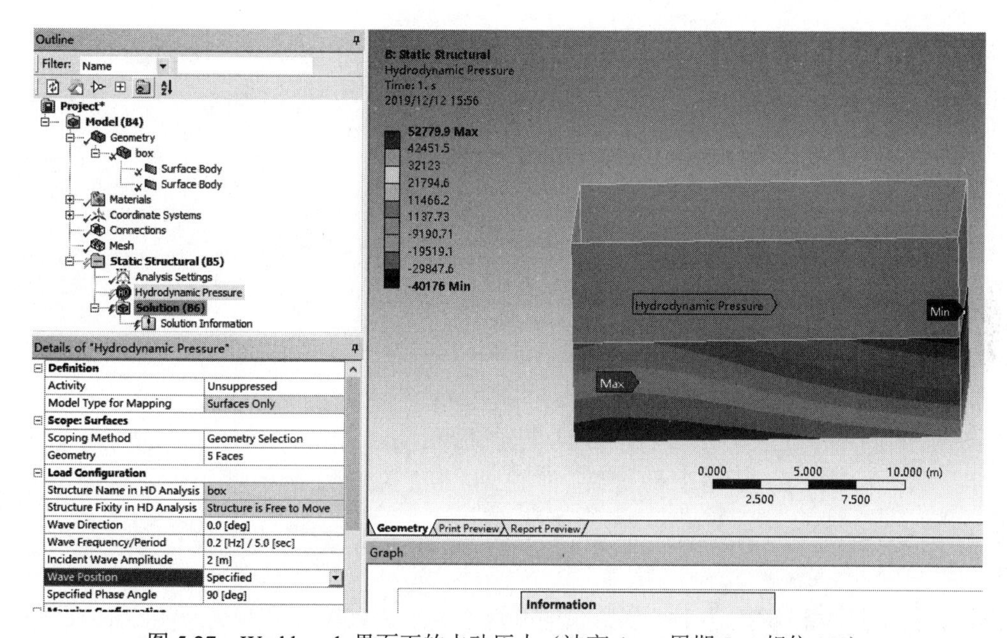

图 5.27 Workbench 界面下的水动压力（波高 4m，周期 5s，相位 90°）

本节简单介绍了在 Workbench 界面下实现静水压力和水动压力的传递，本例子重在介绍过程，在实际应用中应以实际需要为准。

第6章

AQL、Flow 与批处理

6.1 AQL 安装方法

AQWA AQL 是经典 AQWA 的插件，用于经典 AQWA 与 Excel 交互进行数据处理。AQL 的帮助文件位于 ANSYS AQWA 安装目录的 doc 文件夹中，如图 6.1 所示。

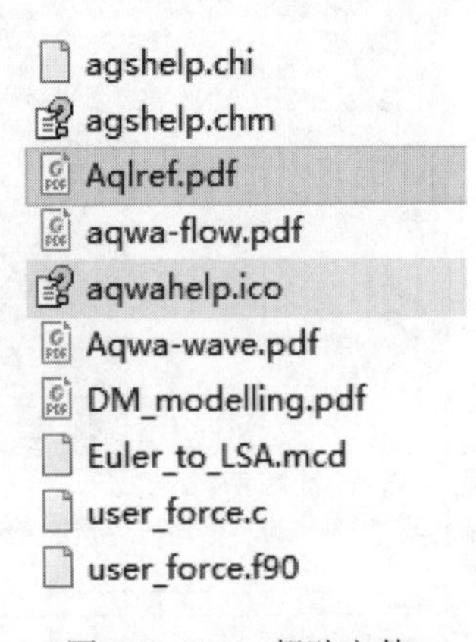

图 6.1　AQL 帮助文件

AQL 分为 32 位和 64 位两种（关联文件位于 ANSYS AQWA 安装目录的 utils 文件夹中），安装时需要与 PC 安装的 Excel 版本相对应。如果 PC 安装的是 32 位 MS Office，则需要安装 32 位的 AQL，版本不对应则无法运行。

本节以 32 位 MS Office 安装 32 位 AQL 为例介绍安装流程。

找到 ANSYS AQWA 安装目录的 utils 下的 win32 子文件夹，将文件夹中以下 5 个文件 aql32.dll、libifcoremd.dll、libifportmd.dll、libmmd.dll、svml_dispmd.dll 拷贝至 Office 目录 C:\Program Files (x86)\Microsoft Office\Office12（Office 安装在 C 盘，版本为 Office 2007），如图 6.2 所示。

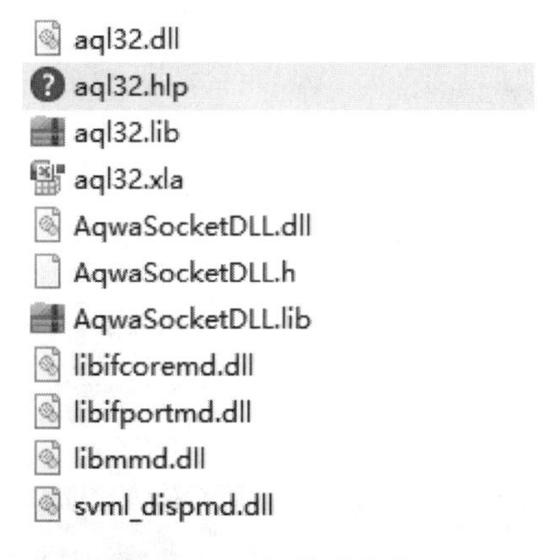

图 6.2　AQL 关联文件

将 aql32.xla 拷贝至 C:\Program Files (x86)\Microsoft Office\Office12\Library。

新建 Excel 文件 AQL.xlsx，打开该文件，点击左上角 Option，点击“Excel 选项”按钮，如图 6.3 所示。

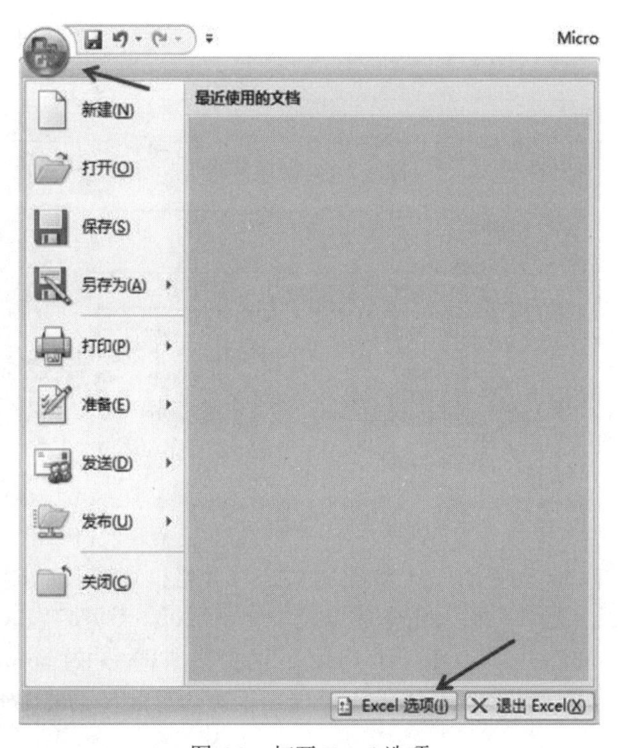

图 6.3　打开 Excel 选项

选择加载项，点击 Aql32，点击“转到”按钮，勾选 Aql32，再点击“确定”按钮，如图 6.4 和图 6.5 所示。

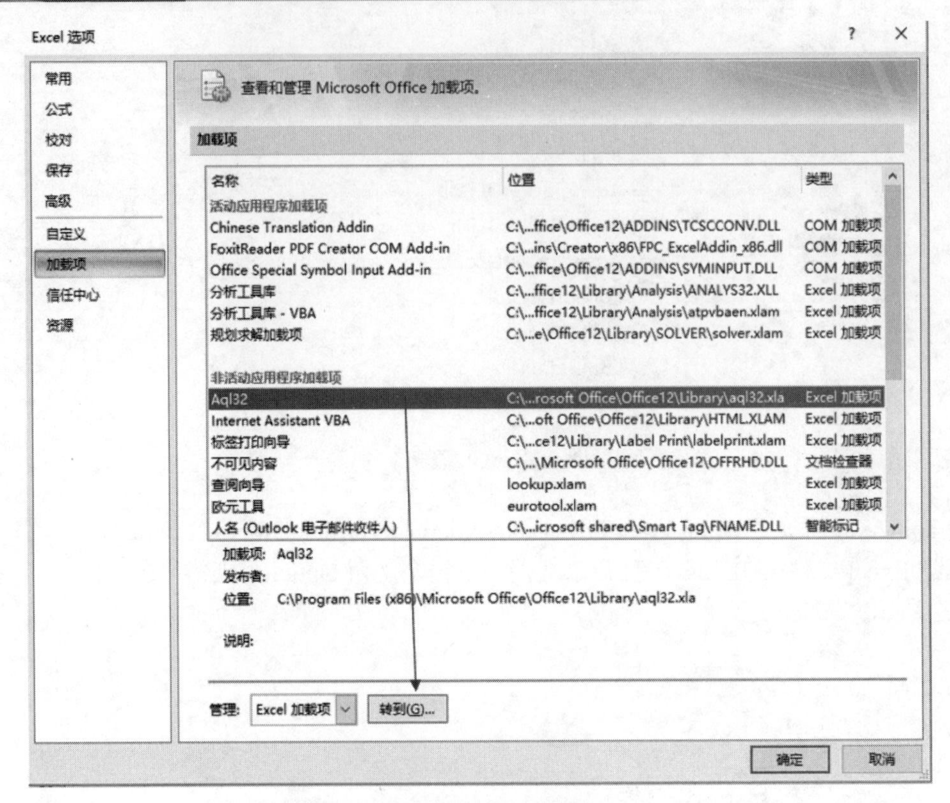

图 6.4　跳转加载项

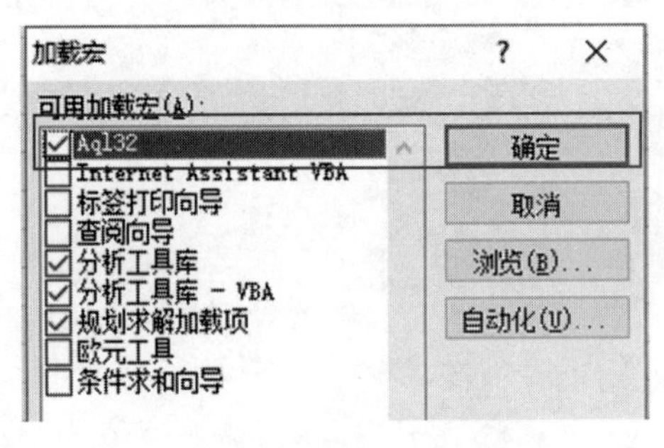

图 6.5　勾选 Aql32

加载完毕后，在 Excel 表中的任一 Sheet 的 A2 单元格位置输入#AQL:101，在另一单元格输入公式“=aqlmessage(A2)”，输入完毕后单元格会显示以下信息：“Invalid or missing node number for specified structure”。#AQL:101 是 AQL 的报错信息，通过 aqlmassage 命令进行调用来显示报错具体信息，单元格内如果能够正确显示报错信息解释则表明 AQL 被正确调用，安装成功，如图 6.6 所示。

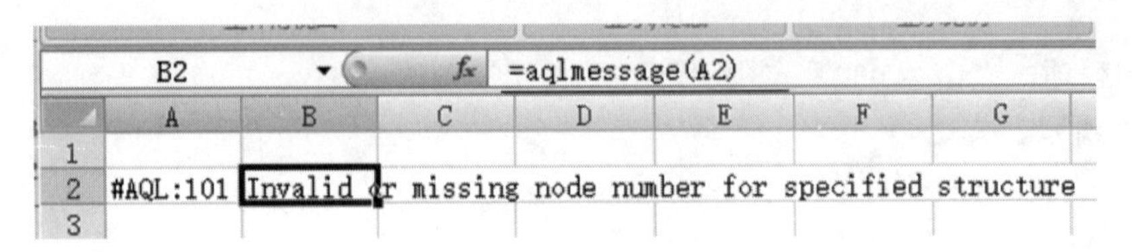

图 6.6　显示 AQL101 报错内容说明 AQL 加载成功

6.2 AQL 的基本命令和功能

目前 AQL 的基本命令和对应功能见表 6.1。

表 6.1 AQL 基本命令与对应功能

命令	功能
Aqlcogcoord	返回指定体的重心坐标
Aqlcoord	返回指定点的坐标位置
Aqlelcent	返回指定水动力面元单元对应的型心位置坐标
Aqlelpres	返回指定单元的压力
Aqlfrequency	返回 AQWA-line 计算的波浪频率
Aqlglobal	返回水动力计算时的全局参数
Aqlmessage	返回报错信息描述
Aqlndirns	返回指定体的水动力计算方向个数
Aqlnfreqs	返回指定体的水动力计算频率个数
Aqlnlines	返回指定体连接的系泊缆个数
Aqlnstructs	返回模型中体的个数
Aqlposition	返回时域分析中结构物的位置
Aqlrao	返回指定体的 RAO 结果
Aqlrao2	返回指定体的 RAO 差值结果
Aqlstatmooring	返回 AQWA-librium 分析中系泊缆的信息
Aqlstatposcog	返回 AQWA-librium 分析中指定体的重心位置
Aqlstatposnod	返回 AQWA-librium 分析中指定点的位置
Aqlthacccog	返回时域分析中结构物重心加速度计算结果
Aqltharticulation	返回时域分析中结构物支座反力
Aqlthfender	返回时域分析中护舷受力结果
Aqlthmooring	返回时域分析中系泊缆的计算结果
Aqlthnumsteps	返回时域分析计算步数
Aqlthposcog	返回时域分析中指定体的重心位置
Aqlthtime	返回时域分析计算步对应的模拟时间
Aqlthvelcog	返回时域分析中指定体的重心位置的速度计算结果
Aqlwavedirn	返回 AQWA-line 中计算的波浪方向

具体命令解释如下。

```
Aqlcogcoord (model,structure,freedom)
```

举例：aqlcogcoord(模型路径,1,x)，返回对应路径模型中结构 1 重心 X 方向坐标。模型路径必须为英文路径，路径指向模型文件但不需要后缀名，如：

C:\Users\XX\Desktop\chapter3\chapter3\aqwa\2.hydroDy\WIF\TLP2_3

```
Aqlcoord(model,structure,nodenumber,freedom)
```

举例：aqlcoord(模型路径,1,101,x)，返回对应路径模型中结构 1 中节点 101 的 X 方向坐标。

```
Aqlelcent (model,structure,element,xsym,ysym,freedom)
```

举例：aqlelcent(model,1,201,2,1,x)，返回对应路径模型中结构 1 中单元 201 的 X 方向坐标。如果模型存在对称性则需要考虑输入 xsym、ysym 两个参数。

```
Aqlelpres (model,structure,direnum,freqnum,element,xsym,ysym,component,amp/pha)
```

举例：aqlelpres(model,1,2,5,101,2,1,Tot,Amp)，返回对应路径模型中结构 1、波浪方向 2、第 5 个波浪频率对应的 101 单元（模型有对称）、总压力（Tot）、压力幅值（Amp）。压力（Component）可以选择 Hydrostatic、Incident、Diffraction、Radiation 和 Total，分别以前三个字母代替。

压力结果可以输出幅值（Amp）和相位（Pha）。

```
Aqlfrequency (model,structure,freqnum)
```

举例：aqlfrequency(model,1,1)，返回对应路径模型中结构 1 的第一个波浪频率的具体数值。

```
Aqlglobal (model,parameter)
```

返回全局参数，parameter 可以为 DPTH（水深）、DENS（水密度）或 ACCG（重力加速度）。

```
Aqlmessage (Errorcode)
```

返回 AQL 的报错代号对应的信息内容。

```
Aqlndirns (model,structure)
```

返回对应路径模型的计算的波浪方向数目。

```
Aqlnfreqs (model,structure)
```

返回对应路径模型的计算的波浪频率数目。

```
Aqlnlines (model)
```

返回对应路径模型的系泊缆数目。

```
Aqlnstructs (model)
```

返回对应路径模型中体的个数。

```
Aqlposition (model,structure,freedom,timestep)
```

返回对应时间步指定体指定自由度的位置。

举例：aqlposition(Model,1,x,2)，返回对应路径模型中结构 1 在时间步 2 时 X 方向位置。

```
Aqlrao (model,structure,direnum,freqnum,freedom,Amp/Phase)
```

返回对应方向、频率以及自由度的 RAO 数据。

举例：aqlrao(Model,1,2,5,rx,Amp)，返回对应路径模型中结构 1 在第 2 个波浪方向、第 5 个波浪频率下横摇运动 RAO 幅值数值。

```
Aqlrao2 (model,structure,direnum,freq,freedom,Amp/Phase)
```

返回对应方向、指定频率以及自由度的差值 RAO 数据，计算频率可以指定，程序会进行插值输出。

举例：aqlrao2(Model,1,2,0.35,rx,Amp)，返回对应路径模型中结构 1 在第 2 个波浪方向，对应 0.35rad/s 的横摇 RAO 幅值，该数值通过插值给出。

Aqlstatmooring (model,structure,configuration,spectrum,line,freedom)

返回 AQWA- Librium 计算的系泊缆计算结果。freedom 对应参数（用前 4 个字符指定）可以为 X、Y、Z（系泊缆上端位置）、tension（顶端张力）、laid length（卧链长度）和 uplift（锚点上拔力）。

举例：aqlstatmooring(Model,1,2,2,4,TENS)，返回对应路径模型中结构 1 的第 2 个系泊系统布置中，在第 2 个波浪谱计算结果中的第 4 根系泊缆顶部张力。

Aqlstatposcog (model,structure,configuration,spectrum,freedom)

返回 AQWA-librium 计算的指定结构物最终重心位置，freedom 可以为 X、Y、Z、Rx、Ry 和 Rz。

举例：aqlstatposcog(Model,1,2,2,RX)，返回对应路径模型中结构 1 的第 2 个系泊缆布置条件下在波浪谱 2 作用下的横倾。

Aqlstatposnod (model,structure,configuration,spectrum,freedom)

返回 AQWA- librium 计算的指定节点最终位置，freedom 可以为 X、Y、Z、Rx、Ry 和 Rz。

Aqlthacccog (model,structure,freedom,timestep)

返回对应时间步指定体重心位置的加速度计算结果，freedom 可以为 X、Y、Z、Rx、Ry 和 Rz。

Aqltharticulation (model,structure,articulation,freedom,timestep)

返回对应时间步指定体上指定支座在全局坐标系下的反力计算结果，freedom 可以为 Fx、Fy、Fz、Mx、My 和 Mz。

Aqlthfender(model,structure,line,result,timestep)

返回对应时间步指定体上指定护舷在全局坐标系下的受力计算结果。result 可以为（用前 4 个字符代表）：

- Fx：全局坐标系下 X 方向的力。
- Fy：全局坐标系下 Y 方向的力。
- Fz：全局坐标系下 Z 方向的力。
- Total：全局坐标系下整体力。
- Compression：护舷的压缩量。
- Elastic：弹性变形反力。
- Damping：阻尼力。
- Friction：摩擦力。
- Horizontal：护舷的平面运动。
- Vertical：护舷的垂向运动。

Aqlthmooring (model,structure,line,result,timestep)

返回对应时间步指定体上指定系泊缆的计算结果。result 对应参数（用前 4 个字符指定）可以为 X、Y、Z（系泊缆上端位置）、tension（顶端张力）、laid length（卧链长度）和 uplift（锚点上拔力）。

```
Aqlthnumsteps (model)
```

返回时域分析总的计算时间步数。

```
Aqlthposcog (model,structure,freedom,timestep)
```

返回对应时间步的指定结构重心全局坐标系下的位置，freedom 可以为 X、Y、Z、Rx、Ry 和 Rz。

```
Aqlthtime (model,timestep)
```

返回对应时间步实际模拟的时间（单位为 s）。

```
Aqlthvelcog (model,structure,freedom,timestep)
```

返回对应时间步的指定结构的重心在全局坐标系下的速度结果，freedom 可以为 X、Y、Z、Rx、Ry 和 Rz。

```
Aqlwavedirn (model,structure,direnum)
```

返回 AQWA-line 计算的对应波浪方向代号波浪方向角度，单位为°。

6.3 AQL 的报错信息

AQL 的报错信息见表 6.2，这里不再做进一步的解释。

表 6.2 AQL 报错代号及解释

代号	解释
#AQL:101	Invalid or missing node number for specified structure
#AQL:102	Structure does not exist in specified model
#AQL:103	Unable to locate or open.RES file for specified model
#AQL:106	Mooring line does not exist
#AQL:107	Invalid or missing end number for specified line
#AQL:108	Invalid directory path for specified model
#AQL:109	Invalid or missing frequency for specified structure
#AQL:110	Invalid or missing direction for specified structure
#AQL:111	Phase or Amplitude keyword required
#AQL:113	Invalid or missing element number for specified structure
#AQL:114	Invalid or missing symmetry number for specified structure
#AQL:202	Unable to locate.RES file for specified model
#AQL:204	Unable to locate.POS file for specified model
#AQL:205	Unable to open.POS file for specified model
#AQL:210	Invalid or missing mooring combination for specified model
#AQL:211	Invalid or missing spectrum for specified model

续表

代号	解释
#AQL:212	Invalid time-step requested
#AQL:213	Results are not available for this time-step
#AQL:215	Invalid freedom requested
#AQL:216	Ordinate out of range
#AQL:305	Unable to locate.PLD file for specified model
#AQL:306	Unable to open.PLD file for specified model
#AQL:314	Invalid or missing plot information requested
#AQL:351	Unable to locate.PAC file for specified model
#AQL:352	Invalid pressure component requested
#AQL:402	Unable to locate file

6.4　AQL 的应用

AQWA 给了一个 AQL 的应用例子，可以在 AQWA 安装目录的 training 文件夹中找到，文件名为 takbuy.xls。如果直接打开这个文件会发现都是报错信息，这是因为文件夹内的模型并没有运行过，缺少结果文件。同时，文件夹下的 Run_training.bat 批处理文件有问题，需要进行修改。

将文件 Run_training.bat 重命名为 runaqwa.bat，删除其内容，输入以下内容（路径对应 AQWA 的安装路径）。

```
rem "C:\Program Files\ANSYS Inc\v193\AQWA\bin\winx64\aqwa" std
"C:\Program Files\ANSYS Inc\v193\AQWA\bin\winx64\aqwa" std
```

将文件夹内的 training.com 重命名为 stdtests.com。

将整个 training 文件夹拷贝至其他位置（如桌面）后运行 runaqwa.bat，如图 6.7 所示。

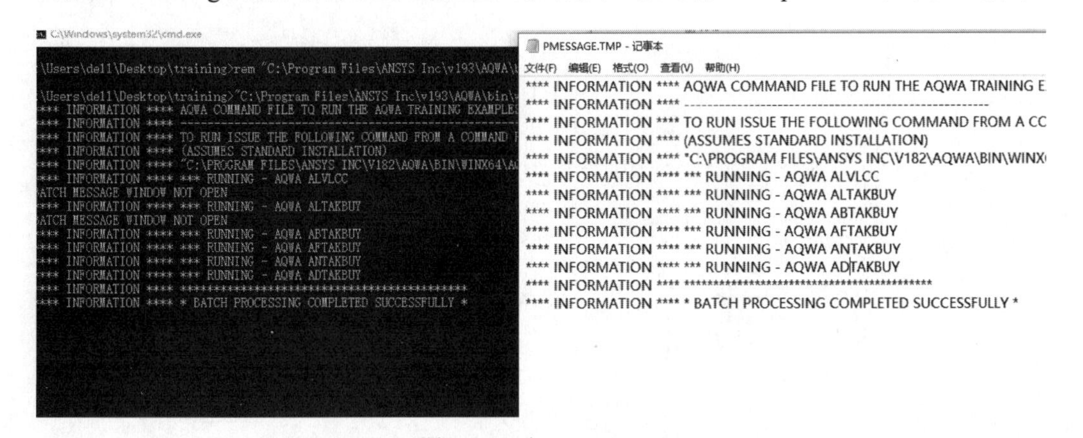

图 6.7　运行 runaqwa.bat

运行完毕后打开 takbuy.xls 文件，将文件夹的路径输入到 Path 后的单元格内（注意路径最后要有“\”符号）。如果 AQL 已经正确安装，则页面内的数据会刷新并显示，如图 6.8 所示，否则会出现报错信息。

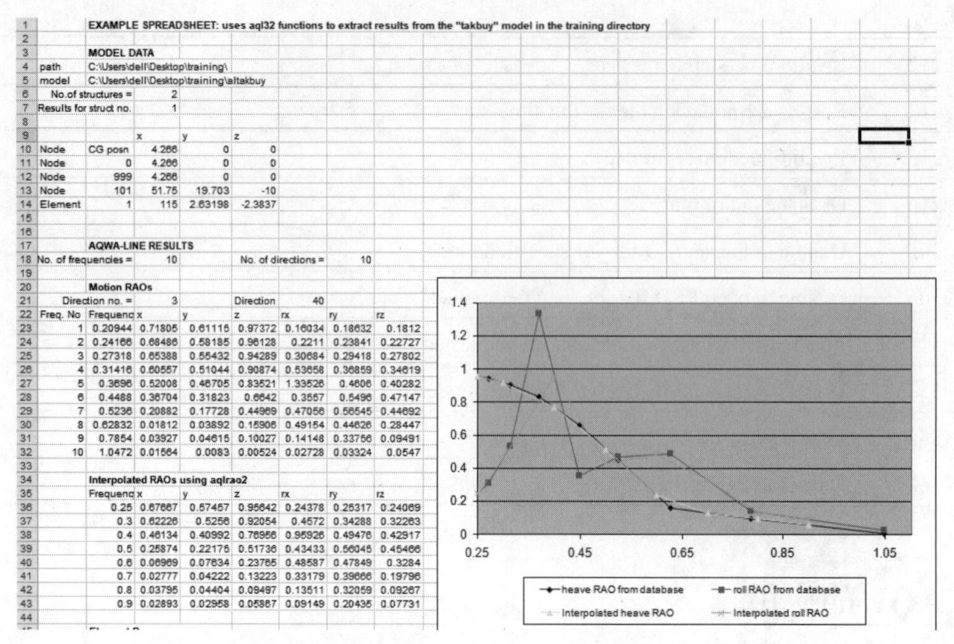

	A	B	C	D	E	F	G	H
1		EXAMPLE SPREADSHEET: uses aql32 functions to extract results from the "takbuy" model in the training directory						
2								
3		MODEL DATA						
4	path	C:\Users\dell\Desktop\training\						
5	model	C:\Users\dell\Desktop\training\altakbuy						
6	No.of structures =		2					
7	Results for struct no.		1					
8								
9			x	y	z			
10	Node	CG posn	4.266	0	0			
11	Node	0	4.266	0	0			
12	Node	999	4.266	0	0			
13	Node	101	51.75	19.703	-10			
14	Element	1	115	2.63198	-2.3837			
15								
16								
17		AQWA-LINE RESULTS						
18	No. of frequencies =		10		No. of directions =		10	
19								
20		Motion RAOs						
21	Direction no. =		3		Direction	40		
22	Freq. No	Frequenc	x	y	z	rx	ry	rz
23	1	0.20944	0.71805	0.61115	0.97372	0.16034	0.18632	0.1812
24	2	0.24166	0.68486	0.58185	0.96128	0.2211	0.23841	0.22727
25	3	0.27318	0.65388	0.55432	0.94289	0.30684	0.29418	0.27802
26	4	0.31416	0.60557	0.51044	0.90874	0.53658	0.36859	0.34619
27	5	0.3696	0.52008	0.46705	0.83521	1.33526	0.4606	0.40282
28	6	0.4488	0.36704	0.31823	0.6642	0.3557	0.5496	0.47147
29	7	0.5236	0.20882	0.17728	0.44969	0.47056	0.56545	0.44692
30	8	0.62832	0.01812	0.03892	0.15906	0.49154	0.44626	0.28447
31	9	0.7854	0.03927	0.04615	0.10027	0.14148	0.33756	0.09491
32	10	1.0472	0.01564	0.0083	0.00524	0.02728	0.03324	0.0547
33								
34		Interpolated RAOs using aqlrao2						
35		Frequenc	x	y	z	rx	ry	rz
36		0.25	0.67667	0.57457	0.95642	0.24378	0.26317	0.24069
37		0.3	0.62226	0.5256	0.92054	0.4572	0.34288	0.32263
38		0.4	0.46134	0.40992	0.76956	0.95926	0.49476	0.42917
39		0.5	0.25874	0.22175	0.51736	0.43433	0.56045	0.45466
40		0.6	0.06969	0.07634	0.23765	0.48587	0.47849	0.3284
41		0.7	0.02777	0.04222	0.13223	0.33179	0.39666	0.19796
42		0.8	0.03795	0.04404	0.09497	0.13511	0.32059	0.09267
43		0.9	0.02893	0.02958	0.05867	0.09149	0.20435	0.07731
44								

图 6.8　takbuy.xls 文件成功加载 AQL 命令并刷新数据

选中某个单元格，点击“公式”→“定义名称”→“应用名称”，可以在列表中看到该表格内定义的变量名称，如图 6.9 所示。在实际应用中直接在命令中引用单元格即可，当然还是推荐在编制表格的时候提前定义变量名，这样有利于提高数据管理效率。

takbuy.xls 文件比较全面地展示了 AQL 相关命令的使用，包括节点坐标显示、AQWA-line 计算的 RAO 数据的输出、RAO 插值处理、AQWA-librium 计算数据显示以及 AQWA-drift 计算数据的显示等内容。用户可以以 takbuy.xls 文件为模板，结合 Excel VBA 进行进一步的开发。

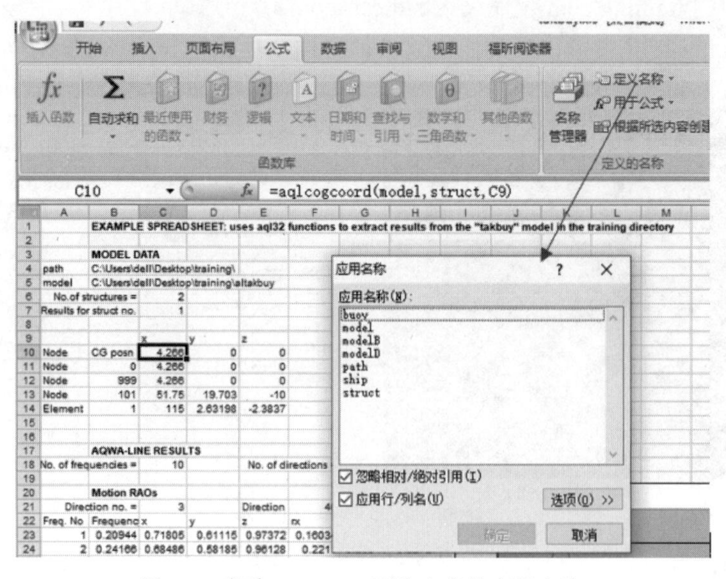

图 6.9　查看 takbuy.xls 预先定义的变量名称

可以打开 AGS 比较一下 takbuy.xls 文件提取结果是否正确。打开 AGS→Graphs，选中该文件夹下的 adtakbuy.plt 文件，选择显示重心 X 方向的位移并与表格给出的数据进行比较，可以发现结果是一致的，如图 6.10 所示。

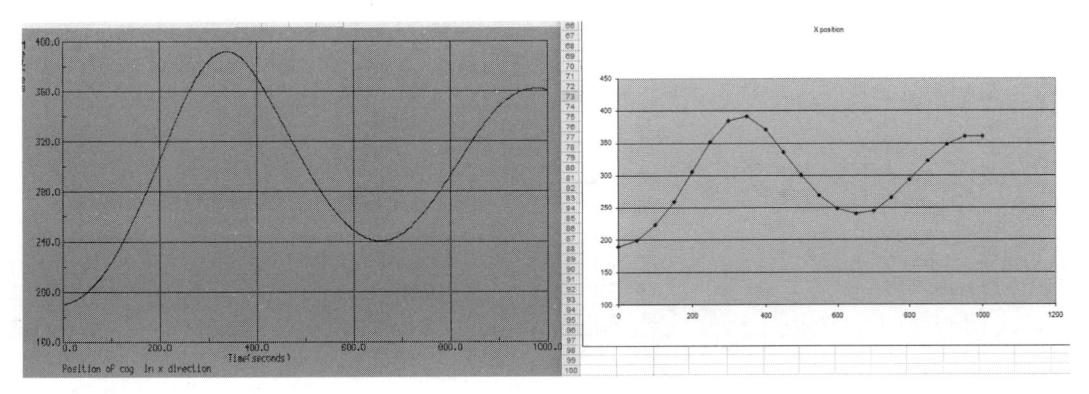

图 6.10　比较 AGS 和 AQL 给出的时域曲线结果

6.5　AQL 的局限性

用户可以通过 AQL 实现对 AQWA 计算数据的批量处理，但这个“批量”是有条件的。

AQL 只具有基本的数据提取功能，如 RAO 数据的提取、指定单元压力的提取、时域计算数据的提取等，对于特殊的数据，如多体相对位移、张力腿数据、波面曲线、输入的波浪谱等不能直接进行查看，这些数据还需要通过 AGS 来显示和查看。

AQL 通过 Excel 的加载项进行调用，目前是单任务、单线程的，无法进行并行多线程数据处理。

对于数据曲线制图、时域数据的统计处理还需要结合其他方法来实现，如可以通过 Excel VBA 或者通过 Python 与 Excel 的交互来实现大量数据的提取和处理。

在数据量不大的情况下通过 AQL 将数据输出到 Excel 进行进一步处理是高效的，但当数据量较大、数据处理工作繁杂的时候，AQL 与 Excel 的数据交互效率还有待提高。

尽管如此，AQL 依然不失为 AQWA 数据处理的好工具。在使用 AQL 的时候可以通过编制好 Excel 表格来实现标准数据处理功能。依托于 Excel 的强大功能，结合 AQL 来进行数据处理能够实现比 AGS 更高的数据处理效率。

6.6　AQWA Flow

本书在 3.9 节介绍过 AQWA Flow 的应用，本节具体介绍一下 AQWA Flow 的使用方法。

AQWA Flow 是经典 AQWA 的插件，用于读取用户定义的流场关注点信息。用户可以在 AQWA 的安装文件夹的 bin 文件夹 winx64 子文件夹（安装的 64 位软件）中找到 AQWA Flow 程序。AQWA Flow 的帮助文件可以在 AQWA 安装文件目录的 doc 文件夹中找到（图 6.11）。

AQWA Flow 的使用方法非常简单。

在 AQWA Line 的运行文件夹下新建一个与 AQWA Line 模型文件名一致的文本文件，文件后缀为.cor。

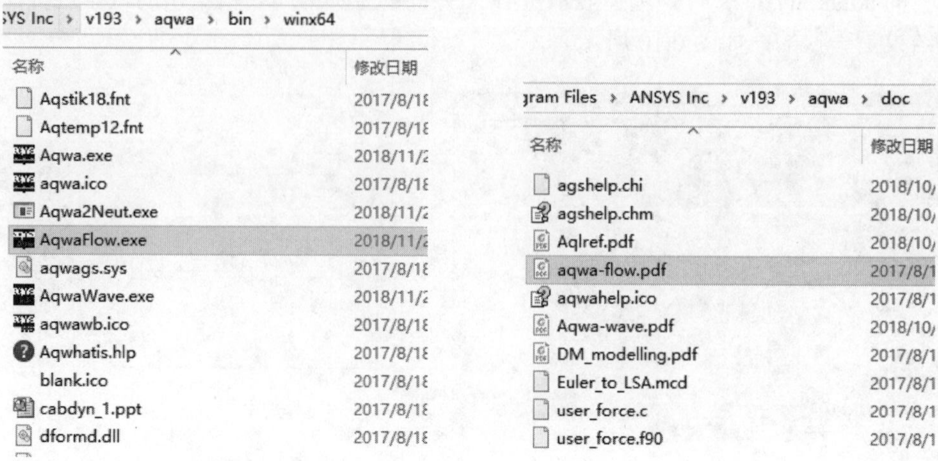

ˈYS Inc › v193 › aqwa › bin › winx64

名称	修改日期
Aqstik18.fnt	2017/8/18
Aqtemp12.fnt	2017/8/18
Aqwa.exe	2018/11/2
aqwa.ico	2017/8/18
Aqwa2Neut.exe	2018/11/2
AqwaFlow.exe	2018/11/2
aqwags.sys	2017/8/18
AqwaWave.exe	2018/11/2
aqwawb.ico	2017/8/18
Aqwhatis.hlp	2017/8/18
blank.ico	2017/8/18
cabdyn_1.ppt	2017/8/18
dformd.dll	2017/8/18

（a）AQWA Flow 程序

gram Files › ANSYS Inc › v193 › aqwa › doc

名称	修改日期
agshelp.chi	2018/10/
agshelp.chm	2018/10/
Aqlref.pdf	2018/10/
aqwa-flow.pdf	2017/8/1
aqwahelp.ico	2017/8/1
Aqwa-wave.pdf	2018/10/
DM_modelling.pdf	2017/8/1
Euler_to_LSA.mcd	2017/8/1
user_force.c	2017/8/1
user_force.f90	2017/8/1

（b）帮助文件

图 6.11　AQWA Flow 程序位置与帮助文件位置

打开.cor 文件，输入关注的流场点坐标信息，输入内容不包含 Tab 字符。坐标的输入格式为每个点单独一行，每个行包括 4 个数据：点的数字代号、X 方向坐标、Y 方向坐标、Z 方向坐标，这里的坐标值均对应全局坐标系。Z 方向坐标应该是 0，即位于静水面，如图 6.12 所示。

```
1   27.5   -18   0
2   27.5   -9   0
3   27.5   0   0
4   27.5   9   0
5   27.5   18   0
6   13.75   -27.5   0
7   13.75   -18   0
8   13.75   -9   0
9   13.75   0   0
10   13.75   9   0
11   13.75   18   0
12   13.75   27.5   0
13   0   -27.5   0
14   0   -18   0
15   0   -9   0
16   0   0   0
17   0   9   0
18   0   18   0
19   0   27.5   0
20   -13.75   -27.5   0
21   -13.75   -18   0
22   -13.75   -9   0
23   -13.75   0   0
24   -13.75   9   0
25   -13.75   18   0
26   -13.75   27.5   0
27   -26.75   -18   0
28   -26.75   -9   0
29   -26.75   0   0
30   -26.75   9   0
31   -26.75   18   0
```

图 6.12　.cor 文件基本格式

确保.res、.uss、.cor 这 3 个文件在同一个文件夹内。拖拽.cor 文件至 AQWA Flow 程序上，在弹出的界面中依次输入 3 个参数：AQWA line 模型文件名称（无后缀名）、输入结构数字代号、输入波幅（图 6.13）。这里的波幅通常为 1，用于考查流场点的波面变化 RAO，当然输入其他波幅值也可以，但结果是遵循线性比例的。

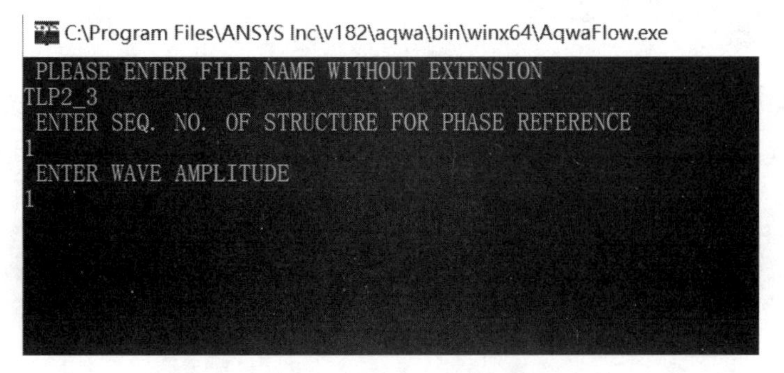
C:\Program Files\ANSYS Inc\v182\aqwa\bin\winx64\AqwaFlow.exe
PLEASE ENTER FILE NAME WITHOUT EXTENSION
TLP2_3
ENTER SEQ. NO. OF STRUCTURE FOR PHASE REFERENCE
1
ENTER WAVE AMPLITUDE
1

图 6.13　在 AQWA Flow 中输入必要参数

AQWA Flow 程序将提取后的结果保存在文件夹的.txt 文件中，该文件包括对应.cor 文件中关注点位置的：3 个方向速度幅值与相位、3 个方向加速度幅值与相位、速度势、压力、波面升高的幅值与相位结果，如图 6.14 所示。

```
VELOCITY,POTENTIAL,PRESSURE,WAVE ELEVATION AT SPECIFIED POSITIONS
                DUE TO STRUCTURE# 1

        Pot: Total potential
        Pre: Total pressure (excluding hydrostatic)
        Wav: Total wave surface elevation
        Phases are with reference to COG of Str# 1

        WAVE AMPLITUDE   =     1.00000
=========================================================

        WAVE DIRECTION =    0.0000
        WAVE FREQUENCY =    0.1571(PERIOD=  40.00SEC)
-------------------------------------------------------------
NODE NO./COOR          1     27.5000    -18.0000      0.0000
Vx/Vy/Vz (Amp.)              0.1367      0.0000      0.1564
Vx/Vy/Vz (Phase)            24.5589    -90.0000    -85.2437
Ax/Ay/Az (Amp.)              0.0215      0.0000      0.0246
Ax/Ay/Az (Phase)           -65.4411   -177.4420   -175.2437
Pot/Pre/Wav (Amp.)          62.1949  10013.7871      0.9959
Pot/Pre/Wav (Phase)        -85.2437      4.7563      4.7563

-------------------------------------------------------------
NODE NO./COOR          2     27.5000     -9.0000      0.0000
Vx/Vy/Vz (Amp.)              0.1794      0.0015      0.1565
Vx/Vy/Vz (Phase)             9.8887    -82.9611    -85.2433
Ax/Ay/Az (Amp.)              0.0282      0.0002      0.0246
Ax/Ay/Az (Phase)           -80.1113   -172.9611   -175.2433
Pot/Pre/Wav (Amp.)          62.2085  10015.9834      0.9961
Pot/Pre/Wav (Phase)        -85.2433      4.7567      4.7567
```

图 6.14　AQWA Flow 输出的流场关注点结果示意

AQWA Flow 的功能在 AQWA line 中也能实现，但需要用户在 Category1 中定义关注点坐标并在 Category2 中定义流场关注单元 FPNT。程序运行完毕后需要用户自行去 lis 文件中查找相关结果。

相比之下，使用 AQWA Flow 来提取流场点信息会更方便快捷一些。

6.7 AQWA 的批处理运行

经典 AQWA 的批处理通过运行 DOS 批处理程序实现，可以通过调用 COM 命令文件进行运行，也可以通过 BAT 批处理文件来进行调用。编写的.bat 批处理文件使用/STD 选项时需要编写一个.com 命令文件，.com 文件常用到的命令包括：

REM：表示注释行。

ECHO+字符：显示输入的字符。

END：表示结束。

RUNDIR：切换运行路径。

RUN：运行文件。

RENAME：重命名文件。

下面用一个简单例子说明。

新建一个.bat 文件，输入以下内容：

```
C:\Program Files\ANSYS Inc\v121\aqwa\bin\win32\aqwa.exe/STD test.com
```

这里需要输入正确的 ANSYS 安装目录，/STD 表示需要调用.com 文件。

在同一个文件夹新建一个 stdtest.com 文件，输入以下内容：

```
REM Example of a command file for multiple AQWA analyses
REM -----------------------------------------------------------------------
RUN alt0001
echo "T0001L AQWA-LINE test complete"
copy alt0001.res abt0001.res
RUN abt0001
RUN adt0001
RUNDIR C:\AQWA\Projects\Tests\MODEL2
echo "Change directory to path ‘C:\AQWA\ Projects\Tests \MODEL2’ "
RUN alt0002
END ALL RUNS COMPLETE
```

双击.bat 文件，.bat 文件会调用 stdtest.com 文件。stdtest.com 文件运行的时候首先运行当前目录下的 alt001 文件，随后运行 abt0001 文件和 adt0001 文件，随后切换运行目录运行 alt002 文件。

如果需要复杂的批处理运行，可以参考具体的 cmd 的命令来编制.com 文件。

而 Workbench AQWA 的批处理运行比较简单，只要将输入参数前方勾选 P，在 Solution 部分将需要查看的输出结果参数前方勾选 P，如图 6.15 所示。保存后在 Workbench 界面会有 Parameter Set 界面，在这个界面进行输入参数的编写随后 Update All Design Points 就可以自动完成计算。

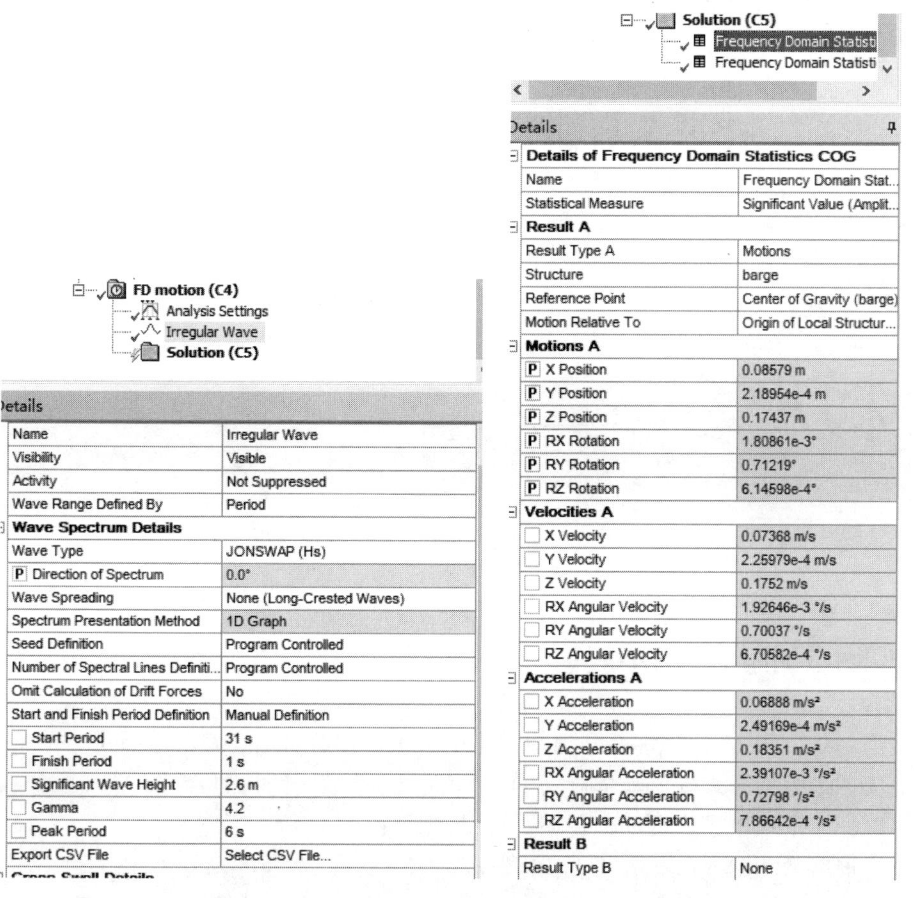

图 6.15　Workbench AQWA 勾选输入、输出参数

更复杂的参数化处理可以参考专业的 Workbench 资料。

第7章 特殊功能

7.1 驻波抑制单元 VLID

驻波抑制是 AQWA 的一种特殊功能，可用于多体耦合分析、月池分析等方面，主要用途是人为地增加“阻尼”来降低流体震荡的产生幅度，使分析结果更合理。

这里以一个简单例子介绍如何使用驻波抑制单元。

两个方形驳船相距 5m，驳船尺度完全一致，长 150m，宽 30m，吃水 8m。在 ANSYS APDL 中建立模型，模型仅包括水下部分，两船之间建立一个宽 4m，法线方向由水面指向上方的面。

对整体模型进行网格划分，网格大小 2m，如图 7.1 和图 7.2 所示。选择两个驳船单元和中间单元输出，分别保存为 Body1.aqwa、Body2.aqwa 和 lid.aqwa。

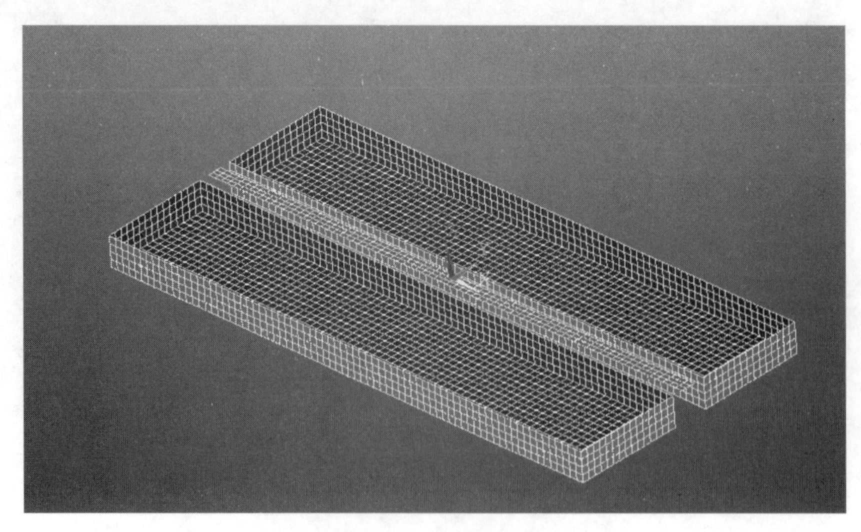

图 7.1　计算模型

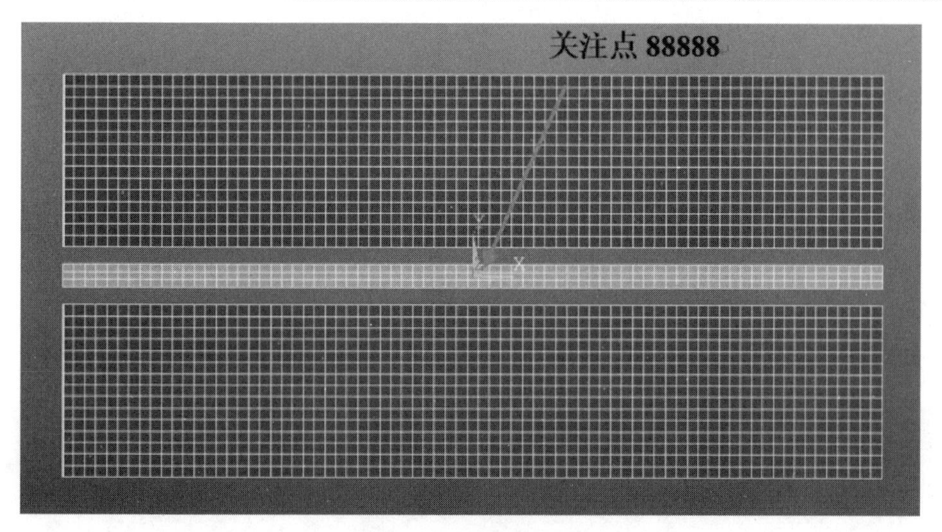

图 7.2 计算模型俯视图

新建 nolid 文件夹，在文件中新建 no_lid.dat 进行模型组装。将 body1 和 body2 驳船的节点信息、单元信息以及重量信息复制到 no_lid.dat。

定义一个流场关注点 88888，坐标为(*X*, *Y*, *Z*)=(0, 0, 0)，该点位于两船之间，如图 7.3 所示。

```
JOB AQWA  LINE
TITLE
OPTIONS REST GOON END
RESTART   1  3
*
    01    COOR
    01NOD5
*
* field point
*
    0188888              0.000      0.000      0.000
```

图 7.3 添加关注点 88888

将两个驳船的单元信息分别输入到该文件中，一个驳船为 ELM1，另一个驳船为 ELM2。在 ELM2 即第二个体位置添加 HYDI 行，考虑二者之间的水动力耦合影响，如图 7.4 所示。

```
02    ELM2
02ZLWL            (      0.000)
02HYDI       1
```

图 7.4 考虑两个驳船之间的水动力耦合

在 Category2 中添加 FPNT 流场关注点单元，该单元引用 88888 点，如图 7.5 所示。

修改两个驳船的重心坐标点为 99998 和 99999，修改 Category3、4 的重量与转动惯量信息并将代号设置正确。出于简便考虑，这里重量和转动惯量使用默认值。

保存 no_lid.dat 并运行。复制 no_lid.dat 为 with_lid.dat。将 lid.aqwa 文件打开，将节点信息输入到 Category1 中。将单元信息输入到 ELM1 中并添加 VLID 行，如图 7.6 所示。

```
   02PMAS          (1)(99999)(    2)(    2)                                        1846
   02FPNT          (1)(88888)
END02
   02    FINI
*
   03    MATE * Material properties (may need editing)
   03            1 3.690E+07
   03            2 3.690E+07
END03
*
   04    GEOM * Geometric properties (may need editing)
   04PMAS        1 3.839E+09  0.00       0.00      5.189E+10  0.00      5.612E+10
   04PMAS        2 3.839E+09  0.00       0.00      5.189E+10  0.00      5.612E+10
END04
*
   05    GLOB * Global analysis parameters (may need editing)
   05DPTH    1000.0
   05DENS 1.025E+03
END05ACCG     9.810
*
   06    FDR1 * Frequencies and directions (may need editing)
   06FREQ        20       0.1       2.0
END06DIRN    1    5    -180.0     -90.0         0      90.0     180.0
   06    FDR2 * Frequencies and directions (may need editing)
   06FREQ        20       0.1       2.0
END06DIRN    1    5    -180.0     -90.0         0      90.0     180.0
   07    WFS1
END07FIDD                                       3.6294E+08
   07    WFS2
END07FIDD                                       3.6294E+08
   07    FINI
   08    NONE
```

图 7.5　no_lid.dat 文件添加流场关注点，修改转动惯量和水动力计算周期

VLID 包括 3 个主要参数：单元组（Element Group）、阻尼值以及 VLID 宽度。将 lid.aqwa 中的单元组命名为 111，阻尼为 0.2，VLID 宽度为 4m。

```
* body1
   0199998              -0.000    20.000      0.000
* body2
   0199999              -0.000   -20.000      0.000
 END01
   02    ELM1
   02ZLWL            (      0.000)
* lid
   02VLID      111   (DAMP=0.2,GAP=4.0)
   02QPPL DIFF 111   (1)( 3873)( 3875)( 4029)( 4027)                           3691
   02QPPL DIFF 111   (1)( 3875)( 3876)( 4031)( 4029)                           3692
   02QPPL DIFF 111   (1)( 3876)( 3877)( 4033)( 4031)                           3693
   02QPPL DIFF 111   (1)( 3877)( 3878)( 4035)( 4033)                           3694
   02QPPL DIFF 111   (1)( 3878)( 3879)( 4037)( 4035)                           3695
   02QPPL DIFF 111   (1)( 3879)( 3880)( 4039)( 4037)                           3696
   02QPPL DIFF 111   (1)( 3880)( 3881)( 4041)( 4039)                           3697
   02QPPL DIFF 111   (1)( 3881)( 3882)( 4043)( 4041)                           3698
   02QPPL DIFF 111   (1)( 3882)( 3883)( 4045)( 4043)                           3699
   02QPPL DIFF 111   (1)( 3883)( 3884)( 4047)( 4045)                           3700
   02QPPL DIFF 111   (1)( 3884)( 3885)( 4049)( 4047)                           3701
   02QPPL DIFF 111   (1)( 3885)( 3886)( 4051)( 4049)                           3702
   02QPPL DIFF 111   (1)( 3886)( 3887)( 4053)( 4051)                           3703
   02QPPL DIFF 111   (1)( 3887)( 3888)( 4055)( 4053)                           3704
   02QPPL DIFF 111   (1)( 3888)( 3889)( 4057)( 4055)                           3705
   02QPPL DIFF 111   (1)( 3889)( 3890)( 4059)( 4057)                           3706
   02QPPL DIFF 111   (1)( 3890)( 3891)( 4061)( 4059)                           3707
   02QPPL DIFF 111   (1)( 3891)( 3892)( 4063)( 4061)                           3708
   02QPPL DIFF 111   (1)( 3892)( 3893)( 4065)( 4063)                           3709
   02QPPL DIFF 111   (1)( 3893)( 3894)( 4067)( 4065)                           3710
   02QPPL DIFF 111   (1)( 3894)( 3895)( 4069)( 4067)                           3711
   02QPPL DIFF 111   (1)( 3895)( 3896)( 4071)( 4069)                           3712
   02QPPL DIFF 111   (1)( 3896)( 3897)( 4073)( 4071)                           3713
```

图 7.6　with_lid.dat 文件添加 VLID 单元

修改完毕后运行 with_lid.dat，通过 AGS 打开可以看到两船之间有一个“盖子”，这个盖

子即建立的 VLID 单元，如图 7.7 所示。

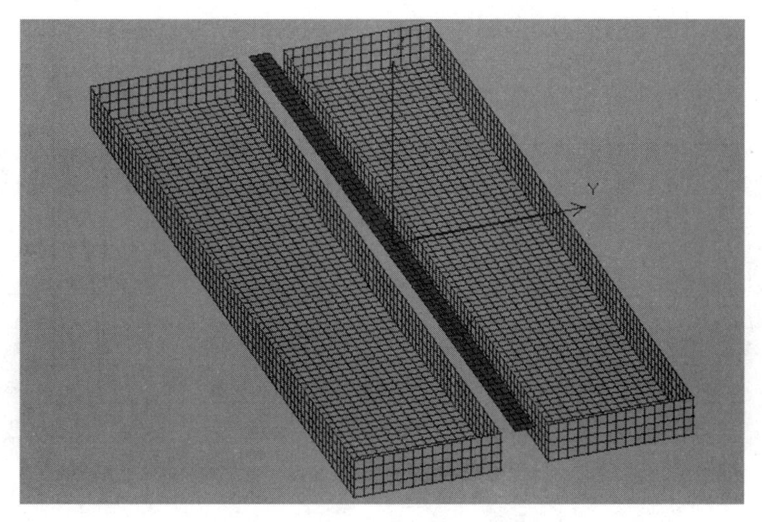

图 7.7　经典 AQWA 中两个驳船与二者之间的 VLID 单元

打开已经运行完毕的 no_lid.lis 文件，找到 88888 流场关注点的计算结果，可以发现在 1.2rads/s（5.236s）时，横浪作用下该关注点的波面升高幅值为 2.258m（入射波波幅为 1m），有驻波的产生，如图 7.8 所示。

* * H Y D R O D Y N A M I C　P R E S S U R E　A T　F I E L D　P O I N T S * *

STRUCTURE NUMBER　2　AT A FREQUENCY OF　1.2000　RADS/SEC

HEADS OF WATER AND PHASES FOR EACH CHOSEN DIRECTION

FPOINT NO.	NODE NO.	COORDINATE X	COORDINATE Y	COORDINATE Z	DIRN	1 -180.000	2 -90.000	3 0.000	4 90.000	5 180.000
1	88888	0.000	0.000	0.000	AMPLITUDE	1.492E+00	2.258E+00	1.492E+00	2.258E+00	1.492E+00
					PHASE(DEG)	-5.34	89.73	-5.34	66.15	-5.34

图 7.8　no_lid.lis 88888 点波面升高幅值（1.2rads/s）

打开已经运行完毕的 with_lid.lis 文件，找到 88888 流场关注点的计算结果，可以发现在 1.2rads/s（5.236s）时，横浪作用下流场关注点的波面升高幅值为 0.8585m（入射波波幅为 1m），VLID 单元对驻波的产生起到了抑制作用，如图 7.9 所示。

* * H Y D R O D Y N A M I C　P R E S S U R E　A T　F I E L D　P O I N T S * *

STRUCTURE NUMBER　2　AT A FREQUENCY OF　1.2000　RADS/SEC

HEADS OF WATER AND PHASES FOR EACH CHOSEN DIRECTION

FPOINT NO.	NODE NO.	COORDINATE X	COORDINATE Y	COORDINATE Z	DIRN	1 -180.000	2 -90.000	3 0.000	4 90.000	5 180.000
1	88888	0.000	0.000	0.000	AMPLITUDE	1.136E+00	8.585E-01	1.136E+00	8.585E-01	1.136E+00
					PHASE(DEG)	-8.73	63.83	-8.73	40.25	-8.73

图 7.9　with_lid.lis 88888 点波面升高幅值（1.2rads/s）

分别通过 AGS 打开两个模型的 res 文件，点击 Plots→Select→Pressure Contours，弹出界

面设置 Freq 为 12，Dirn 为 2，勾选 Pressure Display 中的 AMP。点击 Option，Wave Amplitude 为 1，勾选 Diffracted Wave Surface。调整模型视角，可以在模型显示界面明显看到两船中间的波高变化在 VLID 的影响下明显减小，如图 7.10 和图 7.11 所示。

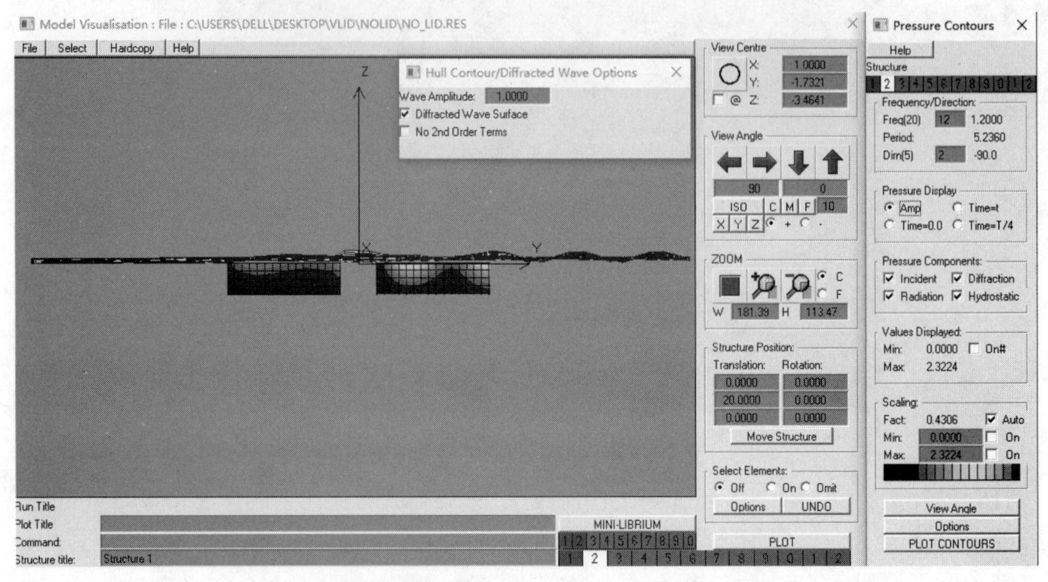

图 7.10　AGS 中查看波面幅值（无 VLID，频率 1.2rad/s，波幅 1m，横浪）

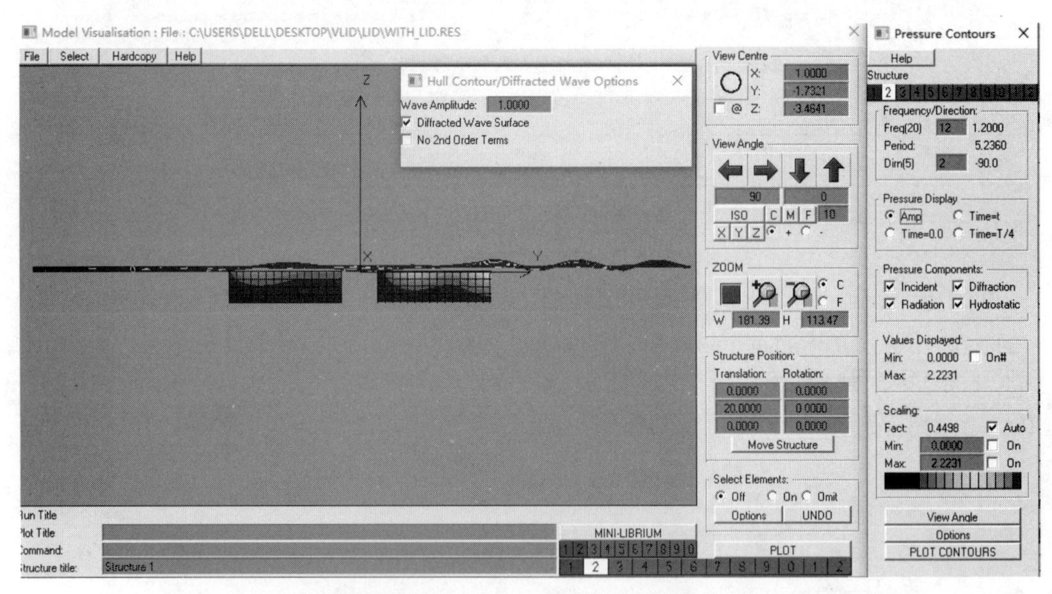

图 7.11　AGS 中查看波面幅值（有 VLID，频率 1.2rad/s，波幅 1m，横浪）

在 Workbench 中考虑 VLID 要方便一些。在 Design Modeler 中建立计算模型，包括两船及两船之间的 Lid。建立实体模型（只建立水下部分），提取模型湿表面，此时模型包括 3 个 Surface Body，分别为左、右两个船和中间的 lid。将右侧船与中间的 lid 组成 Part 并命名为 right，如图 7.12 所示。

注意：Lid 的法线方向要指向 Z 轴正向。

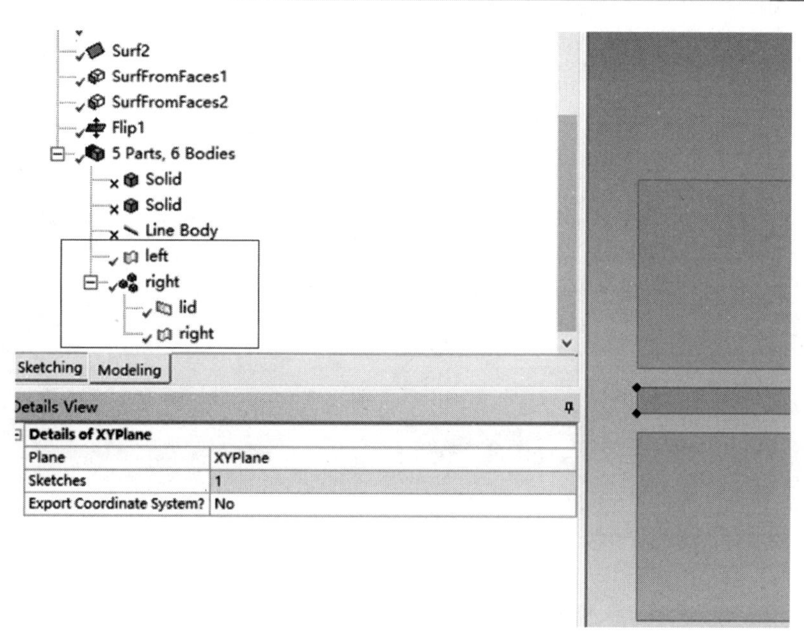

图 7.12　左右两船及中间的 lid

关闭 DM，双击 Model。点击 lid，将 Structure Type 切换为 Abstract Geometry，在 Abstract Type 中将其设置为 External Lid，如图 7.13 所示。

在 left、right 两个体上右击添加质量点，质量和惯性半径与经典模型一致。

对模型划分单元，采用默认单元即可，如图 7.14 所示。

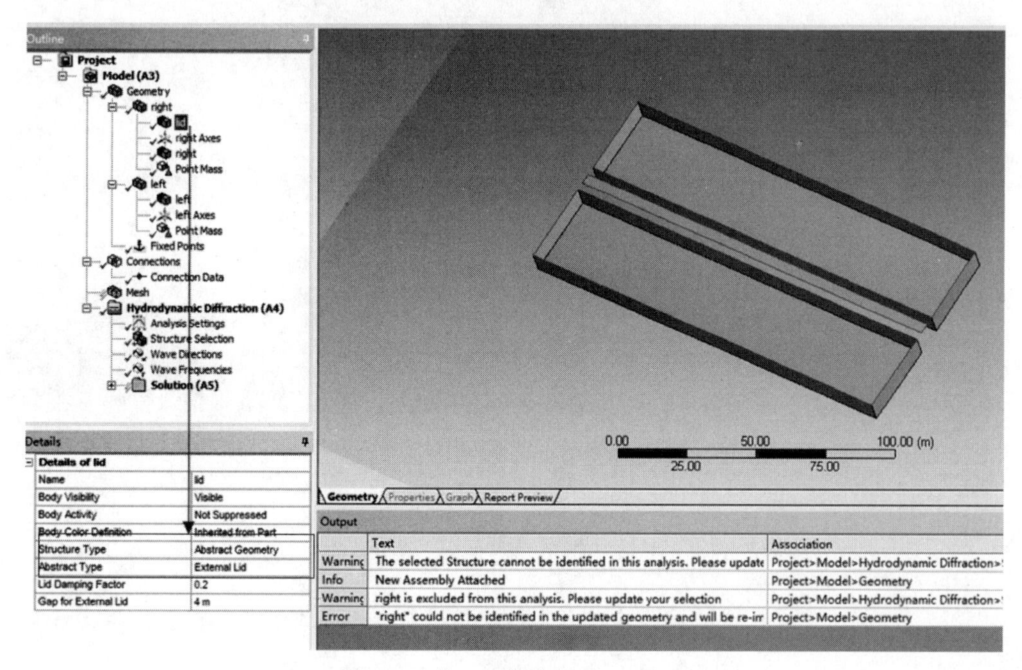

图 7.13　将 Lid 设置为 External Lid

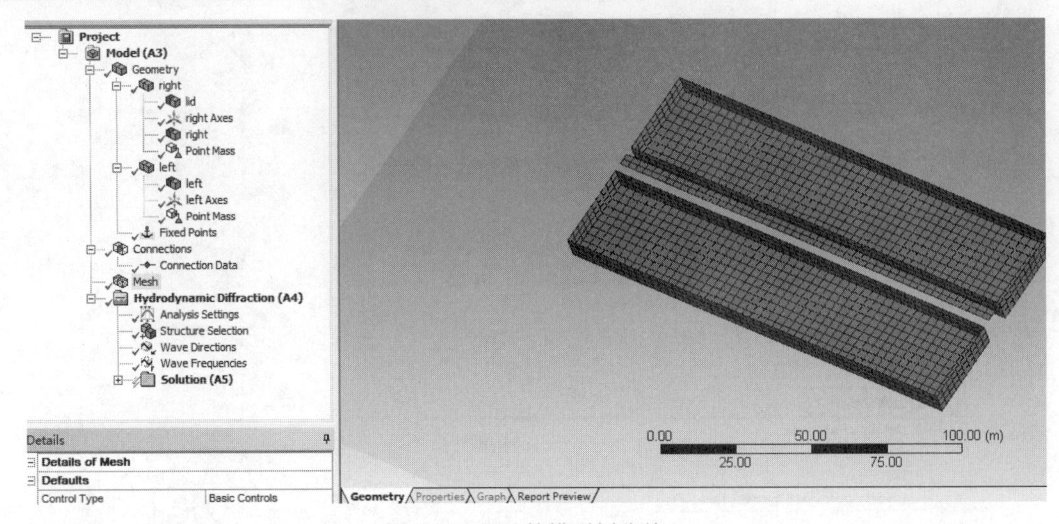

图 7.14　对计算模型划分单元

设置计算方向间隔为 90°，计算周期为 4～20s，单独添加 5.236s 的计算周期用于结果对比。在 Solution 上右击插入 Pressures and Motions。在 Pressures and Motions 中选择频率 0.19099Hz，方向-90°，波幅 1m，Contour Type 设置为 Wave Surface Elevation，如图 7.15 所示。

右击 Solution→Solve，波面升高的幅值等高图显示在右侧模型显示窗口。

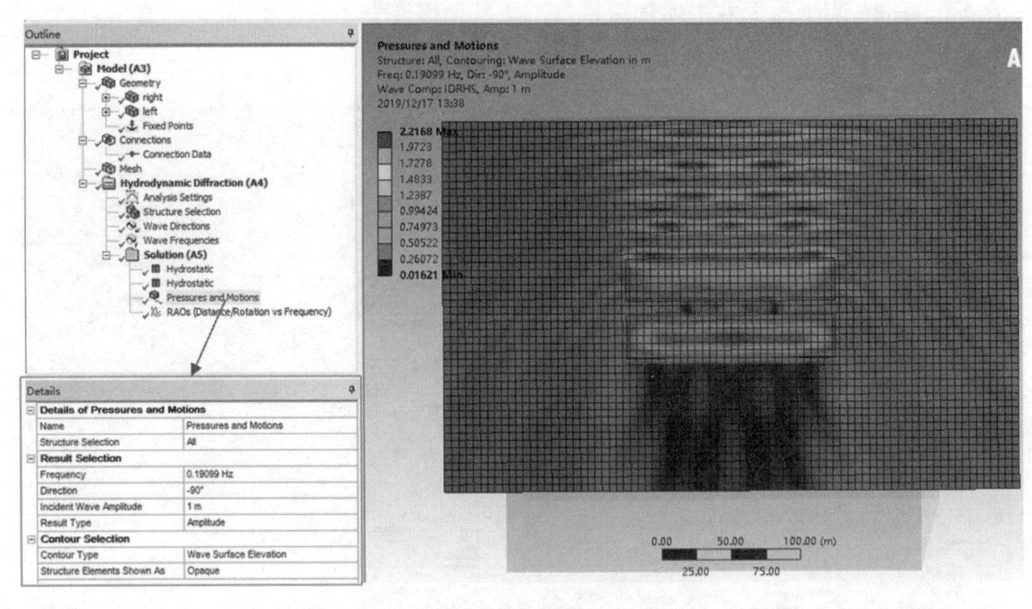

图 7.15　1.2rads/s 横浪作用线的波面升高等高图（波幅 1m，有 VLID 单元影响）

新建一个 Hydrodynamic 计算模块，在 Geometry 中读入刚才的几何模型，将 Lid 设置为 Suppressed，保存并关闭，如图 7.16 所示。

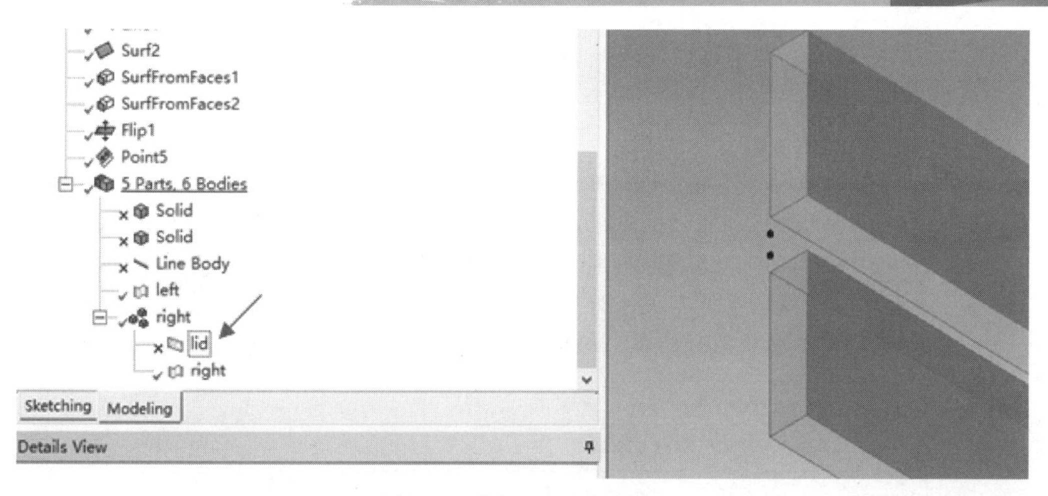

图 7.16　关闭两船之间的 lid

打开 Model 界面，对两个体添加质量点并设置计算方向和计算周期。在 Solution 上右击插入 Pressures and Motions。在 Pressures and Motions 中选择频率 0.19099Hz，方向-90°，波幅 1m，Contour Type 设置为 Wave Surface Elevation。

设置完毕后右击 Solution→Solve，波面升高的幅值等高图显示在右侧模型显示窗口，如图 7.17 所示。

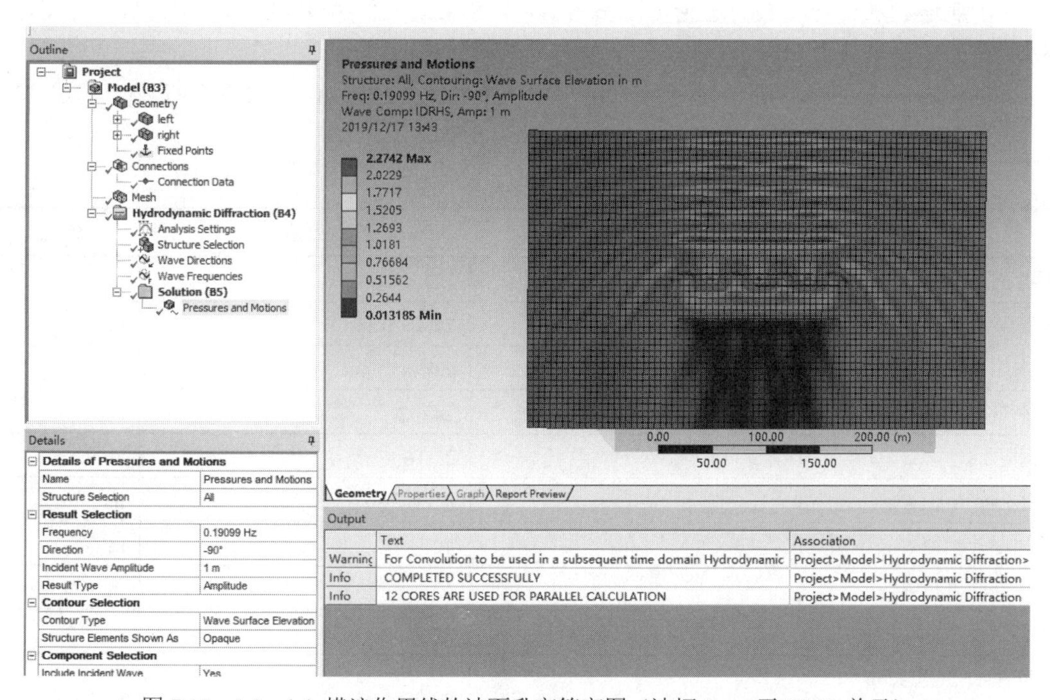

图 7.17　1.2rads/s 横浪作用线的波面升高等高图（波幅 1m，无 VLID 单元）

进行比较可以发现 VLID 起到了明显的抑制作用，与经典 AQWA 的结果一致。

本节简单介绍了 VLID 单元的使用方法，VLID 单元比较重要的是阻尼的设置。在具体使用中建议根据模型试验的结果进行设置，在缺乏相关证据的时候可以采用默认值（默认值为 0.02）。

7.2　航速的影响

AQWA 可以考虑航速对水动力的影响，航速需要在 Category6 中进行设置。命令格式为：7～10 字符位输入 FWDS，21 字符位后输入航速数值，该数值占据 10 个字符位，如图 7.18 所示。当船沿着 X 正轴移动时，速度为正值；当沿着 X 轴负向移动时，速度为负值。

注意：速度单位跟模型量纲有关，如果是 m 为单位，则速度为 m/s；如果是 mm 为单位，速度为 mm/s。另外，考虑航速的时候，只能进行一个波浪方向的水动力计算。

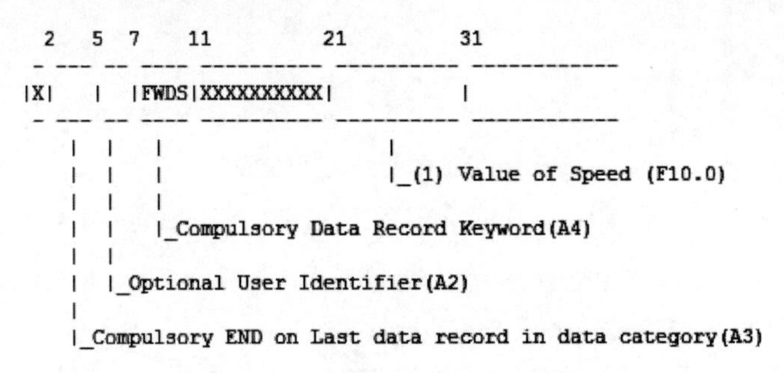

图 7.18　Category6：船体航速设定

关于航速对水动力的影响理论可以参考 ANSYS 帮助文件 AQWA Theory 部分。这里举例说明航速的设置及其影响以及探讨 AQWA 对于航速的适用范围。

目标船为 S175 集装箱船，船长 175m，型宽 25.4m，吃水 9m，排水量 24742t，航速 22.16 节，水深 220m，具体信息见表 7.1。

表 7.1　S175 基本输入参数

参数	数值	单位
垂线间长	175	m
船宽	25.4	m
吃水	9.5	m
排水量	24742	t
航速	22.16	knots
横摇回转半径 R_{xx}	8.3312	m
纵摇回转半径 R_{yz}	42	m
艏摇回转半径 R_{zz}	42	m
重心高度 Zcog	9.52	m
纵向重心位置 Xcog（相对于船艏垂线）	89.98	m
横向初稳性高 GMt	1	m

在 ANSYS APDL 中建立船体模型，这里考虑船体的对称性，仅建船体的右舷部分。船体坐标原点位于船艏垂线静水面位置。输入 ANStoAQWA 将模型输出并重命名为 model_no_speed.dat。

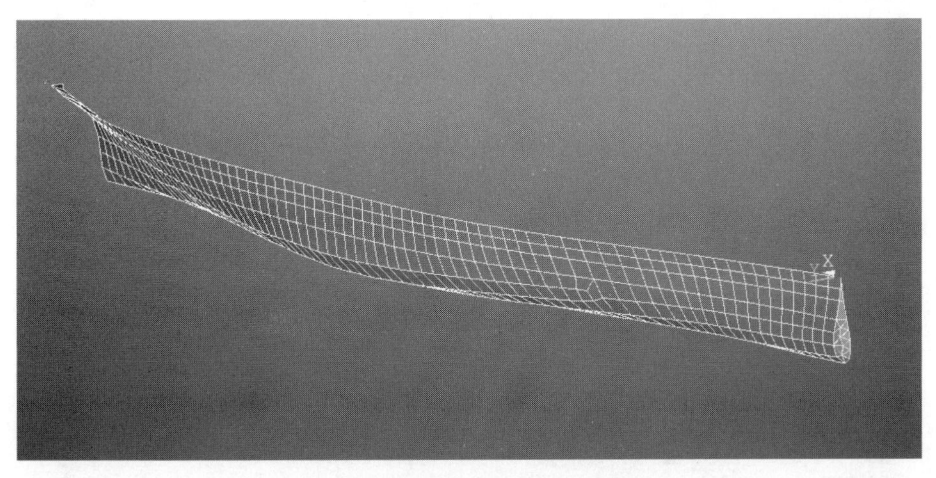

图 7.19　ANSYS APDL 建立船体模型

打开模型文件，修改 OPTION 位置参数（图 7.20），修改 RESTART 位置参数为 1　 3。

```
JOB AQWA  LINE
TITLE
OPTIONS REST GOON END
RESTART   1  3
*
```

图 7.20　修改参数

修改重心位置坐标为(X, Y, Z)=(89.9, 0, 0.02)（图 7.21）。

```
   01 9999              89.900     0.000     0.020
END01
```

图 7.21　修改重心坐标

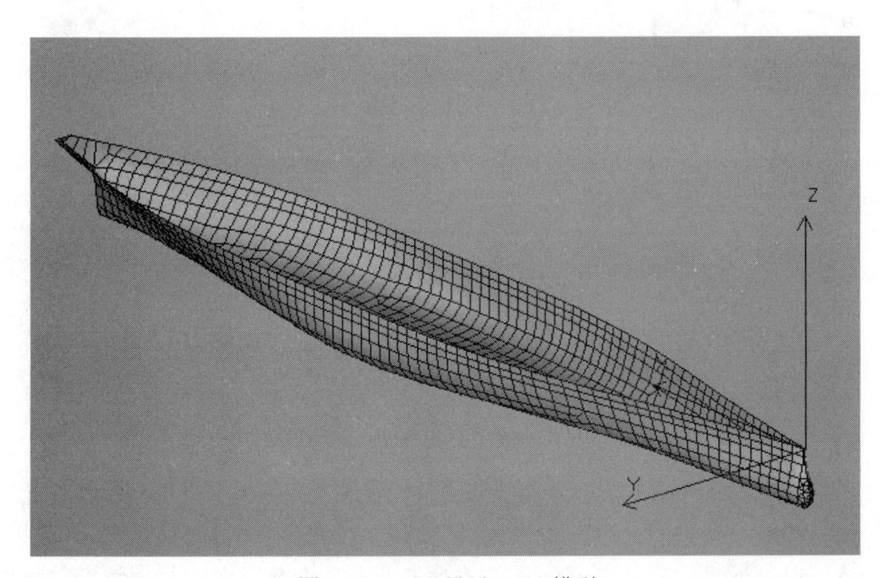

图 7.22　AGS 显示 S175 模型

根据表 7.1 修改重量信息。在 Category5 中输入整体参数。修改 Category6，计算频率为

0.1～1.3rad/s，波浪方向 0～180°，间隔 60°，如图 7.23 所示。

```
    02     FINI
*
    03     MATE * Material properties (may need editing)
    03               1 2.474E+07
 END03
*
    04     GEOM * Geometric properties (may need editing)
    04PMAS           1 1.717E+09  0.00       0.00      4.364E+10  0.00      4.364E+10
 END04
*
    05     GLOB * Global analysis parameters (may need editing)
    05DPTH      220.0
    05DENS 1.025E+03
 END05ACCG      9.810
*
    06     FDR1 * Frequencies and directions (may need editing)
    06FREQ         20         0.1        1.3
    06DIRN     1     5        0.0       60.0       90.0      120.0      150.0
 END06DIRN     6     6      180.0
    07     NONE
    08     NONE
```

图 7.23　修改模型排水量、转动惯量、水动力计算周期与方向

运行 model_no_speed.dat。将 model_no_speed.dat 文件复制并重命名为 model_0.dat 和 model_60.dat，用于计算给定航速下迎浪和艏斜浪状态的运动响应。

打开 model_0.dat，在 Category6 中添加 FWDS 行，输入航速-11.39m/s（22knots）。因为整体建模的原点位于船艏，X 轴指向船艉，船向前航行时沿着 X 轴负向，因而此时航速应为负值。计算角度改为 0°即迎浪方向，如图 7.24 所示。

```
    06     FDR1 * Frequencies and directions (may need editing)
    06FWDS               -11.39
    06FREQ          20          0.1         1.3
 END06DIRN      1     1         0.0
    07     NONE
    08     NONE
```

图 7.24　修改 model_0.dat 计算参数

打开 model_60.dat，在 Category6 中添加 FWDS 行，输入航速-11.39m/s（22knots），计算角度为 60°艏斜浪，如图 7.25 所示。

```
    06     FDR1 * Frequencies and directions (may need editing)
    06FWDS               -11.39
    06FREQ          20          0.1         1.3
 END06DIRN      1     1         60
    07     NONE
    08     NONE
```

图 7.25　修改 model_60.dat 计算参数

修改完毕后运行这两个文件，运行完毕后通过 AGS 打开各自的 plt 文件，将无航速状态、迎浪航行、艏斜浪航行状态的升沉运动、纵摇运动 RAO 显示在一起进行比较。可以发现有航速状态下船体的升沉运动响应随着遭遇频率的增加而产生变化，遭遇频率逐渐接近固有频率，船体运动响应加剧，如图 7.26 和图 7.27 所示。

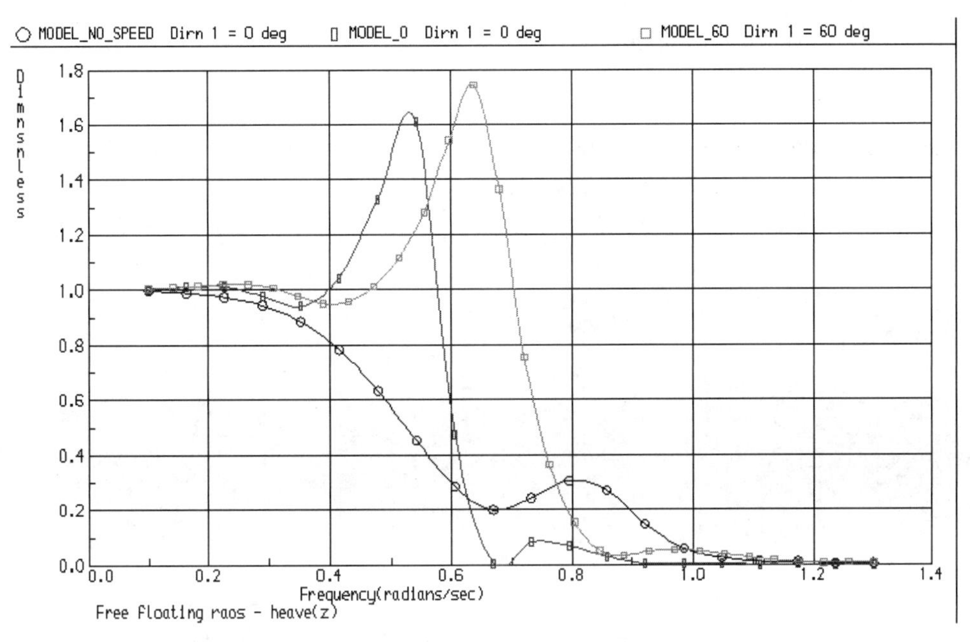

图 7.26　无航速状态、迎浪航行、艏斜浪航行状态的升沉运动 RAO 比较

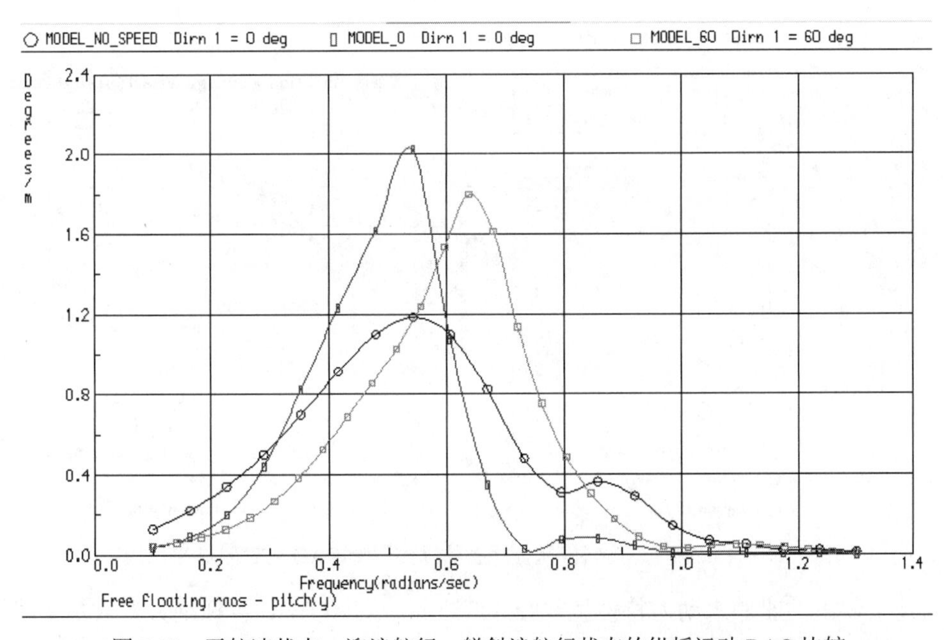

图 7.27　无航速状态、迎浪航行、艏斜浪航行状态的纵摇运动 RAO 比较

虽然软件计算给出的结果显示出航速具有明显的影响，但该结果是否合理还需要进一步验证。这里将计算结果同模型试验结果进行比较，比较内容为有航速状态下的迎浪方向和 60°艏斜浪方向的升沉、纵摇运动。

经过比较可以发现，在 22knots 航速条件下，AQWA 给出的迎浪、艏斜浪下的升沉运动响应 RAO 与试验结果比较接近，峰值位置相差不多，0.6～1.0rad/s（对应波浪主要能量范围）响应特征有较明显的差距，如图 7.28 所示。

迎浪、艏斜浪下的纵摇运动响应 RAO 与试验结果有明显的差距，但趋势基本一致，如图 7.29 所示。

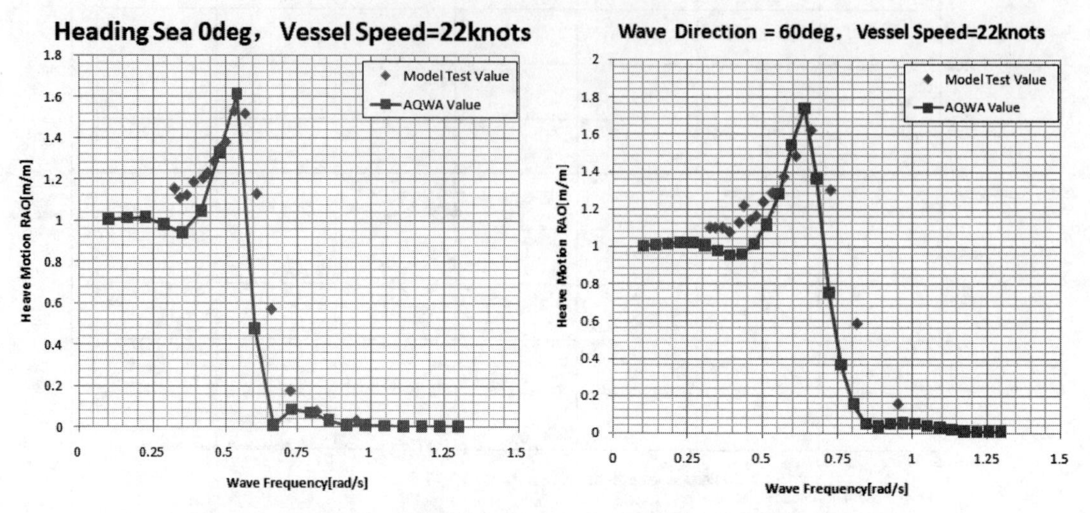

图 7.28 迎浪航行、艏斜浪航行状态的升沉运动 RAO 与试验结果比较

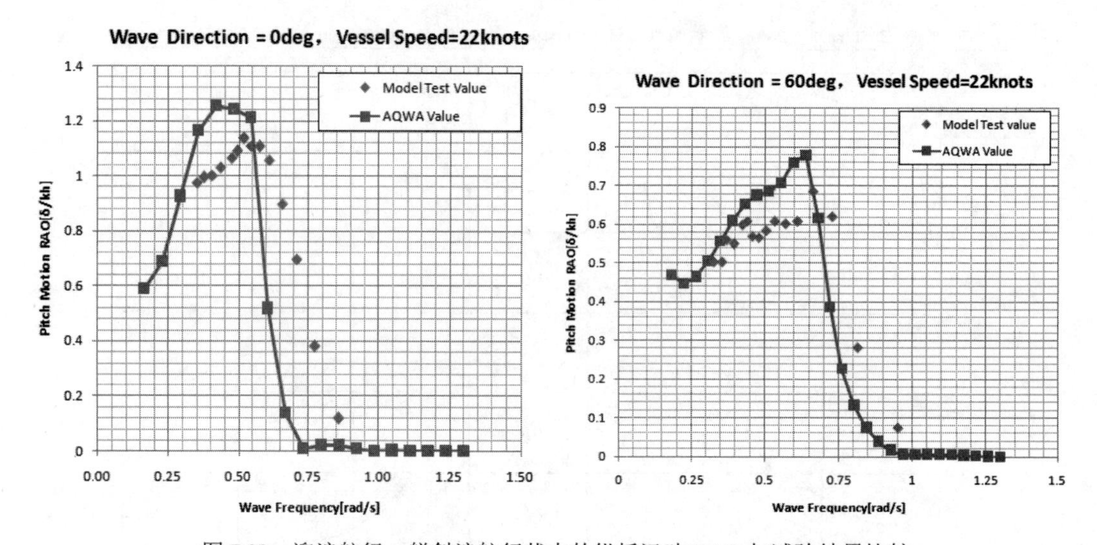

图 7.29 迎浪航行、艏斜浪航行状态的纵摇运动 RAO 与试验结果比较

高航速条件下的船舶水动力特性呈现强非线性特征。AQWA 包括绝大多数基于线性势流理论边界元法的水动力分析程序在频域水动力分析中均是线性或弱非线性的，用线性的程序来分析强非线性的问题显然是缺乏精度保证的。

不建议使用 AQWA 进行付如德数 $F_n=U\sqrt{gl}>0.3$ 以上航速条件下的水动力分析，除非有试验数据的佐证。

在 Workbench 中，如果考虑航速影响需要在 Hydrodynamic Diffraction 中点击 Wave Direction，将 Type 切换为 Single Direction Forward Speed，随后在 Forward Speed 中输入指定速度，如图 7.30 所示。

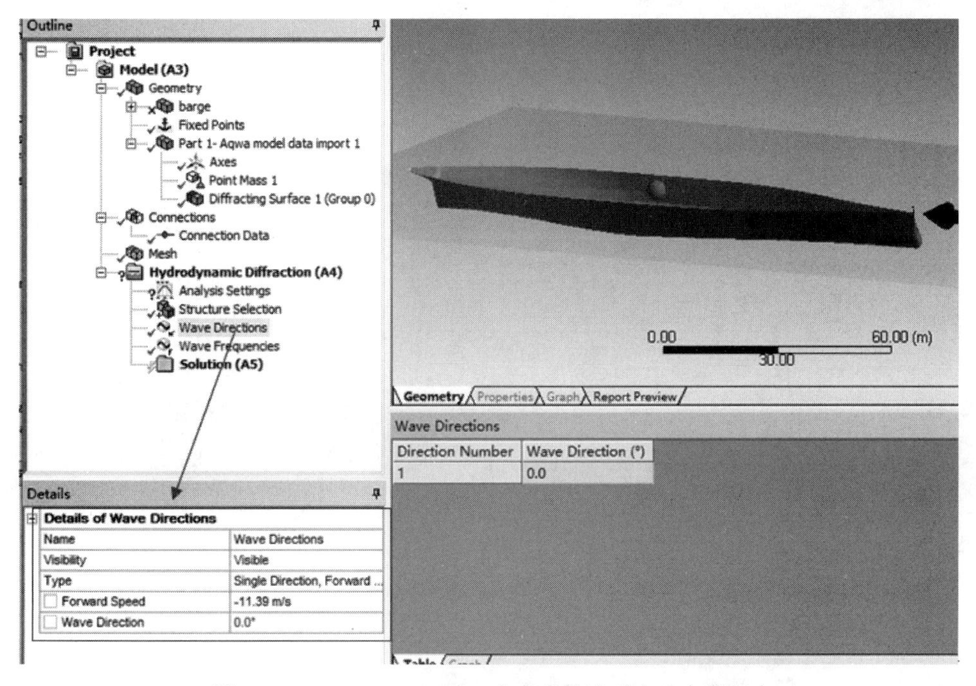

图 7.30　Workbench AQWA 中考虑航速对水动力的影响

7.3　液舱晃荡

液舱晃荡（Internal Tank Sloshing）是 ANSYS 20 中增加的新功能。相比于 ANSYS APDL 建模，通过 Workbench 建内部舱室会更方便简单一些，本节将简要介绍如何通过 Workbench 界面实现舱室建模与水动力分析。

7.3.1　建立几何模型

采用简化模型，模型为一个方形驳船，主要尺度长×宽×吃水为 100m×24m×6.5m。模型重心位于静水面，横摇、纵摇、艏摇回转半径分别为 10m、27m、27m。船舯位置有一液舱，长 20m，宽 20m，深 6m。舱内液面高度为 4m，距离静水面距离为 2m。

由于模型的几何外形较为简单，这里不采用建立实体单元抽壳的方式建模，直接通过 Point→Surface from Edges 来建立模型。

首先建立方形驳船的外壳，船体坐标系位于船艏静水面，出于简化考虑这里仅建立船体水下部分。

船体外壳建立完毕后建立舱室模型，方法同样为 Point→Surface from Edges。

舱室外壳建立完毕后点击 New Plane，重命名为 ForTank，将其向 Z 轴负方向移动 2m，对模型进行切割。

注：舱室液面距离静水面 2m（相对于整体坐标系原点为-2m），需要对模型进行整体切割（船体和舱室都需要切），否则 AQWA 在运行的时候会报错。在 Workbench 中可以通过新建平面进行切割操作。

在完成舱室静水面切割以后须对模型进行法线方向检查，切水线后的模型如图 7.31、图 7.32 所示。船体外表面应为亮绿色，法线方向指向外部流场而舱室内表面为亮绿色，如图 7.33、图 7.34 所示，法线方向指向内部流场。法线方向不正确，程序无法进行计算。

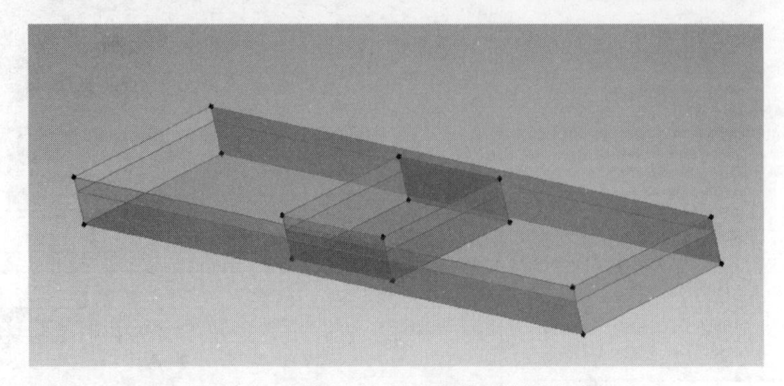

图 7.31　驳船－舱室几何模型斜向视图

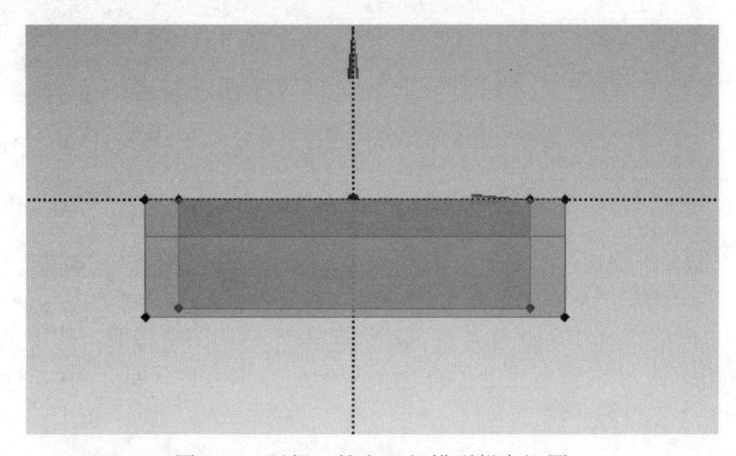

图 7.32　驳船－舱室几何模型艏向视图

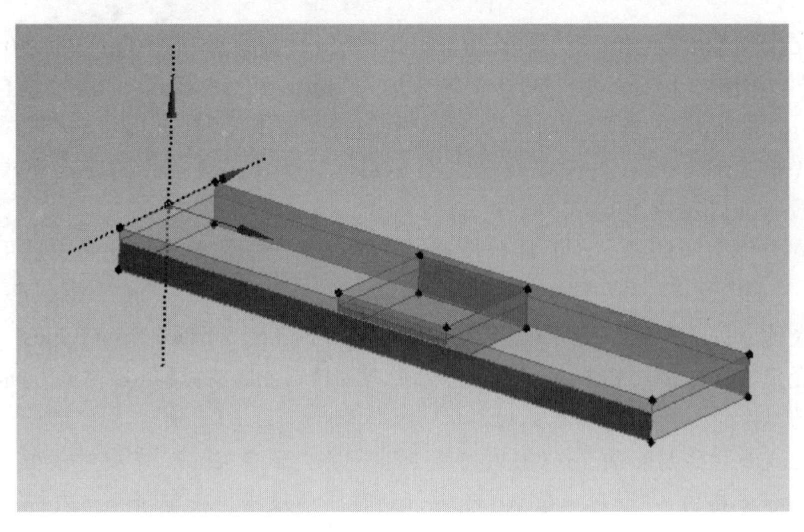

图 7.33　检查外壳法线方向，法线方向指向外部流场

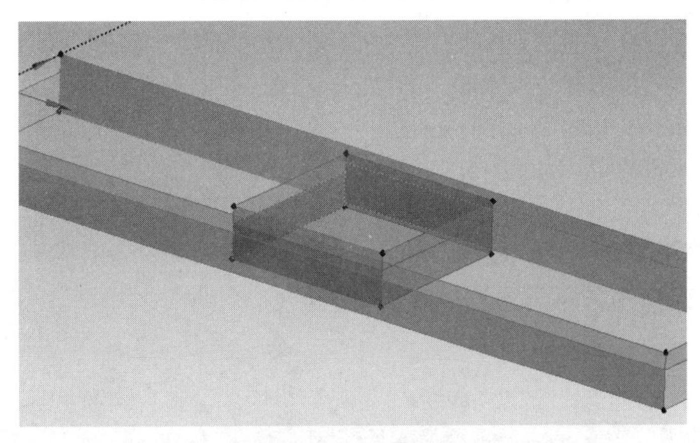

图 7.34　检查舱室法线方向，法线方向指向内部流场

注：调整 Surface 的法线方向通过 Tool→Surface Flip 实现。

法线方向调整完毕后，选择所有的 Surface Body，右击 form new part 并重命名为 barge，将其他所有 line body 设置为 suppress。

设置完毕后保存退出。

7.3.2　水动力计算设置

在 Workbench 界面双击 Model 打开 AQWA 界面进行相关设置。

在 barge 上右击插入 Point Mass，输入 3 个方向回转半径数据 10m、27m、27m，如图 7.35 所示。

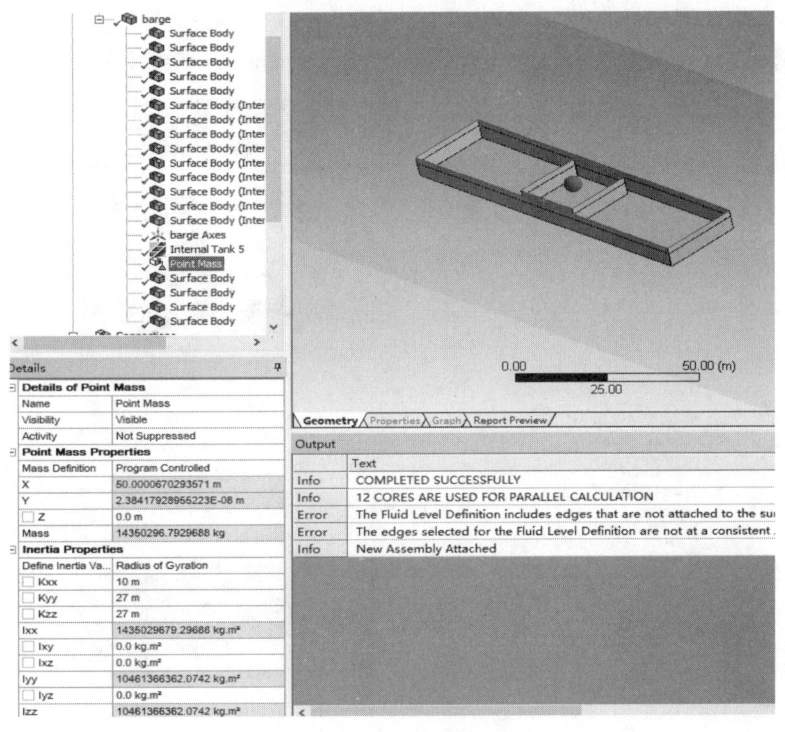

图 7.35　添加质量信息

在 barge 上右击插入 Internal Tank。点击 Internal Tank，在右侧模型界面选择舱室内面，在 Internal Tank 界面的 Geometry 中的 Internal Tank Surfaces 中选择 Apply。选中舱室模型切割的液面位置线，在 Internal Tank 界面的 Geometry 中的 Fluid Level Definition 中选择 Apply，如图 7.36 所示。

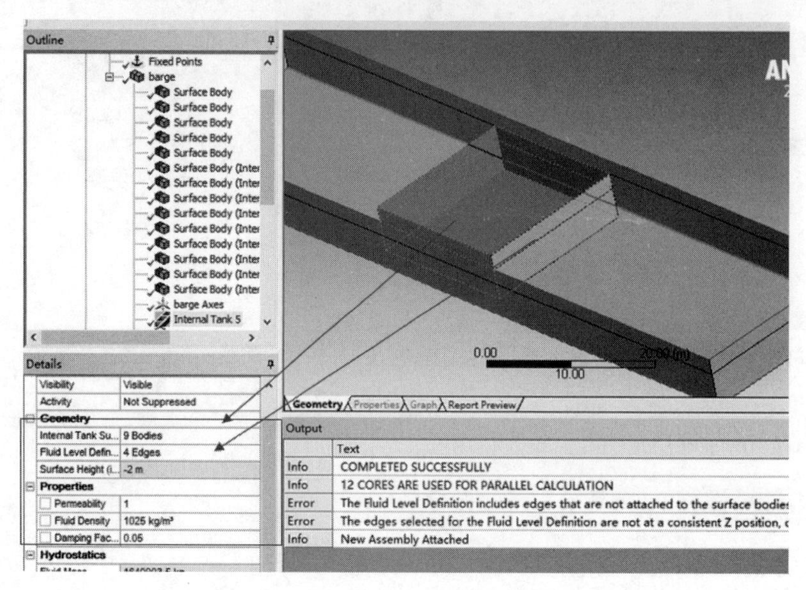

图 7.36　定义液舱

在 Internal Tank 界面的 Properties 中将舱室渗透率设置为 1（100%），密度为 1025kg/m^3，Damping Factor 为 0.05（通常范围为 0～0.1），如图 7.36 所示。

点击 Mesh 设置模型网格大小为 1m，右击点击 Generate，如图 7.37 所示。

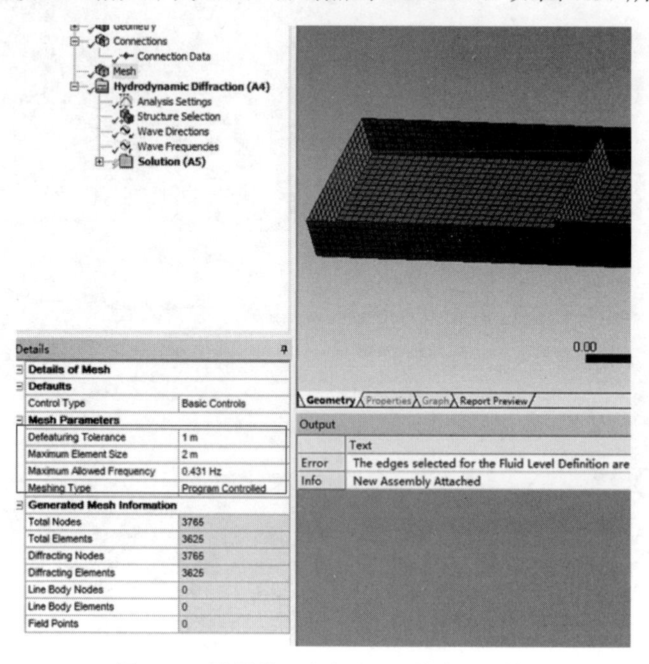

图 7.37　设置单元大小为 1m 并生成网格

点击 Analysis Settings，关闭 Wave Grid，忽略模型建模误差，不考虑全 QTF 矩阵的计算，如图 7.38 所示。

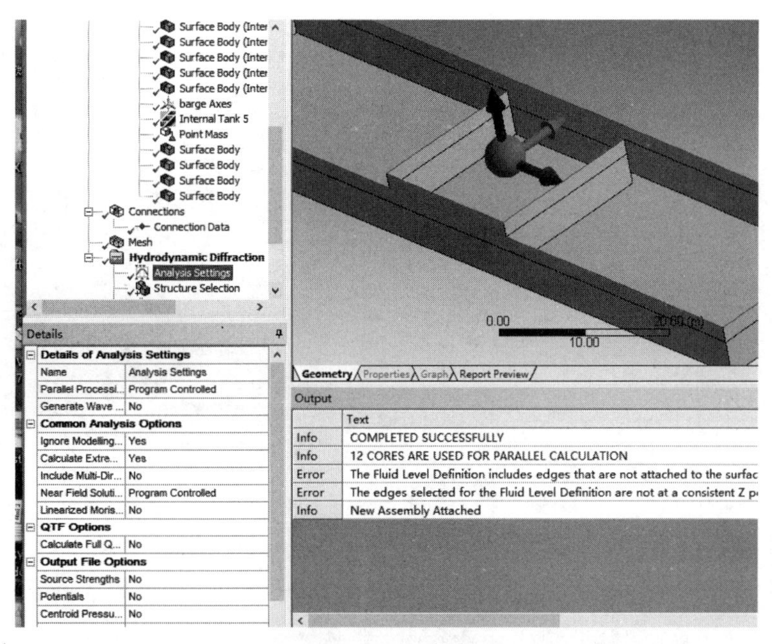

图 7.38　进行计算设置

波浪方向间隔为 90°，计算频率为 50 个，由程序控制，如图 7.39 所示。

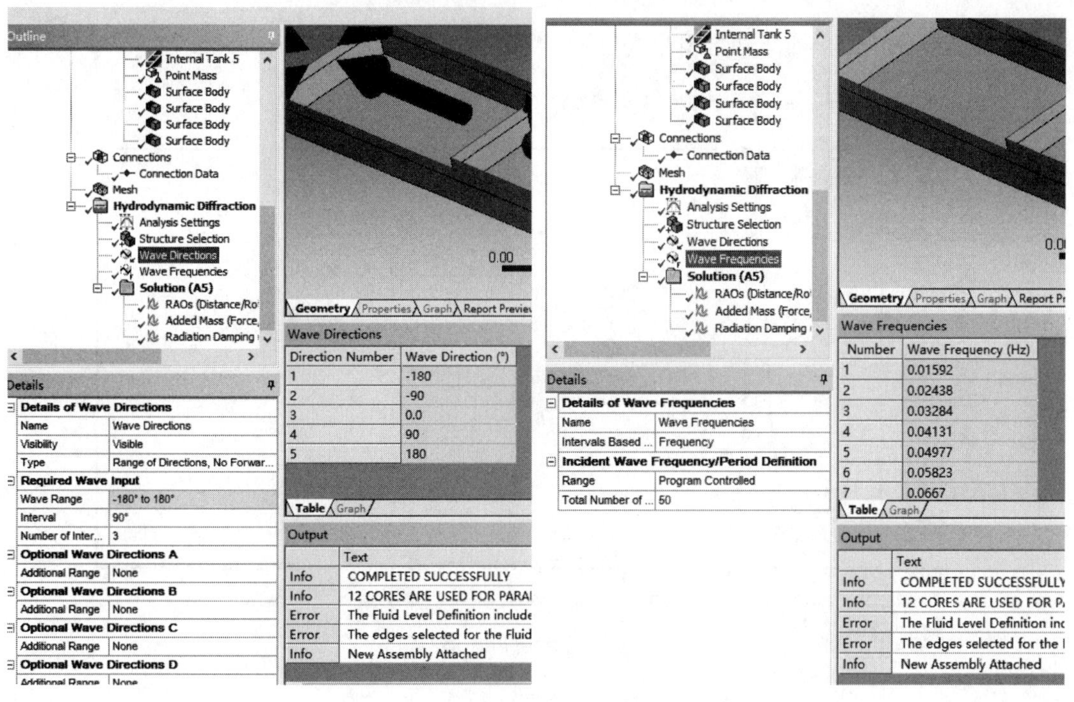

图 7.39　进行波浪方向和计算频率设置

在 Solution 上右击分别插入横浪条件下横摇运动 RAO 曲线、横摇附加质量曲线、横摇辐射阻尼曲线，如图 7.40 所示，设置完毕后进行计算。

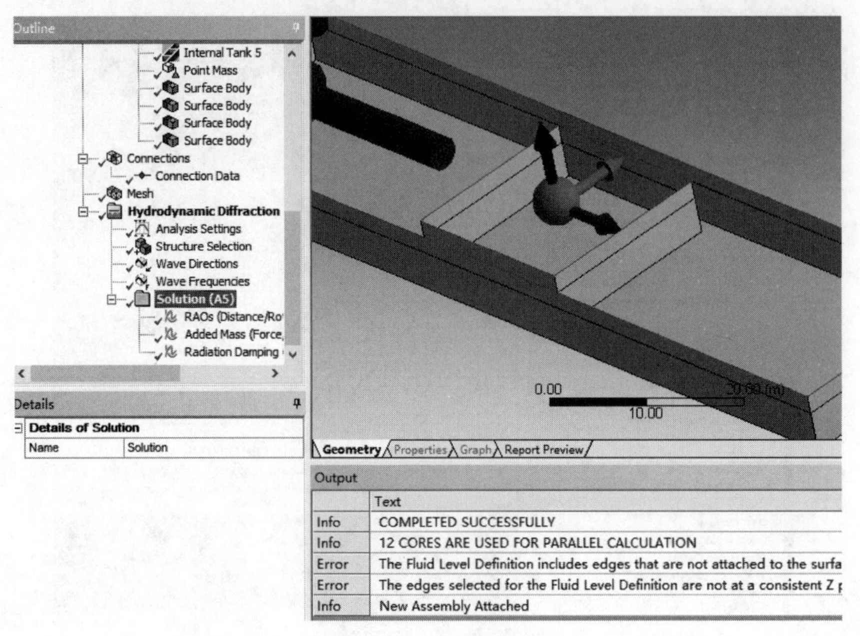

图 7.40　插入分析结果

7.3.3　结果分析对比

运行完毕后查看横摇运动 RAO，可发现其在 6s 附近出现了谐振，如图 7.41 所示。

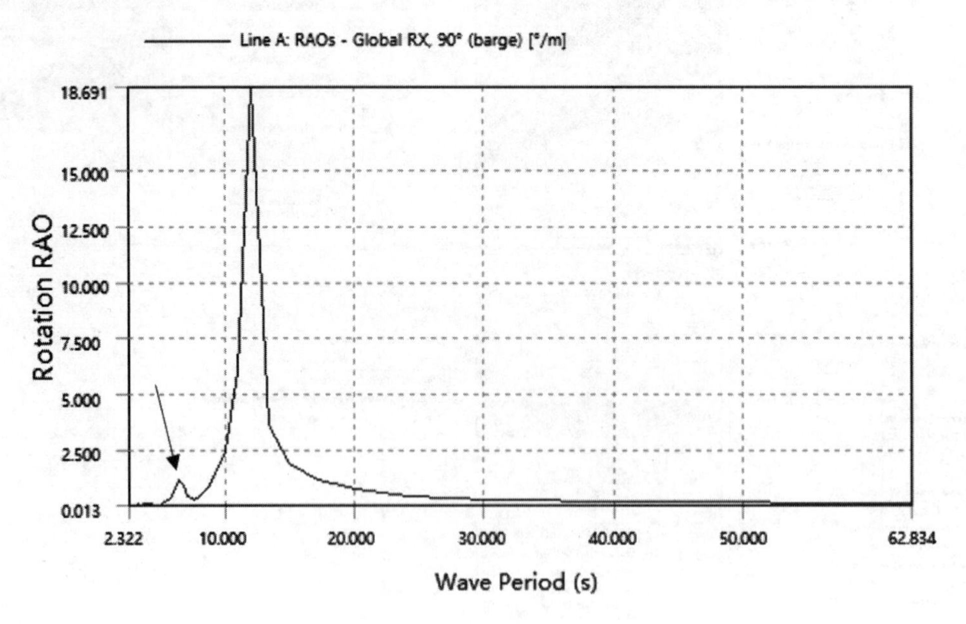

图 7.41　横摇运动幅值 RAO（未加盖）

点击附加质量曲线可以发现在 6s 以下的位置结果产生了变化，如图 7.42 所示。

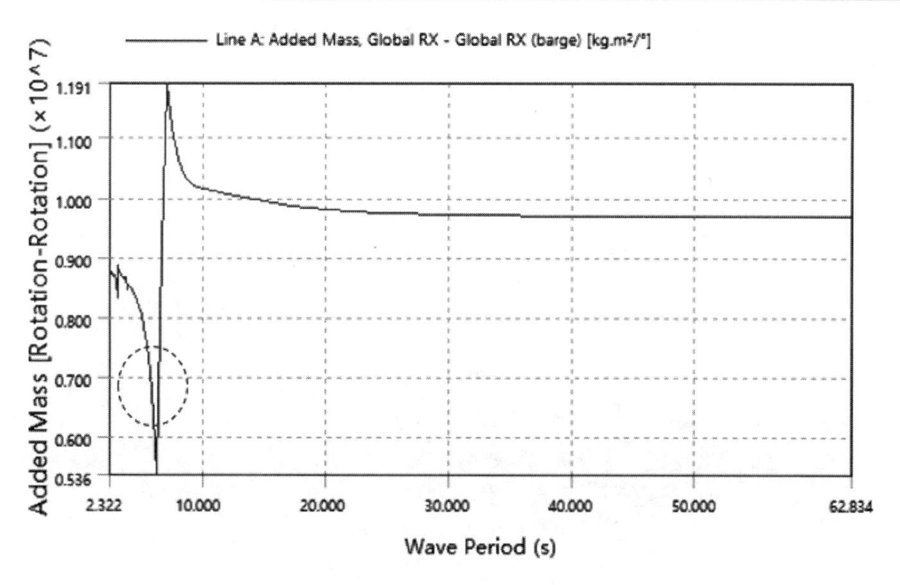

图 7.42　横摇附加质量（未进行加盖处理）

点击辐射阻尼曲线可以发现在 4s 以下的位置结果产生了小峰，如图 7.43 所示，这个小峰需要排除不规则频率的影响，而排除不规则频率影响需要对计算模型进行加盖处理。

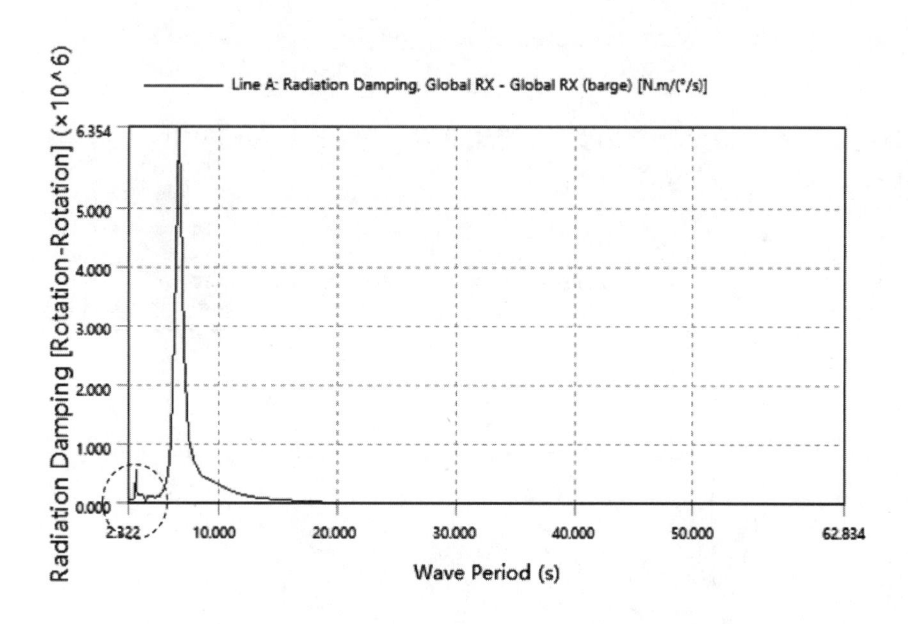

图 7.43　横摇辐射阻尼（未加盖）

点击 barge，在下方 Advanced Option 中将 Generate Internal Lid 勾选为 Yes，如图 7.44 所示。

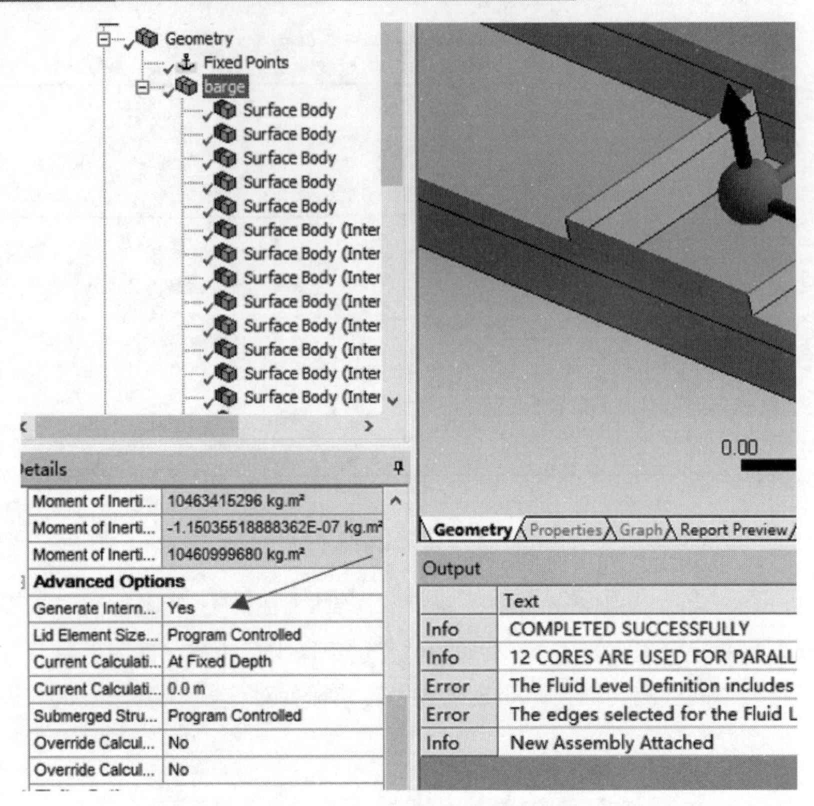

图 7.44 对计算模型进行加盖去除不规则频率影响

设置完毕后重新运行，在去除不规则频率后，附加质量和辐射阻尼结果能够显示出液舱真实的影响，如图 7.45 和图 7.46 所示。

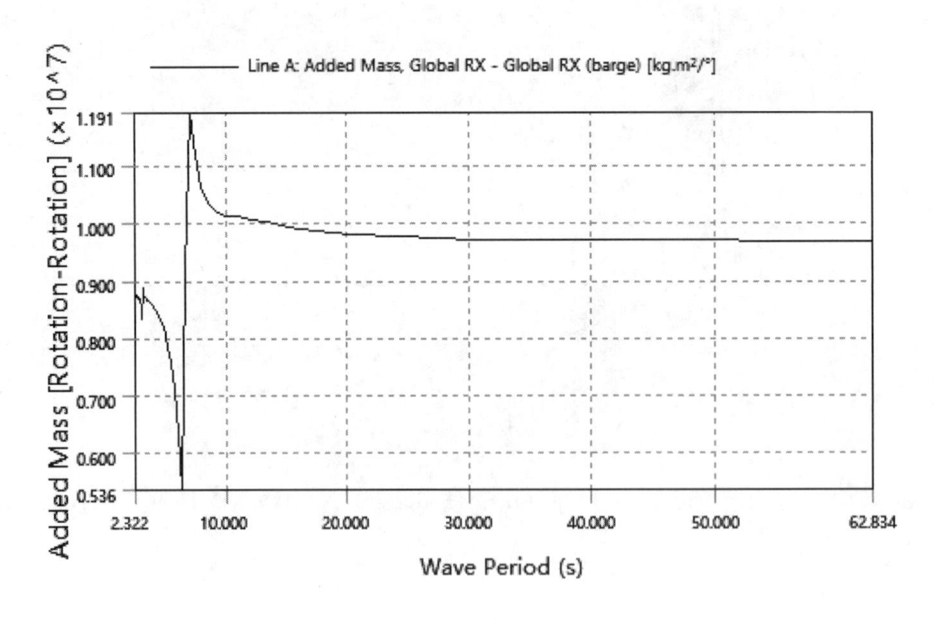

图 7.45 横摇附加质量（进行加盖处理）

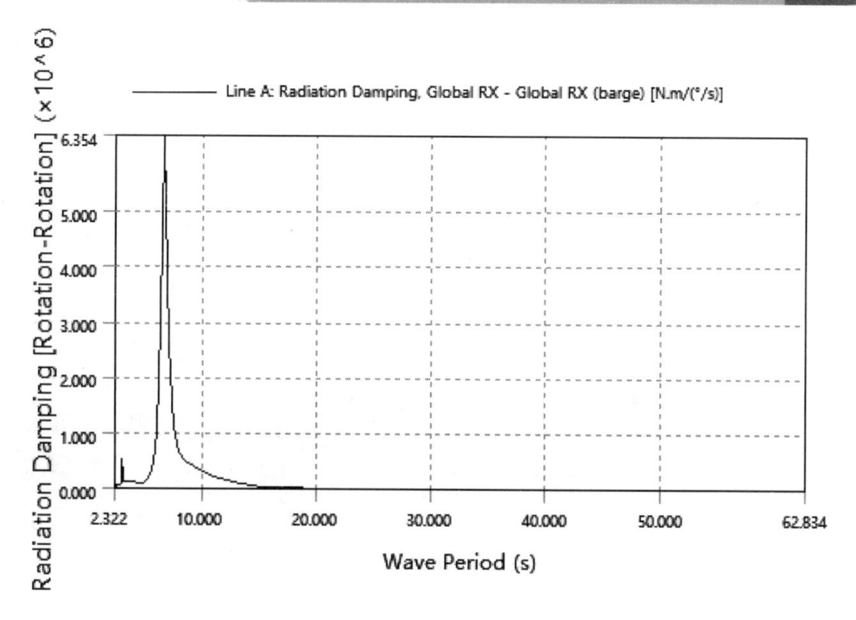

图 7.46　横摇辐射阻尼（进行加盖处理）

在 Solution 上添加静水力计算结果，静水力的计算结果将显示在界面右侧，但该结果并未包含舱室的相关信息，如图 7.47 所示。

打开对应文件夹下的 lis 文件可以查看舱室的静水力计算结果，包括舱室的体积、重量、重心、整体重心、静水刚度等。这些信息可用于检核模型，如图 7.48 所示。

Hydrostatic Results

Structure		barge				
Hydrostatic Stiffness		*with respect to Combined CoG*				
Structure Center of Gravity (CoG) Position:	X:	50.000069 m	Y:	2.3842e-8 m	Z:	0. m
Combined Center of Gravity (CoG) Position:	X:	50.000053 m	Y:	2.3842e-8 m	Z:	-0.4102496 m
		Z		RX		RY
Heave (Z):		24124274 N/m		-0.1348519 N/°		0.5380691 N/°
Roll (RX):		-7.7264442 N.m/m		10099410 N.m/°		0.1606176 N.m/°
Pitch (RY):		30.829088 N.m/m		0.164633 N.m/°		3.40764e8 N.m/°
Hydrostatic Displacement Properties						
Actual Volumetric Displacement:		15600.293 m³				
Equivalent Volumetric Displacement:		15600.293 m³				
Center of Buoyancy (CoB) Position:	X:	49.999969 m	Y:	2.3842e-8 m	Z:	-3.2499051 m
Out of Balance Forces/Weight:	FX:	-6.128e-9	FY:	-5.0967e-8	FZ:	-1.6938e-5
Out of Balance Moments/Weight:	MX:	-1.9629e-7 m	MY:	4.3653e-5 m	MZ:	6.0184e-8 m
Cut Water Plane Properties						
Cut Water Plane Area:		2399.9915 m²				
Center of Floatation:	X:	50.000053 m	Y:	-2.9643e-7 m		
Principal 2nd Moments of Area:	X:	115199.85 m⁴	Y:	2000001.6 m⁴		
Angle between Principal X Axis and Global X Axis:		2.7831e-8°				
Small Angle Stability Parameters		*with respect to Principal Axes*				
CoG to CoB (BG):		2.8396554 m				
Metacentric Heights (GMX/GMY):		3.6901274 m		124.50848 m		
CoB to Metacentre (BMX/BMY):		6.5297828 m		127.34813 m		
Restoring Moments (MX/MY):		10099410 N.m/°		3.40764e8 N.m/°		

图 7.47　Workbench AQWA 给出的静水力计算结果

```
                  1. HYDROSTATIC PROPERTIES OF INTERNAL TANK
                  -----------------------------------------
                        (TANK# 1, GLOBAL SEQ. #   1)
                         NAME: INTERNAL TANK 5

DENSITY OF LIQUID  . . . . . . . . . . . .       =    1.02500E+03
PERMEABILITY PERCENTAGE (%)  . . . . . . .       =       100.0000

VOLUME OF LIQUID   . . . . . . . . . . . .       =    1.60000E+03
MASS OF LIQUID     . . . . . . . . . . . .       =    1.64000E+06
CENTRE OF LIQUID MASS (IN FRA):                X =        49.9999
                                               Y =         0.0000
                                               Z =        -4.0000

AREA OF LIQUID SURFACE   . . . . . . . .       =    4.00001E+02
CENTRE OF FLOATATION (COF IN FRA):             X =        49.9998
                                               Y =        -0.0000
                                               Z =        -2.0000
SECOND MOMENTS OF LIQUID SURFACE AREA: IXX =    1.33333E+04
(ABOUT COF)                            IYY =    1.33382E+04
                                       IXY =   -1.62125E-03

HYDROSTATIC STIFFNESS:                 K44 =   -1.01858E+08
(WITH RESPECT TO COF)                  K45 =    2.30065E-01
                                       K46 =    0.00000E+00
                                       K54 =    2.30065E-01
                                       K55 =   -1.01858E+08
                                       K56 =    4.60136E-01

HYDROSTATIC STIFFNESS:                 K44 =   -1.34024E+08
(WITH RESPECT TO COMBINED COG)         K45 =    2.30065E-01
                                       K46 =    0.00000E+00
                                       K54 =    0.00000E+00
                                       K55 =   -1.34024E+08
                                       K56 =    0.00000E+00
```

图 7.48　经典 AQWA 给出的液舱静水力计算信息（部分）

AQWA 目前可以对一般常见的完整连续液面液舱问题进行水动力分析，但对于不连续的液舱（如 U 型舱）还需要进一步的研究和验证。

附录 A 警告/报错信息与基本解决方式

表 A.1 输入警告/错误（部分）

警告/报错信息	原因	解决办法	发生位置
INVALID DECK HEADER-$-($/NONE EXPECTED)	Deck/Category 输入错误	检查模型文件对应位置	模型文件
UNRECOGNISED CARD HEADER -$-	错误的 Category 输入内容	检查模型文件对应位置	模型文件
JOB CARD EXPECTED	JOB 行没有输入	检查模型文件对应位置	Category0
UNRECOGNISED PROGRAM TYPE -$-	分析程序指定错误	检查模型文件对应位置	Category0
UNRECOGNISED TYPE OF ANALYSIS:	分析类别指定错误	检查模型文件对应位置	Category0
TITLE CARD EXPECTED	没有 TITLE 行	检查模型文件对应位置	Category0
OPTIONS CARD EXPECTED	OPTION 行错误	检查模型文件对应位置	Category0
OPTION NUMBER -$- UNRECOGNISED ON CARD ABOVE-THIS OPTION IGNORED	OPTION 行错误	检查模型文件对应位置	Category0
HAVING INCLUDED A REST OPTION A RESTART CARD MUST FOLLOW	RESTART 行输入错误	检查模型文件对应位置	检查模型文件对应位置
STARTING STAGE MUST BE FROM 1 TO 6	RESTART 行输入错误	检查模型文件对应位置	检查模型文件对应位置
NUMBER OF COORDINATES EXCEEDED - MAXIMUM =XXXX	模型节点数量超过程序许用数量	缩减模型节点数目	Category1
NUMBER OF ELEMENTS EXCEEDED – MAXIMUM =XXXX	模型单元数量超过程序许用数量	缩减模型单元数目	Category2
NODE $ HAS NOT BEEN SPECIFIED	节点$并没有在 Deck1 中指定	检查模型	Category1 &2
NUMBER OF MATERIAL GROUPS EXCEEDED – MAXIMUM = XXX	材质数量超出许用值	检查模型	Category3
MATERIAL GROUP $ HAS NOT BEEN SPECIFIED	对应材质号没有指定	检查模型	Category3
NUMBER OF GEOMETRIC GROUPS EXCEEDED - MAXIMUM = XXX	几何属性数量超出许用值	检查模型	Category4

续表

警告/报错信息	原因	解决办法	发生位置
FREQUENCY $ ILLEGAL. FREQUENCY MUST BE IN THE RANGE 1 TO 100	波浪频率数量超过程序允许值（目前最多 100）	减少计算波浪频率数量	Category6
FREQUENCY NUMBER $ HAS ALREADY BEEN SPECIFIED	计算波浪频率重复	检查模型	Category6
DIRECTION $ ILLEGAL. DIRECTION MUST BE IN THE RANGE 1 TO 41	波浪方向数量超过程序许用值	检查模型	Category6
DIRECTION NUMBER $ HAS ALREADY BEEN SPECIFIED	波浪方向重复指定	检查模型	Category6
FREQUENCIES NOT IN ASCENDING ORDER	波浪频率排序需要按照增序排列（周期按照降序排列）	检查模型	Category6
INITIAL NUMBER GREATER THAN TERMINAL NUMBER ON LINE ABOVE	波浪频率/周期指定数字代号错误	检查模型	Category6
PARAMETERS FOR FREQUENCY NUMBER $ DO NOT EXIST	波浪频率/周期指定数字代号错误	检查模型	Category6
NUMBER OF THRUSTERS EXCEEDED ON THIS STRUCTURE. MAXIMUM = 10	指定的推力数量超过程序许用值（10 个）	检查模型	Category11
TOO MANY CURRENT PROFILES DEFINED - MAXIMUM = 25	剖面流数据超过程序许用值（25 个）	检查模型	Category11
CURRENT PROFILE NOT DEFINED WITH ASCENDING POSITIONS	剖面流没有按照升序排列（从海底到水面）	检查模型	Category11
NUMBER OF SPECTRAL LINES EXCEEDED - MAXIMUM = 200	波浪谱的谱线数量最多 200 个	检查模型	Category13
STRUCTURE NUMBER ZERO (FIXED POSITION) NOT ALLOWED ON FIRST NODE	系泊缆连接点的第一个点不能是固定点	检查模型	Category14
NUMBER OF MOORING LINE COMBINATIONS EXCEEDED - MAXIMUM = 25	单根缆的段数不能超过 25 个	检查模型	Category14
NUMBER OF MOORING LINES EXCEEDED	模型最多定义 100 根缆绳	检查模型	Category14

表 A.2　建模警告/错误

警告/报错信息	原因	解决办法	发生位置
ASPECT RATIO OF ELEMENT NUMBER $ IS LESS THAN THE MINIMUM OF $	面元模型的 Diffraction 单元太“扁”，单元边长差距太大	重新划分单元，单元大小要尽量均匀，呈现正方形或等边三角形	Stage1 AQWA Line

续表

警告/报错信息	原因	解决办法	发生位置
ELEMENT NUMBER $ HAS A SHAPE FACTOR OF LESS THAN $, CHECK COORDINATES 或 SHAPE FACTOR OF ELEMENT NUMBER $ IS LESS THAN THE MINIMUM OF $	模型检查中Diffraction单元形态不够好，单元大小分布不够均匀，相差悬殊	重新划分单元，单元的大小要均匀，尽量大小能够统一	Stage1 AQWA Line
ELEMENTS MUST BE AT LEAST $ FACET RADIUS APART - ELEMENT $ VIOLATES THIS CONDITION	模型检查中，报错单元距离临近单元太近	重新划分单元，单元的大小要均匀，尽量大小能够统一	Stage1 AQWA Line
THE RATIO OF THE AREAS OF ADJACENT ELEMENTS MUST BE LESS THAN $ - ELEMENT $ VIOLATES THIS CONDITION	模型检查中，报错单元面积小于临近单元面积的1/3	重新划分单元，单元的大小要均匀，尽量大小能够统一	Stage1 AQWA Line
ELEMENT NUMBER $ WHOSE CENTROID IS AT $ IS CUTTING THE WATER SURFACE	Diffraction 单元有大于5%的面积跨越水线	重新检查模型，对模型水线进行切割，避免跨越水线单元的出现	Stage2 AQWA Line
ELEMENT NUMBER $ AT $ IS AT/ABOVE THE WATER SURFACE	Diffraction 单元跨越水线	重新检查模型，对模型水线进行切割，避免跨越水线单元的出现	Stage2 AQWA Line
ELEMENT NUMBER $ AT $ IS TOO CLOSE TO THE SEA BED	Diffraction 单元距离海底太近	Diffraction 单元与海底必须至少有 1 个单元的距离，可以适当调整水深	Stage2 AQWA Line
ELEMENT NUMBER $ IS $ TIMES TOO LARGE FOR FREQUENCY NUMBER $	Diffraction 单元的长边必须小于对应最大波浪频率对应的 1/7 波长	想要实现更高频率的计算，需要将整体模型单元大小缩减	Stage2 AQWA Line
THE SIZE OF MORE THAN 5% OF THE ELEMENTS ARE GREATER THAN 1/7 OF THE WAVELENGTH. THIS IS A FATAL ERROR AND CANNOT BE OVERRIDDEN WITH THE GOON OPTION. THE MAXIMUM FREQUENCY/PERIOD FOR THIS STRUCTURE#$ IS $	Diffraction 单元的长边必须小于对应波浪频率的 1/7 波长	想要实现更高频率的计算，需要将整体模型单元大小缩减	Stage2 AQWA Line
ILLEGAL CONNECTION: ELEMENT$ IS JOINTED TO ELEMNT $	Diffraction 单元非法连接	两个临近单元只能共享同一个边，多于两个单元连接在同一个边是错误的	Stage2 AQWA Line
LATERAL HYDROSTATIC FORCE IMBALANCE IN THE X (Y) DIRECTION IN THE FIXED REFERENCE AXIS SYSTEM	静水状态下 X 方向（或者 Y 方向）有大于 0.1%排水量差异	检查模型，可能的原因包括：模型有部分单元没有良好的连接，船体有“洞”； 模型并不完整	Stage2 AQWA Line，静水力检查

续表

警告/报错信息	原因	解决办法	发生位置
STRUCTURAL MASS AND MASS OF DISPLACED FLUID ARE SIGNIFICANTLY	静水浮力与指定的排水量有显著差异（大于 2%）	检查模型，确认输入数据正确性	Stage2 AQWA Line，静水力检查
SIDE #$ ON ELEMENT #$ IS NOT CONNECTED TO ANOTHER ELEMENT. THIS WILL CAUSE NODE PRESSURE ERRORS FOR PRESSURE DISPLAY OR ANY POST-PROCESSING WHICH USES NODE PRESSURES	Diffraction 单元与邻近单元没有良好的连接	检查模型的完整性，修改模型	Stage2 AQWA Line，静水力检查

表 A.3　分析警告/错误

警告/报错信息	原因	解决办法	发生位置
FULL QTF CALCULATION CANNOT BE REQUESTED FOR MORE THAN 3 STRUCTURES	全 QTF 法不能适用于三个以上结构的二阶力计算	关闭全 QTF 法计算选项	Stage3，AQWA Line
RELATIVE WAVE(Wind/Current) HEADING ANGLE OF $ OUTSIDE RANGE OF DEFINED VALUES	指定的波浪方向（风方向或者流方向）超出水动力计算的角度范围	调整输入波浪（风、流）方向，或者重新指定水动力计算波浪方向并重新运行 AQWA line	Stage5，AQWAFer/Drift/Naut/Librium
DRIFT FREQUENCY LIMIT OF $ IS GREATER THAN LOWEST WAVE FREQUENCY OF $	指定的波浪谱的最小频率与水动力计算频率不一致	检查 Category13 波浪谱参数，或者调整 Category6 水动力计算频率	Stage5，AQWA Fer
NUMBER OF NATURAL FREQUENCIES EXCEEDED. REST IGNORED. LAST NATURAL FREQUENCY $	固有频率数目超过程序允许值（60 个）	模型过于复杂或模型水动力计算结果有问题	Stage5，AQWA Fer
SPECTRUM SLOPE OF　$ TOO LARGE FOR ACCURATE INTEGRATION. SLOPE OF $ USED	输入的波浪谱波陡太大	检查输入的波浪谱参数	Stage5，AQWA Fer
LIMIT OF INTEGRATION NOT REACHED.UPPER FREQUENCY LIMIT REDUCED TO $	计算迭代收敛性较差	检查模型，如阻尼情况或约束情况	Stage5，AQWA Fer
DAMPING FOR FREEDOM $ OF $ IS VERY SMALL	某个自由度的阻尼很少（小于 0.1%的对应自由度临界阻尼）	检查模型；检查阻尼计算结果；对模型进行阻尼修正	Stage5，AQWA Fer
STRUCTURE $ IS COMPLETELY OUT OF WATER ON ITERATION STEP $	结构完全出水	检查模型；检查平衡计算的初始指定位置	Stage5，AQWA Librium
STRUCTURE $ IS IN CONTACT WITH THE SEA BED ON ITERATION STEP $	结构完全沉没至海底	检查模型；检查平衡计算的初始指定位置。在建模过程中。建议建立水上、水下完整的模型	Stage5，AQWA Librium

续表

警告/报错信息	原因	解决办法	发生位置
STRUCTURE $ IS COMPLETELY SUBMERGED ON ITERATION STEP $	结构完全浸没	检查模型；检查平衡计算的初始指定位置。 在建模过程中。建议建立水上、水下完整的模型	Stage5，AQWA Librium
ITERATION FAILED TO CONVERGE AFTER $ STEPS -- PROGRAM ABORTS	平衡计算不收敛	检查模型约束、调整Category15 的收敛准则	Stage5，AQWA Librium
HYDRODYNAMIC IN TERACTING STRUCTURES HAVE MOVED TOO FAR FROM ANALYSIS POSITION MOVEMENT EXCEEDS XX% STOPPED AT TIME XXX	多体计算，多个体之间的距离偏离水动力计算状态的间距太大（>30%）	检查模型，检查约束状态	Stage5，AQWA Librium/Drift/Naut
CABIN4：CONV. FAILED STAGE#6 – ERRN=1.0E-10 LINE# $	缆绳动态计算不收敛	检查 Category14 COMP 选项设置是否正确； 稍微调整缆绳长度重新计算	Stage5，AQWA Librium/Drift/Naut
TIME STEP IS PROBABLY TOO BIG	时域计算不收敛	时域分析的时间步长较大，建议小于 0.5s； 检查风、流力系数，是否输入正确； 检查模型的约束是否正确； 检查水动力计算结果是否正确，阻尼是否合理； 检查水动力的计算频率是否足够。 检查整体模型是否稳定	Stage5，AQWA Drift/Naut

表 A.4　其他警告/错误

警告/报错信息	原因	解决办法	发生位置
Maximum No. of graph points limited to $ only $ points plots	AQWA 单个曲线结果最多保存 10,000 个数据点	不需要采取措施，但需要注意：通过 AGS 查看曲线结果时，plt 文件单个曲线最多保存 10,000 个点的数据结果	Stage6，AQWADrift/Naut

附录B VLCC型值

Z [m]	X [m]																						
	-135.8	-133.15	-130.5	-117.45	-104.4	-91.35	-78.3	-65.25	-52.2	-39.15	-26.1	-13.05	0	13.05	52.2	65.25	78.3	91.35	104.4	117.45	130.5	132.55	136.65
0				0.13	0.00	1.95	3.95	6.88	10.51	14.45	18.23	21.32	23.12	23.40	23.40	22.47	20.04	16.36	11.43	5.30	0.17	0.00	
0.5				0.34	0.75	4.36	7.41	11.03	14.95	18.62	21.62	23.48	24.43	24.56	24.56	23.91	21.95	18.74	14.05	8.07	1.36	0.70	
1				0.53	2.05	5.22	8.49	12.50	16.51	19.98	22.53	24.08	24.79	24.88	24.88	24.39	22.69	19.65	15.09	9.07	1.92	1.13	
1.5				0.73	2.70	5.85	9.35	13.59	17.65	20.92	23.17	24.44	24.96	25.00	25.00	24.66	23.20	20.30	15.85	9.78	2.32	1.42	0.00
2				0.87	3.12	6.35	10.09	14.50	18.56	21.65	23.65	24.69	25.00	25.00	25.00	24.82	23.58	20.83	16.48	10.34	2.63	1.70	0.21
3				1.12	3.66	7.17	11.43	16.05	20.00	22.74	24.31	24.95	25.00	25.00	25.00	24.97	24.10	21.66	17.49	11.24	3.09	2.06	0.40
4				1.26	3.95	7.93	12.74	17.43	21.11	23.50	24.70	25.00	25.00	25.00	25.00	25.00	24.43	22.30	18.27	11.93	3.48	2.31	0.65
5				1.21	4.13	8.80	14.08	18.65	21.99	24.03	24.90	25.00	25.00	25.00	25.00	25.00	24.66	22.78	18.88	12.48	3.60	2.41	0.75
6				0.82	4.46	9.92	15.42	19.73	22.70	24.38	24.98	25.00	25.00	25.00	25.00	25.00	24.80	23.13	19.37	12.90	3.63	2.51	0.79
7				0.50	5.02	11.27	16.72	20.66	23.26	24.64	25.00	25.00	25.00	25.00	25.00	25.00	24.87	23.37	19.73	13.22	3.64	2.61	0.80
8				0.51	6.15	12.72	17.72	21.48	23.71	24.79	25.00	25.00	25.00	25.00	25.00	25.00	24.91	23.52	19.99	13.42	3.62	2.71	0.77
9				0.92	7.86	14.19	19.00	22.19	24.07	24.89	25.00	25.00	25.00	25.00	25.00	25.00	24.93	23.61	20.17	13.62	3.53	2.60	0.72
10				2.09	9.70	15.62	19.98	22.78	24.34	24.95	25.00	25.00	25.00	25.00	25.00	25.00	24.94	23.65	20.28	13.73	3.33	2.30	0.61
11				4.01	11.50	16.94	20.84	23.26	24.55	24.99	25.00	25.00	25.00	25.00	25.00	25.00	24.94	23.65	20.34	13.83	3.20	2.10	0.46
12				6.04	13.15	18.12	21.57	23.66	24.70	25.00	25.00	25.00	25.00	25.00	25.00	25.00	24.94	23.65	20.34	13.88	3.02	1.80	0.23
13				7.91	14.63	19.15	22.30	23.99	24.83	25.00	25.00	25.00	25.00	25.00	25.00	25.00	24.94	23.65	20.34	13.92	2.65	1.46	0.00
14			0.27	9.57	15.85	20.02	22.74	24.26	24.90	25.00	25.00	25.00	25.00	25.00	25.00	25.00	24.94	23.65	20.34	13.92	2.36	0.99	

续表

Z [m]	X [m]																					
	-135.8	-133.15	-130.5	-117.45	-104.4	-91.35	-78.3	-65.25	-52.2	-39.15	-26.1	-13.05	0	13.05	52.2	65.25	78.3	91.35	104.4	117.45	130.5	132.55	136.65
15		0.03	2.55	10.89	16.85	20.74	23.18	24.46	24.96	25.00	25.00	25.00	25.00	25.00	25.00	25.00	24.94	23.65	20.34	13.93	1.94	0.23	
16	0.00	2.40	4.13	11.94	17.66	21.34	23.53	24.62	24.98	25.00	25.00	25.00	25.00	25.00	25.00	25.00	24.94	23.65	20.34	13.94	1.03	0.00	
17	2.10	3.75	5.30	12.79	18.31	21.82	23.80	24.74	25.00	25.00	25.00	25.00	25.00	25.00	25.00	25.00	24.94	23.65	20.34	13.96	0.00		
18	3.12	4.76	6.35	13.48	18.82	22.20	24.03	24.83	25.00	25.00	25.00	25.00	25.00	25.00	25.00	25.00	24.94	23.65	20.34	14.03	1.13		
19	3.88	5.52	7.10	14.05	19.21	22.50	24.21	24.90	25.00	25.00	25.00	25.00	25.00	25.00	25.00	25.00	24.94	23.65	20.34	14.10	2.22		
20	4.49	6.13	7.71	14.51	19.50	22.72	24.36	24.95	25.00	25.00	25.00	25.00	25.00	25.00	25.00	25.00	24.94	23.65	20.34	14.23	3.12		
21	4.97	6.61	8.18	14.87	19.71	22.89	24.48	24.98	25.00	25.00	25.00	25.00	25.00	25.00	25.00	25.00	24.94	23.65	20.35	14.45	4.00		
22	5.35	6.98	8.55	15.15	19.86	23.02	24.58	24.99	25.00	25.00	25.00	25.00	25.00	25.00	25.00	25.00	24.94	23.66	20.40	14.66	4.87		
23	5.64	7.27	8.83	15.35	19.97	23.10	24.65	25.00	25.00	25.00	25.00	25.00	25.00	25.00	25.00	25.00	24.94	23.66	20.49	14.95	5.73		
24	5.82	7.46	9.02	15.48	20.05	23.15	24.70	25.00	25.00	25.00	25.00	25.00	25.00	25.00	25.00	25.00	24.94	23.66	20.60	15.30	6.60		
25	5.94	7.58	9.14	15.55	20.10	23.17	24.72	25.00	25.00	25.00	25.00	25.00	25.00	25.00	25.00	25.00	24.94	23.66	20.75	15.71	7.47		

*原点位于船舯，方向由船艉指向船艏，X 相对于船舯横剖面，Y 相对于船体舯纵剖面，Z 相对于船底基线。

附录 C　Workbench 目前支持的 AQWA 功能

表 C.1　对应软件版本 ANSYS 19 R1

经典 AQWA	Workbench AQWA
Category 1	部分支持
NOD5 格式建模	为 Workbench AQWA 节点默认格式
节点旋转	不支持
节点偏移	不支持
节点镜像	不支持
Category2	部分支持
单元类型	支持 Line Bodies、Point Mass、Point Buoyancy、Disc
SYMX、SYMY 模型对称（1/2、1/4 模型）	不支持
MSTR 模型偏移	不支持
HYDI 多体耦合	支持
FIXD 设置模型固定	通过设置 Part 实现
VLID 驻波抑制	通过设置 Part 内的 Surface 实现
ILID 不规则频率消除	通过设置 Surface 实现
Category3	全支持
单元类型	支持 Line Bodies、Point Mass、Point Buoyancy、Disc
Category4	全支持
单元类型	支持 Line Bodies、Point Mass、Point Buoyancy、Disc
Category5	全支持
全局参数	点击 Geometry 进行设置
Category6	部分支持
指定波浪频率、方向	支持
MVEF 移动频率	不支持
DELF 删除频率	不支持
CSTR 结构代号对应水动力数据	不支持
FILE 引用水动力文件	不支持

续表

经典 AQWA	Workbench AQWA
CPDB 拷贝水动力数据	不支持
FWDS 指定航速	支持
Category7	部分支持
添加附加质量、阻尼、刚度	支持
指定波浪漂移力系数	不支持
Category8	不支持
Category9	不支持
Category10	支持指定风力、流力系数
Category11	支持指定风、流参数
Category12	支持
Category13	支持
Category14	支持
Category15	在 Stability 分析中可以指定计算起始位置，其他分析不允许指定初始位置
Category16	
Category17	在 Analysis Setting 和 Part 中设置
Category18	需要用户在 solution 中进行添加
Category21	不支持
AQWA Wave 命令	目前集成在 Workbench 界面中

附录D 基本理论

D.1 质量—阻尼—弹簧系统

D.1.1 无外界激励

单自由度刚体自由振动时的动力学方程为：

$$(M+\Delta M)\ddot{X}+B\dot{X}+KX=0 \tag{D.1}$$

式中：X 为对应自由度运动位移；M 为刚体对应自由度的质量或转动惯量；ΔM 为刚体对应自由度的附加质量或附加质量转动惯量；B 为阻尼；K 为刚体对应自由度的恢复刚度。

式（D.1）每一项都除以 $(M+\Delta M)$：

$$\ddot{X}+2\xi\lambda\dot{X}+\lambda^2 X=0 \tag{D.2}$$

式中：$\xi=B/[2(M+\Delta M)\lambda]$ 为无纲量阻尼比；$\lambda=\sqrt{\dfrac{K}{M+\Delta M}}$ 为刚体对应自由度的运动固有周期。

D.1.2 简谐激励

当浮体受到简谐载荷作用时，其运动方程为：

$$\ddot{X}+2\xi\lambda\dot{X}+\lambda^2 X=\frac{F_0}{M+\Delta M}\cos\omega t \tag{D.3}$$

稳态解为：

$$X(t)=A\cos(\omega t-\beta) \tag{D.4}$$

式中：$A=\dfrac{F_0}{K}\dfrac{1}{\sqrt{(1-\gamma^2)^2+(2\xi r)^2}}$ 为运动响应幅值；$\gamma=\dfrac{\omega}{\lambda}$ 为简谐载荷频率与结构固有频率的比；$\beta=\arctan\dfrac{2\xi\gamma}{1-\gamma^2}$ 为运动滞后于简谐载荷的相位。

运动幅值与静位移的比称为动力放大系数 DAF（图 D.1）：

$$DAF=\frac{A}{F_0/K}=\frac{1}{\sqrt{(1-\gamma^2)^2+(2\xi\gamma)^2}} \tag{D.5}$$

- 当无纲量阻尼比 $\xi=0$ 时，$DAF=\dfrac{1}{\sqrt{(1-\gamma^2)^2}}$，当激励频率与固有频率接近时，$DAF$ 趋近于 ∞。

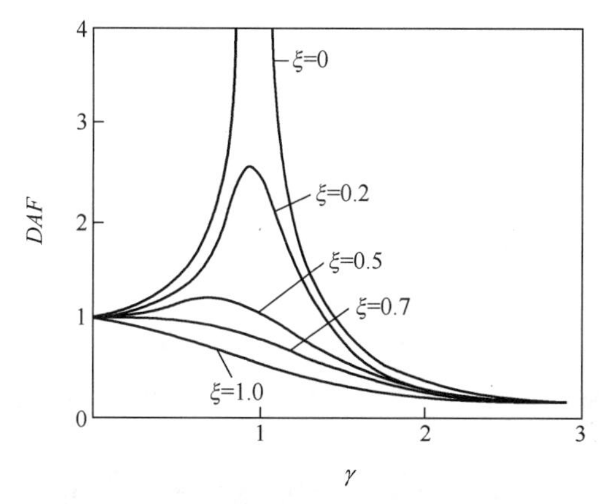

图 D.1　动力放大系数与无纲量阻尼及频率比的关系

- 当无纲量阻尼比 $\xi \neq 0$ 时，$DAF_{\max} = \dfrac{1}{2\xi\sqrt{1-\xi^2}}$。
- 当无纲量阻尼比 ξ 较小时，$DAF_{\max} \approx \dfrac{1}{2\xi}$。

系统阻尼越大，动力放大系数 DAF 越小，阻尼的存在对于抑制共振幅值起着关键作用（图 D.2）。

对于相位：

- 当阻尼比 γ 较小，且频率比 γ 远小于 1 时，相位角 β 趋近于 0。
- 当频率比 γ 远大于 1 时，β 趋近于 π。
- 当频率比 γ =1，无论阻尼比为何值，响应相位 β =π/2。

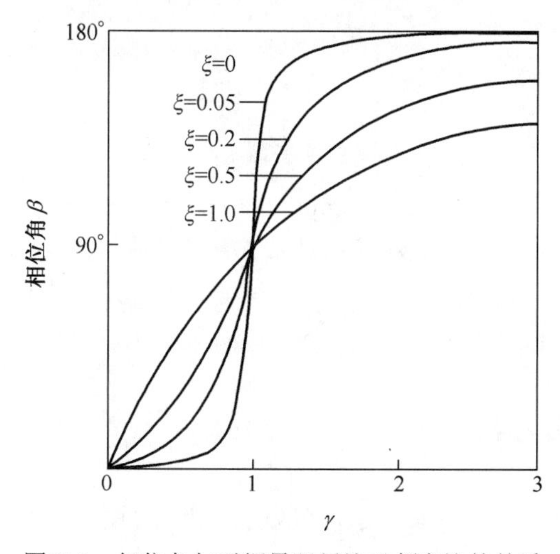

图 D.2　相位角与无纲量阻尼比及频率比的关系

D.1.3　动力响应主导载荷

回到式（D.3）：

（1）当简谐载荷频率 ω 趋近于 0，系统响应幅值接近于：

$$X \approx \frac{F_0}{K}\cos\omega t \tag{D.6}$$

此时系统响应由恢复力主导，整体分析可以采用准静态分析方法（Quasi-static Analysis Method）（图 D.3）。

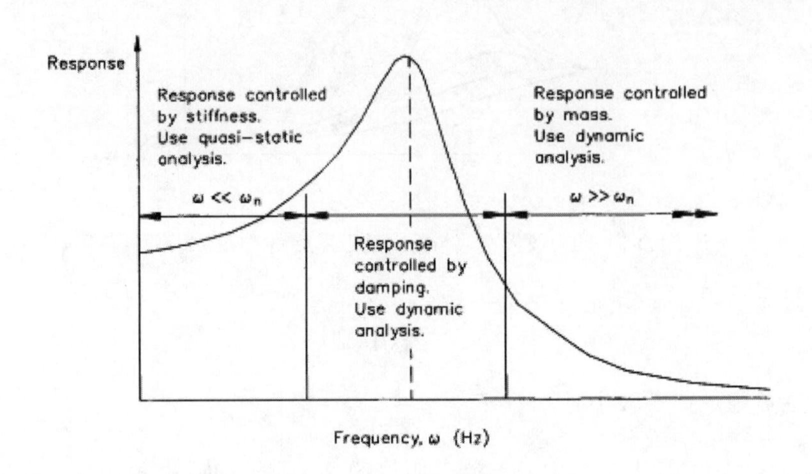

图 D.3　主导载荷与频率比关系

（2）当简谐载荷频率 ω 趋近于固有周期，系统响应幅值受到阻尼影响，采用动态分析方法进行分析。

（3）当简谐载荷频率 ω 远大于固有周期，系统响应幅值接近于：

$$X \approx \frac{F_0}{(M+\Delta M)\omega^2}\cos(\omega t+\pi) \tag{D.7}$$

此时系统响应幅值由惯性力决定。

D.1.4　幅值响应算子 RAO

浮体运动幅值响应算子（Response Amplitude Operaters，RAO）的含义是浮体对应自由度运动幅值与波幅的比，表明的是在线性简谐波浪作用下浮体的线性运动响应特征。

完整的运动 RAO 包括两部分：幅值响应算子（RAO）及对应相位。当对运动响应结果求一次导数、二次导数后，对应的运动 RAO 变为运动速度响应 RAO 和加速度响应 RAO。

D.2　六自由度运动方程

在多种环境载荷作用下，浮体动力方程可以表达为下式：

$$\begin{aligned}&[M+\Delta M]\ddot{X}+[B_{rad}+B_{vis}]\dot{X}+[K_{stillwater}+K_{mooring}]X\\&=F_1+F_{2Low}+F_{2High}+F_{wind}+F_{current}+F_{others}\end{aligned} \tag{D.8}$$

式中：M 为浮体质量矩阵；ΔM 为浮体附加质量矩阵；B_{rad} 为辐射阻尼矩阵；B_{vis} 为黏性阻尼矩阵；$K_{stillwater}$ 为静水刚度；$K_{mooring}$ 为系泊系统刚度；F_1 为一阶波频载荷；F_{2Low} 为二阶低频载荷；F_{2High} 为二阶高频载荷；F_{wind} 为风载荷；$F_{current}$ 为流载荷；F_{others} 为其他载荷。

对应运动自由度的固有周期：

$$T_i = 2\pi\sqrt{\frac{M_{ii} + \Delta M_{ii}}{K_{ii,stillwater} + K_{ii,mooring}}} \tag{D.9}$$

质量矩阵表达式为：

$$M_{ij} = \begin{pmatrix} M & 0 & 0 & 0 & Mz_G & -My_G \\ 0 & M & 0 & -Mz_G & 0 & Mx_G \\ 0 & 0 & M & My_G & -Mx_G & 0 \\ 0 & -Mz_G & My_G & Ixx & Ixy & Ixz \\ Mz_G & 0 & -Mx_G & Iyx & Iyy & Iyz \\ -My_G & Mx_G & 0 & Izx & Izy & Izz \end{pmatrix} \tag{D.10}$$

式中：x_G、y_G、z_G为重心位置；I_{ij}为转动惯量。

静水刚度矩阵表达式为：

$$K_{ij,Stillwater} = \rho g \begin{pmatrix} 0 & 0 & 0 & 0 & 0 & 0 \\ 0 & 0 & 0 & 0 & 0 & 0 \\ 0 & 0 & S & S_2 & -S_1 & 0 \\ 0 & 0 & S_2 & S_{22} + V(z_B - z_G) & -S_{12} & -V(x_B - x_G) \\ 0 & 0 & S_1 & -S_{12} & S_{11} + V(z_B - z_G) & -V(y_B - y_G) \\ 0 & 0 & 0 & 0 & 0 & 0 \end{pmatrix} \tag{D.11}$$

式中：(x_B,y_B,z_B)为浮心位置；S 为水线面面积；S_i、S_{ij} 为水线面面积一阶距、二阶矩；V 为排水体积。

- ΔM 、B_{rad} 、F_1 、F_{2Low} 、F_{2High} 可以由水动力计算软件求出。
- B_{vis} 可以通过添加莫里森单元进行计算，也可以自行指定并添加到计算模型中。
- $K_{mooring}$ 为系泊刚度，可以由系泊分析软件给出结果，也可以自行计算输入到计算模型中。

对于浮体运动通常需要考虑 6 个自由度：纵荡（Surge）、横荡（Sway）、升沉（Heave）、横摇（Roll）、纵摇（Pitch）以及艏摇（Yaw）。对于一般的结构物，纵荡、升沉、纵摇运动是耦合的；横荡、横摇运动是耦合的。

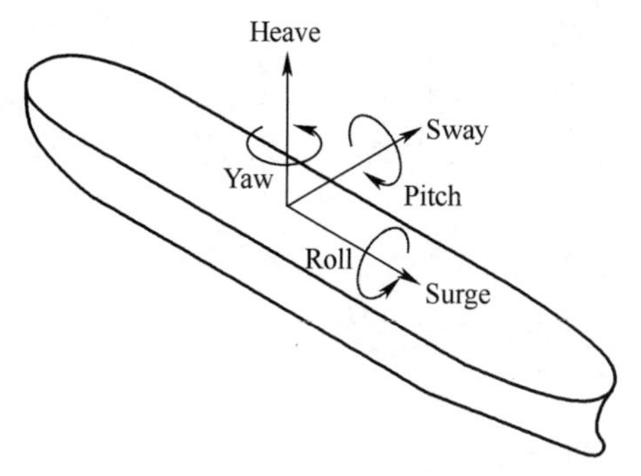

图 D.4　浮体的 6 个运动自由度

D.3 静水刚度

静水压力表达式为：

$$P_0 = -\rho g z \tag{D.12}$$

式中：z 为水面以下某点相对于静水面的深度。

浮体浸入水中所受到的浮力为：

$$F_0 = -\int_{Sw} zn\mathrm{d}S \tag{D.13}$$

式中：S_w 为浸入水中湿表面面积；$n=(n_x, n_y, n_z)$为方向向量。

船舶的横稳性高度定义为：

$$GM_T = BM_T + KB - KG \tag{D.14}$$

式中：$BMT=S_{22}/V$，$KB=z_B$，$KG=z_G$（浮心、重心都以船底基线为参考点）。

船舶的纵稳性高度定义为：

$$GM_L = BM_L + KB - KG \tag{D.15}$$

横摇方向静水刚度 K_{44} 和纵摇方向静水刚度 K_{55}：

$$\begin{aligned} K_{44} &= \rho gV \cdot GM_T \\ K_{55} &= \rho gV \cdot GM_L \end{aligned} \tag{D.16}$$

船舶垂向的静水刚度 K_{33} 在船体吃水附近外形变化不大时：

$$K_{33} = \rho g A_w \tag{D.17}$$

式中：A_w 为水线面面积。

D.4 环境条件

D.4.1 规则波

规则波波浪的主要要素有：

- 波高 H：相邻波峰顶与波谷底之间的垂向距离，$H=2A$；
- 周期 T：相邻波峰经过一点的时间间隔；
- 波浪圆频率 ω：$\omega=2\pi/T$；
- 波长 λ：相邻波峰顶之间的水平距离；
- 波速 C：波形移动的速度，等于波长除以周期，$C=\lambda/T$；
- 波数 k：$k=2\pi/\lambda$；
- 色散关系：$\omega^2=gk\tanh(kh)$，h 为水深，深水条件下公式可简化为 $\omega^2=gk$；
- 波陡 S：波高与波长之比，$S = 2\pi\dfrac{H}{gT^2}$；
- 浅水波参数 μ：$\mu = 2\pi\dfrac{d}{gT^2}$；

- 厄塞尔数 U_R：$U_R = \dfrac{H\lambda^2}{d^3}$。

不同的规则波理论有不同的适用范围，具体可参照图 D.5 进行判断。整体而言：

- 艾立波适用于深水、中等水深，适用于波陡较小的情况；
- 斯托克斯波适用于波陡较大的深水波浪模拟；
- 流函数适应能力最好，但越接近破碎极限，需要的阶数越高。

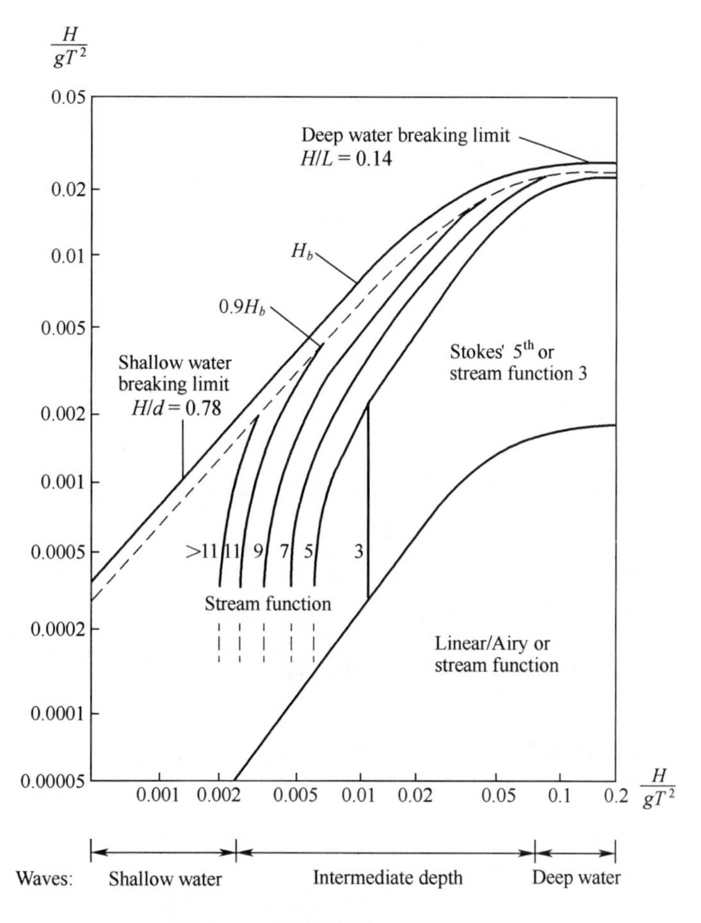

图 D.5　不同规则波理论适用范围

D.4.2　不规则波

不规则波（图 D.6）主要特征要素有：

- 表现波高 H：相邻波峰波谷之间的垂直距离；
- 有义波高 H_s：对波浪样本进行统计，其中前 1/3 大波的平均波高；
- 跨零周期 T_z：波浪时间序列两相邻波浪两次上跨零的时间间隔；
- 有义周期 T_s：前 1/3 大波的平均周期；
- 谱峰周期 T_p：以波浪谱描述短期海矿时，波浪能量最集中的波浪周期。

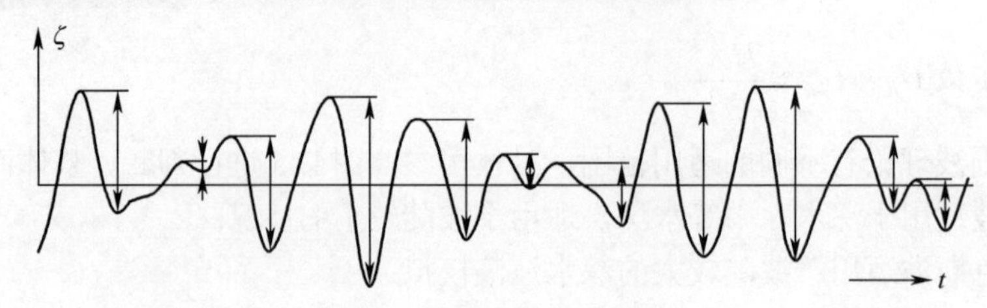

图 D.6　不规则波的时间序列

常用的波浪谱主要有：

（1）Pierson-Moskowitz，PM 谱。PM 谱表达式为：

$$S_{PM}(\omega)=\frac{5}{16}H_S^2\omega_P^4\omega^{-5}\exp\left\{-\frac{5}{4}\left(\frac{\omega}{\omega_P}\right)^{-4}\right\} \tag{D.18}$$

式中：$\omega_P=2\pi/T_p$，T_p 为谱峰周期。PM 谱是单参数谱，由 T_p 决定谱形状。

（2）JONSWAP 谱。本质上是 PM 谱的变形，表达式为：

$$S_{JON}(\omega)=AS_{PM}(\omega)\gamma^{\exp\left(-0.5\left(\frac{\omega-\omega_P}{\sigma\omega_P}\right)^2\right)} \tag{D.19}$$

式中：γ 为谱峰升高因子；σ 为谱型参数，当波浪频率 ω 大于 ω_p 时，σ=0.09；反之，σ=0.07。A=1-0.287ln(γ)为无因次参数。

γ 平均值为 3.3。当 γ=1 时，JONSWAP 谱等效于 PM 谱。JONSWAP 谱是三参数谱，由 H_s、T_p、γ 共同决定。

根据 DNVGL-RP-C205 规范，三个参数存在如下关系：

- 跨零周期 T_z 与谱峰周期 T_p 的关系：

$$\frac{T_z}{T_p}=0.6673+0.05037\gamma-0.006230\gamma^2+0.0003341\gamma^3 \tag{D.20}$$

- 谱型参数 γ 与谱峰周期 T_p 与有义波高 H_s 的关系：

$$\gamma=\begin{cases}5 & T_p/\sqrt{H_s}\leqslant 3.6\\ \exp\left(5.75-1.15\frac{T_p}{\sqrt{H_s}}\right) & 3.6<T_p/\sqrt{H_s}\leqslant 5.0\\ 1 & 5.0<T_p/\sqrt{H_s}\end{cases} \tag{D.21}$$

- 极限波陡 S_p：

$$S_P=\begin{cases}1/15, & T_p\leqslant 8\text{s}\\ 1/25, & T_p\geqslant 15\text{s}\end{cases} \tag{D.22}$$

（3）ITTC/ISSC 双参数谱（Breschneider 谱）。

表达式为：

$$S_i(\omega)=\frac{173H_s^2}{T_1^4}\omega^{-5}\exp\left(\frac{-692H_s^2}{T_1^4}\omega^{-5}\right) \tag{D.23}$$

式中：T_1 为波浪特征周期，与谱峰周期 T_p 的关系为 T_p=1.296T_1。

（4）Ochi-Hubble 谱与 Torsethaugen 谱。对于风浪和涌浪显著并存的海况，其共同的有义波高 H_s 为风浪有义波高 $H_{s,windsea}$ 与涌浪有义波高 $H_{s,swell}$ 的组合，即：

$$H_s = \sqrt{H_{s,\text{windsea}}^2 + H_{s,\text{swell}}^2} \tag{D.24}$$

Ochi-Hubble 谱是将风浪、涌浪的影响共同考虑（二者均为 Gamma 分布）的三参数双峰谱，参数包括 $Hs_{1\sim2}$、$Tz_{1\sim2}$ 以及 $\lambda_{1\sim2}$。

Hs_1、Tz_1、λ_1 为能量频率较高的风浪所对应的有义波高、平均跨零周期以及谱型参数；Hs_2、Tz_2、λ_2 为能量频率较低的涌浪所对应的有义波高、平均跨零周期以及谱型参数。

（5）Gaussian Swell 谱。Gaussian Swell 谱用来描述海况中具有明显涌浪环境的三参数谱，其表达式为：

$$S_G(\omega) = \frac{1}{\sqrt{2\pi}\sigma}\left(\frac{H_s}{4}\right)^2 \exp\left[-\frac{1}{2\sigma^2}\left(\frac{1}{T}-\frac{1}{T_p}\right)^2\right] \tag{D.25}$$

Gaussian Swell 谱中的 σ 参数由下式求得：

$$\sigma = \sqrt{{\omega_z}^2 + {\omega_{SW}}^2} \tag{D.26}$$

式中：ω_z 为涌浪平均跨零频率；ω_{SW} 为涌浪的谱峰频率。σ 值一般在 0.005～0.02 之间。

D.4.3 流速

（1）潮流。受到潮流影响，较明显的浅水海域以幂函数形式表达，流速随着水深增大所产生的变化趋势：

$$V_{C,Tide}(z) = V_{C,Tide}(0)\left(\frac{d+z}{d}\right)^{\alpha} \tag{D.27}$$

式中：$V_{C,Tide}(0)$为潮流在水面处的速度，一般 α=1/7。

（2）风生流。线性表达风生流的流速剖面：

$$V_{C,Wind}(z) = V_{C,Wind}(0)\left(\frac{d_0+z}{d_0}\right) \tag{D.28}$$

式中：d_0 为风生流衰减至 0 的水深位置。对于深水开敞海区，风生流可以下式近似估算：

$$V_{C,Wind}(z) = kU_{1hour} \tag{D.29}$$

式中：U_{1hour} 为 10m 高处一小时平均风速，k=0.015～0.03。

（3）内波流。在某些受到内波影响的海域，其流速剖面往往更加复杂，甚至会出现某个水深位置上下流速相反的现象。

（4）墨西哥湾环流。受到湾流影响的海域（如美国墨西哥湾），湾流产生时，其流速剖面并不同于一般流速沿着水深逐渐衰减，其最主要的流速区域可能位于水下几百米的位置，在水深剖面上形成一个明显的“峰”。

D.4.4 风

（1）风速廓线、风速平均周期/高度转换。风速廓线描述风速随高度的变化，其表达式为：

$$U(z)=U(H)\left(\frac{z}{H}\right)^{\alpha} \tag{D.30}$$

式中：α 是空气层与大地/海面交界处粗糙度的函数，在海上一般情况下可认为 α=0.14。对于开敞海域且有波浪的情况，α=0.11～0.12；对于陆地具有零星建筑物的情况，α=0.16；对于城市中心，α=0.4。

风速不同平均周期与参考高度的转换可参考下式：

$$U(T,Z)=U_{10}\left(1+0.137\ln\frac{Z}{H}-0.047\ln\frac{T}{T_{10}}\right) \tag{D.31}$$

式中：U_{10} 为 10m 高处（H=10）的十分钟平均（T_{10}）风速。

（2）NPD 风谱。海平面以上 z 米处的 1 小时平均风速 $U(z)$为：

$$U(z)=U_{10}\left[1+C\ln\left(\frac{z}{10}\right)\right] \tag{D.32}$$

$$C=0.0573\sqrt{1+0.15U_{10}} \tag{D.33}$$

式中：$U(z)$海平面以上 z 米处的 1 小时平均风速，U_{10} 为海平面以上 10 米处的 1 小时平均风速。

NPD 谱其表达式为：

$$S_{NPD}(f)=\frac{320\left(\frac{U_0}{10}\right)^2\left(\frac{z}{10}\right)^{0.45}}{(1+\tilde{f}^{0.468})^{3.561}} \tag{D.34}$$

式中：$S_{NPD}(f)$为频率 f 的能量谱密度，单位为 m^2/s。f 为频率，单位为 Hz。

$$\tilde{f}=\frac{172f\left(\frac{z}{10}\right)^{2/3}}{\left(\frac{U_0}{10}\right)^{3/4}} \tag{D.35}$$

（3）API 风谱。API 风谱表达式为：

$$S_{API}(f)=\frac{\sigma(z)^2}{f_p\left(1+1.5\frac{f}{f_p}\right)^{5/3}} \tag{D.36}$$

式中：$S_{API}(f)$为频率 f 的能量谱密度，单位为 m^2/s。f 为频率，单位为 Hz。

$$\sigma(z)=I(z)U(z) \tag{D.37}$$

$$f_p=\frac{a}{z}U(z)，0.01\leqslant a\leqslant 0.1 \tag{D.38}$$

当风谱为测量风谱时，f_p 由 a=0.025 求出。

$$I(z)=\begin{cases}0.15\left(\dfrac{z}{z_s}\right)^{-0.125}, & z\leqslant z_s\\ 0.15\left(\dfrac{z}{z_s}\right)^{-0.275}, & z>z_s\end{cases} \quad \text{(D.39)}$$

式中：Z_s＝20m（边界层的厚度）。

（4）瞬态风。瞬态风指的是风速或者风向在较短的时间内发生较大的变化，主要包括：

阵风：风速在 20s 以内的时间内迅速升高，随后增加趋势放缓或者下降，通常以风速升高时间、幅值与持续时间来表征。

飑风（Squall）：在平均风速位置，10～60min 周期内风速突然升高和下降的过程，并伴随风向的变化。

D.5 波浪载荷的周期特征

环境载荷作用下的系泊浮体呈现不同的运动特征：

- 波频载荷与波频运动（Wave Frequency Load and Motion，WF）；
- 低频载荷与波频运动（Low Frequency Load and Motion，LF）；
- 高频载荷与波频运动（High Frequency Load and Motion，HF）。

波频载荷量级最大，能量范围最广（5～20s），浮体在波频载荷的作用下产生波频运动。

波频载荷无时无刻都存在，因而使得浮体 6 个自由度运动固有周期避开波频载荷的主要能量范围，避免共振，降低浮体响应是海洋工程浮体设计中非常重要的一项设计原则。

表 D.1 典型浮体运动固有周期 单位：s

运动自由度	FPSO	Spar	TLP	半潜
纵荡	>100	>100	100 左右	>100
横荡	>100	>100	100 左右	>100
升沉	5～20	20～35	<5	20～50
横摇	5～30	>30	<5	30～60
纵摇	5～20	>30	<5	30～60
艏摇	>100	>100	100 左右	>50

低频波浪载荷是关于两个波浪成分波频率之差（ω_i-ω_j）的波浪载荷。由于系泊浮体平面内运动固有周期（纵荡、横荡）与艏摇固有周期较大，对应运动自由度的整体阻尼较小，在低频波浪载荷作用下系泊浮体这 3 个自由度的运动下易发生共振，即二阶波浪载荷导致的低频运动。如果浮体其他自由度的运动固有周期较大，也有可能在低频波浪载荷的作用下产生共振（如 Spar 的较大的升沉与横纵摇固有周期）。

高频波浪载荷中的和频载荷是关于两个波浪成分波频率之和（ω_i+ω_j）的波浪载荷。在张力腿系统的约束下，TLP 的升沉、横摇、纵摇固有周期在 5s 以下（频率大于 1.25rad/s），容易在和频波浪载荷的作用下产生高频弹振。

高频波浪载荷还有另外一种非常重要的类型，即高速航行的船舶由于多普勒效应产生的波浪遭遇频率升高，波频载荷在高遭遇频率下与结构共振频率接近并产生弹振。

其他的高频波浪载荷还包括底部抨击、外飘抨击等。

D.6 波频运动与极值推断

对于一个给定的波浪谱 $S(\omega)$，零航速下浮体的波频运动响应谱 $S_R(\omega)$可以表达为：

$$S_R(\omega) = RAO^2 S(\omega) \tag{D.40}$$

根据响应谱得到的第 n 阶矩的表达式为：

$$m_{nR} = \int_0^\infty \omega^n S_R(\omega) \mathrm{d}\omega \tag{D.41}$$

式中：m_{0R} 为运动方差。一般认为短期海况符合窄带瑞利分布，浮体的波频运动近似认为同样符合瑞利分布，则浮体波频运动有义值可以根据谱矩求出，即：

$$R_{1/3} = 2\sqrt{m_{0R}} \tag{D.42}$$

对应运动平均周期 T_{1R} 和平均跨零周期 T_{2R} 为：

$$T_{1R} = 2\pi \frac{m_{0R}}{m_{1R}} \tag{D.43}$$

$$T_{2R} = 2\pi \sqrt{\frac{m_{0R}}{m_{2R}}} \tag{D.44}$$

（1）不规则波作用下的波频运动极值统计。

浮体运动响应值 R_a 以瑞利分布表达：

$$f(R_a) = \frac{R_a}{m_{0R}} \exp\left(\frac{-R_a{}^2}{2m_{0R}}\right) \tag{D.45}$$

那么 R_a 大于 a 的概率为：

$$P(R_a > a) = \int_a^\infty \frac{R_a}{m_{0R}} \exp\left(\frac{-R_a{}^2}{2m_{0R}}\right) \mathrm{d}R_a = \exp\left(-\frac{a^2}{2m_{0R}}\right) \tag{D.46}$$

对上式两边求对数，则：

$$R_a = k\sqrt{m_{0R}} \tag{D.47}$$

式中：k 代表不同保证率。

（2）幅值有义值（Significant Peak Amplitude）。

$$R_\mathrm{s} = 2\sqrt{m_{0R}} \tag{D.48}$$

（3）多峰值中的最可能极值（Most Probable Maximum in N peaks，MPM）。

对于“短期海况”时间 T，浮体波频运动次数为 T/T_{1R} 次，则浮体运动最可能极值 R_{mpm} 为：

$$R_{mpm} = \sqrt{2m_{0R} \ln \frac{T}{T_{1R}}} \tag{D.49}$$

（4）小超越概率对应期望极值（Expected Maximum with Small Probability being Exceed in N Peaks）。

P=90%（P90），1-P=0.1 对应极值：

$$R_{\mathrm{P90}}=\sqrt{2m_{0R}\ln\left(\frac{T}{T_{1R}0.1}\right)} \tag{D.50}$$

P=95%（P95），1-P=0.05 对应极值：

$$R_{\mathrm{P95}}=\sqrt{2m_{0R}\ln\left(\frac{T}{T_{1R}0.05}\right)} \tag{D.51}$$

D.7　低频波浪载荷

（1）平均波浪漂移力。对于无限水深的直立墙壁，波幅为 A 的规则波作用在墙上的平均力：

$$F_{mean}=\frac{1}{2}\rho gA^2\cos^2\beta \tag{D.52}$$

式中：β 为规则波的入射角。

对于水面上无限长的圆柱体，波浪作用在浮体上的一部分被反射，波浪作用在其上的平均波浪力可以表达为：

$$F'_{mean}=\frac{1}{2}\rho g[R(\omega)A]^2 \tag{D.53}$$

式中：$R(\omega)$ 为对应入射波的反射系数。

不进行任何约束，浮体在规则波的平均载荷作用下逐渐偏离原位置，因而这个平均载荷习惯性地称为“平均波浪漂移力”。

（2）远场法计算平均波浪漂移力。远场法通过远场波浪力求解平均波浪漂移力。

远场波浪力以下式表达：

$$H(\beta,\omega)=AH_D(\beta,\omega)\mathrm{e}^{i\frac{\pi}{2}}+\sum_{j=1}^{6}AX_j(\omega)H_R(\beta,\omega)\mathrm{e}^{-i\frac{\pi}{2}}i\omega \tag{D.54}$$

式中：A 为入射波波幅；$H_D(\beta,\omega)$ 为远场波浪力绕射部分；$X_j(\omega)$ 为物体运动 RAO；$H_R(\beta,\omega)$ 为远场波浪力的辐射部分。

当远场波浪力已知后，远场法计算的平均波浪漂移力（纵荡力 F_X、横荡力 F_Y、艏摇力矩 M_Z）的表达式为：

$$F_X=-2\pi\rho\omega\cos\beta\,\mathrm{Im}[H(\beta,\omega)]-2\pi\rho\frac{k(k_0h)^2}{h[(kh)^2-(k_0h)^2+k_0h]}\int_0^{2\pi}|H(\beta,\omega)|^2\cos\theta\mathrm{d}\theta \tag{D.55}$$

$$F_Y=-2\pi\rho\omega\sin\beta\,\mathrm{Im}[H(\beta,\omega)]-2\pi\rho\frac{k(k_0h)^2}{h[(kh)^2-(k_0h)^2+k_0h]}\int_0^{2\pi}|H(\beta,\omega)|^2\sin\theta\mathrm{d}\theta \tag{D.56}$$

$$M_Z=-2\pi\rho\omega\sin\beta\,\mathrm{Re}[\dot{H}(\beta,\omega)]-2\pi\rho\frac{(k_0h)^2}{h[(m_0h)_2-(k_0h)^2+k_0h]}\int_0^{2\pi}\hat{H}(\beta,\omega)\dot{H}(\beta,\omega)\mathrm{d}\theta \tag{D.57}$$

式中：h 为水深；k_0 为无限水深下对应波浪的波数；k 为对应给定水深条件下的波浪波数；β 为波浪入射角度；θ 为远场波浪力计算值对应的角度方向；$\dot{H}(\beta,\omega)$ 为远场波浪力的一次导数；$\hat{H}(\beta,\omega)$ 为远场波浪力的复数共轭。

（3）近场法计算平均波浪漂移力。近场法表达式为：

$$F_i=-\oint_{WL}\frac{1}{2}\rho g\zeta_r{}^2\frac{\bar{N}}{\sqrt{n_1{}^2+n_2{}^2}}\mathrm{d}l+\iint_{S_0}\frac{1}{2}\rho|\nabla\phi|^2\bar{N}\mathrm{d}S+\iint_{S_0}\rho\left(\vec{X}\cdot\nabla\frac{\partial\Phi}{\partial t}\right)\bar{N}\mathrm{d}S+M_sR\cdot\ddot{\vec{X}}_g \tag{D.58}$$

$$M_i=-\oint_{WL}\frac{1}{2}\rho g\zeta_r{}^2\frac{r\times\bar{N}}{\sqrt{n_1{}^2+n_2{}^2}}\mathrm{d}l+\iint_{S_0}\frac{1}{2}\rho|\nabla\phi|^2(\bar{r}\times\bar{N})\mathrm{d}S+\iint_{S_0}\rho\left(\vec{X}\cdot\nabla\frac{\partial\Phi}{\partial t}\right)(\bar{r}\times\bar{N})\mathrm{d}S+I_sR\cdot\ddot{\vec{X}}_g \tag{D.59}$$

式中：WL 为浮体水线；ζ_r 为相对波面升高；S_0 为浮体湿表面；$\vec{X}$ 为浮体运动；M_s 为浮体排水量；I_s 为浮体转动惯量；R 为浮体转动矩阵；$\ddot{\vec{X}}_g$ 为浮体重心处的加速度分量。

（4）纽曼近似。对于 N 个波浪单元，低频波浪载荷的一般公式可为：

$$\begin{aligned}F_i^-(t)=&\sum_i^N\sum_j^N\{P_{ij}^-\cos[-(\omega_i-\omega_j)t+(\varepsilon_i-\varepsilon_j)]\}\\&+\sum_i^N\sum_j^N\{Q_{ij}^-\sin[-(\omega_i-\omega_j)t+(\varepsilon_i-\varepsilon_j)]\}\end{aligned} \tag{D.60}$$

上式所有震荡项在长周期中的均值为 0，$i=j$ 时会出现与时间无关的项，即：

$$\bar{F}_i=\sum_{j=1}^N A_j{}^2P_{jj}^- \tag{D.61}$$

上式代表了波幅为 A_j、圆频率为 ω_j 的规则波引起的平均波浪载荷。

Newman（1974）[1]提出了 P_{ij}^-、Q_{ij}^- 可以通过 P_{ii}^-、P_{jj}^- 和 Q_{ii}^-、Q_{jj}^- 来估计，即：

$$\begin{aligned}P_{ij}^-&=\frac{1}{2}a_ia_j\left(\frac{P_{ii}^-}{a_j^2}+\frac{P_{jj}^-}{a_j^2}\right)\\Q_{ij}^-&=0\end{aligned} \tag{D.62}$$

式中：P_{ii}^-、P_{jj}^-、Q_{ii}^-、Q_{jj}^- 为平均波浪载荷；P_{ij}^-/Q_{ij}^- 为同相/异相的、独立于时间的传递函数，即 QTF。

（5）全 QTF 矩阵。全 QTF 矩阵表示的二阶波浪载荷由下式表达。

$$\begin{aligned}(P_{ij}^+,Q_{ij}^+)=&-\frac{1}{4}\rho g\oint_{WL}\zeta'_{ri}\cdot\zeta'_{rj}\vec{N}\mathrm{d}l+\frac{1}{4}\rho\iint_{S_0}[\nabla\Phi'_i\cdot\nabla\Phi'_j]\vec{N}\mathrm{d}s\\&+\frac{1}{2}\rho\iint_{S_0}\left[\vec{X}'_i\cdot\nabla\frac{\mathrm{d}\Phi'_j}{\mathrm{d}t}\right]\bar{N}\mathrm{d}S+\frac{1}{2}M_sR'_i\cdot\ddot{\vec{X}}'_{gj}\end{aligned} \tag{D.64}$$

$$\begin{aligned}(P_{ij}^-,Q_{ij}^-)=&-\frac{1}{4}\rho g\oint_{WL}\zeta'_{ri}\cdot\zeta'^*_{rj}\vec{N}\mathrm{d}l+\frac{1}{4}\rho\iint_{S_0}[\nabla\Phi'_i\cdot\nabla\Phi'^*_j]\vec{N}\mathrm{d}s\\&+\frac{1}{2}\rho\iint_{S_0}\left[\vec{X}'_i\cdot\nabla\frac{\mathrm{d}\Phi'^*_j}{\mathrm{d}t}\right]\bar{N}\mathrm{d}S+\frac{1}{2}M_sR'_i\cdot\ddot{\vec{X}}'^*_{gj}\end{aligned} \tag{D.65}$$

式中：*表示该项为复数共轭。

不规则波海况作用下的平均波浪漂移力

$$F_{mean}^{-}=2\int_{\omega_{\min}}^{\omega_{\max}} f_d(\omega)S(\omega)\mathrm{d}\omega \tag{D.66}$$

式中：$S(\omega)$ 为表征某一海况的波浪谱；$f_d(\omega)$ 为浮体关于波浪频率的平均波浪漂移力；F_{mean}^{-} 为海况作用下的浮体收到的平均波浪载荷；$\omega_{\min}$ 为最小计算波浪频率；$\omega_{\max}$ 为最大计算波浪频率。

（6）频域海况作用下的低频响应。低频波浪载荷以谱的形式可以表达为[1]：

$$S_{F2-}(\Delta\omega)=8\int_0^{\infty} S(\omega)S(\omega+\Delta\omega)\left[\frac{F_i\left(\omega+\dfrac{\Delta\omega}{2}\right)}{\xi_a}\right]^2\mathrm{d}\omega \tag{D.67}$$

式中：$S(\omega)$ 为波浪谱；$F_i(\omega+\dfrac{\Delta\omega}{2})$ 为对应频率 $\omega+\dfrac{\Delta\omega}{2}$ 的平均波浪漂移力。

系泊状态下的浮体低频响应动力方程为：

$$(M+\Delta M)\ddot{X}+B'\dot{X}+K_m X=F_i(t) \tag{D.68}$$

式中：ΔM 为低频（长周期）附加质量；B' 为系泊状态下的系统阻尼；K_m 为平衡位置下的系泊恢复刚度；$F_i(t)$ 低频漂移力。

对于系泊状态的浮体纵荡运动，其响应谱可以表达为：

$$S_{R2-}(\Delta\omega)=|R_{2-}(\Delta\omega)|^2 S_{F2-}(\Delta\omega) \tag{D.69}$$

式中：$R_{2-}(\Delta\omega)$ 为质量一阻尼一弹簧系统的动力学导纳。

则纵荡运动的低频方差为：

$$m_{0R2-}(\Delta\omega)=\int_0^{\infty}\frac{S_{F2-}(\Delta\omega)}{[K_m-(M+\Delta M)\Delta\omega^2]^2+B'^2\Delta\omega^2}\mathrm{d}\Delta\omega \tag{D.70}$$

如果认为短期海况下低频运动符合窄带瑞利分布，则可按照之前的方法进行极值估计，但通常而言，系泊系统的低频响应并非瑞利分布。由于系泊系统往往是小阻尼低频共振系统，因而上式中对于运动方差的主要贡献是纵荡固有周期附近的共振激励载荷，典型的低频运动极值为标准差的 3～4 倍[1]。

D.8 高频波浪载荷

（1）和频波浪载荷。和频波浪载荷类似于低频波浪载荷，所不同的是，低频波浪载荷是波浪成分中的两个波浪成分频率差产生的，而和频载荷是由两个波浪成分的频率和产生。

对于 N 个波浪单元，和频波浪载荷可以简单地表达为：

$$F_i^{+}(t)=\mathrm{Re}[A_1A_2QTF^{+}(\omega_1,\omega_2)\mathrm{e}^{-i(\omega_1+\omega_2)t}] \tag{D.71}$$

频域下的载荷谱为：

$$S_{F2+}(\Delta\omega)=8\int_0^{\infty}S(\omega)S(\omega+\Delta\omega)QTF_+(\omega,\Delta\omega-\omega)^2\,\mathrm{d}\omega \tag{D.72}$$

（2）遭遇频率。当船舶具有航速时，由于多普勒效应，波浪频率 ω 对于船舶的遭遇频率 ω_p 为：

$$\omega_p=\omega-\frac{\omega^2U}{g}\cos\beta \tag{D.73}$$

式中：U 为船舶航速；β 为船舶航向角。

当船舶以高航速航行时，遭遇频率随着航速增加而增加。

（3）抨击载荷。抨击载荷包括结构物入水、外飘结构的抨击等，更多地呈现强烈的非线性特征。对于单位长度圆柱体，其受到的抨击载荷为：

$$F_S=\frac{1}{2}\rho C_S DV^2 \tag{D.74}$$

式中：C_S 为抨击载荷系数；D 为结构直径；V 为结构件相对于水的相对速度。

D.9 总纵弯矩/剪力

（1）剪力与弯矩。假定重力沿着船长分布为 $p(x)$；浮力沿着船长分布为 $b(x)$，二者的差值为引起船体梁总纵弯曲的载荷 $q(x)$：

$$q(x)=p(x)-b(x) \tag{D.75}$$

作用在船体某横截面上的剪力和弯矩为：

$$N(x)=\int_0^x q(x)\mathrm{d}x \tag{D.76}$$

$$M(x)=\int_0^x N(x)\mathrm{d}x=\int_0^x\int_0^x q(x)\mathrm{d}x\mathrm{d}x \tag{D.77}$$

（2）平衡计算。一般说来，平衡计算一直要进行到满足下述要求为止：

$$\left|\frac{W-B}{W}\right|\leqslant(0.1\sim0.5)\% \tag{D.78}$$

$$\left|\frac{x_g-x_b}{L}\right|\leqslant(0.05\sim0.1)\% \tag{D.79}$$

式中：W 为总重；B 为浮力；x_g 为纵向重心；x_b 为纵向浮心；L 为船长。

（3）弯矩剪力曲线修正。艏艉两段的剪力和弯矩应为 0，一般的计算精度要求为：

$$\left|\frac{N_s(L)}{N_{s,\max}}\right|\leqslant 0.025 \tag{D.80}$$

$$\left|\frac{M_s(L)}{M_{s,\max}}\right|\leqslant 0.05 \tag{D.81}$$

式中：$N_{s,\max}$ 为最大静水剪力（绝对值），$M_{s,\max}$ 为最大静水弯矩（绝对值）。

对于艏艉段的不封闭值可按照以下方式进行等比例线性修正：

$$\Delta N_s(i) = -\frac{i}{20} N_s(20) \tag{D.82}$$

$$\Delta M_s(i) = -\frac{i}{20} M_s(20) \tag{D.83}$$

这里假设分段为 20，端部归零以后按照等比例对静水弯矩剪力曲线进行各段修正。

（4）短期分布。当认为海况符合瑞利分布时，波浪弯矩的幅值短期分布也符合瑞利分布。已知弯矩剪力 RAO 和短期海况，计算给定海况下的载荷谱，求出响应谱的零阶矩 m_{0R}。

短期条件下，瑞利分布参数 R 为：

$$R = \sqrt{2m_0} = \sqrt{2}\sigma_s \tag{D.84}$$

（5）长期分布。

1）极值水平衡准超越概率。根据单个海况可以给出运动对应的平均周期 T_{1R}，对应 n 个海况可以求出各个对应海况的运动平均周期 T_{1Rn}。

考虑整个浮式结构物的服役寿命 T_{life}，出现总的极值数目 N_{life} 可以近似认为是（这里认为典型海况由有义波高 H_s 和平均跨零周期 T_z 确定）：

$$N_{life} = \frac{T_{life} \times 365.25 \times 24 \times 3600}{\sum_{H_s}^{n}\sum_{T_z}^{n} T_{2Rn}\, p(H_s, T_z)} \tag{D.85}$$

式中：T_{life} 为服役年限，单位为年；T_{2Rn} 为对应每个海况的运动平均跨零周期，$p(H_s,T_z)$ 为每个海况的出现概率。

当总的峰值数目确定后，整个服役寿命中出现一次超越事件的超越概率水平 R 为：

$$R = \frac{1}{N_{life}} \tag{D.86}$$

简化估计，当已知运动固有周期 T_n 时，服役寿命 N 年内出现一次极值事件的概率水平 R 为：

$$R = \frac{1}{365.25 \times 24 \times 3600 / T_n} \tag{D.87}$$

2）超越海况衡准超越概率。假设一个海况持续三个小时，则一年的海况数为 2922 个。假设平台/船舶服役寿命为 N，则整个服役寿命中总的海况数为 $N\times2922$ 个。如果认为整个服役寿命内允许出现的超越次数为 1，则 R 为：

$$R = \frac{1}{N \times 2922} \tag{D.88}$$

3）根据超越概率水平求极值。n 个海况作用下的极值概率累计函数：

$$P(X > x) = \frac{\sum_{H_s}^{n}\sum_{T_z}^{n} \omega_{2Rn} \mathrm{e}^{-x^2/m_0} p(H_s, T_z)}{\sum_{H_s}^{n}\sum_{T_z}^{n} \omega_{2Rn}\, p(H_s, T_z)} \tag{D.89}$$

$$\omega_{2Rn} = 2\pi / T_{2Rn} \tag{D.90}$$

式中：ω_{2Rn} 为对应海况的平均跨零频率；$p(H_s, T_z)$ 为对应海况出现的概率；m_0 对应海况的运动响应谱的零阶矩。

关于运动极值 X，超越概率函数可以表示为：

$$Q(X) = 1 - P(X > x) \tag{D.91}$$

$$Q(X) = R \tag{D.92}$$

式中：P 为长期条件下的运动极值累计概率函数；Q 为超越概率函数；R 为超越概率事件对应的概率水平。

参考文献

[1] O.M.Faltinson．船舶与海洋工程环境载荷[M]．杨建民，肖龙飞，译．上海：上海交通大学出版社，2007．

[2] Barltrop N D P.Floating Structure: A Guild for Design and Analysis [M].Oilfield Publications Limited, 1998.

[3] J.M.J. Journée and W.W. Massie, OFFSHORE HYDROMECHANICS (First Edition) [M].Delft University of Technology, 2001, 6.

[4] Wichers.J.E.W. Asimulation Model for a Single Point Moores Tanker[R]. Maritime Research Institute Netherlands. Wageningen, the Netherlands. Bublication No.797. 1988.

[5] Subrata K.Chakrabarti. Handbook of Offshore Engineering [M]. Offshore Structure Analysis, Inc. Plainfield, Illinois, USA.Elsevier, 2005.

[6] 高巍，董璐．南海某 FPSO STP 单点系泊系统再评估[J]．船舶工程，2017．

[7] 高巍，张继春，朱为全．南海浅深水经典 TLP 平台整体运动性能分析[J]．船舶工程，2017．

[8] 高巍，董璐，黄晶．ANSYS AQWA 软件入门与提高[M]．北京：中国水利水电出版社，2018．